Java
编程讲义

荣锐锋　张晨光　殷　晋
王向南　尹　成

编　　　　　著

U0282966

清华大学出版社
北京

内 容 简 介

《Java 编程讲义》根据目前 Java 开发领域的实际需求，从初学者角度出发，详细讲解了 Java 技术的基础知识。全书共 15 章，包括 Java 开发入门，Java 语言基础，Java 控制结构，数组，面向对象编程，继承和多态，抽象类、接口和内部类，异常处理，Java 常用类库，集合与泛型，Lambda 表达式，输入/输出流，多线程，JDBC 数据库技术，网络编程等内容。内容全面覆盖 Java 开发必备的基础知识点，结合生活化案例展开讲解，程序代码给出了详细的注释，能够使初学者轻松领会 Java 技术精髓，快速掌握 Java 开发技能。为了进一步便于教师与学生使用，本书配套以下增值资源：

☑ 随书视频   ☑ 优质 PPT 课件

☑ 源代码资源   ☑ 授课资源

☑ 习题库   ☑ 测试题

☑ 小 A 答疑

本书适合作为高等院校相关专业的教材及教学参考书，也适合作为 Java 开发入门者的自学用书，还可供开发人员查阅、参考。

图书在版编目（CIP）数据

Java 编程讲义 / 荣锐锋等编著. —北京：清华大学出版社，2021.11
ISBN 978-7-302-59199-3

Ⅰ．①J… Ⅱ．①荣… Ⅲ．①JAVA 语言—程序设计 Ⅳ．①TP312.8

中国版本图书馆 CIP 数据核字（2021）第 187266 号

责任编辑：贾小红
封面设计：飞鸟互娱
版式设计：文森时代
责任校对：马军令
责任印制：朱雨萌

出版发行：清华大学出版社
      网　　址：http://www.tup.com.cn，http://www.wqbook.com
      地　　址：北京清华大学学研大厦 A 座   邮　　编：100084
      社 总 机：010-62770175   邮　　购：010-62786544
      投稿与读者服务：010-62776969，c-service@tup.tsinghua.edu.cn
      质量反馈：010-62772015，zhiliang@tup.tsinghua.edu.cn
印 装 者：三河市天利华印刷装订有限公司
经　　销：全国新华书店
开　　本：185mm×260mm   印　张：23   字　数：619 千字
版　　次：2021 年 11 月第 1 版   印　次：2021 年 11 月第 1 次印刷
定　　价：69.80 元

产品编号：093154-01

编 者 序

AAA 教育集团

AAA 教育集团成立于 2007 年，专业从事高端计算机职业教育工作，是国内知名的教育品牌。集团成立以来，依托先进的办学理念，培养出数万名专业性、实战型高端技术人才，被业界誉为"互联网金领生产基地"。

AAA 教育集团总部位于 IT 科技企业云集的北京中关村，以中关村科技园区为依托，紧密结合软件企业人才需求，自主研发了专业的人才培养课程体系。为响应教育部提倡的"产教融合"办学理念、培养企业需要的 IT 人才，与郑州大学、河南大学、中原工学院、郑州航空管理学院开展了战略合作；与河南应用技术职业学院、新乡职业技术学院、三门峡职业技术学院、驻马店职业技术学院、河南对外经济贸易职业学院、安阳职业技术学院等共同创办合作专业，为企业培养输送了大量合格人才。

AAA 教育集团是 Oracle 公司（甲骨文）指定教育合作伙伴，还先后与华为、微软 IT 学院、联想科技教育中心、百度 SEM 认证营销培训中心、工业和信息产业部等知名企业和机构建立了战略合作关系，从而不断优化教学产品，确保教学内容始终领先。

目前，AAA 教育集团已在北京、郑州、深圳、武汉、沈阳、上海等城市开设了直营教学中心和就业基地。在 AAA 未来的战略蓝图中，杭州、西安、南京等城市的教学中心也在计划筹建中。长期以来，AAA 教育集团已成功帮助数万学子成功高薪进入 IT 软件行业，学员毕业后大多进入阿里巴巴、京东、百度、新浪、云智慧、易酒批、数猎天下、广联达等知名 IT 企业，深受企业欢迎。

学科服务

Java EE 分布式开发、HTML5 前端开发、软件测试、UI/UE 设计、云计算与信息安全、大数据分布式开发、Python 全栈与人工智能、智能物联网开发、Unity 游戏开发。

全国校区

北京校区|郑州软件校区|郑州 UI 校区|深圳校区|武汉校区|沈阳校区|西安校区|成都校区

产品服务

❖ AAA 教育基于近 15 年来积累的教学培训、企业订制研发、产教融合等经验，精心设计了"教材+授课资源+习题库+测试题+视频"的教学资源包，可节省教师的备课时间，缓解教师的教学压力，明显提高教学质量。

❖ 本书为教师及学员提供了海量的源代码资源，其中包括本书所有案例的源代码、典型教学案例源代码、企业级项目源代码。

❖ 本书配有 AAA 教育讲师录制的随书教学视频，可作为教师授课参考、可供学生课后巩固，亦可供零基础学员自学使用。手机扫描封底刮刮卡内二维码，获得权限，再扫描书中二维码，即可观看教学视频。

❖ 针对高校学生学习过程中存在的疑难问题、课业压力等，AAA 教育量身打造了"小 A 答疑"来帮助学员解决学习过程中的问题和疑惑。本书购买者只需添加小 A 微信或 QQ 即可享受免费贴心服务。

❖ 本书为高校教师、IT 培训讲师提供了免费的优质 PPT 课件，可供您参考、编辑、修改、整合，助您高效备课。您也可以加入专属服务群，获取 AAA 教育更多最新的教师教学辅助资源。

❖ 微信扫描封底刮刮卡内二维码，获得权限，再扫描如下二维码，即可下载全书讲解视频及案例源码。

❖ 微信扫描封底刮刮卡内二维码，获得权限，再扫描如下二维码，即可下载 PPT 课件及相关教学资源。

❖ 微信扫描封底刮刮卡内二维码，获得权限，再扫描如下二维码，可获得小 A 答疑服务、作者在线服务等更多增值资源链接。

AAA 教育集团

2021 年 9 月

序

程序设计是一门非常重要的课程，其重要性不仅仅体现在一般意义上的代码编写，更体现在引导学员实现问题思维方式的转换——培养编程思维能力。也正是由于需要引导学员实现思维方式的转换，才使得这门看似基础的课程具有很高的难度，突破了这个难点，一切将变得比较自然。这本教材以 Java 语言为背景，从初学者的需求出发，在计算机专业人才的培养方面进行了有益的探索，体现了"学生易学，教师易用，变应试为应用"的编写理念，形成了如下特点：

❖ 以实际问题的解决过程为引导，讲授程序设计的基本方法；以面向对象程序设计为核心，侧重对程序设计规范、代码编写思路的讲解，并将软件工程相关的思想和方法渗透其中，提高学员程序编制的规范性。

❖ 讲授程序设计为主，将 Java 语言的有关语法有机地结合到程序设计中，避免了生硬枯燥的语法叙述，真正体现了"程序开发"，在"轻松学习 Java 语言"上做出了可贵的探索。

❖ 明显地体现出作者团队多年来在该门课程上的开发经验和教学经验积累，在写作上表现出了 IT 领域流行的"师傅带徒弟"的模式，行文流畅，语言带有浓厚的程序员气质，努力贴近读者，深入浅出，通俗易懂，逻辑性强，形成该书独特的风格。

❖ 将作者丰富的程序设计经验融入教材编写，按照初学者的需求，适时引导学员进行程序错误分析、测试与调试，将一些容易被忽略的而且对高水平 Java 语言程序设计很重要的"点"逐一展现给读者，进一步适应程序设计教学的需求。

❖ 选择了一些趣味性强、有吸引力的案例和话题以提高学员的学习兴趣，同时选择一些实用性强的案例以努力提高学员的工程实践能力。精选的引导性案例、习题以及贯穿全书的综合案例，起到了开拓学员思路、引导学员探究问题求解方法、激发学员程序设计兴趣的作用。

本书每个章节都由浅入深、循序渐进，让学员从案例中学习到程序设计的思想与技巧，了解 Java 的运行原理。全书内容新颖、实用性强、轻松易懂、概念清晰、侧重实战、配套资源丰富，相信会给广大的零基础 Java 编程学员带来良好的学习体验，带领大家快速进入 Java 程序开发的世界，在 IT 领域一显身手、大展宏图。

云智慧 CEO·殷晋

2021 年 9 月

前　言

Java 是一门功能强大的多用途编程语言，也是全球最流行的开发语言之一。它是面向对象编程语言的代表，集跨平台、健壮、高性能等诸多优点，广泛应用于 Web 后端开发、移动端开发、大数据分析、人工智能开发等热门领域。随着 Web 技术的不断更新，Java 语言与时俱进、推陈出新，在互联网行业占据十分重要的地位，在 Tiobe、RedMonk、PyPL 等全球知名的编程语言排行榜上长期稳居前三。目前，全球有超过 500 万的专业开发者在使用 Java 语言，Java 程序运行在全球数十亿台设备上。对于一名想进入 IT 领域大展宏图的人士来说，学习 Java 程序开发无疑是一个极好的选择，而要学习 Java，就需要从其语言基础开始学起。

本书遵旨

本书由 AAA 软件教育组织多位具有 10 年以上企业级开发经验和 5 年以上 Java 教育授课经验的讲师创作完成，全面讲解 Java 编程基础，并针对目前初学者学习程序设计过程中容易出现的痛点和难点做了详细剖析，使学员在零基础轻松学习的前提下可以循序渐进、由理论到实践逐步掌握 Java 开发技术。全书以"夯实基础、锻造编程思维、培养开发技能"为遵旨，理论结合实践，配以代表性和实用性兼具的典型案例，并精心设计巩固练习，全面符合目前本科、大专、高职院校软件开发专业的课时及教学大纲，非常适合高校相关专业教学使用，也适合 Java 初学者自学使用。

本书内容

全书共分 15 章，基于 JDK 15 全面讲解 Java 编程基础，具体内容如下。

❖ **学习准备**：覆盖第 1 章，涉及 Java 概述、开发环境搭建、Java 程序的开发步骤、虚拟机与垃圾回收机制、IntelliJ IDEA 开发工具等内容。通过这部分内容的学习，可使学员掌握 JDK 15 的安装过程，了解最新 JDK 的目录结构，熟悉 IntelliJ IDEA 开发工具的安装和使用，动手实现属于自己的第一个 Java 程序。

❖ **语言基础**：覆盖第 2～4 章，涉及基本语法、数据类型及转换、运算符、逻辑控制、数组等内容。通过这部分内容的学习，可使学员掌握 Java 的基本语法、数据类型、数组等重要的内容及新增功能 var 变量声明模式，理解堆栈的常用内存概念。在学习这部分内容时，需要熟练掌握知识要点，为后续学习奠定扎实的基础。

❖ **面向对象**：覆盖第 5～7 章，涉及类、对象、方法、继承、多态、抽象类、接口、内部类等内容。通过这部分内容的学习，可使学员理解面向对象的编程思想，并能使用 Java 语言的抽象、封装、继承和多态等机制来开发中小型项目，领会面向对象编程的灵活性、模块性和可重用性。

❖ **核心技术**：覆盖第 8～13 章，涉及异常处理、常用类库、集合与泛型、Lambda 表达式、输入/输出流、多线程等内容。通过这部分内容的学习，可使学员快速掌握 Java

的类库体系结构、异常、集合体系结构、泛型的使用、Lambda 表达式、输入/输出流、多线程编程等。本部分内容是 Java 面试必问的硬核内容，同时也是后续 Java 流行框架的根基，可以通过本部分内容快速提高开发效率，需要学员认真领悟、反复理解概念。这样，一则对前面内容复习串联，二则有利于后续的框架技术学习、源码阅读。

❖ **编程应用**：覆盖第 14～15 章，涉及 JDBC 数据库技术、网络编程技术等内容。通过这部分内容的学习，可使学员掌握通过 Java 语言操作数据库，并且学习到框架技术的基本思想；同时，可以深刻理解 TCP、UDP、代理服务器、HTTPClient 等网络编程技术，并且能独立开发一些信息管理系统、网络聊天室等应用程序。

另外，全书以案例驱动的模式展开，力求让零基础学员达到"一次学习、终身受用"的效果。书中关键位置配有注意、编程技巧、知识点拨、误区警告、想一想等特色栏目，以提示学员加强注意、多加思考，进而帮助学员加深对 Java 编程思想的理解，扫除技术忙点，提高编程技能。

本书特色

本书作者团队结合十余年的企业级开发经验，一万余小时的培训授课经验，总结万余名学员学习中的常见错误，融合目前最先进的编程教育理念，为本书打造了如下特色。

❖ **启发式学习，循序渐进**：本书以零基础学员、初中级程序员为对象，从 Java 语言发展历史讲起，采用通俗易懂的语言，由浅入深地讲解了 Java 基础知识与核心技术，并针对性地对比了新旧版本的异同点。讲解过程步骤详尽、格式新颖，可使学员快速掌握书中知识点。

❖ **随书视频，细致讲解**：为了便于学员"零障碍"地学习 Java 开发，本书所有章节都配备了课堂讲解视频，视频内容生动有趣、干货满满，扫描书中二维码，即可观看学习。

❖ **注释详尽，贴心提醒**：为了降低学员的学习难度，书中代码都增加了详尽的注释。另外，在需要注意的部分、常见 Bug 部分，都增加了贴心提示，可以让学员在学习过程中少走弯路，快速掌握知识，提高学习效率。

❖ **理论试题，实践练习**：书中各章节都提供了理论测试与实践练习（电子书形式，扫描对应二维码即可获取），可使学员从理论和实践两方面都能够做到回顾、练习，从而夯实基础、内外兼修，把 Java 技术学习彻底。

读者对象

❖ 本科、大专、高职院校的教师及学生
❖ Java 编程零基础入门自学者
❖ 培训机构的老师和学员
❖ 初、中级程序开发人员
❖ 程序测试和运维人员
❖ 编程爱好者
❖ 面试求职人员

创作与致谢

本书由 AAA 软件教育 CEO 荣锐锋负责统稿，张晨光负责编写，云智慧 CEO 殷晋负责总体技术把控，王向南负责文字审阅，尹成负责技术支持。同时，AAA 教育的陈建、杨顺利、王和超、王秀芳、于永利、郑海洲、黄家珩、白金豹、丁燕飞、李大伟、秦鹏、孙浩强、李梦杰等老师给予本书极大的支持。除了研发小组成员，AAA 软件教育全体 Java 讲师参与了本书的修订工作，还有 AAA 软件教育一千多名学员参与了本书试读，他们站在初学者的角度对本书提供了许多宝贵的修改意见，在此一并表示衷心的感谢。

在本书编写过程中，郑州大学软件学院李学相院长从产教融合，产、学、研一体化建设方面给予指导性的意见，在此特别表示感谢！

意见反馈

本书虽经多次认真修改与完善，难免百密一疏，恳请同行专家学者和读者朋友不吝指正，我们将不胜感激，并在再次重印时及时予以更正。您在使用本书时，发现任何问题或需要帮助，都可以与作者团队联系，我们将竭诚为您服务。

AAA 软件教育

2021 年 9 月

目　录

第 1 章 Java 开发入门

Java 是一门功能强大的多用途编程语言，也是全球最流行的开发语言之一。它是面向对象编程语言的代表，集跨平台、健壮性、高性能等诸多优点，广泛应用于 Web 后端开发、移动端开发、大数据分析、人工智能等热门领域，在互联网行业占据十分重要的地位。目前，全球有超过 500 万的专业开发者在使用 Java 语言，Java 程序运行在全球数十亿台设备上。作为全书开篇，本章将对 Java 语言发展概况、开发环境搭建、程序开发步骤、虚拟机与垃圾回收、开发工具等内容进行讲解，带领大家进入 Java 世界。

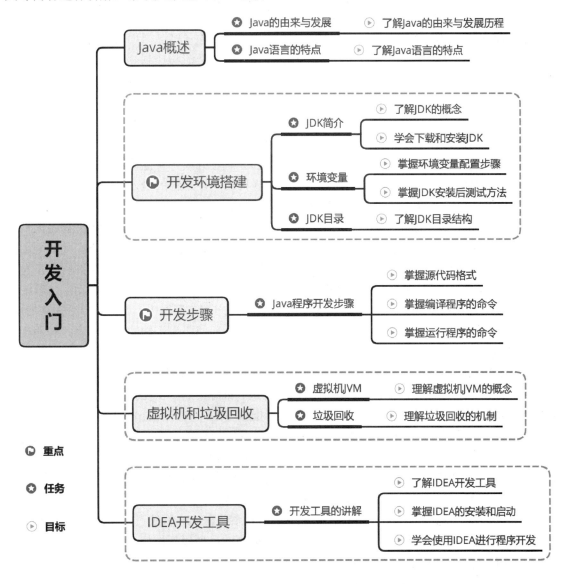

1.1 Java 概述

1.1.1 Java 的由来与发展

Java 是一种高级计算机语言,它是由 Sun 公司(2009 年 4 月 20 日被 Oracle 公司收购,2010 年完成合并)于 1995 年 5 月推出的一种用来编写跨平台应用软件、完全面向对象的程序设计语言。Java 语言简单易用、安全可靠,自从问世以来,受到了市场的大力追捧。在 PC、移动设备、家用电器等领域,Java 技术无处不在。

Sun 公司在 1995 年推出 Java 语言以后,吸引了编程世界的广泛关注。那么,Java 到底有什么魔力呢?1990 年年末,Sun 公司预测嵌入式系统将会在家电领域大显身手,于是在 1991 年 6 月启动了"Green 计划",由詹姆斯·高斯林(James Gosling)、迈克·谢里丹(Mike Sheridan)等人带领的开发团队负责,准备开发一种能够在各种消费性电子产品(如机顶盒、冰箱、收音机等)上运行的程序架构,以便于人们与家用电器进行信息交流与控制。因为家用电器的计算处理能力和内存都非常有限,所以要求语言必须非常小且能够生成非常紧凑的代码,这样才能在对应的环境中执行。另外,不同的家用电器使用的 CPU 不同,因此要求该语言必须是跨平台的。开发团队最初考虑使用 C++语言,但是 C++太过复杂,以致很多开发者经常错误使用,而且项目面向的是嵌入式平台,可用的系统资源十分有限,所以 Sun 公司创始人之一的比尔·乔伊(Bill Joy)决定开发一种新语言,他提议在 C++的基础上开发一种面向对象的环境。Java 便由此而问世,詹姆斯·高斯林最初将其命名为 Oak(橡树)。遗憾的是,当时由于这门语言只能为家用电器提供一个通用环境,且受到诸多因素的限制,Oak 语言没有得到迅速推广。1994 年夏天,随着 Internet 的迅猛发展,浏览器的出现,枯燥乏味的信息文档已经不能满足人们的需求,这给 Oak 语言带来了新的生机。詹姆斯·高斯林立刻意识到这是一个机会,于是对 Oak 进行了小规模的改造。之后,开发团队的其他成员完成了第一个基于 Oak 语言的网页浏览器 WebRunner,从而让浏览器具有了在网页中执行内嵌代码的能力,可以创造含有动态内容的网页。1995 年,Sun 公司将 Oak 更名为 Java,并将其直接发布在互联网上,免费开源给大家使用,获得了广大开发人员的青睐。之后,Java 开始走红,成为一门广为人知的编程语言,被用于开发 Web 应用程序。

Java 一开始具有吸引力,是因为 Java 程序可以在 Web 浏览器中运行,随着 Internet 的迅猛发展,以及 Web 技术的不断更新,Java 语言与时俱进、推陈出新,在社会经济发展和科学研究中占据了越来越重要的地位。在最流行的语言流行指数 Tiobe、RedMonk 和 PyPL 中均长期排名前三,且多年是 Tiobe 排行榜中排名第一的语言。从手机软件到企业级应用、从无人驾驶汽车到线上支付、从 Minecraft(我的世界)游戏娱乐到火星探测器,Java 语言的使用场景非常广泛。现在,Java 广泛应用于开发服务器端的应用程序,占据了服务器端开发 80%以上的市场份额。

Java 语言目前主要应用于如下领域:

❖ 移动端安卓系统。目前,智能手机的 Android 系统和 iOS 系统占据了市场的主导地位,在 Android 系统中大多数应用都是用 Java 编写的,所以想做好 Android 系统的开发,拥有好的 Java 功底是很重要的。

❖ 服务器端应用程序。Java 语言具有优秀的可移植性和安全性,银行、交通、石油、电力等领域的大型信息化系统都选择用 Java 进行开发。

❖　云计算和大数据领域。随着云计算技术的发展，越来越多的企业考虑将其应用部署在 Java 平台上。大数据技术是近些年最热门的新兴技术之一，其主流框架都离不开 Java 平台。总之，无论是公共云、私有云还是大数据开发，Java 都是目前最适合的选择。

从 Java 编程语言本身角度来讲，其严谨的结构、易懂的语法加上简易的编写为其之后的发展及革新提供了良好的保障。

📢注意：Java 是印度尼西亚爪哇岛的英文名称，因盛产咖啡而闻名。

1.1.2　Java 语言的特点

Java 语言是一门跨平台的适用于移动端、服务器领域、分布式环境的面向对象程序设计语言，它之所以能从众多编程语言中脱颖而出，成为最流行的服务器端开发语言，是因为具备如下显著特点：

❖　简单易学。Java 语言虽然衍生于 C++，但是删除了许多使用频率低、不易理解和容易混淆的功能，如指针、运算符重载、多继承等。这样做可以使 Java 程序直接访问内存地址，保证程序更高的安全性，并提供了自动的垃圾回收机制 GC，程序员不必再担忧内存管理问题。

❖　面向对象。Java 是一种以对象为中心，以消息为驱动的面向对象的语言，它提供了类、接口和继承等，不支持类之间的多继承，但是支持接口之间的多继承，并支持类和接口之间的实现机制。

❖　平台无关性。Java 语言是平台无关的语言，源文件（后缀为.java 的文件）通过 Java 编译器生成一种体系结构中立的目标文件（后缀为.class 的文件），依赖 Java 虚拟机（JVM）在目标计算机系统中实现了平台无关性，JVM 是 Java 平台无关的基础。平台无关性是确保程序可移植的最重要部分，Java 还严格规定了各个基本数据类型的长度，Java 编译器是用 Java 语言实现的，Java 的运行环境是用 ANSIC 实现的，使 Java 系统本身具有很强的可移植性。

❖　支持多线程。线程是比进程更小的执行单位，很多操作系统都把线程视为基本的执行单位。Java 支持多线程编程，可以实现并发处理多个任务，互不干涉，不会由于某一任务处于等待状态而影响其他任务的执行，可以提高程序执行效率。

❖　支持网络编程。Java 就是为网络而设计的语言，完全支持互联网的所有功能。Java 通过系统类库支持 TCP/IP 协议、UDP 协议、HTTP 协议等，用户可以通过 URL 地址在网络上很方便地访问 Web 对象，实现与 Web 对象的信息交互。

❖　健壮性。Java 语言是一门强类型语言，它在编译和运行时进行大量的类型检查，防止不匹配的数据类型的发生，并且具备了异常处理、强类型机制、GC 自动回收等特性，保证了程序的稳定、健壮。

❖　安全性。Java 语言设计的目的是用于网络/分布式运算环境，因此它非常注重安全性，以防遭到恶意程序的攻击。除了丢弃指针来保证内存使用安全以外，Java 语言通过自己的安全机制防止了恶意程序对本地系统的破坏，主要包括通过字节码校验器检查、限制从网络加载的类只能访问特定文件系统等，保证了 Java 成为了安全的编程语言。

❖　分布式计算。Java 语言可以开发分布式计算的程序，具有强大的、使用简单的联网能力。它提供了很多可以用于网络应用编程的类库，包括 URL、URLConnection、Socket、

ServerSocket 等，使应用程序可以像访问本地文件系统那样用 URL 访问远程对象。

想一想：你了解哪些语言？Java 语言在众多编程中脱颖而出的原因有哪些？

1.2 Java 开发环境搭建

1.2.1 JDK 简介

Java 开发工具包（JavaSE Development Kits，简称 JDK）是一套由独立程序构成的集合，用于开发和测试 Java 程序，是 Java 程序开发的首要工具。

JDK 由 Java API、Java 工具和 Java 基础类库等组成，其核心是 Java API，API（Application Programming Interface，应用程序接口）是 Java 提供的供编程人员使用的标准类库，开发人员可以用这些类库中的类来实现Java程序的各种功能，从而免去自行设计很多常用类的繁重工作，极大地提高开发效率。另外，Java API 还包括一些重要的语言结构以及基本图形、网络和文件 I/O 等。

本书中使用的是 JDK 15 版本，与之前的版本相比，JDK 15 为用户提供了 14 项主要的增强（JEP），同时新增了 1 个孵化器模块、3 个预览功能、2 个不推荐使用的功能，并删除了 2 个淘汰的功能。

知识点拨：增强（JEP）、孵化器模块（Incubator）和预览特性（Preview）的具体含义如下。

增强：英文全称为 JDK Enhancement Proposals，简称 JEP，是 JDK 增强建议，主要包括新增特性和改进提案。

孵化器：实际上就是实验版，主要从 Java 社区收集意见、反馈，稳定性差，后期可能有比较大的变动，称之为尚未定稿的 API/工具。

预览特性：规格已经成型，实现基本确定，但是最终未定稿，这些特性还可能被移除，但可能性比较小，一般都会定下来。

1.2.2 下载和安装 JDK

编写 Java 程序，首先要下载 JDK 安装程序，读者可以直接从 Oracle 公司的官方网站下载。

通过浏览器打开 Oracle 官网（http://www.oracle.com/technetwork/java/javase/downloads/index.html），根据提示进入下载页面，找到与自己的计算机操作系统对应的 JDK 安装文件下载链接，单击下载即可。网页内容可能因版本或 Oracle 公司规划而有所不同，用户可以根据需要选择所需要的 JDK 版本。

JDK 安装文件下载成功后，就可以安装了。本书使用的是 64 位的 Windows 10 环境，接下来详细演示 Windows 64 位平台下 JDK 15 的安装过程，具体步骤如下：

（1）双击从 Oracle 官网下载的 JDK 安装文件，进入 JDK 安装界面，如图 1.1 所示。

（2）单击图 1.1 中的"下一步"按钮，进入 JDK 自定义安装界面，如图 1.2 所示。

（3）建议选择直接安装到默认目录，单击"下一步"按钮即可进行安装，如图 1.3 所示。也可以单击"更改"按钮，自行选择安装目录。

（4）安装完毕后，弹出如图 1.4 所示的界面，单击"关闭"按钮即可。

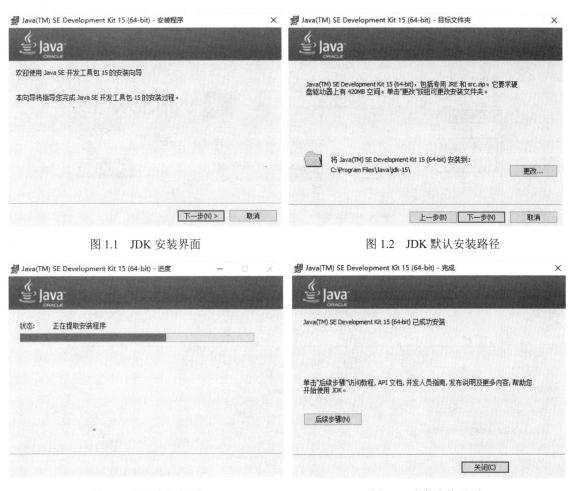

图 1.1　JDK 安装界面　　　　　　　　　　图 1.2　JDK 默认安装路径

图 1.3　等待安装界面　　　　　　　　　　图 1.4　安装完毕界面

1.2.3　环境变量配置

在使用 Java 来编译和运行程序之前，必须先设置好环境变量。所谓环境变量，就是在操作系统中定义的变量，可供操作系统上的所有应用程序使用。Path 环境变量的作用是设置一个路径，由操作系统去寻找该路径下的文件（如.bat、.ext、.com 等），对 Java 来说就是 Java 的安装路径。

下面以 Windows 10 操作系统为例说明。具体步骤如下：

（1）选择"控制面板"→"系统和安全"→"系统"（也可以在桌面上右击"此电脑"或"我的电脑"，在弹出的快捷菜单中选择"属性"命令），进入系统窗口，如图 1.5 所示。

（2）单击"高级系统设置"选项，弹出"系统属性"对话框，如图 1.6 所示。

（3）单击"环境变量"按钮，弹出 "环境变量"对话框，如图 1.7 所示。

（4）在"环境变量"对话框的"系统变量"区域中，单击"新建"按钮，打开"新建系统变量"对话框。并在"变量名"文本框中输入"JAVA_HOME"，在"变量值"文本框中输入 JDK 安装目录。笔者此时的安装目录为"C:\Program Files\Java\jdk-15"，如图 1.8 所示。单击"确定"按钮，完成 JAVA_HOME 环境变量的配置。

图 1.5 Windows 10 系统窗口

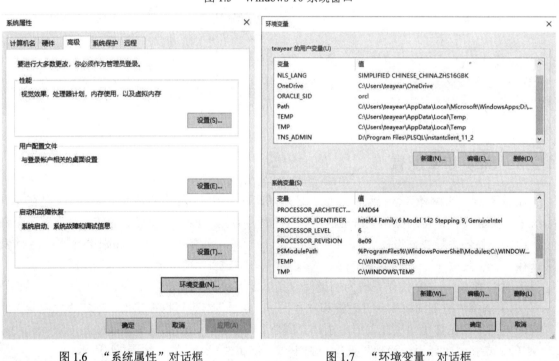

图 1.6 "系统属性"对话框   图 1.7 "环境变量"对话框

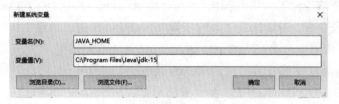

图 1.8 "新建系统变量"对话框

（5）在"环境变量"对话框的"系统变量"区域中选中系统变量 Path，如图 1.9 所示。

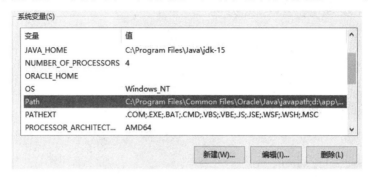

图 1.9　"环境变量"对话框选中 Path 变量

（6）在图 1.9 所示的对话框单击"编辑"按钮，打开"编辑环境变量"对话框，单击"新建"按钮，在编辑页面的文本框中添加"%JAVA_HOME%\bin"，如图 1.10 所示。然后单击"确定"按钮，保存环境变量，完成配置。

图 1.10　"编辑环境变量"对话框

📢注意：在配置 Path 环境变量时，JAVA_HOME 环境变量并不是一定需要配置的，我们也可以直接将 JDK 的安装路径（C:\Program Files\Java\JDK-15\bin）添加到 Path 环境变量中。这里配置 JAVA_HOME 的好处是，当 JDK 的版本或安装路径发生变化时，只需要修改 JAVA_HOME 的值，而不用修改 Path 环境变量的值。

个别图书中会提到 Classpath 环境变量，Classpath 环境变量的作用与 Path 环境变量的作用类似，它是 JVM 执行 Java 程序时搜索类的路径的顺序，以最先找到为准。JDK 1.5 之后，如果没有设置 Classpath 环境变量，则 Java 解释器会在当前路径下搜索 Java 类，故本书不再赘述。

1.2.4 测试开发环境搭建成功与否

JDK 配置完成后，需要测试 JDK 是否能够在计算机上运行，具体步骤如下：

（1）按 Windows+R 快捷键，调出 DOS 命令行运行窗口，在搜索框中输入"cmd"，如图 1.11 所示。

（2）单击"确定"按钮，进入命令行窗口，如图 1.12 所示。

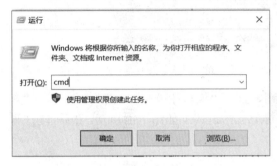

图 1.11　运行窗口界面

图 1.12　命令行窗口界面

（3）在命令行窗口中输入"javac"命令，并按 Enter 键，系统会输出 javac 的帮助信息，如图 1.13 所示，说明 JDK 已经成功配置，否则需要仔细检查 JDK 环境变量的配置是否正确。

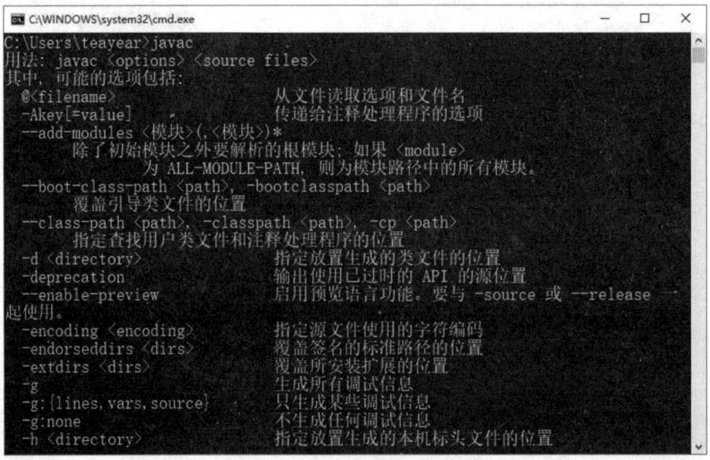

图 1.13　命令行信息

1.2.5 JDK 目录详细剖析

JDK 安装成功后，系统会自动在安装目录下生成一个目录，称为 JDK 目录，如图 1.14 所示，我们必须熟悉 JDK 目录下各个文件夹的作用才能更好地学习与编写代码。

接下来，简单介绍一下 JDK 目录及其子目录的含义和作用。

❖ bin：该目录存放一些编译器和工具，常用的有 javac.exe（Java 编译器）、java.exe（Java 运行工具）、jar.exe（打包工具）、jdb–debugger（查错工具）和 javadoc.exe（文档生成工具）等。

❖ conf：用来存放一些 JDK 相关的配置文件。

❖ include：该目录存放一些启动 JDK 时需要引入的 C 语言的头文件。

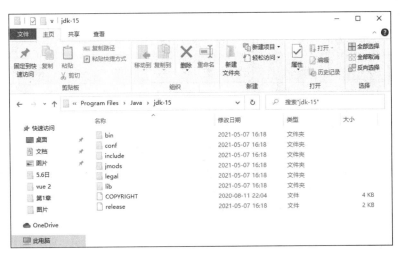

图 1.14　JDK 目录

❖ jmods：自 JDK 11 以后，JDK 就采用了模块化设计，以便缩小最终软件的体积，方便定制，简化管理。这个目录下保存了核心模块，也就是官方提供的各种类库程序，具体内容可以参考官方文档。在 JDK 8 中，这些资源以 jar 包的形式存放，如 lib 目录中的 rt.jar 等。

❖ legal：所使用的协议等法律文件。

❖ lib：lib 是 library 的简写，存放 Java 类库或库文件，包含 Java 运行环境的私有实现信息，不供外部使用，不能修改。src.zip 文件也在该目录中。

📢注意：自 JDK 9 以后，就取消了目录中的 jre 目录，将之前 jre 目录里面的内容分散到其他各个目录了。

1.3　Java 程序的开发步骤

1.3.1　编写源代码

在我们为计算机配好 Java 开发环境以后，也就代表着可以开始实现我们的 Java 开发之旅了。现在我们自己来动手编写一个 Java 程序，亲自感受一下 Java 语言的编写规范。

下面将编写第一个 Java 程序，其功能是控制台输出"有梦想，一起实现！"，如例 1-1 所示。

【例 1-1】　HelloDream.java

在开始编写代码之前，先在计算机 D 盘（本书使用 D 盘）中创建一个新的目录及子目录："d:\javaCode\demo01"。然后在 demo01 下创建一个文本文件，并重命名为 HelloDream.java，使用记事本打开，编写如下程序代码：

```
1    class HelloDream{
2        public static void main(String[] args){
3            System.out.println("有梦想，一起实现！");
4        }
5    }
```

例 1-1 是程序的源代码，下面针对逐条语句进行详细的讲解，如图 1.15 所示。

📢注意：在编写 Java 代码时，所有的符号必须用英文半角格式。

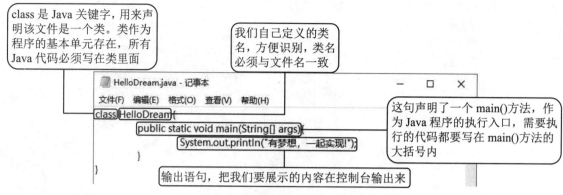

图 1.15 记事本编写的 Java 代码

1.3.2 编译程序

编写好的 Java 代码文件需要编译成 Java 字节码文件（class 文件）才能运行，Java 程序的编译步骤如下：

（1）打开 DOS 命令行窗口，先将路径切换到需要编译代码的位置，即在窗口依次输入"d:\javaCode\demo01"和"d:"命令，如图 1.16 所示。

（2）切换好磁盘路径之后，在命令行窗口输入"javac HelloDream.java"命令，对源文件进行编译，如图 1.17 所示。

图 1.16 切换磁盘目录   图 1.17 编译 Java 源文件

（3）在编译成功后会发现同级目录下多了一个名为 HelloDream.class 的文件，这个文件就是字节码文件，如图 1.18 所示。

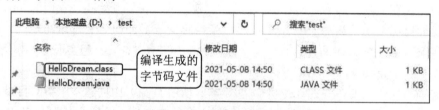

图 1.18 命令行编译后的文件目录

📕编程技巧：在进行编译时，要写文件全名加后缀名。javac 编译 utf-8 编码的 java 文件时，容易出现"错误：编码 GBK 的不可映射字符"。解决方法是添加 encoding 参数：javac -encoding utf-8 WordCount.java，如果还不能解决，将文件保存成 ANSI 编码格式。

1.3.3 运行程序

编译完成之后，就可以运行程序。在 DOS 命令行窗口接着输入"java HelloDream"命令，运行刚才已经编译好的 java 文件，运行结果如图 1.19 所示。

注意：在运行的时候，输入的是文件的全名，不加后缀名。

图 1.19　运行 Java 程序

1.3.4　简化的编译运行流程

通过前面的学习，我们知道了一个 Java 程序需要经过编写、编译、运行 3 个阶段，而且细心的同学会发现，在编译的时候我们用的是 javac 命令，而在运行的时候用的则是 java 命令，这在一定程度上给大家带来了不少麻烦。好在，JDK 9 之后，Java 程序的编译运行进行了改动，变得更加简便，不需要再使用 javac 命令对 java 文件进行编译后运行，而是直接使用 java 命令对 java 文件进行编译运行。

接下来，将 "d:\javaCode\demo01" 目录下编译后的 HelloDrea.class 字节码文件删除掉，按照简化后方法重新编译运行 HelloDream.java 程序，如图 1.20 所示。

图 1.20　java 命令编译运行

通过图 1.20 可以看到，我们只需要使用 java 命令就可以直接打印出 java 文件的输出结果。

1.3.5　反编译

java 文件是高级语言代码，class 文件是低级语言代码。编译过程实际上是通过 Java 编译器将高级语言的源代码编译为低级语言代码。那么反过来，是否可以通过低级语言代码进行反向工程，获取其源代码呢？答案是肯定的，这个过程就叫作反编译。虽然，机器语言很难反编译为源代码，但是中间代码是可以进行反编译的，比如用户可以把 javac 编译得到的 class 文件进行反编译，将其转换为 java 文件。通过反编译，我们可以了解别人的代码内容，学习别人的代码的实现思路，还可以通过源代码查找 Bug、制作外挂等。

Java 中有很多反编译工具，最常用的有如下几种。

❖　javap：javap 是 JDK 自带的一个工具，可以对代码反编译，也可以查看 Java 编译器生成的字节码。javap 生成的文件并不是 java 文件，而是程序员可以看得懂的 class 字节码文件。

❖　jad：jad 是一个比较不错的反编译工具，它可以把 class 文件反编译成 java 文件。但是，jad 已经很久不更新了，在对 Java 7 生成的字节码进行反编译时，偶尔会出现不支持的问题，在对 Java 8 的 lambda 表达式反编译时就彻底失败。

❖　CFR：jad 很好用，但是很久没更新了，所以只能用一款新的工具替代它，CFR 是一个不错的选择，相比 jad 来说，它的语法可能会稍微复杂一些，但是好在它可以工作。

❖　JD-GUI：JD-GUI 是一款功能十分强大的 Java 反编译工具，它支持对整个 jar 文件进行反编译，其中文版可直接点击进行相关代码的跳转，用户可以使用它浏览和重建源代码的即时访问方法和字段，操作十分简单。

1.4　Java 虚拟机与垃圾回收

前面我们学习了 Java 程序的编写、编译与运行过程，那么 Java 程序在计算机中运行的底层原理是什么呢？它是如何实现跨平台的呢？它在运行过程中又是如何使用计算机内存的呢？接下来，我们来学习 Java 虚拟机与垃圾回收机制。

1.4.1　Java 虚拟机 JVM

Java 虚拟机（Java Virtual Machine，JVM）是运行 Java 程序必不可少的机制。Oracle 的 Java 虚拟机规范给出了 JVM 的定义：JVM 是在一台真实的机器上用软件方式实现的一台假象机。虚拟机的代码存储在.class 文件中，并且每个.class 文件最多包含一个 public class 类的代码。

Java 程序经过编译器（javac.exe）编译之后，会产生与平台无关的字节码文件（即扩展名为 .class 的文件）。字节码文件本质上是一种标准化的可移植的二进制格式文件，它最大的好处是可跨平台运行，也就是常说的"一次编译，到处运行"。字节码文件必须交由解释器来执行，与计算机硬件、操作系统没有关系，这个解释程序就是 JVM。换句话说，无论使用哪种操作平台，只要其含有 JVM，就可以运行字节码文件。事实上，正是有了 Java 虚拟机规范，才使得 Java 应用程序达到与平台无关，从而实现可移植性，这也是 Java 语言风靡全球、迅速普及的原因之一。

回顾之前之前学习的代码编译、运行过程，我们可以很容易地理解到，JVM 实现跨平台代码执行的过程如图 1.21 所示。

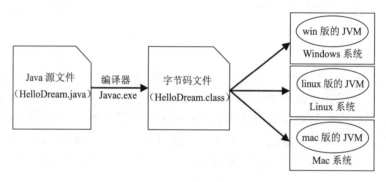

图 1.21　JVM 执行流程图

最后需要强调的是，JVM 的实现包括字节码验证、解释器、内存垃圾回收等，Java 虚拟机规范对运行时数据区域的划分及字节码的优化并没有严格的限制，它们的实现依不同的平台而有所不同。

1.4.2　垃圾回收机制

在传统的程序开发语言（C、C++及其他语言）中允许动态分配内存，同时需要程序开发人员负责内存资源的释放，如果不释放内存，则随着程序的不断运行，不断有新的资源需要分配内存，当系统中没有内存可用时程序就会崩溃。或者，已动态分配的堆内存由于某种原因未被程序释放或无法释放，也会造成系统内存的浪费。上述这些现象都被称为"内存漏洞"。

垃圾回收（Garbage Collection，GC）就是指释放垃圾对象所占用的空间，防止内存溢出。内存处理是让所有编程人员都很头疼的地方，如果忘记或者错误地回收内存会导致程序或系统的不稳定甚至崩溃，Java 提供的 GC 功能可以自动监测对象并判断是否超过作用域，从而确定是不是要回收对象。

在 Java 语言中，引入了垃圾回收机制，程序开发者在编写程序时无须考虑内存管理问题。Java 提供了后台系统级线程，自动记录每次内存分配的情况，并统计每个内存地址的引用次数，不定时地对内存中没有被引用或者长时间没有使用的对象进行回收，这样回收的内存资源可以再次分配其他的内存申请。

　　垃圾回收能自动释放内存空间，使开发者可以将更多精力投入到软件核心功能设计之上，不需要主动去考虑内存漏洞的问题，极大地减轻了程序开发者编程的负担。同时，垃圾回收是 Java 语言安全性策略的一个重要部分，它能够有效保护程序的完整性。当然，Java 的垃圾回收也有一个潜在的缺点，就是它的开销影响程序性能，Java 虚拟机必须追踪运行程序中有用的对象，最终释放没用的对象，这个过程需要花费 CPU 的时间。

1.5　IntelliJ IDEA 开发工具

　　在第 1.3 节编写第一个 Java 程序时，我们使用的是记事本，这样编写程序比较辛苦且效率不高。那么，如何来提高编程效率呢？这就需要选择一款优秀的 Java 程序开发工具。

1.5.1　IDEA 概述

　　在 Java 的学习和开发过程中，离不开一款功能强大、使用简单、高效率的开发工具。程序开发工具又叫集成开发环境（IDE），是用于提供程序开发环境的应用程序，通常包括代码编辑器、编译器、调试器和图形用户界面等，这类软件一般集代码编写、分析、编译、调试为一体，可以极大程度地提高编程效率。目前，最流行的 Java 集成开发环境有 Eclipse、IntelliJ IDEA、NetBeans、jGRASP、BlueJ 等。曾经，Eclipse 是 Java IDE 中的王者，近些年其风头逐步被 IntelliJ IDEA 所取代。

　　IntelliJ IDEA 简称 IDEA，是业界公认最好的 Java 开发工具之一，特别在智能代码助手、代码自动提示、重构、JavaEE 支持、各类版本工具（git、svn 等）、JUnit、CVS 整合、代码分析、创新的 GUI 设计等方面，其功能可以说是超常的。

1.5.2　IDEA 的安装与启动

　　接下来，我们就来介绍 IDEA 的下载、安装与启动方法（笔者写稿时使用了 IDEA 的 2021版，读者可以直接在官网进行下载），具体步骤如下：

　　（1）通过网址（https://www.jetbrains.com/idea/）进入官网，如图 1.22 所示。

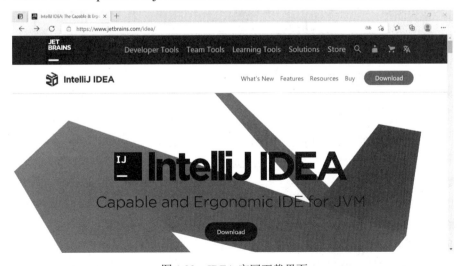

图 1.22　IDEA 官网下载界面

（2）单击 Download 按钮进行下载，弹出下载界面，如图 1.23 所示。IntelliJ IDEA 提供了两个版本，即 Ultimate（旗舰版）和 Community（社区版）。社区版是免费的，但它的功能较少。旗舰版是商业版，提供了一组出色的工具和特性。

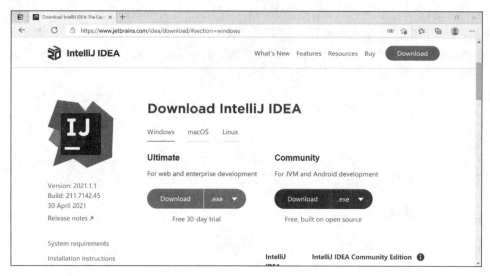

图 1.23　IDEA 2021 版下载界面

（3）单击 Download 后会弹出如图 1.24 所示的注册界面，让我们进行注册，不用注册，这时候已经开始下载了。下载好安装包后将其放在合适的位置，等待安装即可。

图 1.24　等待下载与注册界面

（4）双击下载好的安装包，弹出安装界面，如图 1.25 所示。

（5）单击 Next 按钮选择安装目录，一般选择默认即可，如果 C 盘空间不足可以选用其他盘符，如图 1.26 所示。

（6）单击 Next 按钮后，进入安装配置界面，勾选创建桌面快捷方式，本书使用的是 64 位操作系统，所以选中 64-bit launder 复选框（用户请根据自己操作系统的位数，自行选择），如图 1.27 所示。

（7）单击 Next 按钮，跳转至开始安装界面，如图 1.28 所示。单击 Install 按钮即跳转至等待安装界面，如图 1.29 所示。程序安装完毕界面如图 1.30 所示，单击 Finish 按钮即可。

图 1.25　安装界面

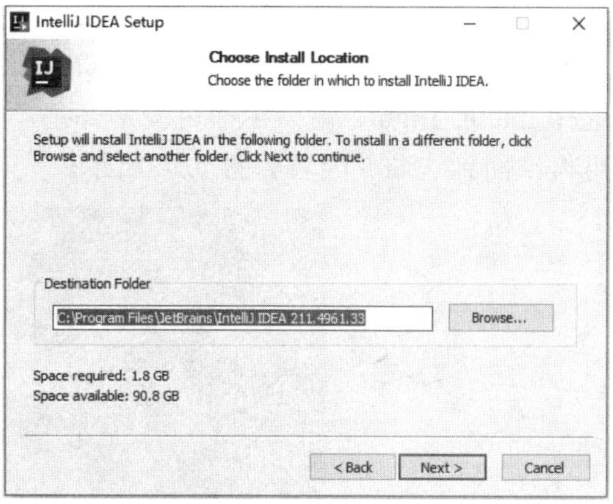

图 1.26　程序安装目录界面

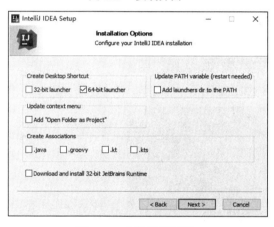

图 1.27　安装配置界面

图 1.28　开始安装界面

图 1.29　安装等待界面

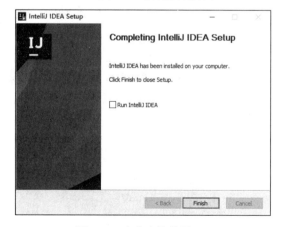

图 1.30　安装完毕界面

1.5.3　使用 IDEA 进行程序开发

安装好 IDEA 之后，接下来就带领大家体验使用 IDEA 进行程序开发的过程，步骤如下：

（1）在桌面上找到 IDEA 的快捷方式，双击图标打开 IDEA，进入 Welcome to IntelliJ IDEA 界面（IntelliJ IDEA 旗舰版是商业收费软件，但是该软件为学生提供了人性化的福利，学生凭个人学号可以获得免费使用权，具体根据官方提示操作即可），如图 1.31 所示。IDEA 界面的默认颜色为黑色，默认状态下进入下一步完全可以，如果不喜欢该风格，可自行设置。在图 1.31 所示界面选择左侧 Customize，切换到如图 1.32 所示的界面，再在右侧 Color theme 下拉列表框中选择 IntelliJ Light，背景色即可变为亮色，如图 1.33 所示。在图 1.33 所示界面选择 Projects，即可再次回到欢迎界面，如图 1.34 所示。

图 1.31　IDEA 欢迎界面

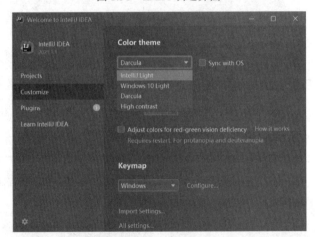

图 1.32　IDEA 界面颜色设置

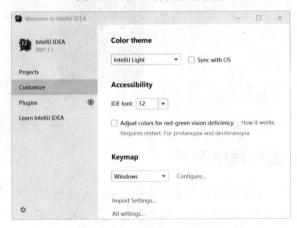

图 1.33　界面颜色变为亮色

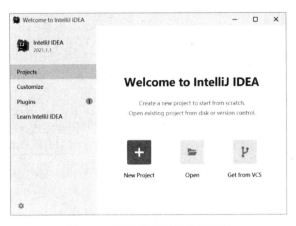

图 1.34　调整颜色后的欢迎界面

（2）在欢迎界面单击 New Project 按钮后进入 New Project 界面，如图 1.35 所示。选择项目类型和版本号，当前选择 Java 项目，Project SDK 是 15 version 15。接下来，单击 Next 按钮，进入如图 1.36 所示的界面，本界面用来设置是否使用模板开发，这里不用选中。

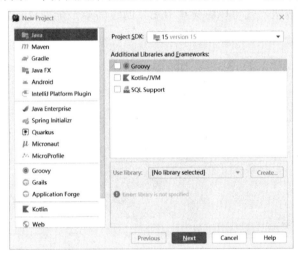

图 1.35　项目类型和版本

图 1.36　是否使用模板

（3）单击 Next 按钮进入下一步，如图 1.37 所示，输入项目名称、选择项目目录。

图 1.37　设置项目名称和目录

（4）单击 Finish 按钮，就可以看见用 IDEA 创建的第一个项目，如图 1.38 所示。

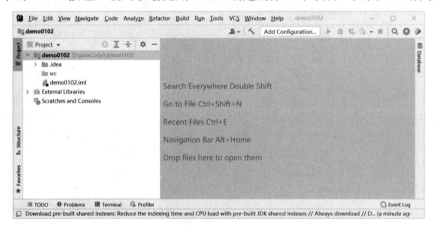

图 1.38　创建好的项目

（5）右击 src 目录，在弹出的快捷菜单中选择 New→Java Class 命令（见图 1.39），在弹出的对话框中填入类名，如图 1.40 所示。

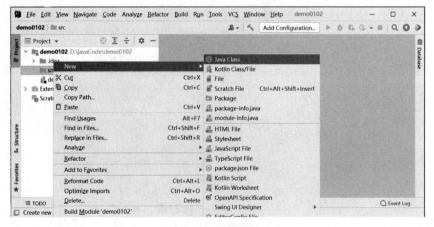

图 1.39　创建类

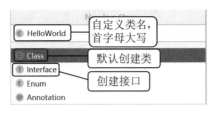

图 1.40　创建类过程中的弹窗

（6）在类中编写如图 1.41 所示的代码，然后右击并在弹出的快捷菜单中选择 Run 'HelloWorld.main()'命令运行代码（或选择 Run→Run 'HelloWorld'命令，或者直接单击工具栏中的▶图标）。

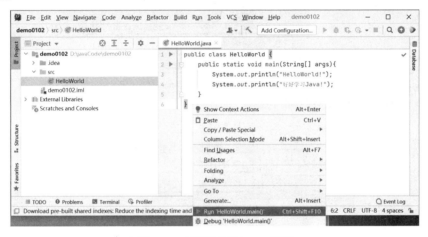

图 1.41　编写并运行 Java 代码

程序运行结果如下：

```
HelloWorld!
好好学习Java!
```

程序运行完成后，会在 IDEA 打印出运行结果。在 IDEA 编辑器中编写代码，代码编写效率、执行效率会更高。

注意：.idea 目录用来存放项目的配置信息，包括历史记录、版本控制信息等内容。

*********************************内容扩展*********************************

扫描右侧二维码获取如下内容

1.6　本章小结

1.7　理论测试与实践练习

****

第2章 Java语言基础

第 1 章在简单了解 Java 语言的基础上搭建了 Java 开发环境，并安装了 Java 开发最流行的 IDE。从本章起，我们就正式进入 Java 基础知识的学习。就像人与人之间交流使用的语言需要遵循一定的语法规则一样，Java 语言也离不开特定语法的支持，如基本语法、数据类型、变量、常量、运算符与表达式、类型转换和输入/输出等，只不过这些语法要比日常生活中语言的语法更加严谨。本章我们先来学习这些基本语法，为后续学习打下扎实的根基。

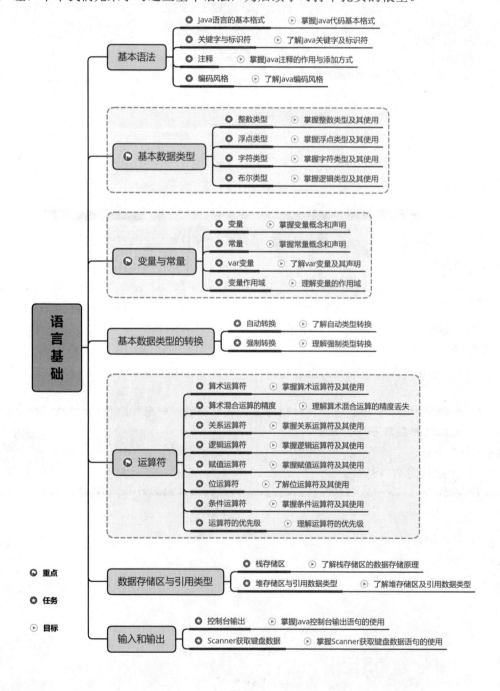

2.1　Java 基本语法

作为一门流行的编程语言，Java 有着它自己特定的语法格式，要想使用 Java 语言开发出一款功能完善的软件产品，就必须熟练掌握这些基本语法。当然，这些基本语法都是简单易懂的，包括基本格式、关键字、标识符、注释、编程风格等。

2.1.1　Java 语言的基本格式

学习任意一门编程语言，首先都要掌握其基本格式，Java 语言的基本格式如下。

❖ 语句：语句是程序执行的基本单位。Java 程序由两种语句组成，一种是结构定义语句，用于声明一个类或者方法；另一种是功能执行语句，用于实现具体的功能，以分号（;）结束。

❖ 语句块：一对大括号 {} 包含的一系列语句称为语句块（代码块），语句块可以嵌套，即语句块内可以嵌套子语句块。

❖ 空格：在 Java 程序中，为了增加程序的可读性，允许在程序元素之间增加任意数量的空格，编译器会自动忽略多余的空格。在 Java 程序中，回车键及换行符都可以表示一行的结束，可以被看作是空格，空格键、Tab 键也是空格。

❖ 区分大小写：Java 语言严格区分大小写。例如，在 Java 程序中，age 和 Age 是意义完全不同的两个符号。

❖ 换行：当一个表达式无法容纳在一行内时，可以依据如下一般规则断开：在一个逗号后面断开；在一个操作符前面断开；宁可选择较高级别（higher-level）的断开，而非较低级别（lower-level）的断开；新的一行应该与上一行同一级别表达式的开头处对齐。如果以上规则导致代码混乱或者使代码都堆挤在右边，那就代之以缩进 8 个空格。

❖ 其他：Java 程序中，一句连续的字符串不能分开在两行中书写，例如下面的代码是错误的：

```
System.out.println("hello
                Java编程讲义");
```

为了便于阅读，需要将一个比较长的字符串分在两行中书写，可以先将一个长字符串分成两个字符串，再用加号（+）连接起来，在（+）处断行，例如：

```
System.out.println("hello" +
                "Java编程讲义");
```

2.1.2　Java 关键字

关键字也称保留字，是编程语言里事先定义好并赋予特殊含义的英文单词，在程序设计中不能再将它定义成别的用途。在开发工具中（IDEA）中，关键字会以特殊颜色（默认蓝色）显示，用于提示其为关键字，避免被误用。Java 中保留了许多关键字，这些关键字的所有字母都是小写的，具体如表 2.1 所示。

表 2.1　Java 关键字

abstract	assert	boolean	break	byte
case	catch	char	class	const

continue	default	do	double	else
enum	extends	final	finally	float
for	goto	if	implements	import
instanceof	int	interface	long	native
new	package	private	protected	public
return	strictfp	short	static	super
switch	synchronized	this	throw	throws
transient	try	void	volatile	while

在表 2.1 列举的关键字中，每个都有其特殊的作用。例如，package 关键字用于包的声明，import 关键字用于引入包，class 关键字用于类的声明。在本书后面的章节中，将会逐步对使用到的关键字进行讲解，所以大家不需要现在就将所有的关键字全部记住，只需要了解即可。

2.1.3　Java 标识符

在编程过程中，我们经常需要在程序中定义一些符号来标记一些名称，如编程中用到的变量名、包名、类名以及方法名、参数名等，这些符号被称为标识符。在 Java 语言中，标识符可以由编程人员自由指定，但是需要遵循如下规定：

❖　标识符可以由任意顺序的大小写字母、数字、下画线和美元符号（$）组成。

❖　标识符不能以数字开头。

❖　标识符不能是 Java 中的关键字。

❖　标识符区分大小写，且长度没有限制。

在 Java 程序中，定义的标识符必须严格遵守上面列出的规范，否则程序无法完成编译。下面的这些标识符都是合法的：

```
Test
Demo123
aaa_zhang
userName
$Demo
```

下面的这些标识符都是不合法的：

```
123Demo                        // 不能以数字开头
package                        // 不能是关键字
Hello year                     // 不能包含空格
```

在实际使用标识符时，应该使标识符能够在一定程度上反映它所表示的变量、常量、对象或类的含义，达到"见名知意"的效果，这样程序的可读性更好。

注意：Java 的标识符可以使用中文，但是习惯上以英文为主；标识符内可以包含关键字，但不能与关键字完全一样。例如，"thisTea"是一个合法的标识符，但"this"是关键字，不能用作标识符。

2.1.4　Java 注释

真正开发一个应用程序，大多情况下都是团队合作。所以，在编写程序时，为了使代码更易于阅读，通常会在实现功能的同时为代码加一些注释。注释是对程序的某个功能模块或者某行代码的解释说明，以便其他人能轻松地阅读代码，了解其意图。Java 程序同样需要添加必要的注释，以增强可读性，这些注释只在 Java 源文件中有效，在编译程序时，编译器会自动忽略这些注释信息，不会将其编译到 class 字节码文件中去。另外，注释还可以屏蔽一些暂时不用的语句，等需要时直接将此语句的注释取消即可。例如，在调试代码时，彻底删除代码可能会误删，造成程序彻底瘫痪，这时候使用注释就显得异常轻松了。根据功能的不同，Java 语言提供了如下 3 种注释方式。

❖ 单行注释：用于对程序的某一行代码进行解释。在注释内容前面加双斜杠"//"，Java 编译器会忽略掉这一行双斜杠以后的信息，并且不会对其他代码造成影响，使用比较灵活。单行注释一般用来对声明的变量、一行程序的作用进行简要说明。具体示例如下：

```java
String tea_year = null;                            // 定义一个String字符串，并为其赋值
```

❖ 多行注释：用于注释内容有多行的情况。在注释内容前面以单斜杠加一个星号"/*"开头，并在注释内容末尾以一个星号加单斜杠"*/"结束，常用于注释掉暂时不用的代码、说明方法的功能等。具体示例如下：

```java
public class JavaaMultiline{                        // 定义一个类
    int age;                                        // 定义一个变量
    /**
     * 主方法，程序的入口地址
     */
    public static void main(String[]args){
        System.out.println("多行注释");
    }
}
```

❖ 文档注释：用于对程序的结构、方法和属性等进行说明，以单斜杠加两个星号"/**"开头，并以一个星号加单斜杠"*/"结束。在实际开发中，开发人员可以使用 javadoc 命令将文档注释内容提取生成正式的 HTML 格式的帮助文档。对于初学者而言，文档注释并不是很重要，了解即可。具体示例如下：

```java
/**
 *作者：张晨光
 *公司：AAA软件教育
 *功能：文档注释讲解
 */
public class JavaDoc{                               // 定义一个类
    int age;                                        // 定义一个变量
    /**
     * 主方法，程序的入口地址
     */
    public static void main(String[]args){
        System.out.println("文档注释");
    }
}
```

📖**知识点拨**：javadoc 是 API 文档生成器，该工具解析一组 Java 源文件中的声明与文档注释，生成一组 HTML 页面，描述这些源程序中定义的类、内部类、接口、构造方法、成员变量等，JDK 的 API 文档就是 javadoc 工具生成的。

2.1.5　Java 编程风格

编程风格是编程的规范，即程序开发者一般约定的一些编程规则、格式等。在日常开发过程中，一些比较大的项目通常都是由很多人合作完成的，所以遵守一门语言的编程风格至关重要，否则如果大家都按自己的喜好来进行编码，会导致代码阅读性大大降低，在后期维护时会

非常不方便。例如，有的程序员可能会养成不换行的习惯，一串代码整行排列，除了本人，其他人是很难去阅读他的代码的。目前，Java 程序有两种流行的编程风格，即 Allmans 风格和 Kernighan 风格。

1．Allmans 风格

Allmans 风格又称为独行风格，大括号左右两边都独占一行，大括号和具体的代码分隔开，在代码量少的时候，代码布局清晰，可读性强。Allmans 风格的代码如下：

```
Public Class Allmans
{
    public static void main(String[] args)
    {
        System.out.println("我是独行风格");
    }
}
```

在代码量少的时候适合使用 Allmans 风格编码，但是如果代码量多的话，会导致代码左边出现很多大括号，反而不利于阅读。

2．Kernighan 风格

Kernignan 风格又称为"行尾"风格，左边的大括号在上一行代码的行尾，右边的大括号则独占一行，这样既能将大括号和代码分隔开，又不至于使代码看着过于冗余。当代码量较多时使用"行尾"风格，可使代码层次更加简洁清晰。Kernighan 风格的代码如下：

```
Public Class Kernignan{
    public static void main(String[] args){
        System.out.println("我是行尾风格");
    }
}
```

2.2　Java 基本数据类型

在程序执行过程中，数据是程序必不可少的一部分，也是程序处理的对象。不同的数据有不同的数据类型。通常将数据按照性质进行分类，每一类称为一种数据类型。也就是说，数据类型定义了数据的性质、取值范围、存储方式和对数据能够进行的运算和操作。强类型语言是一种强制类型定义的语言，一旦某一个变量被定义类型，如果不经过强制转换，则它永远就是该数据类型了，强类型语言包括 Java、C、C++等语言。Java 是一种强类型语言，数据类型可以分为两大类，一类是基本数据类型，另一类是引用数据类型（简称引用类型）。基本数据类型的数据在内存中存放的是数据值本身，每种基本数据类型的数据所占用内存的大小是固定的，与软硬件环境无关。引用数据类型的知识将在第 2.6.1 节讲解。

Java 基本数据类型分为 4 类，分别是整数类型、浮点类型、字符类型和布尔类型，其中有4 种整数类型、2 种浮点类型、1 种字符类型和 1 种布尔类型，一共 8 种类型。它们的分类及对应关键字如下。

- ❖ 整数类型：byte、short、int、long。
- ❖ 浮点类型：float、double。
- ❖ 字符类型：char。
- ❖ 布尔类型：boolean。

2.2.1 整数类型

当数据不带小数点或不是分数时，该数据可以声明为整数类型。Java 语言中，所有整数类型的数据均带有符号，分为正数和负数，整数数值的最高位表示符号，其中 0 表示正数，1 表示负数，其余位表示值。Java 语言的每种数据类型都对应一个默认值，使这种数据类型变量的取值总是确定的，所有整数类型的变量的默认值都是 0。

整数类型可分为 byte、short、int 和 long 这 4 种，其长度、取值范围如表 2.2 所示。由于 char（字符）类型可以转换为 int 类型，所以表 2.2 将这 4 种类型和 char 类型的长度与取值范围一起列出。

表 2.2 整数类型的长度与取值范围

数据类型	长度	取值范围
byte	8 位	$-2^7 \sim 2^7-1$，即 $-128 \sim 127$
short	16 位	$-2^{15} \sim 2^{15}-1$，即 $-32768 \sim 32767$
int	32 位	$-2^{31} \sim 2^{31}-1$，即 $-2147483648 \sim 2147483647$
long	64 位	$-2^{63} \sim 2^{63}-1$，即 $-9223372036854775808 \sim 9223372036854775807$
char	16 位	'\u0000'～'\uffff'，即 $0 \sim 65535$

在计算机中，整数类型常量可以使用十进制、八进制和十六进制 3 种形式表示。以 1～9 开头的数为十进制数，0 除外，如 1、2、889、0、9898 等；以 0 开头的数为八进制数，如 077、011 等；以 0x 或 0X 开头的数为十六进制数，如 0xBAB、0X3a、0xBFAL 等（十六进制里面，A、B、C、D、E、F 大小写均可）。

注意：当一个整数定义为 long 型时，需要在数值后面加 L 或 l，因为小写的 l 看起来和数字 1 很像，所以建议使用大写 L。

2.2.2 浮点类型

浮点类型用来存储小数，当需要进行涉及小数的计算或精确度比较高的计算时，就需要使用浮点类型。在 Java 语言中，浮点数又分为 float 单精度浮点数和 double 双精度浮点数两种类型，单精度浮点数以 f 或 F 结尾，双精度浮点数以 d 或 D 结尾，不加后缀会默认为 double 双精度浮点数。如果考虑到要节省运行时的资源，并且运算时对于数据取值范围不大，同时对运算精度的要求也不太高，可以使用单精度类型。Java 使用如下两种方式表示浮点数。

- 标准计数法：由整数部分、小数点和小数部分组成，如 2.8、58.98 等。
- 科学计数法：由整数部分、小数点、小数部分和指数部分组成，其中指数部分由字母 E 或 e 加上带正负符号的整数表示，如 805.18 可以表示为 8.0518E+2。

在 Java 中，float 是单精度，32 位浮点数，默认是 0.0f；double 是双精度，64 位浮点数，默认是 0.0d。在内存中存储为：float 类型，符号位 1bit、指数 8bit、尾数 23bit；double 类型，符号位 1bit、指数 11bit、尾数 52bit。

浮点类型的长度和取值范围如表 2.3 所示。

表 2.3 浮点类型的长度与取值范围

数据类型	长度	取值范围
float	32 位	1.4E–45～3.4028235E+38
double	64 位	4.9E–324～1.7976931348623157E+308

2.2.3　字符类型

字符类型用来存储单个字符，用 char 表示。Java 语言中的字符采用 Unicode 字符集编码格式，在内存中占用两个字节，共 16 位，属于无符号整数，一共有 65536 个。字符的取值范围为 0～65535，表示其在 Unicode 字符集中的排序位置。字符类型有如下 3 种形式：

- ❖ 用单引号括起来的字符。例如，'Z'、'G'、'7'等都是合法的字符串常量，哪怕是整数，被单引号包起来以后也是字符常量。
- ❖ 转义字符。Java 语言中的一些特殊字符，称为转义字符。如'\b'表示退格、'\n'表示换行、'\t'表示制表符（跳到下一个 Tab 位置）。
- ❖ 用 Unicode 值表示的字符。格式是'\uXXXX'，其中 XXXX 代表一个十六进制的整数，如'\u08B3'。

📖**知识点拨**：*Unicode 标准字符集表最多可以识别 65536 个字符，其中前 128 个字符刚好是 ASCII 码字符。由于 Java 语言的字符类型采取了 Unicode 这种国际标准编码格式，所以使 Java 语言能够极为方便地处理各种语言。例如，可以将汉字作为字符类型变量的值，这为程序的国际化提供了方便。*

2.2.4　布尔类型

在程序中表示判断条件，改变程序执行的流程，可以使用布尔类型。布尔类型也称为逻辑类型，用 boolean 表示，只有 true 和 false 两种取值。其中，true 表示逻辑"真"，false 表示逻辑"假"。所有关系运算（如 a > c）的返回值都是布尔类型的值。布尔类型可以用于 if、while、for 等控制语句，由运算结果所传回的布尔值来决定程序的执行流程。

🔔**注意**：*与其他高级语言不同，Java 中的布尔值和数字之间不能来回转换，即 false 和 true 不对应于 0 或非 0 的整数值。*

2.3　Java 中的变量与常量

在计算机程序中，数据存储在内存中的一块区域内，要获取该数据，就必须知道其在内存区域中的位置。为了方便使用，程序设计语言使用变量名来表示该数据存储区域的位置，一个变量代表一块内存区域，数据就存储在这个内存区域中，使用变量名获取数据非常方便。如果从程序开始到结束，变量的值保持不变，则视为常量。在程序开发过程，可以根据自身需求，选择使用变量还是常量。

2.3.1　变量及其声明

在 Java 语言中，变量是内存中的一个存储区域，该区域有自己的名称（变量名）和类型（数据类型）和值，该区域的数据可以在同一类型范围内不断变化。也就是说，Java 中的变量有 4 个基本属性：变量名、数据类型、存储单元和变量值。变量在使用之前，需要先声明（或称定义），声明的目的是给变量指定数据类型和名称，方便程序在编译时告知编译器在内存中要占据多少个存储单元来存放该变量的内容。在声明变量时应选择合适的数据类型，长度太小时无法容纳数据，长度太大时会占用太多内存区域。

变量名称的格式需要严格遵守标识符的命名规则。Java 声明变量的语法格式如下：

```
数据类型 变量名1[,变量名2][,变量名3]…;
```

在变量声明时，变量名的长度没有限制，需要是合法的标识符，[]中的内容是可选项。例如，"int salary;"表示声明了 salary 是 int 数据类型的变量，声明之后，系统将会给变量分配内存区域，每一个被声明的变量都有一个内存地址。当有多个变量属于同一个类型时，各个变量可以在同一行定义，它们之间使用逗号隔开。

当一个变量没有赋初值或需要重新对变量赋值时，就需要使用赋值语句。Java 中的赋值语句格式如下：

```
变量名 = 值;
```

例如，针对 salary 进行赋值，赋值语句如下：

```
salary = 8899;                          // 给salary变量赋值为8899
```

在声明变量的同时也可以对变量进行初始化赋值。例如，"double height = 1.88;"表示声明的 height 是 double 类型的变量，且 height 的值是 1.88，该语句也可以分成两行语句来书写：

```
double height;                          // 定义了一个double类型的变量height
height = 1.88;                          // 给变量height赋值为1.88
```

注意：变量必须遵循"先声明，后使用"的原则，即在第一次使用一个变量之前就必须声明其属于哪一种数据类型。

2.3.2　常量及其声明

常量是指在程序中不能被改变的数据，一般是不变的数字或字符串等，如圆周率、固定日期、税率、数理化常数等。在程序运行过程中，变量会随着程序运行而改变，但是常量一旦声明，在整个程序运行过程中会保持声明时的值不变。按照数据类型的不同，常量可以分为整型常量、浮点型常量、布尔型常量、字符常量等。常量声明后，在程序其他位置不能修改常量值。常量使用关键字 final（final 关键字在后续第 6.4 节会继续深入讲解）进行声明，常量名全部使用大写字母，语法格式如下：

```
final 数据类型 常量名1 = 值1[,常量名2 = 值2][,常量名3 = 值3]…;
```

例如，声明圆周率的常量 PI，值为 3.1415926，其代码如下：

```
final double PI = 3.1415926;            // PI常量表示圆周率，double类型
```

程序中使用常量的好处：首先，可以增加程序的可读性，从常量名可以知道常量的含义；其次，增强程序的可维护性，当程序中多次使用常量时，只需要修改一处即可。

2.3.3　var 变量及其声明

在 JDK 10 中引入了局部类型变量推断，也就是 var 关键字，之前 var 关键字更多地使用在 JavaScript 中，并不需要指定变量的数据类型。在使用 var 关键字来声明变量时，不需指定该变量的类型，编译器能根据右边的表达式来自动判断类型，这样可以减少代码的冗余，更便于阅读。

在引入 var 关键字之前，变量声明方式如下：

```
String name = "孙悟空";
int age = 500;
```

在引入 var 关键字以后，无须在表达式左边指定变量类型，采用"var 变量名 = 值"格式

即可，具体示例如下：

```
var name = "齐天大圣";
var age = 500;
```

📢**注意：** 使用 var 声明变量时，必须同时赋初值，不能拆成两行语句；var 只能声明局部变量，不能用于声明方法的返回值类型、类的成员变量。

2.3.4 变量作用域

变量需要先定义再使用，但不是说在变量定义之后的任意地方都可以使用该变量，变量需要在它的有效范围内才可以被使用，这个有效范围就称为变量的作用域。

变量的作用域可以分为局部变量作用域、成员变量作用域。在类体内定义的变量称为成员变量，它的作用域是整个类，也就是说在这个类中都可以访问到定义的这个成员变量；在一个方法或方法内代码块中定义的变量称为局部变量，局部变量的作用域为定义其的方法体或代码块。本节重点对局部变量作用域进行举例讲解，成员变量作用域在第 5.2.7 节继续讲解。

接下来，通过案例来分析局部变量的作用域，如例 2-1 所示。

【例 2-1】 Demo0201.java

```
1   public class Demo0201 {
2       public static void main(String[] args) {
3           int num = 372;
4           {
5               double height = 1.80;
6           }
7           System.out.println("num=" + num);
8           System.out.println("外部的height=" + height);
9       }
10  }
```

程序编译报错，提示"Cannot resolve symbol 'height'"，中文含义为"不能识别标识符'height'"，出现错误的原因在于第 8 行的变量 height 超出了作用域。将第 8 行代码放置在第 5 行代码之后，且使之与第 5 行代码位于同一代码块中，再次编译程序不再报错，程序的运行结果如下：

```
height=1.8
num=372
```

通过例 2-1 可以看出，局部变量 num 的作用域为整个 main()方法，而局部变量 height 的作用域为其所在的代码块。事实上，当方法或代码块被调用时，虚拟机会为其内部的局部变量分配内存，当调用结束后，则释放局部变量占用的内存空间，同时销毁局部变量。

2.4　基本数据类型的转换

在 Java 语言中，数据类型在定义时就已经决定，但是允许用户有限度地将数据从一种类型转换为另外一个种类型，简称类型转换。类型转换分为自动类型转换和强制类型转换两种。

2.4.1 自动类型转换

自动类型转换也称隐式类型转换，指不需要额外书写代码，由系统根据一定条件自动完成的类型转换。自动类型转换需要满足两个条件：

❖ 转换前后的数据类型必须兼容。例如，int 型与 long 型都是整型，所以彼此兼容；布尔型不能与整型进行自动类型转换，二者是不兼容的。

❖ 转换后的数据类型范围比转换前的大。就像两个不同的箱子，我们可以把小箱子放进大箱子里，但是不可以把大箱子放进小箱子里。

事实上，自动类型转换只有在将取值范围小的变量直接赋值给取值范围大的变量的时候，即将占用内存小的数据类型转换为占用内存大的数据类型的时候，才可以使用。Java 支持自动类型转换的类型，如图 2.1 所示。

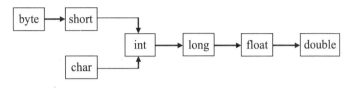

图 2.1　自动数据类型转换图

自动类型转换的具体示例如下：

```
byte b = 98;                    // 声明byte型变量，值为98
int a = b;                      // 正确，byte取值范围比int小，可以直接转换
```

2.4.2　强制类型转换

强制类型转换也称为显式转换，适用于把取值范围大的数据类型转换为取值范围小的数据类型，如 int 类型的值赋值给 short 类型的变量。强制类型转换的语法格式如下：

（指定转换的目标数据类型）需要转换的变量/数值；

经过强制类型转换，将得到括号中的目标数据类型的数据，该数据是从指定变量名或数值中转换而来的，但不影响原来的变量名或数值。

接下来，通过案例来演示强制类型转换的使用，如例 2-2 所示。

【例 2-2】　Demo0202.java

```
1  public class Demo0202 {
2      public static void main(String[] args) {
3          double d = 800.104;
4          int i = (int)d;
5          System.out.println("i=" + i);
6      }
7  }
```

程序的运行结果如下：

```
i=800
```

例 2-2 中，原来变量 d 的值是 800.104，经过强制类型转换之后，精度丢失，因为浮点类型强制转换为整型，采用的是"去 1 法"，即无条件地舍弃小数位数字，不会进行四舍五入运算，所以该案例最后结果是 800。

📖知识点拨：类型转换只限于该行语句，并不会影响原先变量的类型，不会影响原来数据的精度。

2.5　运　算　符

运算符是用来表示某一种运算的符号，它指明了对操作数所进行的运算。操作数是指运算的对象，可以是变量、常量或表达式。将操作数和运算符结合起来的计算式称为表达式。Java 语言涉及多种运算符，这些运算符按照操作数的数目不同可以分为 3 种：一元运算符、二元运算符、三元运算符；按照运算的性质不同则可分为 7 种：算术运算符、关系运算符、逻辑运算符、赋值运算符、位运算符、条件运算符、其他运算符（下标运算符[]、实例运算符 instanceof、分量运算符->等），这些内容将在后续章节进行讲解（第 4.1.1 节、第 6.5.4 节、第 11.1.2 节）。

2.5.1 算术运算符

算术运算符是用来执行一般的数学运算的符号，这类运算符是最基本、最常见的，作用于整数类型、浮点类型数据，用来完成相应的算术运算。Java 语言的算术运算符可以分为一元运算符和二元运算符。一元运算符只有一个操作数参与运算，二元运算符则有两个操作数参与运算。一元算术运算符有 4 种，如表 2.4 所示。

表 2.4 一元算术运算符

运 算 符	运 算	用 法	功 能 描 述
+	正号	+a	正号起类型提升作用
–	负号	–a;	取相反数
++	加 1	b = a++	先赋值给其他变量，再加 1
		b = ++a	先加 1，再赋值给其他变量
––	减 1	b = a––	先赋值给其他变量，再减 1
		b = ––a	先减 1，再赋值给其他变量

需要注意的是，针对自增运算符（++）和自减运算符（––）而言，写在变量后面的为后置式，写在变量前面的为前置式。二者的区别在于：后置式是先将值赋值给接受的其他变量，然后再加 1（减 1），前置式是先加 1（减 1），然后再将变量的值赋值给其他变量。

接下来，通过案例来演示一元算术运算符的使用，如例 2-3 所示。

【例 2-3】 Demo0203.java

```
1  public class Demo0203 {
2      public static void main(String[] args) {
3          System.out.println("------------正号/负号--------------");
4          short a = 22;
5          //short b = +a;                          // 正号起类型提升作用
6          int d = +a;
7          int e = -d;                              // 负号取反
8          System.out.println("d=" + d);
9          System.out.println("e=" + e);
10         System.out.println("-----------自增/自减运算符-----------");
11         int i = 11;                              // 声明i为整数类型，初始值为11
12         System.out.println("i=" + i);
13         int j = i++;                             // 自增运算符为后置式
14         System.out.println("j=i++ i="+i+", j=" + j);
15         j = ++i;                                 // 自增运算符为前置式
16         System.out.println("j=i++ i="+i+", j=" + j);
17         j = i--;                                 // 自减运算符为后置式
18         System.out.println("j=i-- i="+i+", j=" + j);
19         j = --i;                                 // 自减运算符为前置式
20         System.out.println("j=i-- i="+i+", j=" + j);
21     }
22  }
```

程序的运行结果如下：

```
------------正号/负号--------------
d=22
e=-22
----------自增/自减运算符----------
i=11
j=i++ i=12, j=11
j=i++ i=13, j=13
j=i-- i=12, j=13
j=i-- i=11, j=11
```

例 2-3 中，如果不将第 5 行代码注释掉，则会编译报错，原因是在 byte 类型的变量 a 前面加了 "+" 号，表示将其类型提升为了 int 类型，所以报错。但是，第 6 行使用 int 类型的变量 d 来接收，则不会报错。第 13 行代码中，因为 i++ 的自增运算符为后置式，所以会先将 i 变量值 11 赋值给变量 j，然后 i 变量加 1，执行后结果为 i = 12，j = 11。第 15 行代码中，因为 ++i 的自增运算符为前置式，所以会先将 i 变量先加 1，然后再赋值给 j 变量，执行后结果为 i = 13，j = 13。第 17 行代码中，因为 i-- 的自减运算符为后置式，所以会先将 i 变量值 13 赋值给变量 j，然后 i 变量减 1，执行后结果为 i = 12，j = 13。第 19 行代码中，因为 --i 的自减运算符为前置式，所以会先将 i 变量减 1，再赋值给 j 变量，执行后结果为 i = 11，j = 11。

Java 中的二元算术运算符有 5 种，如表 2.5 所示。

表 2.5　二元算术运算符

运　算　符	运　算	用　法	功　能　描　述
+	加	a + b	求 a 加 b 的和
−	减	a − b	求 a 减 b 的差
*	乘	a * b	求 a 乘以 b 的积
/	除	a / b	求 a 除以 b 的商
%	取模	a % b	求 a 除以 b 的余数

对于上述二元算术运算符，需要特别注意以下几点：

❖　对于除法运算符 "/"，若两个整数之间做除法，则计算结果也是整型，除数不能为 0；若两个操作数只要有一个是浮点数，则计算结果也是浮点数。

❖　取模运算符 "%" 也称为求余运算符，其操作数可以是浮点数。只有单精度操作数的浮点表达式按照单精度运算求值，结果是单精度；如果包含一个或一个以上的双精度操作数，则按双精度运算，结果是双精度。运算结果的正负取决于被取模数（被除数）的符号，与模数（除数）的符号无关。

❖　加法运算符 "+" 可用于字符串连接符。Java 语言针对 "+" 号运算符进行了扩展，使它可以进行字符串的拼接，如 "hi" + "boy"，得到就是字符串 "hiboy"。

接下来，通过案例来演示二元算术运算符的使用，如例 2-4 所示。

【例 2-4】　Demo0204.java

```java
1  public class Demo0204 {
2      public static void main(String[] args) {
3          int a = 66,b = 9;
4          System.out.println("--------算术运算符和算术表达式案例--------");
5          System.out.println(a + "+" + b + "=" + (a + b));
6          System.out.println(a + "-" + b + "=" + (a - b));
7          System.out.println(a + "*" + b + "=" + (a * b));
8          System.out.println(a + "/" + b + "=" + (a / b));
9          System.out.println(a + "%" + b + "=" + (a % b));
10     }
11 }
```

程序的运行结果如下：

```
--------算术运算符和算术表达式案例--------
66+9=75
66-9=57
66*9=594
66/9=7
66%9=3
```

例 2-4 中，使用算术运算符+、-、*、/、%进行了算术计算，优先计算小括号内的表达式。
第 8 行代码中，因为两个变量都为整数类型，且 66/9 无法整除，所以会将小数点以后的位数省略，结果为 7；如果要保留小数点以后的位数，则必须声明变量 a 和 b 为浮点数据类型。

2.5.2 算术混合运算的精度

在 Java 程序开发中，经常会遇到混合运算。在混合运算中，常常会出现精度丢失现象，主要表现如下：

- ❖ 第一种情况是从大的数据类型向小的数据类型转化的过程中，可能会出现精度丢失，具体情况已经在第 2.4.2 节讲过。
- ❖ 第二种情况是浮点数在进行混合运算的过程中可能会有精度丢失的情况。

接下来，通过案例来演示算术混合运算精度丢失的情况，如例 2-5 所示。

【例 2-5】 Demo0205.java

```
1  public class Demo0205 {
2      public static void main(String[] args) {
3          char c1 = 'a';
4          int num1 = c1;
5          System.out.println("num1=" + num1);
6          System.out.println("0.05+0.1+1=" + (0.05 + 0.1 + 1));
7          System.out.println("1.0-0.42+1=" + (1.0 - 0.42 + 1));
8          System.out.println("0.05+0.1=" + (0.05 + 0.1));
9          System.out.println("1.0-0.42=" + (1.0 - 0.42));
10     }
11 }
```

程序的运行结果如下：

```
num1=97
0.05+0.1+1=1.15
1.0-0.42+1=1.58
0.05+0.1=0.15000000000000002
1.0-0.42=0.5800000000000001
```

例 2-5 中，第 4 行代码针对 char 类型的变量 c1 进行了提升，输出为 97，即 c1 在计算中对应的 ASCII 码。第 6 行和第 7 行代码有浮点数和整数参与运算，输出内容正确。但是，第 8 行和第 9 行代码只有浮点数进行运算，计算结果则出现误差，这是 CPU 所采用的浮点数计数法造成的。

float 和 double 的精度是由尾数的位数来决定的，其整数部分始终是一个隐含着的"1"，由于它是不变的，故不能对精度造成影响。

float：$2^{23} = 8388608$，一共 7 位，由于最左为 1 的一位省略了，这意味着最多能表示 8 位数，即 $2*8388608 = 16777216$。有 8 位有效数字，但绝对能保证的为 7 位，也即 float 的精度为 7～8 位有效数字。

double：$2^{52} = 4503599627370496$，一共 16 位。同理，double 的精度为 16～17 位。例如，

对于 double 类型 0.3 - 0.1 的情况，需要将两个操作数转换成二进制再进行运算，0.3 转换后的结果为 0.0100110011001100110011001100110011001100110011001101，但是因为超出计算精度，最多保留 16 位，所以最终结果为 0.0100110011001100，这就是导致计算结果出现误差的原因。

因此，Java 的浮点类型只能用来进行科学计算或工程计算，在大多数的商业计算中，一般采用 java.math.BigDecimal 类来进行精确计算。针对上述问题，可以修改为如下代码：

```
BigDecimal b1 = BigDecimal.valueOf(0.05);
BigDecimal b2 = BigDecimal.valueOf(0.1);
BigDecimal b3 = BigDecimal.valueOf(1.0);
BigDecimal b4 = BigDecimal.valueOf(0.42);
System.out.println(b1.add(b2));
System.out.println(b3.subtract(b4));
```

修改之后的输出结果如下：

```
0.15
0.58
```

2.5.3　关系运算符

关系运算符又叫比较运算符，用于比较两个操作数之间的关系，其运算的结果是一个布尔值，即 true 或 false，经常用于控制语句（条件语句或循环语句）中。Java 中的关系运算符和使用示例，如表 2.6 所示。

表 2.6　关系运算符

运　算　符	运　　算	示　　例	结　　果
==	等于	2 == 3	false
!=	不等于	2 != 3	true
<	小于	2 < 3	true
<=	小于等于	2 <= 3	true
>	大于	2 > 3	false
>=	大于等于	2 >= 3	false

除"=="运算符外，其他关系运算符都只支持左右两边的操作数都是数值类型。基本数据类型变量、常量不能和引用类型的变量、常量使用"=="进行比较，如果引用数据类型之间没有继承关系，也不能使用"=="进行比较。

接下来，通过案例来演示关系运算符的使用，如例 2-6 所示。

【例 2-6】　Demo0206.java

```
1   public class Demo0206 {
2       public static void main(String[] args) {
3           int num1 = 39,num2 = 80;
4           System.out.println("--------关系运算符和关系表达式案例--------");
5           System.out.println("num1 == num2 = " + (num1 == num2) );
6           System.out.println("num1 != num2 = " + (num1 != num2) );
7           System.out.println("num1 > num2 = " + (num1 > num2) );
8           System.out.println("num1 < num2 = " + (num1 < num2) );
9           System.out.println("num1 >= num2 = " + (num1 >= num2) );
10          System.out.println("num1 <= num2 = " + (num1 <= num2) );
11      }
12  }
```

程序的运行结果如下：

```
--------关系运算符和关系表达式案例--------
num1 == num2 = false
num1 != num2 = true
num1 > num2 = false
num1 < num2 = true
num1 >= num2 = false
num1 <= num2 = true
```

例 2-6 中，使用关系运算符进行了关系表达式计算，优先计算小括号内的表达式。第 9 行和第 10 行代码使用了关系运算符 ">=" 和 "<="，表示大于或等于、小于或等于二者符合一个条件即可返回 true，否则返回 false，因为 num1 小于 num2，所以第 9 行返回值为 false，第 10 行返回值为 true。

注意：关系运算符是一个整体，==、>=、<=、!= 不可以在中间插入空格，如 "==" 是对的，而 "= =" 是错的。

2.5.4 逻辑运算符

逻辑运算符用于对布尔类型的值或者表达式进行操作，其结果仍然是一个布尔值。换句话说，布尔类型的值与逻辑运算符构成逻辑表达式，其值是一个布尔值，而一个或多个关系表达式还可以进行逻辑运算，其值仍然是一个布尔值。Java 中的逻辑运算符和使用示例，如表 2.7 所示。

表 2.7 逻辑运算符

运 算 符	运 算	示 例	结 果
&	与	a & b	a、b 均为 true 时，结果才为 true
		或	a	b	a、b 均为 false 时，结果才为 false
^	异或	a ^ b	a、b 操作数不同时，结果为 true，相同时为 false
!	非	! a	将操作数 a 取反
&&	短路与	a && b	a、b 均为 true 时，结果才为 true
||	短路或	a || b	a、b 均为 false 时，结果才为 false

逻辑运算符中 & 和 &&、| 和 || 的运算结构都相同，区别在于 && 和 || 属于短路运算，也称为简洁运算，只需要执行逻辑运算符左侧表达式即可，无须计算右侧表达式，这样可以加快执行效率。当使用 & 和 | 时，必须计算左右两个表达式之后，才能决定运算结果。

例如，当进行 & 逻辑运算时，必须两侧的值都是 true，其结果才是 true，若其中一个是 false，结果就为 false；而对于 && 逻辑运算，只要左侧表达式为 false，其结果就是 false，之后的值就不再进行判断；对于 ||，只要左侧表达式为 true，其结果就是 true，之后的值不再做判断。

^ 表示异或运算，两个操作数结果相同则为 false，两个操作数结果不同则为 true，可以使用 "两值相异即为真；两值相同即为假" 来简记。

接下来，通过案例来演示逻辑运算符的使用，如例 2-7 所示。

【例 2-7】 Demo0207.java

```
1  public class Demo0207 {
2      public static void main(String[] args) {
3          int num1 = 11,num2 = 9,num3 = 22;
4          System.out.println("--------逻辑运算符和逻辑表达式案例--------");
5          System.out.println(!(num1 > num2));
6          System.out.println((num1 > num3) & (num1 > num2));
7          System.out.println((num1 > num3) && (num1 > num2));
8          System.out.println((num1 > num2) || (num1 > num3));
9          System.out.println((num1 > num2) | (num1 > num3));
```

```
10              System.out.println((num1 > num2) ^ (num1 > num3));
11          }
12      }
```

程序的运行结果如下：

```
--------逻辑运算符和逻辑表达式案例--------
false
false
false
true
true
true
```

例 2-7 中，第 5 行代码中 num1 > num2 结果为 true，取反后结果为 false；第 6 行代码 "&"
符号两边逻辑表达式都要执行，第 1 个表达式结果为 false，第 2 个表达式结果为 true，运算后
结果为 false；第 7 行代码，第 1 个表达式结果为 false，因为 "&&" 为短路运算，第 2 个表达
式不会执行；第 8 行代码第 1 个表达式结果为 true，因为 "||" 为短路运算，第 2 个表达式不会
执行；第 9 行代码中，两个表达式都要判断，第 1 个结果为 true，第 2 个结果为 false，所以结
果为 true；第 10 行代码，因为两个表达式结果不同，执行异或操作，所以结果为 true。

2.5.5 赋值运算符

赋值运算符就是将常量、变量、表达式的值赋给某一个变量或对象，赋值表达式由变量、
赋值运算符和表达式组成。赋值运算符包括 "=" 赋值运算符和扩展赋值运算符两种。Java 中
的赋值运算符和使用示例，如表 2.8 所示。

表 2.8　赋值运算符

运　算　符	运　　算	示　　例	结　　果
=	赋值	a = 5;b = 2;	a = 5;b = 2;
+=	加等于	a = 5;b = 2;a += b;	a = 7;b = 2;
-=	减等于	a = 5;b = 2;a -= b;	a = 3;b = 2;
*=	乘等于	a = 5;b = 2;a *= b;	a = 10;b = 2;
/=	除等于	a = 5;b = 2;a /= b;	a = 2;b = 2;
%=	模等于	a = 5;b = 2;a %= b;	a = 3;b = 2;

赋值语句的结果是将右侧的值（或表达式结果）赋给左边的变量。变量在进行普通赋值时，
如果赋值运算符两侧的类型彼此不一致，或者左边类型取值范围小于右边类型时，需要进行自
动或强制类型转换。也就是说，变量从占用内存较少的短数据类型转换为占用内存较多的长数
据类型时，会自动进行隐式转换；而将变量从较长的数据类型转换为较短的数据类型时，则必
须进行强制类型转换，也就是采用 "(类型)表达式"。赋值运算符也可以采取右端表达式继续
赋值的方式，形成连续赋值的情况，但是一般不建议使用该方式进行赋值，会降低程序的可读
性。赋值运算符的使用示例如下：

```
int n = 5;                          // 声明并赋值
int a, b, c;                        // 连续声明
a = b = c = 5;                      // 多个变量同时赋值，表达式等价于c = 5;b = c;a = b;
int a = 1;
byte b = 3;
b = a + b;                          // 错误，将int类型赋值给byte类型变量需要强制转换
b = (byte)(a + b);                  // 正确
```

在赋值运算符"="前加上其他运算符，即构成扩展赋值运算符，如 a += 7 等价于 a = a + 7。也就是说，扩展赋值运算符是先进行某种运算之后，再对运算的结果进行赋值。扩展赋值运算符的优点是可以使程序表达简洁，并且能提高程序的编译速度。编译器首先会进行运算，再将运算结果赋值给变量。具体示例如下：

```
int a = 3;                              // 声明变量a
a += 1;                                 // a = 4;等价于a = a + 1;
a *= 2;                                 // a = 6;等价于a = a * 2;
```

接下来，通过案例来演示赋值运算符的使用，如例 2-8 所示。

【例 2-8】 Demo0208.java

```
1   public class Demo0208 {
2       public static void main(String[] args) {
3           int a,b,c;                          // 声明变量a、b、c
4           a = 18;                             // 将18赋值给变量a
5           c = b = a - 9;                      // 将a与9的差赋值给变量b，然后再赋值给变量c
6           System.out.println("--------赋值运算符和赋值表达式案例--------");
7           System.out.println("a=" + a + ",b=" + b + ",c=" + c);
8           a += c;                             // 相当于a = a + c
9           System.out.println("a+=c;a=" + a);
10          a -= c;                             // 相当于a = a - c
11          System.out.println("a-=c;a=" + a);
12          a *= c;                             // 相当于a = a * c
13          System.out.println("a*=c; a=" + a);
14          a /= c;                             // 相当于a = a / c
15          System.out.println("a/=c; a=" + a);
16          a %= c - 2;                         // 相当于a = a % c - 2
17          System.out.println("a%=c-2;a=" + a + ",c=" + c);
18      }
19  }
```

程序的运行结果如下：

```
--------赋值运算符和赋值表达式案例--------
a=18,b=9,c=9
a+=c;a=27
a-=c;a=18
a*=c; a=162
a/=c; a=18
a%=c-2;a=4,c=9
```

例 2-8 中，第 5 行代码使用了赋值运算符的连续赋值，先将差值赋值给 b，然后再赋值给 c。第 8 行、第 10 行、第 12 行、第 14 行代码分别表示操作数 a 对 c 的相加后赋值、相减后赋值、相乘后赋值、相除后赋值。第 16 行代码，先计算右侧 c-2，因为 c 的值是 9，所以右侧减 2 之后结果为 7，a 的值为 18，对 7 求余，结果为 4。

注意：使用赋值运算符需要注意如下两点：

（1）要注意数据类型匹配，如 boolean flag = 23 就是类型不匹配，无法自动转换。

（2）不能为运算式赋值，如"int a = 8,b = 9;a + b = 28;"，这是语法错误。

2.5.6 位运算符

位运算符是对操作数以二进制（bit 比特）为单位进行操作和运算，使用在整型和字符类型数据上。运算符可以利用屏蔽位置和置位技术来设置或获得一个数字中的单个位或几位，或者将一个位模式向右或向左移动。对于正数而言，最高位为 0，其余各位代表数值本身；对于负数而言，把该数绝对值的补码按位取反，然后对整个数加 1，即得到该数的补码。位运算符包括位逻辑运算符和移位运算符。位逻辑运算符如表 2.9 所示。

表 2.9　位逻辑运算符

运　算　符	运　算	示　例	结　果
&	按位与	a & b	将 a 和 b 按 bit 位相与
|	按位或	a | b	将 a 和 b 按 bit 位相或
~	取反	~a	将 a 按位取反
^	按位异或	a ^ b	将 a 和 b 按 bit 位相异或

若 x,y 相当于二进制中的某个位，其值只能取 0 或 1，针对&、|、~、^这 4 种位运算符，其结果如表 2.10 所示。

表 2.10　位运算结果表

x	y	x & y	x | y	~x	x ^ y
0	1	0	1	1	1
1	0	0	1	1	0
1	1	1	1	0	0
0	0	0	0	0	1

位逻辑运算符只能操作整数类型的变量或常量。位逻辑运算的运算法则如下。

❖ &：按位与运算符，参与按位与运算的两个操作数相对应的二进制位上的值同为 1，则该位运算结果为 1，否则为 0。例如，将 byte 型的数值 5 与 8 进行按位与运算，5 对应二进制数为 0000 0101，8 对应二进制数为 0000 1000，运算结果为 0000 0000，对应数值 0。具体演算过程如图 2.2 所示。

❖ |：按位或运算符，参与按位或运算的两个操作数相对应的二进制位上的值有一个为 1，则该位运算结果为 1，否则为 0。例如，将 byte 型的数值 5 与 9 进行按位或运算，运算结果为 0000 1101，对应数值 13。具体演算过程如图 2.3 所示。

❖ ~：取反运算符，是单目运算符，即只有一个操作数。二进制位值为 1，则取反值为 0；值为 0，则取反值为 1。例如，将 byte 型的数值 9 进行取反运算，运算结果为 1111 0110，对应数值-10。具体演算过程如图 2.4 所示，

❖ ^：按位异或运算符，参与按位异或运算的两个操作数相对应的二进制位上的值相同，则该位运算结果为 0，否则为 1。例如，将 byte 型的常量 5 与 9 进行按位或运算，运算结果为 0000 1100，对应数值 12。具体演算过程如图 2.5 所示。

```
   0000 0101          0000 0101                              0000 0101
&  0000 1000       |  0000 1001        ~ 0000 1001        ^  0000 1001
-----------        -----------         ----------         -----------
   0000 0000          0000 1101          1111 0110           0000 1100
```

　　图 2.2　&运算　　　　图 2.3　|运算　　　　图 2.4　~运算　　　　图 2.5　^运算

移位运算符如表 2.11 所示。

表 2.11　移位运算符

运　算　符	运　算	示　例	结　果
<<	左移	a << b	将 a 各 bit 位向左移 b 位
>>	右移	a >> b	将 a 各 bit 位向右移 b 位
>>>	无符号右移	a >>> b	将 a 各 bit 位向右移 b 位，左侧的空位填充 0

续表

运 算 符	运 算	示 例	结 果
<<=	左移后赋值	a <<= n	将 a 按位左移 n 位, 结果赋值给 a
>>=	右移后赋值	a >>= n	将 a 按位右移 n 位, 结果赋值给 a
>>>=	左端补零右移后赋值	a >>>= n	将 a 无符号右移 n 位, 结果赋值给 a

移位运算符是把一个二进制数值向左或向右按位移动。移位运算的运算法则如下。

❖ <<: 左移运算符, 将操作数的二进制位整体向左移动指定位数, 符号位保持不变, 左边高位移出舍弃, 右边低位的空位补 0。例如, 将 byte 型的数值 9 进行左移 3 位运算, 运算结果为 0100 1000, 对应数值 72。具体移位过程如图 2.6 所示。

❖ >>: 右移运算符, 将操作数的二进制位整体向右移动指定位数, 符号位保持不变, 右边低位移出舍弃, 左边高位的空位补符号位, 即正数补 0, 负数补 1。例如, 将 byte 型的数值 8 进行右移 2 位运算, 运算结果为 0000 0010, 对应数值 2, 具体移位过程如图 2.7 所示。再如, 将 byte 型的数值-9 (二进制码为 9 的补码形式) 进行右移 2 位运算, 运算结果为 1111 1101, 对应数值-3 (再次用补码形式), 具体移位过程如图 2.8 所示。

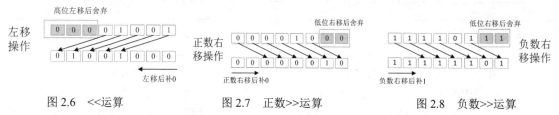

图 2.6 <<运算   图 2.7 正数>>运算   图 2.8 负数>>运算

❖ >>>: 无符号右移运算符, 将操作数的二进制位整体向右移动指定位数, 符号位保持不变, 右边低位移出舍弃, 左边高位的空位补 0。因为正数符号位是 0, 所以针对正数而言>>和>>>符号没有差别, 主要是负数在使用>>>进行移位时, 原来左边符号位需要补 1, 现在换成了补 0。这里需要特别注意, 当将 byte 型的数值-9 进行无符号右移 3 位运算时, 按上述原理运算结果为 00011110, 对应数值 30, 但是实际输出数值 536870910。原因在于使用无符号右移运算符, 对于低于 int 类型 (byte、short 和 char) 的操作数总是需要先转换为 int 类型, 则-9 的二进制数值为 11111111111111111111111111110111, 按位无符号右移 3 位后的二进制数值为 00011111111111111111111111111110, 对应的十进制是 536870910。

接下来, 通过案例来演示位运算符的使用, 如例 2-9 所示。

【例 2-9】 Demo0209.java

```
1   public class Demo0209 {
2       public static void main(String[] args) {
3           byte a = 5,b = 8,c = 9,d = -9;                    // 声明变量a、b、c、d, 并赋值
4           System.out.println("--------位运算符案例--------");
5           System.out.println("5&8=" + (a & b));             // 按位与运算
6           System.out.println("5|9=" + (a | c));             // 按位或运算
7           System.out.println("~9=" + ( ~ c));               // 按位取反运算
8           System.out.println("5^9=" + (a ^ c));             // 按位异或运算
9           System.out.println("9<<3=" + (c << 3));           // 左移运算
10          System.out.println("b>>2=" + (b >> 2));           // 正数右移运算
11          System.out.println("-9>>3=" + (d >> 2));          // 负数右移运算
12          System.out.println("-9>>>3=" + (d >>> 3));        // 负数无符号右移运算
13      }
14  }
```

程序的运行结果如下：

```
--------位运算符案例--------
5&8=0
5&9=13
~9=-10
5^9=12
9<<3=72
b>>2=2
-9>>2=-3
-9>>>3=536870910
```

例 2-9 中，第 5~8 行代码对上面的 "&、|、~、^" 位运算符运算做了验证。通过案例可以发现，数值每次左移一位，其值会变成原来的 2 倍。第 9 行代码中，c 值为 9，向左移动 3 位时，结果变为 72（9×2×2×2 = 72）；同样地，右移一个位时是除以 2，第 10 行代码中 b 值为 8，向右移动 2 位时，移位结果为 2（8/2/2 = 2）。第 11 行代码和第 12 行代码的区别是，">>" 是负数的右移运算，高位补 1，而 ">>>" 是无符号右移运算，高位补 0。

2.5.7　条件运算符

条件运算符也称三元运算符，由符号 "?" 和 ":" 组合构成，需要 3 个操作数，其语法格式如下：

```
(逻辑表达式) ? 结果表达式1 : 结果表达式2;
```

条件运算符的运算规则是：先对布尔类型的表达式求值，如果结果为 true，就执行冒号 ":" 前面的结果表达式 1，否者就执行后面的结果表达式 2。

接下来，通过案例来演示条件运算符的使用，如例 2-10 所示。

【例 2-10】　Demo0210.java

```
1  package com.aaa;
2  public class Demo0210 {
3      public static void main(String[] args) {
4          int a = 5,b = 4,max;
5          max = a > b ? a : b;                      // max求a、b中的最大值
6          System.out.println("最大值max=" + max);
7      }
8  }
```

程序的运行结果如下：

```
max=5
```

例 2-10 中，因为 a 的值为 5，b 的值为 4，表达式 "a > b" 结果为 true，则执行 "?" 后的语句，即将 a 的值赋给变量 max，最终 max 的值为 5。

如果要通过测试某个表达式的值来选择两个表达式中的一个进行计算时，使用条件运算符无疑是一种简练的方法，当然在后面第 3.2 节中，也可以使用 if-else 语句来实现同样的功能。

2.5.8　运算符的优先级

在表达式运算中，用括号指明每一步的操作是非常麻烦的，因此程序设计语言引入了运算符的优先级来简化编程工作。运算符的优先级与日常数学运算规则基本类似，如先乘除后加减等。对于一个表达式进行运算时，要按照运算符的优先顺序从高到低进行，同级别的运算符则按从左到右的方向进行。运算符的优先级如表 2.12 所示。

表 2.12　运算符的优先级

优 先 级	运　算　符	运算符说明	结 合 性
1	() [] . , ;	分隔符	从左向右
2	！ ＋（正）　－（负）　～　++　－－	一元运算符	从右向左
3	＊ ／ ％	算术运算符	从左向右
4	＋（加）　－（减）		
5	<< >> >>>	移位运算符	从左向右
6	< <= >= > instanceof	关系运算符	从左向右
7	== !=		
8	&	位逻辑运算符	从左向右
9	^		
10				
11	&&	逻辑运算符	从左向右
12					
13	? :	条件运算符	从右向左
14	= += *= /= %= &= |= ^= <<= >>= >>>=	赋值运算符	从右向左

2.6　数据存储区与引用数据类型

前文已经提到，数据类型分为基本数据类型和引用数据类型，为了更好地理解两种类型变量的区别，需要了解栈存储区（Stack）、堆存储区（Heap）的基本知识。

2.6.1　栈存储区

基本数据类型的变量都存储在栈（Stack）存储区域内，也简称为栈。栈是一种数据"先进后出"的数据结构，Java 栈的操作只有两个：每个方法执行，伴随着进栈；方法执行结束后，进行出栈操作。栈不需要进行垃圾回收。

栈内存分配运算位于处理器的指令集里面，这样效率很高，但是分配的内存容量是有限的，它的内存是由编译器自动管理的。接下来，使用 3 条语句来说明栈区存放和使用变量的方式，如图 2.9 所示。

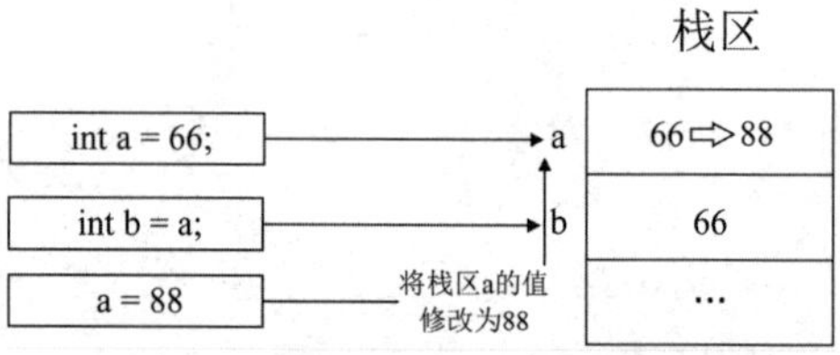

图 2.9　栈存储区基本类型变量赋值

基本数据类型变量在内存中存储的是一个数值。图 2.9 中的第 1 条语句表示在栈区给 a 分配地址并存放 66；第 2 条语句表示在栈区给 b 分配地址，然后将 a 的值 66 赋值给 b，其中 b 和 a 的地址不同；第 3 条语句表示将栈区 a 的值修改为 88。

2.6.2　堆存储区与引用数据类型

堆（heap）是计算机科学中一类特殊的数据结构的统称，是 Java 虚拟机所管理的内存中最大的一块。在 Java 中，堆的作用就是用来存放对象实例。堆是应用程序在运行的时候由操作系统分配给的内存，在操作系统进行内存的分配时，分配和销毁都需要占用时间，所以导致堆的效率很低。但是，堆也有自己的优点，编译器不用知道要为数据分配多少堆里的存储空间，也不需要考虑存储的数据要在堆里停留多久，所以堆保存的数据有更大的灵活性。

堆内存用来存放由 new 关键字创建的对象，由 Java 虚拟机的自动垃圾回收器来进行管理。当一个系统产生很多实例时，会耗费大量的堆内存，可能会产生堆空间不足的问题，这时系统会抛出内存溢出提示。

引用数据类型也被称为符号数据类型，在有的程序设计语言中称为指针。引用数据类型在内存中存放的是指向该数据的地址，不是数值本身。数组、类、字符串等都属于引用数据类型（字符串用 String 类表示，因为比较常用，语法格式仍采用"String 变量名 = 值"形式）。当声明一个引用数据类型对象后，一般会在栈中分配一个存储空间来存放该对象。当使用 new 创建对象后，会在堆中分配一段内存空间来存放该对象内部封装的数据，此时在栈中对象存放的是堆中该对象的地址。

接下来，通过引用变量声明和实例化语句的执行来进行分析，理解一下 JVM 对引用变量的处理。例如下面语句：

```
1   class Circle{                          // 定义圆类
2       int radius = 1;                     // 定义圆类的半径属性，并赋值为1
3   }
4   Circle cir;
5   cir = new Circle();                     // 给字符串赋值
```

上述代码中，第 1～3 行定义了一个圆类，定义了其半径属性，在后续第 5 章会详细讲解。第 4 行语句声明了 Circle 类的对象 cir 变量，此时将给 cir 变量在栈区分配一个保存引用地址的空间，如图 2.10（a）所示。第 5 条语句的执行分两步，首先执行"="号右侧部分，表示在堆区给 cir 变量分配内存空间，然后将堆区的地址赋值给 cir 变量，如图 2.10（b）所示。

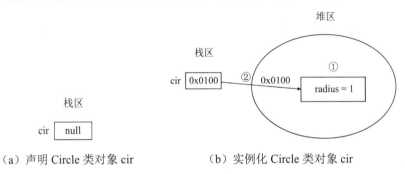

（a）声明 Circle 类对象 cir　　　　　（b）实例化 Circle 类对象 cir

图 2.10　堆存储区引用变量声明和赋值

2.7　输入和输出

所有的 Java 程序会自动加载 java.lang 这个包内的所有类，该包里面有一个名称为 System 的类，前面案例的输出都用到了该类。System 类代表了当前 Java 程序的运行平台，程序不能创建 System 类的对象。System 类提供了一些类变量和方法，允许直接使用 System 类来调用，分别如下。

❖　out：标准输出，默认输出设备是控制台。
❖　in：标准输入，默认设备是键盘设备。
❖　err：标准错误输出，默认输出设备是控制台。

2.7.1　控制台输出

System.out 对象的 println()、print()、printf()和 format()方法都可以用来输出数据，一般使用

println()输出后换行的方法比较多，这些方法的使用示例如下：

```
System.out.println(待输出的数据);
System.out.print(待输出的数据);
System.out.printf(格式化字符串,参数1,参数2...);
System.out.format(格式化字符串,参数1,参数2...);
```

printf()和 format()方法一般用于格式化输出数据，后面的参数需要符合一定的格式输出。这就需要用到输出格式转换字符，常用的转换字符如表 2.13 所示。

表 2.13　输出格式转换字符表

转 换 字 符	说　　明	转 换 字 符	说　　明
%c	按字符格式	%s	按字符串格式
%d	按十进制整型格式	%b	按布尔型格式
%e	按科学计数法格式	%x	按十六进制格式
%f	按浮点数格式	%n	换行
%o	按八进制格式	%a	按十六进制浮点数格式
%%	输出%	%g	按短浮点数格式

%是转换字符中必要的字符，后面可以加上格式字符来进一步指定输出格式。常见的格式字符如下。

❖ -: 有-表示左对齐输出，如省略表示右对齐输出。

❖ 0: 有 0 表示指定空位填 0，如省略表示指定空位不填 0。

❖ m.n: m 指域宽，即对应的输出项在输出设备上所占的字符数。n 指精度，用于说明输出的实数的小数位数。未指定 n 时，隐含的精度为 n＝6。

❖ l 或 h:l 对整数指 long 型，对实数指 double 型。h 用于将整型的格式字符修正为 short 型。

❖ +: 加入正负号。

❖ ,: 数值加上千位分割。

在 IDEA 开发工具中，提供了控制台以便代码运行后进行输出，比如要输出一段话，可以直接在 main 函数里编写输出语句，代码编译运行后即可在控制台进行输出打印。

接下来，通过案例来演示输出方法的使用，如例 2-11 所示。

【例 2-11】　Demo0211.java

```
1  public class Demo0211 {
2      public static void main(String[] args) {
3          double a = 8301.678;
4          String s = "欢迎学习Java编程技术";
5          int i = 8898;
6          System.out.printf("%f%n",a);               // "f"表示格式化输出浮点数
7          // "8.2"中的8表示输出的长度，2表示小数点后的位数
8          System.out.printf("%8.2f%n",a);
9          System.out.printf("%+8.2f%n",a);           // "+"表示输出的数带正负号
10         System.out.printf("%-8.4f%n",a);           // "-"表示输出的数左对齐
11         System.out.printf("%+-8.3f%n",a);          // "+-"表示输出的数带正负号且左对齐
12         System.out.printf("%d%n",i);               // "d"表示输出十进制整数
13         System.out.printf("%o%n",i);               // "o"表示输出八进制整数
14         System.out.printf("%x%n",i);               // "x"表示输出十六进制整数
15         System.out.printf("%#x%n",i);              // "#x"表示输出带有十六进制标志的整数
16         System.out.printf("%s%n",s);               // "s"表示输出字符串
17         System.out.printf("浮点数: %f, 一个整数: %d, 一个字符串: %s%n",a,i,s);
18         // 可以输出多个变量，注意顺序
19         System.out.printf("字符串: %2$s, %1$d的十六进制数: %1$#x",i,s);
20     }
21  }
```

程序的运行结果如下：

```
8301.678000
 8301.68
+8301.68
8301.6780
+8301.678
8898
21302
22c2
0x22c2
欢迎学习Java编程技术
浮点数：8301.678000，一个整数：8898，一个字符串：欢迎学习Java编程技术
字符串：欢迎学习Java编程技术，8898的十六进制数：0x22c2
```

例 2-11 中，第 8 行代码中，"%8.2f"表示总长度为 8，小数点后 2 位，因为少 1 位，前面补一位空格；第 9 行代码中，"%+8.2f"表示在前面输出+号，正好补够 8 位。%f、%n、%d、%x、%s 分别对应不同类型的转换字符，可以结合使用，本处不再赘述。

2.7.2　Scanner 获取键盘数据

在前面的学习中，代码中的变量都是在程序中为其赋值的，这时候有些读者可能会比较好奇，难道说变量只能由程序员为其赋值么？当然不是，程序是给用户用的，当然能实现互动，比如我们就可以通过控制键盘来获取数据，从而为程序中的变量进行赋值。

在控制台输入数据，可以使用 Scanner 类的对象来实现或由 I/O 来实现（这种方式在后面第 12 章讲解）。Scanner 类在 java.util 包中，需要在程序前面编写 import java.util.Scanner 来加载该类，这样在程序中就可以直接使用 Scanner 类。在使用该类前需要使用 new 关键字来创建一个该类的对象，语法格式如下：

```
Scanner 对象名 = new Scanner(System.in);            // 输入参数
```

Scanner 类包含几个常用方法，如下所示。

- ❖ next()：获取用户输入的字符串，不包含空格、Tab 键和换行字符。
- ❖ nextLine()：获取输入的整行字符，可以包含空格、Tab 键和换行字符。
- ❖ nextInt()：获得一个整数，其他类似方法包括 nextByte()、nextDouble()等，可获得对应类型的数据。
- ❖ close()：关闭 Scanner 对象。

接下来，通过案例来演示 Scanner 类的使用，如例 2-12 所示。

【例 2-12】　Demo0212.java

```
1   import java.util.Scanner;
2
3   public class Demo0212 {
4       public static void main(String[] args) {
5           Scanner input = new Scanner(System.in);
6           System.out.println("请输入您的姓名：");
7           // 将输入的内容作为字符串类型赋值给变量name
8           String name = input.nextLine();
9           System.out.println("请输入您的学校:");
10          // 使用next()方法获取输入数据
11          String school = input.next();
12          System.out.println(name + "在" + school + "学习Java");
13          input.close();
```

```
14          }
15    }
```

程序的运行结果如下：

```
请输入您的姓名：
张三
请输入您的学校：
AAA软件教育
张三在AAA软件教育学习Java
```

例 2-12 中，第 1 行代码使用 import 导入了 java.util.Scanner 类。因为 Scanner 类是引用数据类型，第 5 行代码使用 new 关键字创建了一个 Scanner 类的对象 input。第 13 行代码，使用 close()方法关闭了 input 对象。

📖**知识点拨**：next()方法一定要读取到空格、Tab 键和换行字符前的数据，并且不会处理换行字符。如输入"AAA 软件教育"，则 next()方法只会读取到"AAA"，剩下的字符串"软件教育"会继续保留在内存，但是使用 nextLine()可以直接读取完字符串"AAA 软件教育"。

*******************************内容扩展*******************************

扫描右侧二维码获取如下内容

2.8   本章小结

2.9   理论测试与实践练习

****

第3章 Java 控制结构

在前面的学习中，我们编写的程序都是按照编写顺序一行一行地执行的。然而，现实世界中事物的发展变化却并不一定是按顺序进行，往往需要在某些节点处做出选择或者需要循环运行某些过程。程序存在的意义是模拟现实，简单地按顺序执行显然无法满足要求，这就需要用到流程控制语句。事实上，对于任何一门程序设计语言来说，流程控制语句都是其实现代码执行顺序控制的基本工具。本章我们就来学习 Java 语言的控制语句。

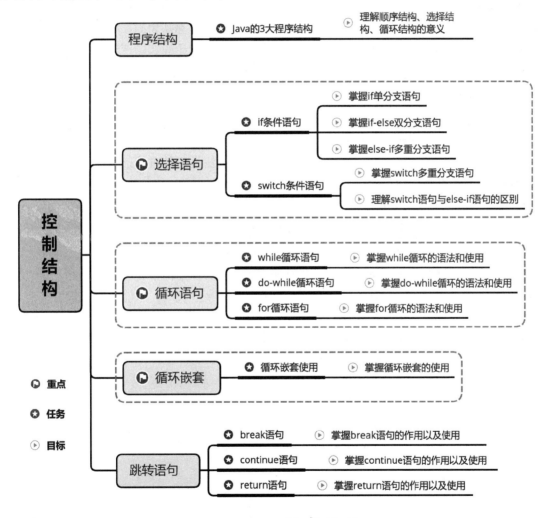

3.1 Java 程序结构

编程的目的在于模拟现实，以实现现实生活中所需的功能。通过前面的学习我们知道，我们编写的代码都是从上到下逐条执行的。那么，这种执行顺序能否满足需求呢？答案是不一定，对于简单的程序设计，从上到下逐条执行可以满足需求；但是只要程序的逻辑稍微复杂一点，从上到下逐条执行就显得力不从心，要么需要编写很多行代码，要么根本无法实现。就拿我们最熟悉的放学回家这件事情来说吧，从准备走出教学楼开始，我们就要做一系列的选择：可以乘坐电梯下楼，也可以走楼梯下楼；到达楼下后，又需要考虑以哪种方式回家，乘坐公共汽车、骑自行车还是步行；无论选择如何回家，走到十字路口时，又需要根据交通信号灯来决定是走是停，红灯停、绿灯行、黄灯亮了等一等，而同样的等红灯动作又需要经历 n 次。所以，在放学回家的过程中，大家需要面临多种选择，重复 n 次等红灯操作。使用简单的从上到下逐条执行的方式编写程序来模拟这一过程，显然是力不从心的。Java 语言提供了 3 种程序结构来协助完成复杂的程序设计，分别是顺序结构、选择结构、循环结构。

1. 顺序结构

所谓顺序结构，具体指的是程序从上往下按照代码的编写顺序依次执行，一条语句执行完之后继续执行下一条语句，一直到程序的末尾，在一次执行过程中不会有哪条语句被重复执行两次，也不会有哪条语句被跳过不执行，无论执行多少次情况都是如此。顺序结构是程序设计中最常使用、最简单的结构，大部分程序都是按照顺序结构设计的。顺序结构的运行流程，如图 3.1 所示。

2. 选择结构

选择结构也称为分支结构，主要由分支语句构成。选择结构通常需要先明确判断条件，在程序的执行过程中，当遇到选择结构时，会根据预设的判断条件来确定接下来应该执行的语句块（一条或者多条语句的集合）。如果条件成立，则执行满足条件时的语句块，反之则执行另外的语句块。选择结构的运行流程，如图 3.2 所示。

3. 循环结构

在实际的生活中也会遇到很多具有规律性的重复操作，比如让学生抄写 n 遍单词，那么抄写这些单词的动作就要重复地进行 n 遍。如果用程序来模拟，就是相同的代码要重写 n 次。对于计算机程序而言，这样肯定是不合理的，此时就可以引入循环结构来完成这个功能。所谓循环结构，具体指的是在满足一定条件的情况下，反复去执行某段代码，从而实现代码的复用。这个条件称为循环条件，这个重复执行的代码称为循环体，每一次循环都要对循环变量（判断条件中的变量）进行重新赋值，这个动作称为循环变量更替。也就是说，循环结构有三大要素：循环变量、循环体、循环条件。循环结构的运行流程，如图 3.3 所示。

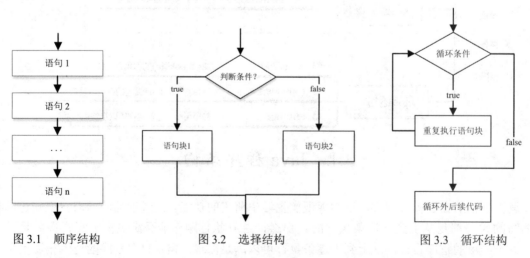

图 3.1　顺序结构　　　　图 3.2　选择结构　　　　图 3.3　循环结构

上述 3 种结构是今后程序设计过程中最常用的基本结构，它们有以下共同特点：

❖　结构的入口都只有一个（单入口）。

❖　结构的出口也只有一个（单出口）。

❖　结构内的每一部分都有可能被执行到。

❖　结构内部不存在"死循环"。

3.2　选择语句

在 Java 程序中，选择结构通过选择语句来实现，它通过给定的条件进行判断，从而决定执行多个分支中的哪一个。本节就来详细讲解 Java 的选择语句：if 条件语句与 switch 条件语句。

3.2.1　if 条件语句

if 条件语句用来控制程序在满足某些条件的情况下执行某段特定的代码，不满足条件时转而执行其他语句。if 条件语句有 3 种形式：简单 if 语句、if-else 双分支语句、else-if 多重分支语句，接下来分别对这 3 种形式做详细讲解。

1. 简单 if 语句

简单 if 语句包含一个判断条件和该条件成立的情况下需要执行的语句块，具体语法结构如下：

```
if(判断条件) {
    语句块;
}
```

简单 if 语句的执行流程如图 3.4 所示，其中判断条件可以是布尔型变量、常量或者布尔表达式，也可以是多个条件的组合，但判断条件的结果必须为布尔类型。当判断条件的结果为 true 时，程序将会执行 if 后紧邻的语句块，如果该语句块由多条语句组成则使用"{}"将其包括起来，如果只有一条语句则"{}"可以不写；当判断条件的结果为 false 时，则会结束当前 if 语句，跳过条件成立时所需执行的语句块，继续执行后续的代码。

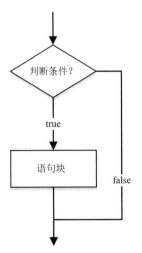

图 3.4　if 语句处理流程图

根据以上语法，实现案例：输入小明的考试成绩，如果成绩大于等于 80 分，输出"考的不错，给个鸡腿以示奖励！"，如例 3-1 所示。

【例 3-1】 Demo0301.java

```
1   package com.aaa.p030201;
2   import java.util.Scanner;
3
4   public class Demo0301 {
5       public static void main(String[] args) {
6           Scanner sca = new Scanner(System.in);
7           System.out.println("------请输入小明的考试成绩-----");
8           double score = sca.nextDouble();                // 定义变量接收小明的录入成绩
9           if (score >= 80) {
10              System.out.println("考的不错，给个鸡腿以示奖励！");
11          }
12          System.out.println("考好不要骄傲，考坏不要气馁，继续加油！！！");
13      }
14  }
```

运行程序，输入小明的成绩为 90 分，运行结果如下：

```
------请输入小明的考试成绩-----
90
考的不错，给个鸡腿以示奖励！
考好不要骄傲，考坏不要气馁，继续加油！！！
```

再次运行程序，输入小明的成绩为 70 分，运行结果如下：

```
------请输入小明的考试成绩-----
70
考好不要骄傲，考坏不要气馁，继续加油！！！
```

例 3-1 中，第 8 行中定义变量来接收小明的考试成绩。第 9～11 行是一个简单 if 语句，第 9 行中的"score >= 80"是判断条件（布尔表达式）。当表达式成立（返回结果为 true）时，将会执行该 if 后紧邻的语句块，也就是"{}"中的第 10 行语句；当表达式不成立（返回结果为 false）时，程序将会结束 if 语句，执行第 12 行语句。

对比两次运行结果可以看到：第 1 次输入小明的成绩为 90 分时，判断条件"score >= 80"成立，即表达式的结果返回为 true，此时程序执行了第 10 行的语句，"考的不错，给个鸡腿以示奖励！"先被打印出来，而后又执行第 12 行语句打印了"考好不要骄傲，考坏不要气馁，继续加油！！！"。第 2 次输入小明的成绩为 70 分时，判断条件"score >= 80"不成立，即表达式的结果返回为 false，此时程序跳过了第 10 行的语句，转而执行第 12 行语句打印了"考好不要骄傲，考坏不要气馁，继续加油！！！"

注意： 如果 if 条件后的语句块只有一条，{}可以省略，但为了保证可读性，一般不建议省略。

2. if-else 语句

简单 if 语句只表明了在条件成立的情况下应该执行什么样的处理，但是条件不成立的时候语句就结束了，程序也将继续执行后续的代码。那么，如果在条件不成立的时候也需要进行其他处理，应该怎么做呢？这时就可以使用 if-else 语句来处理，if-else 语句称为双分支语句。所谓双分支，具体指的是在条件成立的时候执行某些处理，在条件不成立的时候会执行另外的处理，然后才会结束语句，继续执行后续的代码。if-else 语句的语法结构如下：

```
if (判断条件) {
    语句块1;
} else {
    语句块2;
}
```

if-else 语句的执行流程如图 3.5 所示，在该语句中，判断条件的要求与简单 if 语句一样，其结果必须为布尔类型，当结果为 true 时将会执行紧邻 if 后的语句块 1，当结果为 false 时执行 else 后的语句块 2。if-else 语句与简单 if 语句的区别在于，如果条件不成立，则会执行 else 后的语句块 2，而不是直接结束语句，也就是说语句块 1 和语句块 2 必定有一个会被执行。

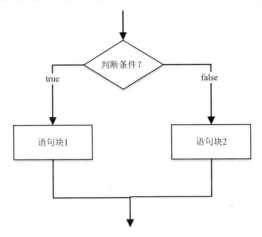

图 3.5　if-else 语句处理流程图

注意：if 可以单独存在，而 else 不能单独存在，必须配合 if 使用。

根据以上语法，对例 3-1 进行优化：输入小明的考试成绩，如果成绩大于等于 80 分，输出"考的不错，给个鸡腿以示奖励！"，否则输出"考试结果不理想，今天晚上不准看电视！"，如例 3-2 所示。

【例 3-2】　Demo0302.java

```java
1  package com.aaa.p030201;
2  import java.util.Scanner;
3
4  public class Demo0302 {
5      public static void main(String[] args) {
6          Scanner sca = new Scanner(System.in);
7          System.out.println("------请输入小明的考试成绩-----");
8          double score = sca.nextDouble();              // 定义变量接收小明的录入成绩
9          if (score >= 80) {
10             System.out.println("考的不错，给个鸡腿以示奖励！");
11         } else {
12             System.out.println("考试结果不理想，今天晚上不准看电视！");
13         }
14         System.out.println("考好不要骄傲，考坏不要气馁，继续加油！！！");
15     }
16 }
```

运行程序，输入小明的成绩为 90 分，运行结果如下：

```
------请输入小明的考试成绩-----
90
考的不错，给个鸡腿以示奖励！
考好不要骄傲，考坏不要气馁，继续加油！！！
```

再次运行程序，输入小明的成绩为 70 分，运行结果如下：

```
------请输入小明的考试成绩-----
70
考试结果不理想，今天晚上不准看电视！
考好不要骄傲，考坏不要气馁，继续加油！！！
```

例 3-2 中，第 8 行中定义变量来接收小明的考试成绩，第 9～13 行是一个 if-else 语句，第 9 行中的 "score >= 80" 是判断条件（布尔表达式）。当表达式成立（返回结果为 true）的时候，将会执行该 if 后紧邻的语句块，也就是执行第 10 行语句；当表达式不成立（返回结果为 false）的时候，程序将会跳过 if 后紧邻的语句块，转而执行 else 后紧邻的语句块，也就是执行第 12 行语句。

对比两次运行结果可以看到：第 1 次输入小明的成绩为 90 分时，判断条件 "score >= 80" 成立，即表达式结果返回为 true，此时程序执行了第 10 行的语句，"考的不错，给个鸡腿以示奖励！" 先被打印出来，而后又执行第 14 行语句打印了 "考好不要骄傲，考坏不要气馁，继续加油！！！"。第 2 次输入小明的成绩为 70 分时，判断条件 "score >= 80" 不成立，即表达式结果返回为 false，此时程序跳过了第 10 行的语句，转而执行第 12 行 else 后紧邻的语句打印了 "考试结果不理想，今天晚上不准看电视!"，最后又执行第 14 行语句打印了 "考好不要骄傲，考坏不要气馁，继续加油！！！"。

📖 **知识点拨**：Java 中提供了三元运算符（三目运算符），该运算符的符号表示为 "? :"，语法为：布尔表达式？语句 1：语句 2。因为在使用该运算符的时候需要 3 个操作元，所以被称为三元运算符，该运算符要求返回一个结果。三元运算符的执行逻辑为：首先计算布尔表达式的结果，如果结果为 true 则执行语句 1，否则执行语句 2。多数情况下三元运算符可以和双分支的 if-else 语句进行互换，不同之处在于三元运算符要求必须返回一个结果，而 if-else 语句不一定需要返回值。

例如，String result = 2 < 1 ? "表达式成立" : "表达式不成立"，其中三元运算符的优先级高于赋值运算符，因此首先进行布尔表达式值 2 < 1 的判断，如果结果为 true 则返回 "表达式成立" 赋值给 result 变量，否则返回 "表达式不成立" 赋值给 result。

3. else-if 多重分支语句

if 语句可以称之为单分支语句，if-else 语句称之为双分支语句，而 else-if 语句则是多重分支语句，用来完成判断条件多于两个的逻辑处理。在 else-if 语句中，当满足判断条件 1 时执行语句块 1；当不满足判断条件 1 却满足判断条件 2 时执行语句块 2，…，以此类推，进行多重条件判断。else-if 语句的语法结构如下：

```
if (判断条件1) {
    语句块1；
} else if (判断条件2) {
    语句块2；
} else if (判断条件3) {
    语句块3；
} …
else {
    语句块n + 1；
}
```

else-if 语句的执行流程如图 3.6 所示。else-if 语句不能独立存在，需配合 if 语句进行使用。在 else-if 语句中，可以有多个判断条件。首先进行 if 后的判断条件 1 的判断，当结果为 true 时，执行 if 后紧邻的语句块 1，执行完毕后结束语句；当 if 后的判断条件 1 的结果为 false 时，则按照顺序执行 else if 中的判断条件 2，如果结果为 true 则执行该 else-if 后的语句块 2，否则继续执行后续 else-if 的条件判断 3，…，以此类推。如果所有的判断条件都不成立，则执行最后 else 后的语句块 n+1。

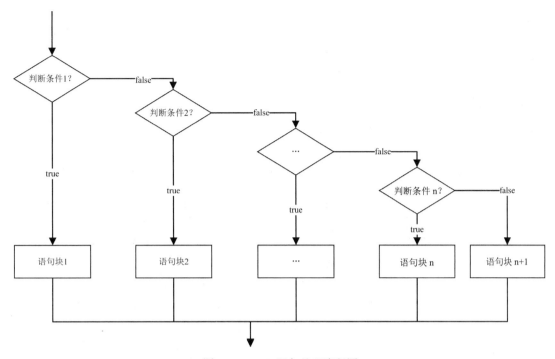

图 3.6　else-if 语句处理流程图

根据以上语法，对例 3-2 进行进一步优化：输入小明考试成绩，如果满分输出"奖励学习机一部！"，如果成绩大于等于 80 分输出"考的不错，给个鸡腿以示奖励！"，如果成绩大于等于 60 分，输出"刚及格，下次努力！"，否则输出"不及格，晚上加班！"，如例 3-3 所示。

【例 3-3】　Demo0303.java

```
1   package com.aaa.p030201;
2   import java.util.Scanner;
3
4   public class Demo0303 {
5       public static void main(String[] args) {
6           Scanner sca = new Scanner(System.in);
7           System.out.println("------请输入小明的考试成绩-----");
8           int score = sca.nextInt ();                    // 定义变量接收小明的录入成绩
9           if (score == 100) {
10              System.out.println("奖励学习机一部！");
11          } else if ( score >= 80) {
12              System.out.println("考的不错，给个鸡腿以示奖励！");
13          } else if ( score >= 60 ) {
14              System.out.println("刚及格，下次努力！");
15          } else {
16              System.out.println("不及格，晚上加班！");
17          }
18      }
19  }
```

运行程序，输入小明的成绩为 100 分，运行结果如下：

```
------请输入小明的考试成绩-----
100
奖励学习机一部！
```

再次运行程序，输入小明的成绩为 90 分，运行结果如下：

```
------请输入小明的考试成绩-----
```

```
90
考的不错，给个鸡腿以示奖励！
```

再次运行程序，输入小明的成绩为 70 分，运行结果如下：

```
------请输入小明的考试成绩-----
70
刚及格，下次努力！
```

再次运行程序，输入小明的成绩为 50 分，运行结果如下：

```
------请输入小明的考试成绩-----
50
不及格，晚上加班！
```

例 3-3 中，程序的第 8 行中定义变量来接收小明的考试成绩，第 9～16 行是一个 else-if 的多重分支语句。第 9 行 if 中的"score == 100"是第 1 个判断条件，当该条件成立时会执行其后的第 10 行语句，打印"奖励学习机一部！"，当不成立时，按照顺序判断第 2 个判断条件（score >= 80）的结果。第 11 行 else if 中的"score >= 80"为第 2 个判断条件，当第 1 个判断条件不成立时，按照顺序进行该条件的判断，如果该条件成立则会执行其后的第 12 行语句，打印"考的不错，给个鸡腿以示奖励！"；不成立则继续判断下一个判断条件（score >= 60）的结果。第 13 行 else if 中的"score >= 60"为第 3 个判断条件，当第 1 个判断条件和第 2 个判断条件均不成立时，会判断该条件的结果，如果该条件成立则会执行其后的第 14 行语句，打印"刚及格，下次努力！"。当第 1 个判断条件、第 2 个判断条件以及第 3 个判断条件均不成立时，则执行 else 后的第 16 行语句，打印"不及格，晚上加班！"。

通过上面的案例可以看出，输入不同成绩会输出不同的结果，第 10、12、14、16 行语句会根据是否满足条件而选择其中一行执行。每一个条件都有隐含的条件，比如第 1 个判断条件"score == 100"的隐含条件就是不成立的情况，即 score 成绩不等于 100，因此该写法要注意书写顺序。

注意：else 可要可不要；每一个条件的隐含条件即前边的不成立，因此注意书写的顺序。

3.2.2　switch 条件语句

switch 语句和前面的 else-if 语句类似，称为开关语句，是另外一种可以实现多重分支结构的语句。具体语法结构如下：

```
switch (表达式) {
    case 值1:
        语句块1;
        [break;]
    case 值2:
        语句块2;
        [break;]
    case 值3:
        语句块3;
        [break;]
    ...
    case 值n:
        语句块n;
        [break;]
    default:
        语句块;
}
```

switch 语句的执行流程如图 3.7 所示。switch 语句中表达式结果的数据类型可以是 byte、short、char、int 以及其包装类，也可以是 Enum 枚举类，JDK 7 之后还可以是 String 类型，而 else-if 中表达式的结果是布尔类型。尽管 switch 语句中表达式的结果扩充了多种数据类型，但是其底层只支持 4 种基本数据类型，其他数据类型都是经过了间接的转换。

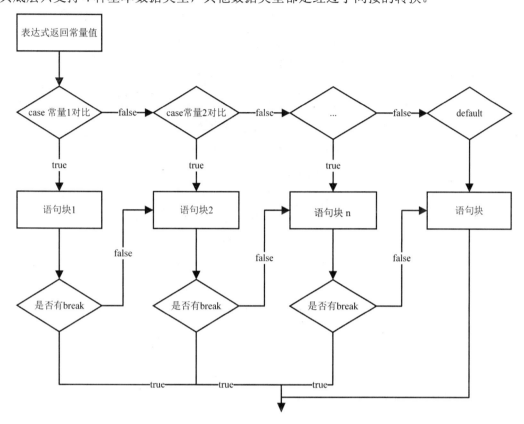

图 3.7　switch 语句处理流程图

switch 语句在执行时，会首先计算表达式的结果，将计算结果与第 1 个 case 后的值 1 做比对，如果比对结果相等则执行该 case 后的语句块 1，如果比对结果不一样则继续和第 2 个 case 后的值 2 做比对，…，以此类推，如果所有 case 后的值都不匹配则执行 default 后的语句块。在此需要注意，case 只是提供 switch 语句匹配成功后的执行入口，case 后的语句块并没有 "{}" 来标注整体，因此程序执行时并不知道何时该语句块执行完毕。如果匹配上某个 case 后的值，则会从该 case 分支后的语句块一直执行下去，如果没有 break 语句，则后续的 case 分支的语句块也将会执行，直到碰到 break 语句。

综上所述，switch 语句和 else-if 语句的不同之处在于 else-if 的判断条件可以是等值判断，也可以是其他复杂的条件判断，而 switch 只能做等值判断，并且语法结构上来看 switch 语句更简练，表达更清晰。

接下来通过一个案例来演示 switch 语句的用法：输入当前是周几，如果是周一、周三、周五则输出 "今天学习"，如果是周二、周四、周六则输出 "今天打球"，如果是周日则输出 "看电影去，放松一下"，如果都不是则输出 "输入错误"，如例 3-4 所示。

【例 3-4】　Demo0304.java

```
1    package com.aaa.p030202;
2    import java.util.Scanner;
```

```
3
4    public class Demo0304{
5        public static void main(String[] args) {
6            Scanner sca = new Scanner(System.in);
7            System.out.println("-------请输入今天周几---------");
8            String week = sca.next();
9            switch (week) {
10             case "周一" :
11                 System.out.println("今天学习");break;
12             case "周二" :
13                 System.out.println("今天打球");break;
14             case "周三" :
15                 System.out.println("今天学习");break;
16             case "周四" :
17                 System.out.println("今天打球");break;
18             case "周五" :
19                 System.out.println("今天学习");break;
20             case "周六" :
21                 System.out.println("今天打球");break;
22             case "周日" :
23                 System.out.println("看电影去, 放松一下");break;
24             default :
25                 System.out.println("输入错误");
26            }
27            System.out.println("switch执行完毕");
28        }
29   }
```

运行程序，输入"周三"，运行结果如下：

```
-------请输入今天周几---------
周三
今天学习
switch执行完毕
```

再次运行程序，输入"周二"，运行结果如下：

```
-------请输入今天周几---------
周二
今天打球
switch执行完毕
```

再次运行程序，输入"星期三"，运行结果如下：

```
-------请输入今天周几---------
星期三
输入错误
switch执行完毕
```

例 3-4 中，第 7 行是一个提示语句，用来做输入提示使用。第 8 行声明了一个变量 week 用来接收录入的值，即周几。第 9 行 switch 后的表达式返回的是一个字符串，会和{}中的 case 后的值进行逐一比对。首先与第 10 行的第 1 个 case 后的值做比对，第 1 次运行录入的是周三，明显"周一"不等于"周三"，因此第一个 case 后的代码块不会执行。再比对第 12 行的 case 后的值，结果仍然不相等，因此该 case 后的代码块也不执行。再比对第 14 行的 case 后的值，此时等值匹配，结果为 true，将会从该 case 后的代码块开始执行，输出"今天学习"，输出后有一个 break 语句，因此 switch 语句将运行结束，运行后续代码，即输出"switch 执行完毕"。再次运行程序，当第 3 次录入"星期三"时，也将会依次和各个 case 后的值进行比对，很明显都不匹配，最终执行了 default 后的代码，即输出"输入错误"。对比 3 次执行结果，发现输入不同的值会有不同结果，switch 会从 case 中选择一个进行执行，如果都不匹配将执行 default

子句后的代码。

在以上案例中，我们可以发现多个 case 语句后的执行语句其实是一样的，即周一、周三、周五输出的都是"今天学习"，周二、周四、周六输出的都是"今天打球"。我们知道 switch 语句中如果某个 case 后的值匹配成功，将会从该 case 后的语句块起一直执行下去，直到遇到 break 语句，因此可以根据这一特点对以上案例进行优化，如例 3-5 所示。

【例 3-5】　　Demo0305.java

```
1   package com.aaa.p030202;
2   import java.util.Scanner;
3
4   public class Demo0305 {
5       public static void main(String[] args) {
6           Scanner sca = new Scanner(System.in);
7           System.out.println("-------请输入今天周几---------");
8           String week = sca.next();
9           switch (week) {
10              case "周一" :
11              case "周三" :
12              case "周五" :
13                  System.out.println("今天学习");break;
14              case "周二" :
15              case "周四" :
16              case "周六" :
17                  System.out.println("今天打球");break;
18              case "周日" :
19                  System.out.println("看电影去，放松一下");break;
20              default :
21                  System.out.println("输入错误");
22          }
23          System.out.println("switch执行完毕");
24      }
25  }
```

运行程序，输入"周三"，运行结果如下：

```
-------请输入今天周几---------
周三
今天学习
switch执行完毕
```

再次运行程序，输入"星期三"，运行结果如下：

```
-------请输入今天周几---------
星期三
输入错误
switch执行完毕
```

对比例 3-5 和例 3-4，可以看出在输入相同值时运行结果是一样的。执行过程也基本一样，输入"周三"，与第 2 个 case 后的"周三"相等，将执行"周三"后的代码块，但是该 case 后没有相应的语句块，并且没有"break"语句，因此继续执行后续代码，即下一个 case 后的代码。该代码中输出了"今天学习"，还有一个"break 语句"，因此在 13 行执行完毕后退出 switch 语句，执行第 23 行代码。第 2 次输入"星期三"，与所有 case 后的值都不匹配，将执行 default 子句后的代码。

在此需要注意，default 子句的书写并不一定在所有 case 的后面，它只要在 switch 语句中即可，可以在所有 case 前，也可以在最后，也可以穿插在 case 中间。调整例 3-5 中 default 子句的位置，将其放到"周四"之前，代码如下：

```
1    package com.aaa.p030202;
2    import java.util.Scanner;
3
4    public class Demo0305 {
5        public static void main(String[] args) {
6            Scanner sca = new Scanner(System.in);
7            System.out.println("-------请输入今天周几---------");
8            String week = sca.next();
9            switch (week) {
10           case "周一" :
11           case "周三" :
12           case "周五" :
13               System.out.println("今天学习");break;
14           case "周二" :
15           case "周四" :
16           default:
17               System.out.println("输入错误");
18           case "周六" :
19               System.out.println("今天打球");break;
20           case "周日" :
21               System.out.println("看电影去，放松一下");break;
22           }
23           System.out.println("switch执行完毕");
24       }
25   }
```

运行程序，输入"星期三"，运行结果如下：

```
-------请输入今天周几---------
星期三
输入错误
今天打球
switch执行完毕
```

从程序运行结果可发现，在所有 case 后的值都不匹配的情况下，它一样执行了 default 子句后的代码，但是 default 后的代码执行完毕之后又执行了 switch 中后续的代码，即第 19 行的语句，直到碰到的 break 语句才结束了 switch 语句，再次验证了 switch 中每个分支匹配上后执行该分支后的代码，直到碰到 break 为止。因此，即使 default 不在最后，同样需要添加 break 语句。修改代码如下：

```
1    package com.aaa.p030202;
2    import java.util.Scanner;
3
4    public class Demo0305 {
5        public static void main(String[] args) {
6            Scanner sca = new Scanner(System.in);
7            System.out.println("-------请输入今天周几---------");
8            String week = sca.next();
9            switch (week){
10           case "周一" :
11           case "周三" :
12           case "周五" :
13               System.out.println("今天学习");break;
14           case "周二" :
15           case "周四" :
16           default:
17               System.out.println("输入错误");break;
18           case "周六" :
19               System.out.println("今天打球");break;
20           case "周日" :
```

```
21              System.out.println("看电影去，放松一下");break;
22          }
23          System.out.println("switch执行完毕");
24      }
25  }
```

运行程序，输入"星期三"，运行结果如下：

```
-------请输入今天周几---------
星期三
输入错误
switch执行完毕
```

根据以上案例的讲解，再次书写一个案例来巩固 switch 的用法：输入年份和月份，输出对应月份的天数。实现思路：如果输入的是 1、3、5、7、8、10、12，那么天数是 31 天；如果输入的是 2，判断年份是否为闰年，闰年是 29 天，非闰年是 28 天；如果输入的是 4、6、9、11，那么天数是 30 天，如例 3-6 所示。

【例 3-6】　Demo0306.java

```
1   package com.aaa.p030202;
2   import java.util.Scanner;
3
4   public class Demo0306 {
5       public static void main(String[] args) {
6           Scanner scanner = new Scanner(System.in);
7           System.out.println("------输入年份-----");
8           int year = scanner.nextInt();          // 获取输入的年份
9           System.out.println("------输入月份-----");
10          int month = scanner.nextInt();         // 获取输入的月份
11          int day = 0;                           // 声明天数变量
12          switch (month) {
13              case 1 :
14              case 3 :
15              case 5 :
16              case 7 :
17              case 8 :
18              case 10 :
19              case 12 :
20                  day = 31;                      // 1、3、5、7、8、10、12天数31天
21                  break;
22              case 4 :
23              case 6 :
24              case 9 :
25              case 11 :
26                  day = 30;                      // 4、6、9、11天数30天
27                  break;
28              case 2 :                           // 2月判断是否是闰年
29                  if ((year % 4 == 0 && year % 100 != 0) || (year % 400 == 0)) {
30                      day = 29;
31                  } else {
32                      day = 28;
33                  }
34                  break;
35              default :
36                  System.out.println("输入月份错误");
37          }
38          System.out.println(year + "年" + month + "月, 一共是" + day + "天");
39      }
40  }
```

程序的运行结果如下：

```
------输入年份-----
2021
------输入月份-----
2
2021年2月，一共是28天
```

例 3-6 中，第 10 行接收到的输入的月份值将会和 switch 中 case 后的值逐一进行比较。第 13～19 行，case 1、3、5、7、8、10、12 共用了一个赋值语句"day = 31"，然后执行 break 语句退出了 switch 语句。第 22～25 行，case 4、6、9、11 共用一个赋值语句"day = 30"，然后执行 break 语句退出 switch 语句。第 28 行，如果输入月份为 2，则先判断年份是否是闰年，如果是闰年则天数为 29 天，如果不是则天数为 28 天。如果所有月份都不匹配，执行 default 子句。

📢**注意：**同一个 switch 中 case 后的数值必须每一个都不同。

default（默认）子句为可选语句，并且该语句位置可以不放到最后。

switch 语句只能做等值比较，即用 switch 的表达式结果和各个 case 子句的值对比，如果相等则执行 case 后的语句，否则判断下一个。

3.3 循 环 语 句

Java 中提供了 4 种类型的循环语句来实现循环结构，即 while 语句、do-while 语句、for 语句以及针对数组和集合遍历的 foreach 语句。鉴于目前尚未学习数组和集合，本节只讲解前 3 种语句的详细用法，foreach 语句在第 4.1.5 节再进行讲解。

3.3.1 while 循环语句

while 循环语句需要先进行循环条件（布尔表达式）判断，即计算该循环条件的值，结果为 true 时进入循环体（重复执行的语句块），结果为 false 时退出循环。具体语法结构如下：

```
while (循环条件){
    重复执行语句块;
}
```

while 循环语句的执行流程如图 3.8 所示。其执行逻辑为：计算循环条件的结果，如果结果为 true，执行"重复执行语句块"，即循环体；如果结果为 false，退出循环，循环体执行完毕后重新回到循环条件判断。使用 while 循环时，需要注意以下几点：

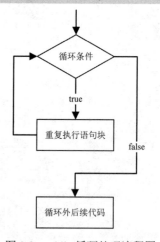

图 3.8 while 循环处理流程图

❖ 循环条件结果只能为 true 或者 false。

❖ 如果循环体只有一条语句则"{}"可以省略。

❖ 如果开始第 1 次循环时循环条件计算的值为 false，那么循环体将不会执行。

❖ 一般需要在循环体中更改循环变量（循环条件中的变量）的值，使循环趋于结束，否则如果循环条件的结果始终为 true，会造成死循环。

📖**知识点拨：**所谓死循环，指的是一个无法终止的循环，即该循环会一直执行下去，无法退出。

根据以上语法，编写一个案例：小明被罚抄《咏鹅》3 遍。实现思路：循环体为输出《咏鹅》的 4 句诗；循环条件是输出 3 次；根据循环条件可知，循环变量就是次数，初始次数应为 0 次；循环变量更替应该是每循环一次则次数加 1，如例 3-7 所示。

【例 3-7】　Demo0307.java

```
1   package com.aaa.p030301;
2
3   public class Demo0307 {
4       public static void main(String[] args) {
5           int num = 0;                              // 抄写次数初始值为0
6           while (num < 3) {                         // 循环条件为抄写次数不足3
7               System.out.print("鹅鹅鹅, ");
8               System.out.print("曲项向天歌。");
9               System.out.print("白毛浮绿水, ");
10              System.out.println("红掌拨清波。");      // 循环体，输出《咏鹅》诗句
11              num++;                                // 循环次数递增
12              System.out.println("完成了" + num + "次");
13          }
14      }
15  }
```

程序的运行结果如下：

```
鹅鹅鹅, 曲项向天歌。白毛浮绿水, 红掌拨清波。
完成了1次
鹅鹅鹅, 曲项向天歌。白毛浮绿水, 红掌拨清波。
完成了2次
鹅鹅鹅, 曲项向天歌。白毛浮绿水, 红掌拨清波。
完成了3次
```

例 3-7 中，第 5 行是循环变量初始化，该变量是根据循环条件推断出来的。第 6 行是循环条件，其作用是控制循环何时终止。如果循环条件返回值为 true，则进入循环体，即执行第 7～12 行；如果循环条件返回值为 false，则终止循环。第 7～12 行是重复执行的代码，即循环体，顺序执行。其中，第 10 行的 num++ 是循环变量更替，如果此处不写该语句，那么 num 值将一直保持初始值 0，循环条件结果将一直为 true，就会造成死循环。当第 12 行执行完毕，即循环体执行完毕后，重新执行第 6 行的循环条件，即重新进行前面的步骤，直到条件判断结果为 false，即 num 等于 3 时，终止循环。

接下来，再编写一个案例来巩固循环的使用：计算 1+2+3+…+100 的结果并输出，如例 3-8 所示。

【例 3-8】　Demo0308.java

```
1   package com.aaa.p030301;
2
3   public class Demo0308 {
4       public static void main(String[] args) {
5           int sum = 0;                              // 初始化和为0
6           int i = 1;                                // i为当前需要加到和中的数字，从1开始
7           while (i <= 100) {                        // 如果i大于100退出循环
8               sum += i;                             // sum+i作为计算到当前值的和
9               i++;                                  // 循环变量更替
10          }
11          System.out.println("1+2+3+…+100的结果: " + sum);
12      }
13  }
```

程序的运行结果如下：

```
1+2+3+…+100的结果: 5050
```

例 3-8 中，第 5 行初始化和为 0，如果 sum 变量不进行声明和初始化，后续无法直接参与 sum = sum + i 的运算。第 6 行是循环变量 i 的初始化，因为 1～100 之和是从 1 开始加的，因此初始值为 1。第 7 行是循环条件，如果 i <= 100 返回 true，说明没有加到 100，循环继续，否则循环终止。第 8 行的 sum += i 等价于 sum = sum + i，将之前的和加上当前的 i 的值，重新赋值给 sum。第 9 行的 i++ 为循环变量更替，计算完毕后重新回到第 7 行进行循环条件判断，重复执行。

整体运行过程如下：第 1 次 i = 1，计算累计到 1 的和为 1，赋值给 sum，然后执行 i++，结果为 2，循环体执行完毕；第 2 次进行 "i <= 100" 判断，结果为 true，重新进入循环体，计算累计到 2 的和，赋值给 sum 后执行 i++，结果为 3，循环体执行完毕；第 3 次进行条件判断，结果为 true，重新进入循环体，以此类推，一直计算到累计到 100 的和，i 更新为 101，循环条件件的结果为 false，退出循环。

3.3.2　do-while 循环语句

do-while 循环称之为直到型循环，具体语法结构如下：

```
do{
    重复执行语句块;
} while (循环条件);                      // 注意后边有分号
```

do-while 循环语句的执行流程如图 3.9 所示。do-while 语句与 while 语句非常类似，区别在于循环条件判断和循环体执行顺序不同。while 循环语句是先判断循环条件，后执行循环体，循环体有可能一次都不执行；而 do-while 循环语句是先执行循环体，再进行循环条件判断，循环体至少执行一次。

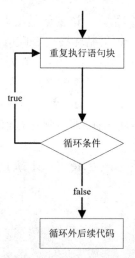

图 3.9　do-while 循环处理流程图

接下来，使用 do-while 来计算 1+2+3+…+100 的结果并输出，如例 3-9 所示。

【例 3-9】　Demo0309.java

```
1   package com.aaa.p030302;
2
3   public class Demo0309 {
4       public static void main(String[] args) {
5           int sum = 0;                        // 初始化和为0
6           int i = 1;                          // i为当前需要加到和中的数字，从1开始
7           do{
8               sum += i;
```

```
9                i++;
10           } while (i <= 100);              // 注意最后的分号
11           System.out.println("1+2+3+…+100的结果: " + sum);
12       }
13   }
```

程序的运行结果如下：

```
1+2+3+…+100的结果: 5050
```

例 3-9 中，第 5 行和第 6 行的初始化和例 3-8 相同。第 7 行是循环的开始，以 do 打头是固定语法。第 8、9 行是循环体，第 9 行完成循环变量的更替。循环体执行完毕后，将执行第 10 行中的循环条件判断，注意后边一个 ";"。如果条件判断结果为 true，重新回到第 7 行，继续下一次循环，否则退出循环。

从执行过程可以看出，do-while 循环语句是先执行循环体后进行循环条件判断，循环体至少执行一次。

3.3.3　for 循环语句

学过 while 循环语句和 do-while 循环语句之后，我们来学习 for 循环语句，for 循环语句要更加灵活，是最常用的一种循环语句。Java 提供了常规的 for 循环和基于数组和集合的 foreach 循环，foreach 循环是简化增强版 for 循环，本节只讲解常规 for 循环语句。

for 循环语句的语法格式如下：

```
for (循环变量初始化;循环条件;循环变量更替) {
    循环体;
}
```

for 后面括号内存在 3 个表达式语句，程序运行时首先执行循环变量初始化，再执行循环条件，然后执行循环体，最后执行循环变量更替，执行完毕后重新回到循环条件进行判断，然后重复执行循环体、循环变量更替、循环条件判断，一直到循环条件的判断结果为 false，退出循环。for 循环语句的执行流程如图 3.10 所示。

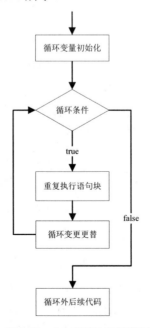

图 3.10　for 循环处理流程图

接下来，使用 for 循环语句计算 1+2+3+…+100 的结果并输出，如例 3-10 所示。

【例 3-10】 Demo0310.java

```
1   package com.aaa.p030303;
2
3   public class Demo0310 {
4       public static void main(String[] args) {
5           int sum = 0;
6           for (int i = 1 ; i <= 100 ; i++) {
7               sum = sum + i;
8           }
9           System.out.println("1+2+3+…+100的结果: " + sum);
10      }
11  }
```

程序的运行结果如下：

```
1+2+3+…+100的结果: 5050
```

例 3-10 中，第 5 行进行 sum 变量的初始化。第 6～8 行为一个 for 循环语句，首先执行 for 后()内的第 1 个子句 int i = 1，进行循环变量初始化。然后执行 for 后()内的第 2 个子句 i <= 10，进行循环条件判断，如果条件判断结果为 true，则进入第 7 行的循环体，否则退出循环。第 7 行为循环体，可以是一句，也可以是多句代码组成。循环体执行完毕后进入 for 后()内的第 3 个子句 i++，完成循环变量更替。第 3 个子句执行完毕后，重新回到第 2 个子句进行循环条件判断，重复执行，一直到循环条件结果为 false 时退出循环。

从以上执行过程可以看出，标准的 for 循环执行过程与 while 循环基本一致，只是书写更加简洁。

for 循环除标准语法外，还有省略写法，其中 for 后边()内的 3 个表达式都可以省略不写。但需要注意的是，循环如果没有循环变量初始化、循环条件、循环变量更替，循环功能将不完整，有可能出现死循环的问题，因此 for 循环的省略写法仅仅是语法的省略，内容换个形式或换个位置仍然需要书写。

接下来，使用 for 循环省略写法来计算 1～100 之和，如例 3-11 所示。

【例 3-11】 Demo0311.java

```
1   package com.aaa.p030303;
2
3   public class Demo0311 {
4       public static void main(String[] args) {
5           int sum = 0;
6           int i = 1;
7           for ( ; i <= 100 ;) {
8               sum = sum + i;
9               i++;
10          }
11          System.out.println("1+2+3+…+100的结果: " + sum);
12      }
13  }
```

程序的运行结果如下：

```
1+2+3+…+100的结果: 5050
```

例 3-11 中，虽然 for 后边没有写循环变量初始化、循环变量更替，但是在第 6 行书写了循环变量初始化，在第 9 行书写了循环变量更替，同样可以达到标准 for 循环语句的效果。for 后()内只省略了两个表达式，中间的循环条件没有省略。如果省略则代表 true，将出现死循环。如需省略，则需要配合 break 关键字。

注意：for 循环的()内的 3 个子句都可以省略，但是“;”不能省略，必须写。如果循环条件不写则代表循环条件为 true，此时一般配合 break 关键字来终止循环。

3.4　循 环 嵌 套

顾名思义，循环嵌套就是在循环中嵌套一层循环，先执行外层循环，内层循环作为外层循环的循环体。循环嵌套可以是 while 循环语句嵌套 do-while 循环语句，也可以是 for 循环语句嵌套 while 循环语句，还可以是 for 循环语句嵌套 for 循环语句，…，即各类循环语句都可以作为外层循环，也可以作为内层循环。程序中最常见的是 for 循环语句嵌套 for 循环语句。当程序碰到循环嵌套时，先进行外层循环的循环条件判断，如果成立则开始执行外层循环的循环体，该循环体内包含内层循环，内层循环执行结束且外层循环的循环体也执行完毕时，才可以再次进行外层循环的循环条件判断，决定是否再次进入外层循环的循环体。循环嵌套的执行流程如图 3.11 所示。

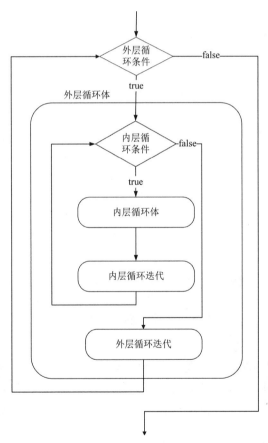

图 3.11　循环嵌套处理流程图

从图 3.11 可以看出，循环嵌套就是把内层循环作为外层循环的循环体在执行操作。只有内层循环的循环条件为 false 时，内层循环才可以结束，外层循环才算完成了一次循环，开始进入下一次循环。

接下来，利用循环嵌套来实现九九乘法表，如例 3-12 所示。

【例 3-12】 Demo0312.java

```
1   package com.aaa.p0304;
2
3   public class Demo0312 {
4       public static void main(String[] args) {
5           for (int i = 1; i <= 9; i++) {              // 外层循环控制第几行
6               for (int j = 1; j <= i; j++) {          // 内层循环控制当前行循环几列
7                   System.out.print(j + "*" + i + "=" + (i * j) + "  ");
8               }
9               System.out.println();                   // 一行结束后换行
10          }
11      }
12  }
```

程序的运行结果如下：

```
1*1=1
1*2=2   2*2=4
1*3=3   2*3=6   3*3=9
1*4=4   2*4=8   3*4=12  4*4=16
1*5=5   2*5=10  3*5=15  4*5=20  5*5=25
1*6=6   2*6=12  3*6=18  4*6=24  5*6=30  6*6=36
1*7=7   2*7=14  3*7=21  4*7=28  5*7=35  6*7=42  7*7=49
1*8=8   2*8=16  3*8=24  4*8=32  5*8=40  6*8=48  7*8=56  8*8=64
1*9=9   2*9=18  3*9=27  4*9=36  5*9=45  6*9=54  7*9=63  8*9=72  9*9=81
```

例 3-12 中，第 5～10 行是外层循环，使用 i 来做外层循环的循环变量，初始值为 1。外层循环用来控制九九乘法表总共有几行，因此循环条件为 i <= 9，即输出 9 行。第 6～8 行是内层循环，使用 j 来做内层循环的循环变量，初始值为 1。内层循环用来控制九九乘法表每行应该输出几列。众所周知，九九乘法表第 i 行的最后就是 i * i = 乘积，所以内层循环每一次的执行次数就是 i 的值，因此内层循环的循环条件为 j <= i，即内层循环次数随着 i 的值而变化。第 7 行是内层循环的循环体，输出 i * j 的值。注意此处 print 的写法，不带 ln 意味着输出不换行，后边的\t 意味着输出制表符。第 9 行是用来换行的。当内层循环完成一遍循环后，即九九乘法表一行输出完毕，则换行输出下一行，因此换行之后执行外层循环的循环变量更替，即 i++，如果此时 i <= 9，则继续输出下一行，否则外层循环结束。

此处是以两层嵌套为例在进行讲解，但实际上，循环嵌套也可以嵌套多层。无论如何嵌套，都可以将内层循环作为外层循环的循环体来看待，只不过这个循环体里包含了重复执行的代码。

3.5 跳 转 语 句

跳转语句可以控制程序的执行方向，在循环体比较复杂的情况下经常会被用到。Java 语言中提供的跳转语句有 break 语句、continue 语句和 return 语句，这 3 个跳转语句都可以控制程序从一个地方直接跳转到另外一个地方继续执行，使程序更易阅读和理解。

3.5.1 break 语句

在分支语句的学习中，大家已经接触过 break 语句，可以用它来结束 switch 分支语句的继续执行。除此之外，break 还有两种用法，一种是在循环体中强制退出循环，另一种是配合标签使用实现类似 C 语言 goto 语句的效果。

1. 使用 break 强制退出循环

在程序中，有时需要强行终止循环，而不是等到循环条件为 false 时才退出循环。此时，可以使用 break 语句来实现这种功能。break 语句可以出现在循环体中，其作用是使程序立即退出循环，转而执行该循环外的语句。如果 break 语句出现在嵌套循环的内层循环中，则只会终止当前内层循环，外层循环则不受影响。break 语句在 3 种循环语句中都可以使用，书写在其重复执行语句块中，一般配合 if 语句进行使用，执行流程如图 3.12 所示。

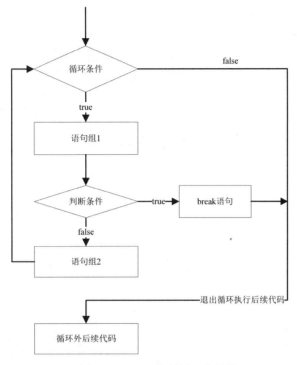

图 3.12　break 控制循环流程图

接下来，根据 break 语句的特性，书写一个案例：采用 while 循环语句来循环输入并打印学生成绩，如果输入成绩为-1 则退出循环，如例 3-13 所示。

【例 3-13】　Demo0313.java

```
1   package com.aaa.p030501;
2   import java.util.Scanner;
3
4   public class Demo0313 {
5       public static void main(String[] args) {
6           Scanner scanner = new Scanner(System.in);
7           while (true){
8               System.out.println("-------输入学生成绩------");
9               double score = scanner.nextDouble();
10              if(score < 0){
11                  break;
12              }
13              System.out.println("学生成绩为: " + score);
14          }
15          System.out.println("循环终止! ");
16      }
17  }
```

程序的运行结果如下：

```
-------输入学生成绩------
90
学生成绩为：90.0
-------输入学生成绩------
-1
循环终止！
```

例 3-13 中，第 7～14 行为一个 while 循环语句，其中 while(true)即循环条件的结果一直都是 true，循环将会一直执行，这也就是所谓的死循环。第 10 行书写了一个 if 条件语句，当第 1 次输入成绩为 90 时，该条件语句的判断条件不成立，if 语句中的语句将不会执行，继续执行第 13 行语句输出该学生的成绩，输出成绩后再次进行循环条件的判断，因为没有循环变量更替，所以该条件的结果恒为 true，再次录入学生成绩。第 2 次输入成绩为-1，第 10 行中 if 条件语句的判断条件 score < 0 成立，此时执行了第 11 行的 break 语句，循环终止，然后执行了 while 循环之外的第 15 行语句。

break 语句不仅可以在 while 循环中使用，也可以在 do-while、for 循环中使用，方式相同，都是书写在循环体中，碰到 break 则循环终止。此处仅举例了 break 语句在 while 循环体中的使用，其他情况类似，不再赘述。

2. break 语句配合标签

break 语句并不局限于终止一个循环语句或者退出 switch 分支语句，它还可以配合标签使用，用来终止一个或任意多个代码块，通过它可以实现代码跳转到指定位置继续执行。

标签的命名需要遵循标识符的命名规则，标签名后书写一个冒号，冒号后为标签中要执行的代码块，该代码块中可以使用"break 标签名"来退出该代码块，具体语法如下：

```
标签名1: {
    代码块1中的语句…
    if (跳转条件) {              // 一般需要配合if使用，否则break后不可以书写代码
        break 标签名1;          // 执行到break语句时，将结束该代码块，执行代码块后的代码
    }
    代码块中1的语句…
}
代码块后的代码…
```

接下来，编写一个简单的案例来演示 break 配合标签使用的语法，如例 3-14 所示。

【例 3-14】 Demo0314.java

```
1  package com.aaa.p030501;
2
3  public class Demo0314 {
4      public static void main(String[] args) {
5          labelName: {
6              int i = 1;
7              System.out.println("代码块语句1");
8              if (i == 1) {           // 此为跳转条件，一般break都配合if使用
9                  break labelName;
10             }
11             System.out.println("代码块语句2");
12         }
13         System.out.println("代码块后的代码");
14     }
15 }
```

程序的运行结果如下：

```
代码块语句1
代码块后的代码
```

例 3-14 中，第 5 行的 labelName 是标签名，相当于给后边 {} 中的代码块起了一个名字。第 6 行声明了一个变量 i，初始值为 1，作为终止代码块的条件。第 8 行是一个判断条件，i 的初始值为 1，因此 1 == 1 这个条件成立，执行 if 后的 break 语句，break 后跟的是刚才的标签名，表示跳出以 labelName 命名的代码块，此时第 11 行的语句将不再执行，直接跳转到 labelName 标签对应的代码块后继续执行，也就是执行第 13 行语句。

📖**知识点拨**：程序中使用 {} 将一句或多句代码括起来即可组成一个代码块，这个代码块并不一定是在分支后或者循环后，可以独立存在。

在此需要注意的是，标签定义的代码块中有可能仍然有标签定义，即代码块是可以进行嵌套的，此时如果 break 在外层标签的代码块中，那么其后的标签名只能书写外层的标签名，如果 break 在内层中则可以书写内层标签名也可书写外层的标签名，即 break 后的标签名只要是包住自己的标签即可。具体语法如下：

```
标签名1: {
    代码块1中的语句…
    if (跳转条件) {            // 一般需要配合if使用，否则break后不可以书写代码
        break 标签名1;         // 执行到break语句时，将结束该代码块，执行代码块后的代码
    }
    标签名2: {
        代码块2中的语句1
        if (跳转条件) {
            break 标签名1/标签名2;
        }
        代码块2中的语句2
    }
    代码块中1的语句…
}
代码块后的代码…
```

在标签 2 中包含的 break 语句，如果跟的是标签名 2 则终止标签名 2 对应的代码块，继续执行代码块 1 中的后续代码，如果跟的是标签名 1 则直接退出标签名 1 对应的代码块，继续执行代码块后的代码。此处语法仅仅是两层嵌套，实际可以是很多层，含义与此一样，只要是包住该 break 语句的标签名都可以使用。即 break 配合标签使用，可以用来终止一个或任意多个代码块。利用 break 配合标签使用，可以用来直接终止多层循环的运行。

接下来，编写一个 3 层嵌套 for 循环，循环变量分别为 x、y、z，如果 x + y + z = 10，则直接终止所有循环，如例 3-15 所示。

【例 3-15】　Demo0315.java

```
1  package com.aaa.p030501;
2
3  public class Demo0315 {
4      public static void main(String[] args) {
5          int x = 1 , y = 1 , z = 1;
6          labelX:for ( x = 1 ; x < 100 ; x++ ) {
7              lableY:for ( y = 1 ; y < 100 ; y++ ) {
8                  lableZ:for ( z = 1 ; z < 100 ; z++ ) {
9                      if ( x + y + z == 10 ) {
10                         break labelX;
11                     }
12                 }
13             }
14         }
15         System.out.println("退出循环时x为: " + x);
16         System.out.println("退出循环时y为: " + y);
```

```
17          System.out.println("退出循环时z为: " + z);
18      }
19 }
```

程序的运行结果如下：

```
退出循环时x为: 1
退出循环时y为: 1
退出循环时z为: 8
```

例 3-15 中，第 6 行，labelX 是第 1 层循环的标签，labelX 后正常应该是{}括起来的代码块，但是该代码是一个 for 循环，是一个整体，除此之外没有其他代码，因此可以省略{}。第 7 行 labelY 是第 2 层循环的标签。第 8 行 labelZ 是第 3 层循环的标签。第 9 行是一个判断条件，如果 x + y + z 的结果为 10 则执行第 10 行代码。该程序执行过程中，此时 x = 1，进入第 1 层循环体，第 1 层的循环体是第 2 层循环；此时 y = 1，进入第 2 层循环的循环体，第 2 层的循环体是第 3 层循环；当第 3 层循环到 z = 8 时，判断条件成立，此时 x = 1、y = 1、z = 8，执行第 10 行语句，直接退出 labelX 对应的循环，即第 1 层循环。因此，此时 z++、y++、x++ 都不会执行，将直接退出 3 层循环，转而开始执行第 15 行代码。

3.5.2 continue 语句

continue 语句与 break 语句类似，都有两种用法，可以在循环体中直接使用，也可以配合标签使用。但两者在使用上的含义不同，continue 在循环体中直接使用，用来结束本次循环直接进入下一次循环，配合标签使用则用来实现类似 C 语言 goto 语句的效果，实现向前跳转。同时，需要注意 continue 只能用在循环体中。

1. 使用 continue 退出当前循环

continue 语句在循环体中直接使用可跳出本次循环体，本次循环体中剩余的语句将不再执行，直接进入下一次循环。换句话说，continue 语句可以结束本次循环，跳到循环条件处判断是否进入下一次循环。continue 语句可以出现在 while 循环、do-while 循环以及 for 循环的循环体中，一般配合 if 语句进行使用，执行流程如图 3.13 所示。

从图 3.13 可以看出，程序碰到 continue 语句时，之后的语句组 2 将不再执行，直接回到循环条件处进行判断，根据判断结果来决定是否进入下一次循环。continue 语句类似 break 语句，两者的区别在于：continue 并不是中断整个循环，而

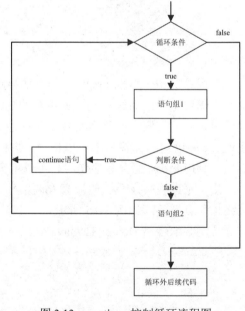

图 3.13　continue 控制循环流程图

是终止当前这一次，进入下一次循环，并且 continue 只能出现在循环体中；break 语句出现在循环体中是终止整个循环，也可以出现在 switch 语句中。

接下来，根据 continue 的特性，编写一个案例：循环遍历 1～10 之间的偶数，4 不要打印出来，如例 3-16 所示。

【例 3-16】 Demo0316.java

```
1 package com.aaa.p030502;
2
```

```
3    public class Demo0316 {
4        public static void main(String[] args) {
5            System.out.println("-------循环遍历1~10的偶数, 4不要打印出来------");
6            for (int i = 1 ; i <= 10 ; i++) {
7                if (i % 2 != 0) {
8                    continue;
9                }
10               if (i == 4) {
11                   continue;
12               }
13               System.out.print(i + "\t");
14           }
15       }
16   }
```

程序的运行结果如下：

```
-------循环遍历1~10的偶数, 4不要打印出来------
2    6    8    10
```

例 3-16 中，第 7 行是一个判断条件，如果 i 不是偶数，将执行 continue 语句，即终止本次循环，继续下一次循环。意味着在 i 不是偶数的情况下，第 10～13 行将不执行，直接执行 i++，然后进行 i <= 10 判断，如果条件成立则进入下一次循环，否则退出循环。第 10 行同样是一个判断条件，如果 i 的值为 4，则执行 continue 语句，即第 13 行不执行，直接执行 i++，然后进行循环条件判断，如果成立则进入下一次循环，否则退出循环。如果 i 是偶数，并且 i 不等于 4，将执行第 13 行，即将其输出。

continue 语句不仅可以在 for 循环中使用，也可以在 do-while、while 循环中使用，方式相同，都是书写在循环体中，碰到 continue 语句将终止本次循环，进入下一次循环。此处仅举例了 continue 语句在 for 循环体中的使用，其他情况类似，不再赘述。

2. continue 语句配合标签

continue 语句可以配合标签使用，该标签必须是为循环指定的名字，不能是普通代码块。当程序执行到 continue 语句后，会回到标记的所在位置继续指定循环的下一次循环。

与 break 类似，continue 所处的循环也可以是嵌套的，continue 后所书写的标签名可以是当前循环的标签名，也可以是外层循环的标签名。continue 语句可以出现在 while、do-while 以及 for 循环中用来控制语句的跳转，在此以 for 循环为例进行语法的说明，具体语法如下：

```
标签名1:for(;;) {
    循环1中的语句…
    标签名2:for(;;) {
        循环2中的语句1
        if (跳转条件) {
            continue 标签名1/标签名2;
        }
        循环2中的语句2
    }
    循环1中的语句…
}
循环后的代码…
```

在此，continue 如果跟的是标签名 2，则跳转到标签 2 对应的循环，即中止循环 2 的当前循环，进入下一次循环，与直接使用 continue 结果一样；如果跟的是标签 1，则跳转到标签 1 对应的循环，直接结束外层循环的当前循环（循环 1 中嵌套的循环将直接终止），进入外层循环的下一次循环。此处语法仅仅是两层嵌套循环，实际可以是很多层，含义与此一样。

接下来，利用 continue 配合标签使用实现九九乘法表，如例 3-17 所示。

【例 3-17】 Demo0317.java

```
1   package com.aaa.p030502;
2
3   public class Demo0317 {
4       public static void main(String[] args) {
5           System.out.println("-------九九乘法表------");
6           a:for(int i = 1 ; i <= 9 ; i++) {
7               b:for(int j = 1 ; j <= 10 ; j++) {
8                   System.out.print( j + "*" + i + "=" + i * j + "\t");
9                   if (i == j) {
10                      System.out.println();
11                      continue a;
12                  }
13              }
14          }
15      }
16  }
```

程序的运行结果如下：

```
-------九九乘法表------
1*1=1
1*2=2       2*2=4
1*3=3       2*3=6       3*3=9
1*4=4       2*4=8       3*4=12      4*4=16
1*5=5       2*5=10      3*5=15      4*5=20      5*5=25
1*6=6       2*6=12      3*6=18      4*6=24      5*6=30      6*6=36
1*7=7       2*7=14      3*7=21      4*7=28      5*7=35      6*7=42      7*7=49
1*8=8       2*8=16      3*8=24      4*8=32      5*8=40      6*8=48      7*8=56      8*8=64
1*9=9       2*9=18      3*9=27      4*9=36      5*9=45      6*9=54      7*9=63      8*9=72      9*9=81
```

例 3-17 中，第 6 行的 a 是外层循环的标签。第 7 行的 b 是内层循环的标签。该九九乘法表与之前例 3-12 九九乘法表有所不同，内层循环条件不是 j <= i，而是 j <= 10，即从内层循环来看它应该循环 10 次。第 9 行是一个判断，如果 j 和 i 的值相等，则执行第 10 行和第 11 行语句。第 11 行意味着继续 a 标签对应的循环，即外层循环，执行该语句将结束内层循环，直接进行外层循环的 i++，然后进行外层循环的循环条件判断，如果条件成立则进入外层循环的下一次循环。

从结果很明显可以看出，内层循环并没有执行 10 次，而是到达 i == j 时就终止了，进入了外层循环的下一次循环。

3.5.3　return 语句

return 语句可以用来结束循环，但它实际的含义其实是结束一个方法。程序运行碰到 return 语句时，对应方法将直接终止，而不仅仅是退出循环。并且，return 后也可以跟变量、值等作为方法返回值来使用（这个知识点将在第 5.2.4 节详细讲解）。

接下来，演示 return 语句的使用，如例 3-18 所示。

【例 3-18】 Demo0318.java

```
1   package com.aaa.p030503;
2
3   public class Demo0318 {
4       public static void main(String[] args) {
5           System.out.println("-------循环遍历1~10，碰到4结束------");
6           for (int i = 1 ; i <= 10 ; i++){
7               System.out.println(i + "\t");
```

```
8              if (i == 4){
9                  return;
10             }
11         }
12         System.out.println("循环外的代码");
13     }
14 }
```

程序的运行结果如下：

```
-------循环遍历1~10，碰到4结束------
1
2
3
4
```

例 3-18 中，第 8 行是一个判断条件，如果 i == 4，那么将执行 return 语句。结果中明显可以看出，第 12 行没有执行，验证了 return 语句并不是简单地终止循环，而是直接终止了方法。

**********************************内容扩展**********************************

扫描右侧二维码获取如下内容

3.6　本章小结

3.7　理论测试与实践练习

****

第4章 数　组

　　在程序开发过程中，有时候需要存储大量的同类型数据。例如，存储一个班级 50 名学生的姓名，这时需要定义 50 个变量来保存姓名数据，但这种做法太烦琐了。那么，如何解决这类问题呢？Java 语言提供了数组结构，它类似于一个容器，可以批量存储相同数据类型的元素。因此，对于前述学生姓名统计问题，我们只需要定义一个长度为 50 的字符串数组就可以解决。本章将对数组的基本概念、定义方式、初始化以及使用等内容展开讲解。

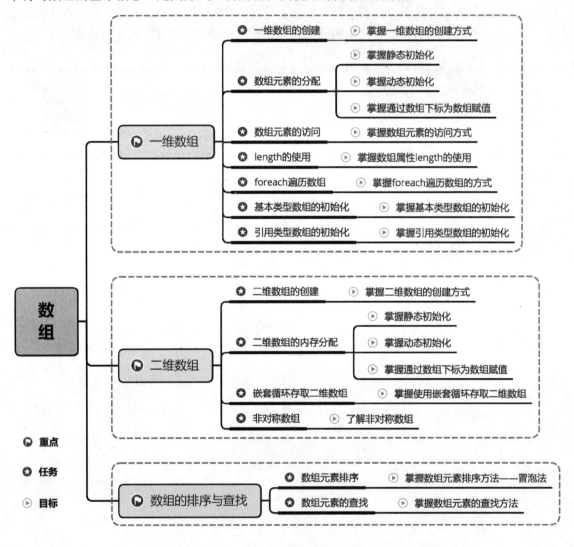

4.1　一　维　数　组

　　一维数组的逻辑结构是线性表，它是最简单的数组。使用一维数组时，要先定义，然后做初始化，最后才能使用。本节为大家详细讲解一维数组的具体用法。

4.1.1　一维数组的创建

在 Java 中使用数组，一般需要 3 个步骤：声明数组、为数组对象分配内存空间、为数组元素赋值。其中，声明数组和为数组对象分配内存空间的语法如下：

```
数据类型[] 数组名;                      // 声明一维数组，这种是推荐的写法
数据类型 数组名[];                      // 声明一维数组的第二种写法
数组名 = new 数据类型[数组元素个数];      // 为数组对象分配内存空间
```

在上面一维数组的声明语句中，数据类型可以是 Java 语言中的任意数据类型，包括简单的基本数据类型和引用类型。数组名是用来访问数组的标识，作用与变量名类似，在程序中可以通过数组名访问数组中的元素，数组名的命名规则与变量的命名规则相同。另外，[ ]是定义数组类型的符号，声明数组时必须要有这个符号，这个符号可以放在数据类型后面，也可以放在数组名后面。

数组声明之后，就需要为数组对象分配一个固定长度的存储空间。在为数组对象分配内存空间时，需要使用 new 运算符。通过 new 运算符可以告诉编译器声明的数组存储什么类型的数据，以及数组要存储的元素个数。数组一旦创建长度就固定了，不能再次改变。

针对数组的声明和内存分配，举例说明如下：

```
int[] nums;                          // 声明数组名为nums的整型数组
nums = new int[10];                  // 为nums数组分配存储10个整数的内存空间
```

在这例子中，第 1 行代码只是声明了一个整数类型的数组变量 nums，但是这个变量没有指向任何一个数组对象空间，声明的数组变量在 JVM 的栈内存中分配空间。第 2 行代码先通过 new 运算符创建了一个长度为 10 的整型数组空间，创建的数组空间是在 JVM 的堆内存中分配空间的。接着把数组对象赋值给 nums，也就是将数组对象的地址存储到了 nums 变量中。此时，nums 变量就指向了这个数据对象，因此通过 nums 可以访问到数组对象空间中的每一个元素。对于数组声明和数组对象内存分配，可以参考图 4.1。

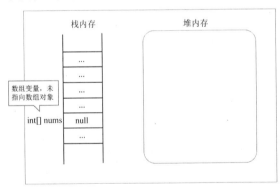
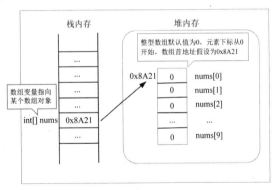

（a）只声明数组变量但未指向数组对象空间　　（b）声明数组并指向数组对象空间

图 4.1　数组声明和内存分配

图 4.1（a）声明了一个整型数组变量 nums，这个变量对应一个栈内存的空间。因为 nums 没有指向数组对象，所以 nums 存储的内容是 null。图 4.1（b）中在堆内存中创建了一个连续的长度为 10 的整型数组对象空间，数组对象的首地址是 0x8A21。图 4.1（b）中声明的数组变量 nums 存储了数组对象的首地址，因此 nums 变量指向了这个数组对象，与这个数组对象有了引用关联。通过 nums 变量可以用下标索引的方式，访问数组中的每个元素。

另外，也可以使用一条语句完成数组的声明和内存分配，语法格式如下：

```
数据类型[] 数组名 = new 数据类型[数组元素个数]
```

使用这种方式会在定义数组的同时为数组分配内存空间，举例说明如下：

```
int[] nums = new int[10];                              // 声明数组的同时为数组分配内存空间
```

在这行代码中，等号左边的 nums 是声明的数组变量，它指向了右边使用 new 运算符创建的数组对象。

📖 **知识点拨**：在 Java 中，数组对象被创建之后，数组中的元素都具有一个初始的默认值。整型数组的元素默认值是 0。浮点类型数组的元素默认值是 0.0。布尔类型数组的元素默认值是 false。字符串和对象等引用类型数组的元素默认值都是 null。

4.1.2　数组元素的分配

在创建数组对象之后，就可以存储数据到数组元素空间中，进行数组元素的分配，也就是为数组元素赋值。为数组元素赋值的方式有 3 种：静态初始化、动态初始化、通过数组下标为数组赋值。

1．静态初始化

静态初始化就是在声明数组时，由开发者显式指定每个数组元素的初始值，初始值的类型要和定义数组的类型一致。根据这些初始值，系统会自动创建对应长度的数组空间，用于存储每个数组元素的数据。静态初始化语法如下：

```
数据类型[] 数组名 = {数据1,数据2,数据3,…,数据n};            // 静态初始化，第1种方式
数据类型[] 数组名；
数组名 = new 数据类型[]{数据1,数据2,数据3,…,数据n};          // 静态初始化，第2种方式
```

第 1 种静态初始化的方式，需要在声明数组的同时进行数据初始化，初始化的数据要写在大括号中，并以逗号分隔。第 2 种静态初始化的方式可以先声明数组变量，然后使用 new 运算符进行数组元素的初始化。另外，第 2 种方式中，右边表达式中的[ ]中不允许写数组长度，否则会发生语法错误。

静态初始化示例代码如下：

```
int[] nums = {10,20,30,40,50};                         // 声明数组并进行静态初始化
String[] names;                                        // 声明数组变量
names = new String[]{"唐僧","孙悟空","猪八戒","沙和尚"}; // 进行静态初始化
```

2．动态初始化

进行数组动态初始化时，开发者只需要指定数组长度，然后由系统自动为数组元素分配初始值。动态初始化的语法格式如下：

```
数据类型[] 数组名 = new 数据类型[数组长度];
```

在进行动态初始化后，程序会根据指定的数组长度，创建对应长度的数组元素空间，并为每个数组元素空间设置初始值。

动态初始化的示例代码如下：

```
int[] nums = new int[5];                    // 创建长度为5的整型数组，数组元素的初始值都是0
String[] names = new String[3];             // 创建长度为3的字符串数组，数组元素的初始值都为null
```

3．通过数组下标为数组赋值

在数组创建之后，可以使用数组名结合数组下标的方式，为数组空间中的每个元素赋值。

使用数组下标赋值的语法格式如下:

```
数据类型[] 数组名 = new 数据类型[数组长度];
数组名[下标1] = 数值1;
数组名[下标2] = 数值2;
...
数组名[数组长度-1] = 数值n;
```

在通过数组下标为数组元素赋值时，数组下标的取值范围从 0 到数组长度减 1 为止。下标超出这个范围，会发生"ArrayIndexOutOfBoundsException"数组下标越界的异常。

通过数组下标为元素赋值的代码示例如下:

```
String[] names = new String[4];        // 声明长度为4的字符串数组
names[0] = "唐僧";                       // 通过下标为每个数组元素赋值
names[1] = "孙悟空";
names[2] = "猪八戒";
names[3] = "沙和尚";
```

4.1.3　数组元素的访问

数组创建之后，最常用的操作就是访问数组元素，这包含为数组元素赋值和输出数组元素中的值。访问数组元素的方式是通过数组名结合数组下标的方式完成的。

接下来，通过案例来演示如何访问数组元素，如例 4-1 所示。

【例 4-1】　Demo0401.java

```
1   package com.aaa.p040103;
2
3   public class Demo0401 {
4       public static void main(String[] args) {
5           int[] nums = new int[3];              // 定义长度为3的整型数组
6           nums[0] = 10;                         // 为数组元素赋值
7           nums[1] = 20;
8           nums[2] = 30;
9           System.out.println(nums[0]);          // 输出数组元素中的值
10          System.out.println(nums[1]);
11          System.out.println(nums[2]);
12      }
13  }
```

程序的运行结果如下:

```
10
20
30
```

例 4-1 中，先创建了一个长度为 3 的整型数组，然后使用数组名结合下标的方式分别为 3 个数组元素赋值。注意，数组的下标必须写在中括号内。最后，输出每个数组元素内的数据。

4.1.4　length 的使用

要获取数组的长度，可以通过数组对象的 length 属性。每个数组都有 length 属性，当通过 length 属性获取了数组长度之后，就可以通过循环的方式，使用下标逐一遍历数组中的每个元素。

接下来，使用 length 获取数组长度，并通过循环遍历数组元素，如例 4-2 所示。

【例 4-2】　Demo0402.java

```
1   package com.aaa.p040104;
2
```

```
3    public class Demo0402 {
4        public static void main(String[] args) {
5            int[] nums = new int[3];                    // 创建长度为3的数组对象
6            nums[0] = 10;                               // 为数组元素赋值
7            nums[1] = 20;
8            nums[2] = 30;
9            for (int i = 0;i < nums.length;i++) {       // 使用length获取数组长度，作为循环条件
10               System.out.println(nums[i]);           // 循环输出每个元素
11           }
12       }
13   }
```

程序的运行结果如下：

```
10
20
30
```

例 4-2 中，先定义了长度为 3 的整型数组，然后使用数组名结合下标的方式为每个数组元素赋值，接着使用数组的 length 属性获取数组的长度，作为 for 循环的循环条件，最后通过 for 循环逐一遍历数组元素，并打印输出。

4.1.5 使用 foreach 遍历数组

除了使用 for 循环遍历数组外，Java 中还有另外一种更简洁的遍历方法：foreach 循环遍历。这种方式也称为增强 for 循环，它的功能比较强大，遍历时不需要依赖数组的长度和下标，即可实现数组遍历。foreach 循环的语法格式如下：

```
for (数组中元素的类型 临时变量 : 数组对象变量) {
    程序语句;
}
```

通过上面的语法结构可以看出，foreach 循环遍历数组时不需要获取数组长度，也不需要用索引去访问数组中的元素，这是与 for 循环不同的地方。foreach 循环会自动将数组中的元素逐一取出，存入一个临时变量中，然后使用临时变量进行数据处理，从而完成数组元素的遍历。

接下来，通过案例来演示 foreach 循环遍历数组，如例 4-3 所示。

【例 4-3】 Demo0403.java

```
1    package com.aaa.p040105;
2
3    public class Demo0403 {
4        public static void main(String[] args) {
5            String[] names = {"唐僧","孙悟空","猪八戒","沙和尚"};     // 声明数组并进行初始化
6            for (String name : names) {                 // 使用foreach循环逐一取出数组元素并存入临时变量
7                System.out.println(name);               // 输出临时变量存储的数据
8            }
9        }
10   }
```

程序的运行结果如下：

```
唐僧
孙悟空
猪八戒
沙和尚
```

例 4-3 中，首先定义了一个数组对象，并初始化了 4 个字符串数据。然后使用 foreach 循环遍历数组，每次循环时 foreach 都通过临时变量存储当前遍历到的元素，并将元素输出。

注意：foreach 循环代码简洁，编写方便，但是有其局限性，当使用 foreach 循环遍历数组时，只能访问其中的元素，不能对元素进行修改。

接下来，通过案例进一步演示在使用 foreach 循环遍历数组的过程中，对元素进行修改会有什么结果，如例 4-4 所示。

【例 4-4】 Demo0404.java

```
1  package com.aaa.p040105;
2
3  public class Demo0404 {
4      public static void main(String[] args) {
5          String[] strs = new String[3];          // 创建一个长度为3的数组
6          int i = 0;
7          for (String str : strs) {               // 循环遍历数组
8              str = new String("字符串:" + i );    // 修改每个遍历到的值
9              i++;
10         }
11         for (String str : strs) {
12             System.out.println(str);            // 打印数组中的值
13         }
14     }
15 }
```

程序的运行结果如下：

```
null
null
null
```

例 4-4 中，先定义了一个长度为 3 的字符串数组。然后通过第 1 个 foreach 循环将遍历到的每个数组元素的数据都进行了修改。但在第 2 个 foreach 循环中，遍历输出的每个元素依旧是 null。这说明在使用 foreach 循环遍历数组时，遍历的元素并没有真正被修改。原因是第 8 行中只是将临时变量 str 指向了一个新字符串，变量 str 和数组中的元素实际上没有任何联系。所以，foreach 循环遍历数组的过程中无法修改所遍历的数据。因此，foreach 并不能替代 for 循环，仅仅是让遍历的方法变得更简洁。

4.1.6　基本类型数组的初始化

按照数据类型的不同，数组可分为基本类型数组和引用类型数组。基本类型数组的特点是，数组元素的值是直接存储在数组元素中的。所以，定义基本类型数组并初始化时，会先为数组分配内存空间，然后将数据直接存入对应的数组元素中。基本类型数组的初始化示例如图 4.2 所示。

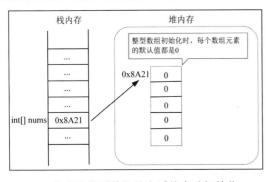

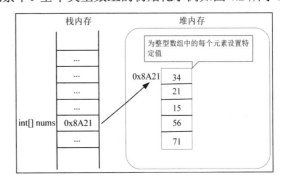

（a）定义值类型数组并由系统自动初始化　　　　　（b）为值类型数组设置数据

图 4.2　值类型数组的初始化和设值

图 4.2（a）定义了一个值类型数组，也就是整型数组 nums。该数组长度为 5，初始化后每个数组元素的值都是 0。图 4.2（b）是为 nums 数组中的元素都设置一个整数值。从图 4.2 中可以看出，值类型数组的数据都是直接存储在数组元素中的。

接下来，通过案例来演示值类型数组的初始化和设值，如例 4-5 所示。

【例 4-5】 Demo0405.java

```
1   package com.aaa.p040106;
2
3   public class Demo0405 {
4       public static void main(String[] args) {
5           int[] nums = new int[5];                  // 定义长度为5的数组，并动态初始化
6           for (int n : nums) {                      // 使用foreach输出每个元素值
7               System.out.println(n);
8           }
9
10          System.out.println("==========");        // 输出分隔符
11
12          nums[0] = 34;                             // 为每个数组元素设置特定值
13          nums[1] = 21;
14          nums[2] = 15;
15          nums[3] = 56;
16          nums[4] = 71;
17
18          for (int i = 0;i < nums.length;i++) {     // 使用for循环输出每个元素
19              System.out.println(nums[i]);
20          }
21      }
22  }
```

程序的运行结果如下：

```
0
0
0
0
0
==========
34
21
15
56
71
```

例 4-5 中，先定义了一个长度为 5 的整型数组。接着，使用 foreach 循环输出数组元素中的数据，此时数组中元素的数据都为 0。然后，通过数组名结合下标的方式，为每个数组元素设置特定数据，最后使用 for 循环将数组元素的数据逐一打印出来。

4.1.7　引用类型数组的初始化

引用类型数组中存储的是数据的引用地址。通过引用地址指向了实际存储数据的内存区域。下面通过定义一个 Student 类型的数组来演示引用类型数组的使用，如例 4-6 所示。

【例 4-6】 Demo0406.java

```
1   package com.aaa.p040107;
2
3   class Student {                                   // 学生类
4       String name;                                 // 姓名
5       int age;                                      // 年龄
```

```
6      }
7
8  public class Demo0406 {
9      public static void main(String[] args) {
10         Student[] stus = new Student[2];        // 创建长度为2的学生数组
11         stus[0] = new Student();                // 为第1个数组元素存储学生对象
12         stus[0].name = "张三";                  // 设置学生对象的属性
13         stus[0].age = 20;
14
15         stus[1] = new Student();                // 为第2个数组元素存储学生对象
16         stus[1].name = "李四";                  // 设置学生对象的属性
17         stus[1].age = 18;
18
19         for (Student s : stus) {                // 使用foreach循环输出学生对象数据
20             System.out.println(s.name + " " + s.age);
21         }
22     }
23 }
```

程序的运行结果如下：

```
张三 20
李四 18
```

例 4-6 中，先定义了一个长度为 2 的 Student 类型的数组。接着，为每个数组元素存储一个学生类型的对象，并为存储的学生对象设置属性。然后，使用 foreach 循环输出数组元素中的学生对象，将学生的姓名和年龄打印出来。

为了便于大家更好地理解引用类型数组存储数据的特点。下面通过一个图例对引用类型数组的使用进行说明，如图 4.3 所示。

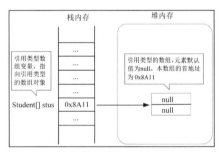
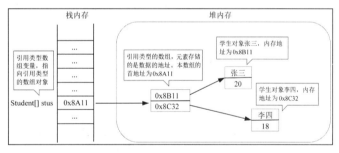

（a）引用类型数组的初始化　　　　　　　　　（b）引用类型数组存储数据

图 4.3　引用类型数组的数据存储方式

图 4.3（a）是引用类型数组定义并初始化的情况，引用类型数组的元素默认值都为 null，不指向任何数据。图 4.3（b）中，定义了学生类型的数组，数组长度为 2，数组包含两个元素。每个数组元素都存储了一个地址，分别指向不同的学生对象。

4.2　二　维　数　组

一维数组主要用于存储线性数据，比如存储某校某年级所有学生一门课程的成绩，这种数据存储的结构是单个维度的。但是在实际应用中，一维数组并不能满足所有需求，比如存储某校某年级所有学生两门课程的成绩。所以，Java 中提供了多维数组，但是 Java 中并没有真正的多维数组结构，它的多维数组的本质是让数组元素再存储一个数组，从而构成多维数组的结构。本节将以二维数组为例讲解多维数组的用法。二维数组的数据结构类似于一张表，包含行和列，下面展开详细讲解。

4.2.1 二维数组的创建

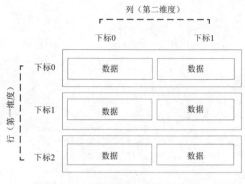

图 4.4　3 行 2 列二维数组结构

二维数组的结构可以看作是一张表，其中包含行和列，分别对应第一维度和第二维度。如图 4.4 所示，是一个 3 行 2 列的二维数组的存储结构示意图。

在 Java 中，声明二维数组时，需要使用两个中括号进行定义，在分配二维数组元素空间时，需要指明两个维度的数组长度。二维数组的创建和一维数组类似，也需要进行数组声明和内存空间分配，创建二维数组的语法如下：

```
数据类型[][] 数组名;                          // 声明二维数组变量
数组名 = new 数据类型[第一维长度][第二维长度];   // 为二维数组分配内存空间
```

当然也可以将数组声明和数组的内存分配用一行代码定义：

```
数据类型[][] 数组名 = new 数据类型[第一维长度][第二维长度]; // 声明二维数组并分配内存空间
```

根据二维数组的语法，创建一个 3 行 2 列的整型二维数组的示例代码如下：

```
int[][] scores;                   // 声明二维数组变量scores
scores = new int[3][2];           // 为二维数组分配3行2列的内存空间
```

在上述示例代码中，第 1 行声明了一个整型二维数组变量 scores，这个变量未指向任何数组空间。接着，第 2 行代码先通过 new 运算符创建了一个 3 行 2 列的整型二维数组空间。然后，将二维数组赋值给 scores 变量，因此 scores 变量存储了整型二维数组的地址。通过 scores 变量可以访问二维数组对象空间的每个元素。对于二维数组的声明和内存分配，如图 4.5 所示。

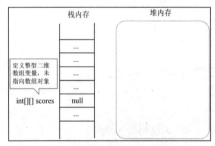

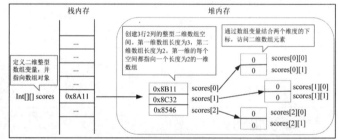

（a）声明整型二维数组变量
　　但未指向数组对象空间

（b）声明整型二维数组变量并指向二维数组对象空间

图 4.5　二维数组声明和内存分配

图 4.5（a）声明了一个整型二维数组变量 scores，因为没有指向任何数组对象，所以 scores 变量存储的内容是 null。图 4.5（b）在堆内存中创建了一个 3 行 2 列的整型二维数组。图 4.5（b）中的 scores 变量存储了这个二维数组的首地址。二维数组的第一维是一个长度为 3 的一维数组，这个一维数组的每个空间都指向另外一个长度为 2 的一维数组，由此构成了二维数组结构。通过 scores 变量使用两个维度的下标可以访问到二维数组中的每个数组元素。

4.2.2 二维数组的内存分配

二维数组创建之后，就可以存储数据到其元素空间中。二维数组元素的赋值方式与一维数组类似，也是 3 种方式：静态初始化、动态初始化、通过数组下标为数组赋值。

1. 静态初始化

二维数组的静态初始化就是在声明数组时，由开发者显式指定二维数组元素的初始值。因为二维数组有两个维度，所以在设置数据时，要使用两层大括号来体现两个维度的结构。如下是两种二维数组静态初始化的语法：

```
// 声明数组的同时初始化，外面的大括号表示第一维元素，里面的大括号表示第二维元素
数据类型[][] 数组名 = {{数据1,数据2,…},{数据1,数据2,…},…};
// 先声明二维数组，然后进行初始化
数据类型[][] 数组名;
数组名 = new 数据类型[][]{{数据1,数据2,…},{数据1,数据2,…},…};
```

上述语法中，二维数组静态初始化时，初始化的数据要写在两层大括号中，这是与一维数组不同的地方。第 1 层大括号中定义的是第一维的数组元素，这些数组元素本身又是一个数组，元素之间以逗号分隔。第 2 层大括号中存储的是实际的数据内容，多个数据之间也以逗号分隔。另外，在第 2 种静态初始化语法中，右边表达式中的"[ ][ ]"内，也不允许写数组长度，否则会发生语法错误。

二维数组静态初始化示例代码如下：

```
int[][] scores = {{78,65},{98,79},{87,89}};      // 声明数组并进行静态初始化
int[][] scores;                                  // 先声明数组变量
scores = new int[][]{{78,65},{98,79},{87,89}};   // 再进行静态初始化
```

2. 动态初始化

二维数组进行动态初始化时，开发者需要指定两个维度的数组长度，然后由系统自动为数组元素分配初始值。二维数组动态初始化的语法格式如下：

```
数据类型[][] 数组名 = new 数据类型[第一维数组长度][第二维数组长度];
```

二维数组在进行动态初始化后，程序会根据指定的两个维度的数组长度，创建对应的数组元素空间，并为每个数组元素空间设置初始值。

二维数组动态初始化的代码示例如下：

```
int[][] scores = new int[3][2];          // 创建3行2列的整型二维数组，元素的初始值都是0
String[][] names = new String[3][2];     // 创建3行2列的字符串二维数组，元素的初始值都为null
```

3. 通过数组下标为数组赋值

在二维数组创建之后，可以使用数组名结合二维数组行列下标的方式，为二维数组空间中的每个元素赋值。使用二维数组下标赋值的语法格式如下：

```
数据类型[][] 数组名 = new 数据类型[第一维数组长度][第二维数组长度];
数组名[第一维度下标][第二维度下标] = 数值;
```

在通过数组下标为数组元素赋值时，每个维度的数组下标的取值范围从 0 到对应维度的数组长度减 1 为止。下标超出这个范围，会发生"ArrayIndexOutOfBoundsException"数组下标越界的异常。

通过数组下标为元素赋值的示例代码如下：

```
String[][] names = new String[3][2];     // 声明3行2列字符串二维数组
names[0][0] = "张三";                     // 通过2个维度的下标为每个数组元素赋值
names[0][1] = "李四";
names[1][0] = "王五";
names[1][1] = "赵六";
names[2][0] = "孙七";
names[2][1] = "钱八";
```

4.2.3　嵌套循环存取二维数组

二维数组有两个维度，在访问数组元素时要通过两个下标来访问。因为数组的下标具有连续性的特点，所以可以通过循环嵌套的方式来访问二维数组的每个元素。

接下来，通过循环嵌套的方式为一个 3 行 2 列的二维数组赋值，并用循环嵌套的方式输出存入的数据，如例 4-7 所示。

【例 4-7】　Demo0407.java

```
1   package com.aaa.p040203;
2   import java.util.Scanner;
3
4   public class Demo0407 {
5       public static void main(String[] args) {
6           Scanner sc = new Scanner(System.in);            // 定义输入扫描器对象，用于接收键盘输入
7           // 定义3行2列的二维数组，存储3名学生的2门成绩
8           int[][] scores = new int[3][2];
9           // 使用嵌套循环的方式为数组赋值，scores.length获取第一维数组的长度
10          for (int i = 0; i < scores.length; i++) {
11              // scores[i].length获取第二维数组的长度
12              for (int j = 0; j < scores[i].length; j++) {
13                  System.out.println("请输入第" + ( i + 1 ) + "个学生的第" + ( j + 1 ) +
14                              "门课成绩:");
15                  scores[i][j] = sc.nextInt();            // 将输入的数据存入对应的数组位置
16              }
17          }
18
19          System.out.println("===================="); // 输出分隔符
20
21          // 使用嵌套循环的方式打印二维数组元素，scores.length获取第一维数组的长度
22          for (int i = 0; i < scores.length; i++) {
23              // scores[i].length获取第二维数组的长度
24              for (int j = 0; j < scores[i].length; j++) {
25                  int score = scores[i][j];               // 获取当前遍历到的二维数组元素
26                  // 输出分数
27                  System.out.println("第" + (i + 1) + "个学生的第" + (j + 1) +
28                              "门课成绩是:" + score);
29              }
30          }
31
32      }
33  }
```

程序的运行结果如下：

```
请输入第1个学生的第1门课成绩:
23
请输入第1个学生的第2门课成绩:
34
请输入第2个学生的第1门课成绩:
45
请输入第2个学生的第2门课成绩:
56
请输入第3个学生的第1门课成绩:
67
请输入第3个学生的第2门课成绩:
87
====================
第1个学生的第1门课成绩是:23
```

```
第1个学生的第2门课成绩是:34
第2个学生的第1门课成绩是:45
第2个学生的第2门课成绩是:56
第3个学生的第1门课成绩是:67
第3个学生的第2门课成绩是:87
```

例 4-7 中，先定义了一个输入扫描器对象（Scanner），用于接收从键盘输入的数据。接着，定义了一个 3 行 2 列的整型二维数组，用于存储 3 个学生两门课程的成绩。然后使用嵌套循环实现二维数组元素的赋值。scores.length 是第 1 层循环的终止条件，它表示的是数组第一维度数组的长度。scores[i].length 是第 2 层循环的终止条件，它表示的是数组第二维度的长度。在第 2 层循环内部，使用 scores[i][j] 表示访问到的某个二维数组元素，用于存储用户通过键盘输入的数据。嵌套循环结束后，这个二维数组的所有元素都会被赋值。接下来，通过另外一个嵌套循环，将二维数组内的所有元素逐一打印输出。

知识点拨：Java 中的多维数组本质上是在数组中存储数组，是在一维数组的基础上衍生出来的，因此理论上可以定义任何维度的数组。定义二维数组时需要使用两个中括号"[ ][ ]"，以此类推，定义三维、四维数组只要定义对应个数的中括号即可。

4.2.4　非对称型数组

前面讲的二维数组用的都是矩形数组，也就是数组的第二维度的长度都是一样的，是等行等列的对称结构。但是，Java 中还有一种非对称的数组结构，被称为非对称型数组。对称型数组和非对称型数组的结构如图 4.6 所示。

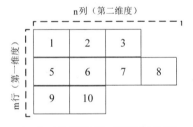

（a）对称型数组（矩形数组）　　（b）非对称型数组（不规则数组）

图 4.6　对称型数组和非对称型数组

对称型的 3 行 4 列数组有 12 个元素，但是非对称型数组的元素个数是不确定的。这里，我们定义一个非对称型数组，并进行静态初始化，然后输出第一维元素指向的数组中的最后一个元素，示例代码如下：

```
int[][] scores = {{1,2,3},{5,6,7,8},{9,10}}; // 用静态初始化的方式定义非对称型数组
System.out.println(scores[0][2]);            // 输出第一维下标为0的数组的最后一个元素
System.out.println(scores[1][3]);            // 输出第一维下标为1的数组的最后一个元素
System.out.println(scores[2][1]);            // 输出第一维下标为2的数组的最后一个元素
```

在上述示例代码声明的二维数组中，第一维长度是 3。但是，第二维长度各不相同，长度分别是 3、4、2。因此，第一维元素关联的数组的最后一个元素的下标是各不相同的。

4.3　数组的排序与查找

使用数组处理数据时，除了要对数据进行存储外，大部分时候需要对数据进行查找和筛选，而查找数据时又往往需要对数据进行排序处理。比如，要找一个分数最高的成绩，或者年龄最

小的学生，这时就需要在查找的过程中进行数据排序。

4.3.1　数组元素排序

对数组中的数据进行排序的算法有很多种，对于初学者而言，"冒泡排序"是最简单易懂的方法。冒泡排序的核心特点，就是先比较相邻两个元素的大小，然后根据排序规则进行换位。

如图 4.7 所示，是对一维数组中的 5 个数字 56、32、8、76、12 进行冒泡排序，要求排序之后，数组中的数据按照从小到大的次序排列。

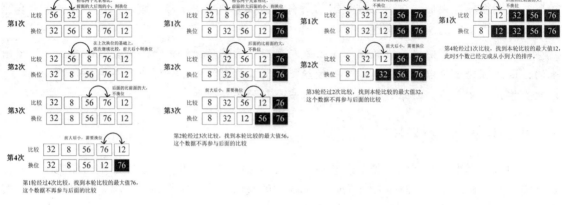

图 4.7　冒泡排序

图 4.7 中，在开始排序时，5 个数字没有按从小到大的次序进行排列。接着开始进行第 1 轮排序，排序时依次对相邻的两个数字比较大小，如果前面的数字大于后面的数字，则将这两个数字交换位置，否则就不进行换位。参与排序的 5 个数字全都比较一遍并做了相应的换位之后，数值最大的 76 排在了最后的位置上，这个数字不再参与下一轮的比较。第 1 轮排序一共进行了 4 次比较和换位。在第 2 轮排序时，排除了上一轮的最大值 76 后，只需要对 4 个数字进行排序。排序的过程依旧是比较和换位。最终经过 3 次比较，找到了本轮的最大值 56。第 3 轮排序时，将前两轮的最大值 72 和 56 排除掉，只需要对剩下的 3 个数字进行排序。最终经过 2 次比较和换位，找到了本轮的最大值 32。第 4 轮排序时，将前 3 轮的最大值 72、56、32 排除掉，只需要对剩下的 2 个数字进行排序，最终经过 1 次比较找到了本轮的最大值 12。经过 4 轮排序，5 个数字实现了从小到大的排列。

通过上面的排序过程可以发现，排序的轮数等于参与排序的数字的个数减 1。而每一轮排序的次数等于本轮参与排序的数字个数减 1。这是因为每一轮排序都会找到本轮的最大值，而在下一轮排序时这个最大值不再参与比较，所以随着排序轮数的增加，参与比较的数字个数在减少，这是冒泡排序的一个基本规律。

在了解了冒泡排序的基本原理后，下面用代码实现冒泡排序的过程，如例 4-8 所示。

【例 4-8】　Demo0408.java

```
1  package com.aaa.p040301;
2
3  public class Demo0408 {
4      public static void main(String[] args) {
5          int[] nums = {56, 32, 8, 76, 12};                  // 定义要排序的整型数组
6          System.out.println("=========排序前===========");
7          for (int n : nums) {                               // 循环输出初始的数组数据
```

```
8                   System.out.print(n+" ");
9                 }
10               System.out.println();                        // 换行
11               // 使用双重循环实现冒泡排序,外层循环控制排序比较的轮数
12               for (int i = 1;i < nums.length; i++) {
13                   for (int j = 0;j < nums.length - i;j++) {   // 内层循环控制每一轮比较的次数
14                       if(nums[j] > nums[j + 1]) {             // 每次比较相邻的两个元素的大小
15                           // 若前元素大于后元素,则交换位置,先将前元素的数据存入临时变量
16                           int temp = nums[j];
17                           nums[j] = nums[j + 1];              // 将后元素的数据存到前元素中
18                           nums[j + 1] = temp;                 // 将临时变量数据存储到后元素中
19                       }
20                   }
21               }
22               System.out.println("=========排序后==========");
23               for (int n : nums) {                           // 循环输出排序后的数组数据
24                   System.out.print(n + " ");
25               }
26           }
27   }
```

程序的运行结果如下:

```
=========排序前==========
56 32 8 76 12
=========排序后==========
8 12 32 56 76
```

例 4-8 中,先定义了一个整型一维数组,存储了要排序的 5 个数字。接着使用循环将排序前的这 5 个数字打印输出,用于和排序后的结果做对比。然后,使用嵌套的 for 循环实现冒泡排序的算法过程。在嵌套 for 循环中,外层循环用于控制排序比较的轮数,内层循环用于控制每轮排序比较的次数。在内层循环中,每次做比较时,如果参与比较的两个元素,前面的元素比后面的元素大,则要进行换位。换位的时候,先定义一个临时变量,用于存储参与比较的前面的数组元素,接着把后面的元素存入前面的元素中,最后再把临时变量存储的数据存入后面数组元素中,从而完成元素换位。嵌套循环执行完成之后,数组元素就完成了排序过程。最后,使用循环输出排序后的数组数据。

编程技巧:对于初学者而言,冒泡排序的算法代码不太容易掌握。大家只要记住下面四句话,那么冒泡排序就很容易写出来:N 元数组冒泡序,两两相比小前移。外层循环从 1 始,内层循环减 i 去。

4.3.2　数组元素的查找

通过排序可以将数组元素排出大小顺序,排序的目的是为了更有效地查找数据。而对于数据的查找,也有很多算法,本节主要讲解顺序查找和二分查找。

1. 顺序查找

顺序查找法是最简单的查找方法。可以对数组中的元素按照下标依次对比,直到查找到目标元素或者将所有数组元素遍历完毕为止。顺序查找法的效率较低,比如在 N 个元素中查找目标数据,平均要查找 N/2 次。所以,顺序查找法一般用于对少量数据进行查找,或者对未排序数据进行查找。

接下来,演示从有 10 个元素的整型数组中,使用顺序查找法查找数字 13,找到则输出元素在数组中的下标,找不到则进行提示,如例 4-9 所示。

【例 4-9】 Demo0409.java

```
1    package com.aaa.p040302;
2
3    public class Demo0409 {
4        public static void main(String[] args) {
5            // 定义长度为10的整型数组，并初始化
6            int[] nums = {34, 32, 45, 67, 98, 43, 31, 47, 13, 22};
7            int searchNum = 13;                    // 定义要查找的目标数据
8            int index = -1;                        // 定义变量记录查找到的目标数据位置
9            for (int i = 0; i < nums.length; i++) { // 循环遍历数组，用顺序查找法查找目标数据
10               if(nums[i] == searchNum) {         // 判断遍历的当前元素和目标数据是否相等
11                   index = i;                     // 如果相等则记录目标数据在数组中的位置
12                   break;                         // 结束循环
13               }
14           }
15           if (index == -1) {                     // 循环结束，判断记录的目标数据位置是否为-1
16               // 如果记录的位置为-1，说明没有找到数据
17               System.out.println("在数组中没有要找到目标数据");
18           }else {
19               // 如果记录的位置不为-1，则说明找到了目标数据
20               System.out.println("找到了目标数据，位置是:" + index);
21           }
22
23       }
24    }
```

程序的运行结果如下：

```
找到了目标数据，位置是:8
```

例 4-9 中，先定义了一个整型一维数组，存储了 10 个数字。接着，定义了一个变量存储要查找的目标数据 13。然后，定义 index 变量用于记录查找结果，index 变量的初始值设为-1。接着使用循环逐一获取数组中的元素并与目标数据进行比较。如果数组元素与目标数据相等，就说明在数组中找到了目标数据，则用 index 存储当前数组元素的下标位置，然后退出循环。在循环结束后，判断 index 的值，如果 index 值不是-1，则说明在数组元素中找到了目标数据，index 存储了目标数据在数组中的位置，则将该位置打印输出。否则，说明数组中不存在要查找的目标数据，则打印输出没有找到的提示。

2. 二分查找

二分查找法是查找效率比较高的查找算法，该方法的核心是在数组数据有序的基础上，在数组中标记低位和高位以限定查找范围，并用查找范围内的中间位置的数据和目标数据进行比较，不断调整低位和高位的索引位置从而缩小查找范围，最终找到目标值。如果在 N 个数据的范围内进行二分查找，则平均会执行 $\log_2 N + 1$ 次查找比较。

如图 4.8 所示，是在长度为 10 的整型数组中，使用二分查找法，查找数据 47 的过程。

图 4.8 中，初始定义了长度为 10 的整型数组，并存储了 10 个整数。然后，对数组进行排序。接着，按照二分查找法的算法规则，在数组中标记了低位（low）和高位（high）的索引位置，低位的索引位置初始为 0，高位的索引位置初始为 9（数组长度减 1）。然后，通过低位和高位索引位置计算出一个中间位置，计算方法是：中间位置=(低位+高位)/2。根据这个公式计算得出中间位置的索引是 4，此时使用该位置上的数据 34 和目标数据 47 做对比，目标数据 47 大于 34，那么根据二分查找法的规则，为了缩小查找范围，要将低位索引变为中间索引加 1，改变后低位索引的值就是 5。接着使用改变后的低位索引和高位索引，重新计算得出一个新的

中间位置(5＋9)/2＝7，此时中间位置 7 对应的数据是 47，这个就是查找的目标数据。到此，二分查找法的整个过程结束。

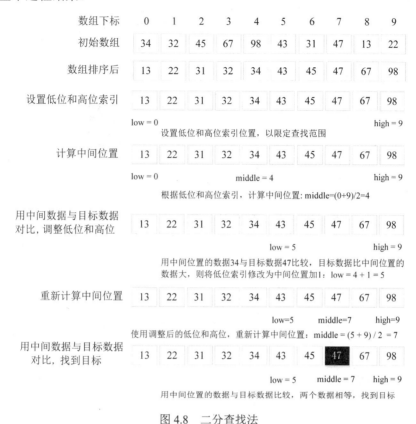

数组下标	0	1	2	3	4	5	6	7	8	9
初始数组	34	32	45	67	98	43	31	47	13	22
数组排序后	13	22	31	32	34	43	45	47	67	98

设置低位和高位索引　13　22　31　32　34　43　45　47　67　98

low = 0　　　　　　　　　　　　　　　　　high = 9
设置低位和高位索引位置，以限定查找范围

计算中间位置　13　22　31　32　34　43　45　47　67　98

low = 0　　　　　　middle = 4　　　　　high = 9
根据低位和高位索引，计算中间位置: middle=(0+9)/2=4

用中间数据与目标数据
对比，调整低位和高位　13　22　31　32　34　43　45　47　67　98

　　　　　　　　low = 5　　　　　　high = 9
用中间位置的数据34与目标数据47比较，目标数据比中间位置的
数据大，则将低位索引修改为中间位置加1: low = 4 + 1 = 5

重新计算中间位置　13　22　31　32　34　43　45　47　67　98

　　　low=5　　middle=7　　high=9
使用调整后的低位和高位，重新计算中间位置: middle = (5 + 9) / 2 = 7

用中间数据与目标数据
对比，找到目标　13　22　31　32　34　43　45　**47**　67　98

　　　low = 5　　middle = 7　　high = 9
用中间位置的数据与目标数据比较，两个数据相等，找到目标

图 4.8　二分查找法

接下来，使用代码演示二分查找法的具体过程，如例 4-10 所示。

【例 4-10】　Demo0410.java

```
1   package com.aaa.p040302;
2
3   public class Demo0410 {
4       public static void main(String[] args) {
5           // 定义长度为10的整型数组，并初始化
6           int[] nums = {34, 32, 45, 67, 98, 43, 31, 47, 13, 22};
7           System.out.println("=========排序前==========");
8           for (int n : nums) {                        // 循环输出排序前的数组数据
9               System.out.print(n+" ");
10          }
11          System.out.println();                       // 输出换行
12          // 使用双重循环实现冒泡排序，外层循环控制排序比较的轮数
13          for (int i = 1;i < nums.length;i++) {   // 内层循环控制每一轮比较的次数
14              for (int j = 0; j < nums.length - i;j++) {  // 每次比较相邻的两个元素的大小
15                  if (nums[j] > nums[j + 1]) {
16                      // 如果前元素大于后元素，则交换位置，先将前元素的数据存入临时变量
17                      int temp = nums[j];
18                      nums[j] = nums[j + 1];          // 将后元素的数据存到前元素中
19                      nums[j + 1] = temp;             // 将临时变量数据存储到后元素中
20                  }
21              }
22          }
23
24          System.out.println("=========排序后==========");
```

```java
25              for (int n : nums) {              // 循环输出排序后的数组数据
26                  System.out.print(n + " ");
27              }
28              System.out.println();              // 输出换行
29              System.out.println("=========使用二分查找法===========");
30              // 使用二分查找法查找数据
31              int searchNum = 47;                // 定义要查找的目标数据
32              int index = -1;                    // 定义变量记录查找到的目标数据的位置
33              int low = 0;                       // 定义低位索引变量，初始为0
34              int high = nums.length - 1;        // 定义高位索引变量，初始为数组长度减1
35              int middle = -1;                   // 定义中间位置变量，初始为-1
36              do {                               // 通过循环实现二分查找过程
37                  middle = (low + high) / 2;     // 计算中间位置
38                  if (nums[middle] == searchNum) {  // 使用中间位置对应的数据和目标数据比较
39                      index = middle;            // 如果两个数据相等，则用index存储中间位置
40                      break;                     // 退出循环
41                  }
42                  // 如果中间数据大于目标数据，则将高位索引设置为中间位置减1
43                  if (nums[middle] > searchNum) {
44                      high = middle - 1;
45                  }else {
46                      low = middle + 1;          // 否则，将低位索引设置为中间位置加1
47                  }
48              }while (low <= high);              // 循环条件是低位索引位置小于高位索引位置
49              // 输出二分查找结果
50              if (index == -1) {
51                  // 如果index记录的位置是-1，说明没有找到目标数据
52                  System.out.println("在数组中没有找到目标数据");
53              }else{
54                  // 如果index记录的位置不是-1，说明找到了目标数据
55                  System.out.println("找到了目标数据:" + searchNum + ", 索引位置是:" + index);
56              }
57          }
58  }
```

程序的运行结果如下：

```
=========排序前===========
34 32 45 67 98 43 31 47 13 22
=========排序后===========
13 22 31 32 34 43 45 47 67 98
=========使用二分查找法===========
找到了目标数据:47, 索引位置是:7
```

例 4-10 中，先定义了长度为 10 的整型数组，并存储了 10 个整数。接着，输出了排序前的数组元素。然后，对数组进行了排序，并输出了排序后的数组元素。接着，定义了二分查找法查找目标数据。

*******************************内容扩展*******************************

扫描右侧二维码获取如下内容

4.4 本章小结

4.5 理论测试与实践练习

****

第5章 面向对象编程

面向对象思想是现在最为流行的程序设计思想，它把现实中的事物抽象为程序设计中的对象，又进一步把同类对象抽象成类，力图使计算机语言对事物的表述与现实世界中该事物的本来面目保持一致，极大地提高了代码的复用性，让复杂的项目开发变得更加简单。Java 是纯粹的面向对象的语言，只有深刻理解面向对象的开发理念，才能更好、更快地掌握 Java 编程技能。

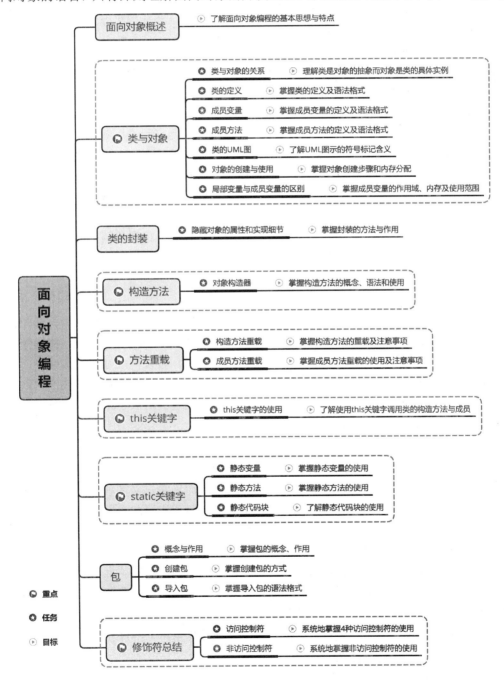

5.1 面向对象概述

面向对象技术最早是在编程语言 Simula 中提出的。1967 年 5 月 20 日，在挪威奥斯陆郊外的小镇莉沙布举行的 IFIP TC-2 工作会议上，挪威科学家 Ole-Johan Dahl 和 Kristen Nygaard 正式发布了 Simula 67 语言。Simula 67 被认为是最早的面向对象程序设计语言，是面向对象的开山祖师，它引入了所有后来面向对象程序设计语言所遵循的基础概念：对象、类、继承，但它的实现并不是很完整。

Smalltalk 是第一个完整实现了面向对象技术的语言，由艾伦·凯于 20 世纪 70 年代初提出。Smalltalk 引领了面向对象的设计思潮，对其他众多的程序设计语言的产生起到了极大的推动作用。C++、C#、Objective-C、Actor、Java 和 Ruby 等，无一不受到 Smalltalk 的影响，这些程序语言中也随处可见 Smalltalk 的影子。

Java 是目前使用最广的面向对象编程语言，拥有全球最多的开发者，常年稳居开发语言排行榜第一名，是简单、面向对象、分布式、解释性、健壮、安全、跨平台、可移植、高性能、多线程、动态的高级程序设计语言。

面向对象编程更加模块化，更加易于构建大型项目，而且有利于更新和维护，极大程度地简化了企业级编程的协同问题。面向对象的优点是项目可以做的更大、模块之间解耦、调用更简单、易于修改和维护、适合大型项目开发。然而，面向对象开发方法需要一定的软件作为支持，在大型项目的开发过程中，如果管理不好，极容易造成系统结构不合理、各部分关系失调等问题。

面向对象的编程思想是一种符合人类思维习惯的编程思想，它把要解决的问题按照一定的规则分为多个对象，然后通过调用对象的方法来解决问题，其主要特点可以概括为封装、继承、多态。下面针对这 3 个特点进行介绍。

1. 封装

封装是面向对象编程的核心思想，具体是指把属于同一类对象的属性和行为封装起来，对外界隐藏其实现细节。例如，用户玩游戏时，只需要点击游戏人物就可以实现一些操作，无须知道游戏内部是如何工作的；你想知道朋友那边的天气如何，假设他或她在异国他乡，你只需要打开手机查看他或她所在地区的天气数据就可以，不用关注天气数据是如何被推送到你的手机上的。上述两个实例中，游戏人物的属性和行为的实现细节被封装了来，天气数据推送服务的实现细节也被封装了起来，这就是封装思想的具体应用。

2. 继承

继承主要是指子类与父类之间在属性、行为等方面的某些传承关系，通过继承，每一个子类都可以从它的父类那儿继承所有的通用属性和方法，从而只需要定义其独一无二的属性和行为即可，无须编写相同的代码，便能开发出新类，很好地实现了代码的重用，极大地降低了重复的代码量，能够大大缩短开发周期，降低开发费用。例如，牧羊犬类属于狗类，狗类又属于哺乳动物类，哺乳动物类又属于动物类。如果不使用继承，就不得不分别定义牧羊犬类、狗类、哺乳动物类、动物类的所有属性和行为，编写重复性的代码。在使用了继承后，可以先定义动物类，其中包含动物共有的属性和行为；接着定义哺乳动物类，使其在继承动物类的基础上新增哺乳动物特有的属性和行为；再定义狗类，使其在继承哺乳动物类的基础上新增狗特有的属性和行为；最后定义牧羊犬类，使其在继承狗类的基础上新增牧羊犬特有的属性和行为，这样就可以极大程度地减少代码编写量。

3．多态

多态是面向对象编程的又一特性，面向对象编程有两层意义上的多态。

第一层意义上的多态又称方法名多态，它具体是指向对象的名称相同的方法传递不同参数时，对象会根据不同参数而做出不同的行为反应。例如一条狗，当它闻到猫的气味时，会吠叫并且追着猫跑；当它闻到食物的气味时，会分泌唾液并向着食物跑去。这两种状况下，是同一种嗅觉器官在工作，但闻的气味不同，狗做出的反应也不同。如果要使用 Java 程序来模拟狗的上述反应，就可以采用多态的思想，在狗类中编写模拟狗的嗅觉器官的方法，该方法能够针对不同气味参数，实现狗的不同反应。

第二层意义上的多态则是与继承相关的，它具体是指相同的方法被不同对象引用时可能产生不同的行为。例如，羊和狼都都具有哺乳动物类相同的行为"叫"，但羊的叫声是"咩…"，而狼的叫声是"嗷…"。对于同类中的这种随具体对象的不同而有所不同的行为，Java 程序中推荐在父类中定义统一风格的方法处理，然后在实例化对象或子类对象时通过传递实际参数来进一步完善。这样一来，整个行为的处理都只依赖于父类的方法，以后只要维护和调整父类的方法即可，从而降低了维护的难度，节省了时间。

5.2　类 与 对 象

5.2.1　类与对象的关系

在现实世界中，"万事万物，皆为对象"。人类解决问题总是将复杂的事物简单化，于是就会思考这些对象都是由哪些部分组成的。通常都会将对象划分为两个部分，即静态部分与动态部分。静态部分就是不能动的部分，这个部分被称为"属性"，任何对象都会具备其自身属性，如一个人，其属性包括高矮、胖瘦、年龄、性别等；动态部分则是可以运动的部分，也被称为"行为"，如一个人可以转身、微笑、说话、奔跑等，这些都属于这个人具备的行为。人类通过探讨对象的属性和观察对象的行为来了解对象。

应用面向对象程序设计思想解决编程问题时，首先将待解决问题的实体抽象为对象，然后考虑这个对象具备的属性和行为，属性和行为都确定后，这个对象就被定义完成了，接下来便可以根据具体问题制定解决方案。

更进一步地，同类对象一般具有许多相同的属性和行为，可以将这些共同的属性和行为封装起来，以描述这类对象，这就形成了类。由此可见，类就是封装对象属性和行为的载体，如"狗类"，而对象则是类的一个实例，如"旺财"这只狗。如图 5.1 所示，是 Dog 类和具体对象的关系。

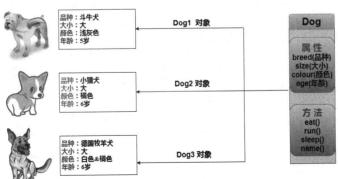

图 5.1　Dog 类和具体对象的关系

5.2.2 类的定义

类是将数据和方法封装在一起的一种数据结构，数据表示为类的属性，方法表示为类的行为。Java 中使用 class 关键字来定义类，语法格式如下：

```
[类修饰符]class 类名 {
    [修饰符] 数据类型 属性名;
    ...
    [修饰符] 返回值类型 方法名([参数列表]) {
        ...
        return 返回值;                                    // 方法体
    }
}
```

其中，"[]"中的修饰符是可选项，类修饰符可以分为 4 种：public、protected、private、default，各修饰符的含义如表 5.1 所示。

表 5.1 类修饰符的说明

修 饰 符	说 明
public	将一个类声明为公共类，它可以被任何对象访问
default（默认）	在同一个包中可以访问，default 不用写
abstract	表示该类为一个抽象类，不能实例化该类
final	表示该类不能被子类继承，该类即为最终类

📢注意：类的名字必须由大写字母开头而单词中的其他字母均为小写；如果类名称由多个单词组成，则每个单词的首字母均应为大写，如 TestPage；如果类名称中包含单词缩写，则这个缩写词的每个字母均应大写，如 XMLDemo；还有一点命名技巧，就是由于类是设计用来代表对象的，所以在命名类时应尽量选择名词。

5.2.3 成员变量

在 Java 程序中，一般将类的属性名表示为成员变量，成员变量描述了类的内部信息。成员变量可以是基本数据类型，也可以是数组、对象等引用数据类型。语法格式如下：

```
[修饰符]数据类型  成员变量名 = [初值];
```

其中，"[]"中的修饰符是可选项，成员变量修饰符有 public、protected、private、default、static、final，各修饰符的含义如表 5.2 所示。

表 5.2 成员变量修饰符的说明

修 饰 符	说 明
public	指定该变量可以被任何对象的方法访问
protected	指定该变量可以被该类及其子类或同一包中的其他类访问，在子类中可以重写此变量
private	指定该只允许该类的方法访问，其他任何类（包括子类）中的方法都不能访问
default（默认）	指定该变量可以被同一包中所有类访问，其他包中的类不能访问该变量，default 不用写
static	指定该变量可以被所有对象共享
final	指定该变量不能被修改

5.2.4 成员方法

在编程中，一般将类的行为表示为成员方法，成员方法用来表示类的操作，实现类与外部的交互。声明方法的语法格式如下：

```
[修饰符]返回值数据类型   成员方法名([参数列表]) {
    ...                              // 方法体
    return 返回值;
}
```

其中，"[]"中的修饰符是可选项，成员方法修饰符有 public、protected、private、default、static、final，各修饰符的含义如表 5.3 所示。

表 5.3 成员方法修饰符的说明

修 饰 符	说 明
public	指定该方法可以被任何对象的方法访问
protected	指定该方法可以被该类及其子类或同一包中的其他类访问，在子类中可以重写此方法
private	指定只允许该类的方法访问，其他任何类（包括子类）中的方法都不能访问
default（默认）	指定该方法可以被同一包中所有类访问，其他包中的类不能访问，default 不用写
static	指定该方法可以被所有对象共享
final	指定该方法不能被修改

注意：形参出现在方法定义中，在整个方法体内都可以使用，离开该方法则不能使用。实参出现在主方法中，进入被调方法后，实参变量也不能使用。

参数列表中的参数用逗号分开，列表中包含了传递给调用方法的变量的声明。如果方法中没有参数，参数列表可以省略，小括号内不用填写任何内容。

若方法没有返回值，则返回值的数据类型应为 void，且 return 语句可以省略。。

5.2.5 类的 UML 图

为了更加方便地描述类的属性、方法，以及类和类之间的关系，可以采用 UML（Unified Modeling Language）类图进行分析设计。UML 即统一建模语言，它是一种开放的方法，用于说明、可视化、构建和编写一个正在开发的、面向对象的软件密集系统的制品。在 UML 类图中，一个矩形表示一个类，矩形中有类名、成员变量和成员方法。如图 5.2 所示，是一个 Dog 类的 UML 类图，包含了 name、age、weight、colour 等成员变量，还有 bark()、show()等成员方法。成员变量或成员方法前的-、+、#、~表示权限，分别代表 private、public、protected、default。

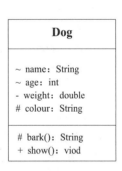

图 5.2 Dog 类的 UML 图

接下来，我们根据上面的语法格式定义一个 Dog 类，如例 5-1 所示。

【例 5-1】 Dog.java

```
1   package com.aaa.p050205;
2
3   class Dog {
4       String name;                    // 声明名字属性
5       int age;                        // 声明年龄属性
6       double weight;                  // 声明体重属性
7       protected String colour;        // 声明颜色属性
8
9       Protected String bark() {       // 定义吠叫的方法
10          String a = "汪汪叫";
11          return a;
12      }
```

```
13        public void show() {                    // 定义显示信息的方法
14            System.out.println("名字是" + name + ",年龄: " + age);
15        }
16  }
```

例 5-1 中，定义了一个类，Dog 是类名，其中 name、age、weight、colour 是该类的成员变量，也称为对象属性，bark()、show()是该类的成员方法，在 show()方法体中可以直接对 name、age 成员变量进行访问，在后续的例子中只使用 name、age 成员变量和 show()成员方法。

📖**编程技巧**：定义类时先定义成员变量，再定义成员方法，由方法实现对成员变量的操作。

5.2.6 对象的创建与使用

对象之间靠互相传递消息而相互作用，消息传递的结果是启动方法，完成一些行为或修改对象的属性。创建对象之前，必须先声明对象，语法格式如下：

```
类名   对象名;
```

该对象名是一个引用变量，默认值为 null，存放于栈内存中，表示不指向任何堆内存空间。接下来，需要对该变量进行初始化，Java 使用 new 关键字来创建对象，也称实例化对象，其语法格式如下：

```
对象名 = new 类名();
```

上述语法使用 new 关键字在堆内存中创建类的对象，对象名引用此对象。声明和实例化对象的过程可以简化，其语法格式如下：

```
类名   对象名 = new 类名();
```

接下来。演示创建 Dog 类的实例对象，具体示例如下：

```
Dog d = new Dog();
```

上述示例中，"Dog d"在栈内存中声明了一个 Dog 类型的引用变量，"new Dog()"为对象在堆中分配内存空间，最终返回对象的引用并赋值给变量 d，如图 5.3 所示。

📖**知识点拨**：Java 将内存分为栈和堆两种。

在方法中定义的基本类型的变量和对象的引用变量都是在方法的栈内存中分配。当在一段代码块中声明了一个变量时，Java 就会在栈内存中为这个变量分配内存空间，当超过变量的作用域之后，Java 也会自动释放为该变量分配的空间，这个回收的空间可以即刻用作他用。

堆内存用于存放由 new 创建的对象和数组。在堆内存中分配的内存空间，由 Java 虚拟机自动垃圾回收器来管理。

对象实例化后，就可以访问对象的成员变量和成员方法，其语法格式如下：

```
对象名.成员变量;
对象名.成员方法();
```

接下来，通过案例演示如何访问对象的成员变量和调用对象的成员方法，如例 5-2 所示。

【例 5-2】 Demo0502.java

```
1  package com.aaa.p050206;
2
```

```
3   class Dog {
4       // 声明名字属性
5       public String name;
6       public int age;                         // 声明年龄属性
7       public void show() {                    // 定义显示信息的方法
8           System.out.println("名字是" + name + ", 年龄: " + age);
9       }
10  }
11  public class Demo0502{
12      public static void main(String[] args) {
13          Dog d1 = new Dog();                 // 实例化第1个Dog对象
14          Dog d2 = new Dog();                 // 实例化第2个Dog对象
15          d1.name = "旺财";                    // 为name属性赋值
16          d1.age = 5;                         // 为age属性赋值
17          d1.show();                          // 调用对象的方法
18          d2.show();
19      }
20  }
```

程序的运行结果如下：

```
名字是旺财, 年龄: 5
名字是null, 年龄: 0
```

例 5-2 中，实例化了两个 Dog 对象，通过"对象.属性"的方式为成员变量赋值，通过"对象.方法"的方式调用成员方法。从运行结果可发现，变量 d1、d2 引用的对象同时调用了 show() 方法，但输出结果却不相同。

因为用 new 创建对象时，会为每个对象开辟独立的堆内存空间，用于保存对象成员变量的值。因此，对变量 d1 引用的对象属性赋值并不会影响变量 d2 引用对象属性的值，变量 d1、d2 引用对象的内存状态如图 5.4（a）和图 5.4（b）所示。

需要注意的是，一个对象能被多个变量所引用，当对象不被任何变量所引用时，该对象就会成为垃圾，不能再被使用。

接下来，通过案例演示内存垃圾对象是如何产生的，如例 5-3 所示。

【例 5-3】　Demo0503.java

```
1   package com.aaa.p050206;
2
3   class Dog {
4       public String name;                     // 声明名字属性
5       public int age;                         // 声明年龄属性
6       public void show() {                    // 定义显示信息的方法
7           System.out.println("名字是" + name + ", 年龄: " + age);
8       }
9   }
10  public class Demo0503{
11      public static void main(String[] args) {
12          Dog d1= new Dog();                  // d1为第1个Dog对象
13          Dog d2 = new Dog();                 // d2为第2个Dog对象
14          d1.name = "旺财";                    // 为d1对象name属性赋值
15          d1.age = 5;                         // 为d1对象age属性赋值
16          d2.name = "花花";                    // 为d2对象name属性赋值
17          d2.age = 6;                         // 为d2对象age属性赋值
18          d2 = d1;                            // 将d1对象传递给d2对象
19          d1.show();                          // 调用对象的方法
20          d2.show();
21      }
22  }
```

程序的运行结果如下:

```
名字是旺财，年龄：5
名字是旺财，年龄：5
```

例 5-3 中，d2 被赋值为 d1 后，会断开原有引用的对象，并和 d1 引用同一对象，因此打印出上述结果。此时，d2 原有的引用对象不再被任何变量所引用，就成了垃圾对象，不能再被使用，只等待垃圾回收机制进行回收。垃圾产生的过程，如图 5.4（c）所示。

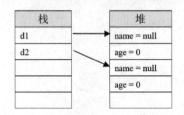 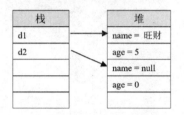 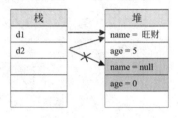

（a）实例化两个对象且分配内存　　　（b）为对象 d1 的属性赋值　　　（c）d2 断开原有内存地址
并指向 d1 的地址

图 5.4　对象的内存关系及垃圾对象的产生

5.2.7　成员变量与局部变量的区别

在例 5-1 定义的 Dog 类的代码中，定义在 bark() 方法外的变量被称为成员变量，它的作用域为整个 Dog 类；定义在 bark() 方法中的变量或方法的参数被称为局部变量，它的作用域在这个方法体内。为了更好地理解成员变量和局部变量，把成员变量和局部变量的区别列举如下。

❖ 定义的位置不同：成员变量定义在类内，在方法外部；局部变量定义在方法内部。
❖ 生命周期不同：成员变量随着对象的出现而出现，随着对象的消失而消失；局部变量是随着方法的运行而出现，随着方法的弹栈而消失。
❖ 默认值不同：成员变量如果没有赋值，会有默认值，规则和数组一样；局部变量没有默认值，如果要使用，必须手动赋值。
❖ 在内存中的位置不同：成员变量存在于堆内存中，和类一起创建；局部变量存在于栈内存中，当方法执行完成，让出内存空间，让其他方法来使用内存。

5.3　类的封装

封装是面向对象程序设计的三大特征之一。封装也称为信息隐藏，它将数据和方法的操作封装在一起，使其构成一个不可分割的独立实体，数据被保护在方法的内部，尽可能地隐藏内部的细节，只保留一些对外接口使之与外部发生联系。封装具有如下优点：

❖ 实现专业的分工。将能实现某一特定功能的代码封装成一个独立的实体，让开发人员在需要的时候调用，从而实现了专业的分工。
❖ 隐藏信息与实现细节。通过控制访问权限可以将不想让客户看到的信息隐藏起来，提高代码的安全性。例如，某客户的银行的密码需要保密，只能对该客户开放权限。

下面通过两个实例来理解如何实现类的封装。

首先，来看没有封装的 Dog 类在调用时会出现哪些问题，如例 5-4 所示。

【例 5-4】 Demo0504.java

```
1  package com.aaa.p0503;
```

```
2
3    class Dog {
4        String name;                                    // 声明名字属性
5        int age;                                        // 声明年龄属性
6        public void show() {                            // 定义显示信息的方法
7            System.out.println("名字是" + name + ", 年龄: " + age);
8        }
9    }
10   public class Demo0504 {
11       public static void main(String[] args) {
12           Dog d1= new Dog();                          // 实例化1个Dog对象
13           d1.name = "旺财";                           // 为name属性赋值
14           d1.age = -6;                                // 为age属性赋值
15           d1.show();                                  // 调用对象的方法
16       }
17   }
```

程序的运行结果如下：

名字是旺财, 年龄: -6

运行结果输出的年龄为-6，程序运行没有任何问题，但现实生活中明显不合理。为了避免这种不合理的情况，这就需要用到封装，即不让使用者访问类的内部成员。这时候，就可以使用类的封装机制。封装是指定义一个类时，使用 private 关键字修饰属性，同时又提供 public 关键字修饰的公有方法以保证外部使用者访问类中的私有属性，即提供设置属性的 setXxx()方法和获取属性的 getXxx()方法，对不合理年龄进行过滤限制。

接下来，通过案例来演示封装的实现过程，如例 5-5 所示。

【例 5-5】　Demo0505.java

```
1    package com.aaa.p0503;
2
3    class Dog {
4        private String name;                            // 声明名字私有属性
5        private int age;                                // 声明年龄私有属性
6        public void setName(String str) {               // 设置属性方法
7            name = str;
8        }
9        public String getName() {                       // 获取属性方法
10           return name;
11       }
12       public void setAge(int n) {
13           if (age<0) {                                // 验证年龄, 过滤掉不合理的
14               System.out.println("年龄不合法...");
15           } else {
16               age = n;
17           }
18       }
19       public int getAge() {
20           return age;
21       }
22       public void show() {                            // 定义显示信息的方法
23           System.out.println("名字是" + name + ", 年龄: " + age);
24       }
25   }
26   public class Demo0505 {
27       public static void main(String[] args) {
28           Dog d1= new Dog();                          // 实例化1个Dog对象
29           d1.setName("旺财");                         // 为name属性赋值
30           d1.setAge(-8);                              // 为age属性赋值
```

```
31              d1.show();                                    // 调用对象的方法
32          }
33  }
```

程序的运行结果如下：

```
年龄不合法...
姓名是旺财，年龄：0
```

例 5-5 中，使用 private 关键字将 name 和 age 属性声明为私有的，并对外提供 public 关键字修饰的属性访问器。其中，setName()设置 name 属性的值，getName()获取 name 属性的值；同理，getAge()和 setAge()方法用于获取和设置 age 属性。在 main()方法中创建 Dog 对象，并调用 setAge()方法传入-8，在 setAge()方法中对参数 n 的值进行了检查，由于当前传入的值小于 0，age 属性没有被赋值，仍为默认初始值 0，这样就对无效数据进行了有效的限制，保证了程序的健壮性。

5.4　构　造　方　法

前面的讲解中，成员变量都是在对象建立之后，由相应的方法来对其赋值。如果一个对象在被创建时就完成所有的初始化工作，将会非常简洁。在 Java 中，提供了一个特殊的成员方法——构造方法。

构造方法是一种特殊的方法，分为无参构造方法和有参构造方法两种，用来在对象被创建时初始化成员变量。构造方法有如下 3 个特征：

❖　构造方法名与类名相同。

❖　构造方法没有返回值类型。

❖　构造方法中不能使用 return 返回一个值。

接下来，通过案例来演示如何定义类的无参构造方法，如例 5-6 所示。

【例 5-6】　Demo0506.java

```
1   package com.aaa.p0504;
2
3   class Dog {
4       public Dog() {                                    // 无参构造方法
5           System.out.println("狗类的构造方法自动被调用");
6       }
7   }
8   public class Demo0506 {
9       public static void main(String[] args) {
10          System.out.println("声明对象：Dog d = null");
11          Dog d = null;                                 // 声明对象时不调用构造方法
12          System.out.println("实例化对象：d = new Dog()");
13          d = new Dog();                                // 实例化对象时调用构造方法
14      }
15  }
```

程序的运行结果如下：

```
声明对象：Dog d = null
实例化对象：d = new Dog()
狗类的构造方法自动被调用
```

从程序运行结果可发现，当使用关键字 new 实例化对象时才会调用构造方法。细心的读者会发现，在之前的案例中并没有定义构造方法，但是也能被调用。这是因为类未定义任何构造方法，系统会自动提供一个默认构造方法。但是，如果已存在带参数的构造方法，则系统将不会提供默认构造方法。

接下来，通过案例来演示如何定义类的有参构造方法，如例 5-7 所示。

【例 5-7】　Demo0507.java

```
1   package com.aaa.p0504;
2
3   class Dog {
4       private String name;                            // 声明名字私有属性
5       private int age;                                // 声明年龄私有属性
6       public Dog(String str, int n) {                 // 有参构造方法
7           name = str;
8           age = n;
9       }
10      public void show() {                            // 定义显示信息的方法
11          System.out.println("名字: " + name + ", 年龄: " + age);
12      }
13  }
14  public class Demo0507 {
15      public static void main(String[] args) {
16          Dog d = new Dog();
17          d.show();
18      }
19  }
```

程序编译报错，提示"Expected 2 arguments but found 0"，中文含义为"期待 2 个参数，但是发现 0 个"，出现错误的原因在于，类中已经提供有参数的构造方法，系统将不会提供无参构造方法，编译器因找不到无参构造方法而报错。修改第 16 行代码如下：

```
Dog d = new Dog("旺财", 5);
```

程序的运行结果下：

```
名字: 旺财, 年龄: 5
```

从程序运行结果可发现，实例化对象时调用了有参构造方法为属性赋值。

误区警告：只有当类没有任何构造方法时，系统才会提供无参构造方法。编写程序时，为避免出现编译错误，每次定义类的构造方法时，预先定义一个无参的构造方法，有参的构造方法可以根据需求再定义。

5.5　方　法　重　载

方法重载是指在一个类中定义多个同名的方法，但要求每个方法具有的参数类型、参数个数或不同类型的参数顺序不同。方法重载不要求用户在调用一个方法之前转换数据类型，它会自动地寻找匹配的方法。方法重载对于编写结构清晰而简洁的类有很大的作用。

5.5.1　构造方法的重载

在实际开发中定义类时，只提供一个构造方法往往不能满足需求，所以需要提供多个构造方法，以提高类的适用性，这就符合方法重载的条件。以现实生活中的汽车为例，汽车厂家生产卡车与轿车时，出厂的配置是不一样的，这时就需要设置不同的参数配置。Java 程序中的类也一样，使用构造方法创建对象并初始化成员变量时，也需要根据不同的实际需求配置不同的

成员变量，而构造方法的重载就可以满足这一需求。

接下来，通过案例来演示构造方法的重载，如例 5-8 所示。

【**例 5-8**】 Demo0508.java

```
1   package com.aaa.p050501;
2
3   class Dog {
4       private String name;                    // 声明名字私有属性
5       private int age;                        // 声明年龄私有属性
6       public Dog(String str) {
7           name = str;
8       }
9       public Dog(String str, int n) {
10          name = str;
11          age = n;
12      }
13      public void show() {                    // 定义显示信息的方法
14          System.out.println("名字: " + name + ", 年龄: " + age);
15      }
16  }
17  public class Demo0508 {
18      public static void main(String[] args) {
19          Dog d1= new Dog("旺财");              // 创建对象并调用只有1个参数的构造方法
20          Dog d2 = new Dog("花花", 5);          // 创建对象并调用有两个参数的构造方法
21          d1.show();
22          d2.show();
23      }
24  }
```

程序的运行结果如下：

```
名字是旺财, 年龄: 0
名字是花花, 年龄: 5
```

例 5-8 中，在 Dog 类中定义了两个构造方法，两个方法的参数列表不同，符合重载条件。在创建对象时，根据参数的不同，分别调用不同的构造方法。其中，一个参数的构造方法只对 name 属性进行初始化，此时 age 属性为默认值 0；两个参数的构造方法根据实参分别对 nane 和 age 属性进行初始化。

想一想：构造方法访问权限可以是 private 的吗？如果使用 private 修饰构造方法，该构造方法只能在当前类中使用，不允许在外边访问，一般用于单例设计模式的设计场景。

5.5.2 成员方法的重载

成员方法的重载即在同一个类中定义多个方法名相同，但参数列表不同的成员方法。调用重载的成员方法时，Java 编译器会根据实参列表寻找最匹配的方法进行调用。

接下来，通过在一个类中分别定义求两个整数、浮点数和的重载方法来演示成员方法的重载，如例 5-9 所示。

【**例 5-9**】 Demo0509.java

```
1   package com.aaa.p050502;
2
3   public class Demo0509{
4       public static void main(String[] args) {
5           Demo0509 demo0509 = new Demo0509();
6           // 调用add(int, int)方法
```

```
7            System.out.println("5和9的和: " + demo0509.add(5, 9));
8            // 调用add(double, double)方法
9            System.out.println("5.0和9.0的和: " + demo0509.add(5.0, 9.0));
10      }
11      public int add(int n1, int n2) {              // 返回两个整数的和
12          return n1 + n2;
13      }
14      public double add(double n1, double n2) {     // 返回两个浮点数的和
15              return n1 + n2;
16      }
17  }
```

程序的运行结果如下：

```
5和9的和: 14
5.0和9.0的和: 14.0
```

在调用重载方法时，出现两个或多个可能的匹配时，编译器无法判断哪个是最精确的匹配，则会产生编译错误，称为歧义调用。

接下来，通过案例来演示重载的成员方法歧义调用的情况，如例 5-10 所示。

【例 5-10】　Demo0510.java

```
1   package com.aaa.p050502;
2
3   public class Demo0510{
4       public  double add(int n1,double n2) {        // 返回整数和浮点数的和
5           return n1 + n2;
6       }
7       public double add(double n1,int n2) {         // 返回浮点数和整数的和
8           return n1 + n2;
9       }
10      public static void main(String[] args) {
11          Demo0510 demo0510 = new Demo0510();
12          System.out.println(demo0510.add(5,9));
13      }
14  }
```

程序编译错误，并提示"Ambiguous method call. Both"，中文含义为"成员方法重复"，出错的原因在于 min(int, double)和 min(double, int)与 min(5,9)都匹配，从而产生二义性，导致编译错误。

知识点拨：Java 的方法调用符合就近原则，可归结为：向上就近匹配原则。如果方法的参数列表中的数据类型和调用时给出的参数类型不尽相同，则会根据向上匹配的就近原则调用。即类型就近向上转化匹配。此处，int 和 double 处于同一级别，参数同时符合两种参数类型，从而导致了二义性错误。

5.6　this 关键字

类在定义成员方法时，局部变量和成员变量可以重名，但此时不能访问成员变量。为了避免这种情形，Java 提供了 this 关键字，表示当前对象，指向调用的对象本身。

5.6.1　this 关键字的 3 种用法

this 关键字在程序中主要有 3 种用法，下面来分别讲解。

1. this 关键字调用成员变量

通过 this 关键字调用成员变量，可以解决与局部变量名称冲突的问题。请看下述示例代码：

```
1  class Dog {
2      int age;                              // 成员变量age
3      public Dog(int age) {                 // 局部变量age
4          this.age = age;                   // 将局部变量age的值赋给成员变量age
5      }
6  }
```

在上面的代码中，构造方法的参数 age 是一个局部变量，Dog 类还定义了一个成员变量，名称也是 age。在构造方法中，如果使用 age，则是访问局部变量，但如果使用 this.age 则是访问成员变量。

2. this 关键字调用成员方法

可以通过 this 关键字调用成员方法，具体示例代码如下：

```
1  class Dog {
2      public void openMouth() {
3          ...                               // 方法的代码块
4      }
5      public void eat() {
6          this.openMouth();
7      }
8  }
```

在上面的代码中，eat()方法使用 this 关键字调用了 openMouth()方法。需要注意的是，此处的 this 关键字可以省略不写。

3. this 关键字调用构造方法

构造方法是在实例化对象时被 Java 虚拟机自动调用的，在程序中不能像调用其他方法一样去调用构造方法，但可以在一个构造方法中使用 "this([参数 1,参数 2…])" 的形式来调用其他的构造方法。

下面，我们综合演示 this 关键字调用成员变量、成员方法、构造方法，如例 5-11 所示。

【例 5-11】 Demo0511.java

```
1  package com.aaa.p050601;
2
3  class Dog {
4      private String name;                  // 声明名字私有属性
5      private int age;                      // 声明年龄私有属性
6
7      public Dog() {
8          System.out.println("调用无参构造方法");
9      }
10     public Dog(String name){
11         this.name = name;
12         System.out.println("调用带一个参数的构造方法");
13     }
14     public Dog(String name, int age) {
15         this(name);
16         System.out.println("调用两个参数的构造方法");
17         this.age = age;                   // 明确表示为类中的age属性赋值
18     }
19     public void testShow() {
20         System.out.println("使用this调用成员方法");
```

```
21          this.show();
22      }
23      public void show() {                          // 定义显示信息的方法
24          System.out.println("名字是" + this.name + ", 年龄: " + this.age);
25      }
26  }
27
28  public class Demo0511 {
29      public static void main(String[] args) {
30          Dog dog = new Dog("旺财", 6);
31          dog.testShow();
32      }
33  }
```

程序的运行结果如下：

```
调用带一个参数的构造方法
调用两个参数的构造方法
使用this调用成员方法
名字是旺财, 年龄: 6
```

实例化对象时，调用了两个参数的构造方法，在该构造方法中通过 this(name)调用了带一个参数的构造方法。因此，运行结果中显示两个构造方法都被调用了。

5.6.2 this 关键字调用构造方法的常见错误

在使用 this 调用构造方法时，还需注意以下常见错误。

1. this 关键字调用构造方法的位置不当

在构造方法中，使用 this 调用构造方法的语句必须位于首行，且只能出现一次，如果将 this 语句放到代码最后面，程序将报错。例如：

```
1  public Dog(String name, int age) {
2      System.out.println("调用有参构造函数");
3      this.name = name;                             // 明确表示为类中的name属性赋值
4      this.age = age;                               // 明确表示为类中的age属性赋值
5      this();                                       // 调用无参构造方法
6  }
```

编译报错，并提示"Call to 'this()' must be first statement in constructor body"，中文含义为"对 this 的调用必须是构造器中的第 1 个语句"。因此，使用 this 调用构造方法的语句必须位于构造方法的首行。

2. 两个构造方法中使用 this 关键字互相调用

不能在一个类的两个构造方法中使用 this 互相调用，例如：

```
1  class Dog {
2      public Dog() {
3          this(6);                                  // 调用有参的构造方法
4          System.out.println("无参的构造方法被调用了");
5      }
6      public Dog(int age) {
7          this();                                   // 调用无参的构造方法
8          System.out.println("有参的构造方法被调用了")
9      }
10 }
```

编译报错，并提示"Recursive constructor invocation"，中文含义为"递归调用构造方法"。

5.7　static 关键字

Java 语言中，static 关键字用于修饰类的成员变量、成员方法以及代码块，被 static 修饰的成员称为静态成员。为什么要用 static 关键字呢？就像现实世界中有公共设施（公园、卫生间、汽车等）资源共享一样，Java 程序中类的一些成员变量、成员方法、代码块也可以被程序所共享。

在现实场景中，汽车站乘客需要向销售员进行购票，下面使用程序模拟两个售票员同时售卖一辆大巴车票的情形，如例 5-12 所示。

【例 5-12】　Demo0512.java

```
1   package com.aaa.p0507;
2
3   class Saler {                                        // 定义售票员类
4       int ticket = 5;                                 // 初始化客车总票数
5       public void sale() {
6           ticket--;
7       }
8   }
9   public class Demo0512 {                              // 模拟售票
10      public static void main(String[] args) {
11          Saler s1 = new Saler();                      // 创建售票员1;
12          s1.sale();                                   // 销售员1卖票1张
13          System.out.println("销售员1剩余票: " + s1.ticket + "张");
14          Saler s2 = new Saler();                      // 创建售票员2
15          s2.sale();                                   // 销售员2卖票1张
16          System.out.println("销售员2剩余票: " + s2.ticket + "张");
17      }
18  }
```

程序的运行结果如下：

```
销售员1剩余票: 4张
销售员2剩余票: 4张
```

很明显，出现这样的问题是不应该的，因为 ticket 是 Saler 类的共有属性，而不是被其某个对象独有。要解决这一问题，就需要使用 static 关键字。

5.7.1　静态变量

使用 static 修饰的成员变量，称为静态变量或类变量，它被类的所有对象共享，属于整个类所有，因此可以通过类名直接来访问。而未使用 static 修饰的成员变量称为实例变量，它属于具体对象独有，只能通过引用变量访问。修改例 5-12 的代码如下：

```
1   class Saler {
2       static int ticket = 5;
3       public void sale() {
4           ticket--;
5       }
6   }
7   ...                                                  // 其他代码和之前一样
```

程序的运行结果如下：

```
销售员1剩余票: 4张
销售员2剩余票: 3张
```

很明显，使用 static 关键字修饰 Saler 类的成员变量 ticket 以后，程序运行结果符合实际情况。

注意：static 关键字在修饰变量时只能修饰成员变量，不能修饰方法中的局部变量，具体示例如下：

```
public class Test {
    public void show() {
        static int count = 0;                    // 非法，编译会报错
    }
}
```

5.7.2　静态方法

在实际开发中，开发人员往往需要在不创建实例的情况下直接调用类的某些方法。使用 static 修饰的成员方法，称为静态方法，它无须创建类的实例就可以直接通过类名来调用，当然也可以通过对象名来调用。

接下来，通过案例来演示静态方法的使用，如例 5-13 所示。

【例 5-13】　Demo0513.java

```
1   package com.aaa.p050702;
2
3   class Dog {
4       private static int count;               // 保存对象创建的个数
5       public Dog() {
6           count++;
7       }
8       public static void show() {
9           System.out.println("类实例化次数: " + count);
10      }
11  }
12  public class Demo0513 {
13      public static void main(String[] args) {
14          Dog.show();                          // 调用静态方法
15          Dog d1 = new Dog();                  // 创建Dog对象
16          Dog d2 = new Dog();
17          Dog d3 = new Dog();
18          Dog d4 = new Dog();
19          Dog d5 = new Dog();
20          Dog.show();                          // 再次调用静态方法
21      }
22  }
```

程序的运行结果如下：

```
类实例化次数: 0
类实例化次数: 5
```

例 5-13 中，Dog 类定义了静态方法 show()，并通过 Dog.show() 的形式调用了该静态方法，由此可见，不需要创建对象就可以调用静态方法。

静态方法只能访问类的静态成员（静态变量、静态方法），不能访问类中的实例成员（实例变量、实例方法）。这是因为未被 static 修饰的成员都是属于对象的，所以需要先创建对象才能访问，而静态方法在被调用时可以不用创建任何对象。

5.7.3　静态代码块

代码块是指用大括号"{}"括起来的一段代码，根据位置及声明关键字的不同，代码块可分为普通代码块、构造代码块、静态代码块和同步代码块，其中同步代码块在多线程部分进行

讲解。

　　静态代码块就是 static 修饰的代码块,执行优先级高于非静态的初始化块,它会在类初始化时执行一次,执行完成便销毁,仅能初始化类变量,即 static 修饰的数据成员。

　　接下来,通过案例来演示静态代码块的使用,如例 5-14 所示。

【例 5-14】　Demo0514.java

```
1   package com.aaa.p050703;
2
3   class Dog {
4       public Dog() {                                          // 定义构造方法
5           System.out.println("Dog类的构造方法");
6       }
7       static {                                                // 定义静态代码块
8           System.out.println("Dog类内的静态代码块");
9       }
10  }
11  public class Demo0514 {
12      public static void main(String[] args) {
13          new Dog();                                          // 实例化对象
14          new Dog();
15          new Dog();
16      }
17      static {                                                // 定义静态代码块
18          System.out.println("main方法所在类的静态代码块");
19      }
20  }
```

　　程序的运行结果如下:

```
main方法所在类的静态代码块
Dog类内的静态代码块
Dog类的构造方法
Dog类的构造方法
Dog类的构造方法
```

　　从程序运行结果中可以发现,静态代码块先于主方法和构造代码块执行,而且无论类的对象被创建多少次,由于 Java 虚拟机只加载一次类,所以静态代码块只会执行一次。

5.8　包

　　当一个大型程序交由多个不同的程序开发人员进行开发时,用到相同的类名是很有可能的。当声明的类很多时,类名冲突的几率会大增,为了解决这个问题,Java 引入了包机制来管理类。这类似于使用操作系统通过文件夹管理各类的文件,针对不用的文件分门别类地存放。

5.8.1　包的概念和作用

　　包是 Java 提供的一种解决类、接口、注释、枚举等命名冲突的机制,可以说包提供了一种命名机制和可见性限制机制。包在物理上就是一个文件夹,逻辑上代表一个分类概念。包的作用如下:

✿　区分相同名称的类、接口、枚举、注释等。

✿　把功能相似或相关的类、接口组织在同一个包中,方便类的查找和使用。

✿　增加对类、接口等的访问权限。

5.8.2　创建包

Java 使用 package 关键字来创建包，package 语句应该放在源文件的第 1 行，在每个源文件中只能有一个包定义语句。定义包的语法格式如下：

```
package 包名1[.包名2[.包名3…]];
```

包的命名规范如下：
- ❖　包名全部由小写字母（多个单词也全部小写）组成。
- ❖　如果包名包含多个层次，层次之间用"."进行分割。
- ❖　包名一般由倒置的域名开头，如 com.aaa，不要有 www。
- ❖　自定义包不能以 java 开头。

📢注意：如果在源文件中没有定义包，那么类、接口、枚举和注释类型文件将会被放进一个无名的包中，也称为默认包。在实际企业开发中，通常不会把类定义在默认包下。

在 IDEA 上创建包，可在项目下的 src 目录上单击鼠标右键，在弹出的快捷菜单中选择 New→Package 命令，如图 5.5 所示。然后输入相应的包名即可，本处输入的是"com.aaa"，如图 5.6 所示。确定回车，会在 IDEA 的项目中生成 com.aaa 包。

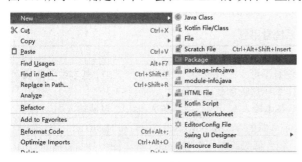

图 5.5　新建包

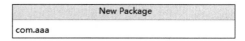

图 5.6　输入包名

5.8.3　导入包

如果使用不同包中的其他类，需要使用该类的全名（包名.类名），代码如下：

```
com.aaa.Dog wangcai = new com.aaa.Dog();
```

其中，com.aaa 是包名，Dog 是包中的类名，wangcai 是类的对象。

为了简化编程，Java 引入了 import 关键字，使用它可以向某个 Java 文件中导入指定包层次下的某个类或全部类。import 语句位于 package 语句之后，类定义之前。一个 Java 源文件只能包含一个 package 语句，但可以包含多个 import 语句。使用 import 导入包中某个类的语法格式如下：

```
import 包名1[[.包名2[.包名3…]]].类型名|*;
```

其中，类型名格式表示导入的具体类型名，"*"表示导入的是这个包下所有的类型。Java 编译器自动隐式导入 java.lang 包，无须使用 import 语句，前面在 Java 程序中使用的 String 类、System 类都是其中的类，但是要使用其他包中的类，就必须使用 import 语句导入。

📢注意：使用星号（*）可能会增加编译时间，特别是引入多个大包时，所以明确地导入具体的类型是一个好方法。

通过使用 import 语句可以简化编程，但 import 语句并不是必需的，如果在类里使用其他类的全名，可以不使用 import 语句。在一些特殊的情况下，import 语句也会失效，此时只能在源文件中使用类全名。例如，需要在程序中使用 java.sql 包下的类，也需要使用 java.util 包下的类，则可以使用如下两行 import 语句：

```
import java.util.*;
import java.sql.*;
```

如果，接下来在 XXX.java 程序中需要使用 Date 类，则会引起如下编译错误：

```
XXX.java:25:对Date的引用不明确
java.sql中的类java.sql.Date和java.util中的类java.util.Date都匹配
```

上面的错误提示：在 XXX.java 文件的第 25 行使用了 Date 类，而 import 语句导入的 java.sql 和 java.util 包下都包含了 Date 类，系统不知道使用哪个包下的 Date 类。在这种情况下，如果需要指定包下的 Date 类，则只能使用该类的全名，代码如下：

```
// 为了让引用更加明确，即使使用了import语句，也还是需要使用类的全名
java.sql.Date d = new java.sql.Date()
```

5.8.4　常用的包

Java 提供了一些系统包，其中包含了 Java 开发中常用的基础类，常用的系统包如表 5.4 所示。

表 5.4　系统常用包

包	说　明
java.lang	Java 的核心类库，包含运行 Java 程序必不可少的系统类，如基本数据类型、基本数学函数、字符串处理、异常处理和线程类等，系统默认加载这个包
java.io	Java 语言的标准输入/输出类库，包含基本输入/输出流、文件输入/输出、过滤输入/输出流等
java.util	包含如处理时间的 Date 类，处理动态数组的 Vector 类，以及 Stack 和 HashTable 类
java.awt	构建图形用户界面（GUI）的类库，包含低级绘图操作 Graphics 类、图形界面组件和布局管理（如 Checkbox 类、Container 类、LayoutManger 接口等）以及用户界面交互控制和事件响应（如 Event 类）等
java.net	实现网络功能的类库，包含 Socket 类、ServerSocket 类等
java.lang.reflect	提供用于反射对象的工具
java.util.zip	实现文件压缩功能
java.sql	实现 JDBC 的类库
java.rmi	提供远程连接与载入的支持
java. security	提供安全性方面的有关支持
java.swing	提供了 Java 图形用户界面开发所需要的各种类和接口。javax.swing 提供了一些高级组件

5.9　Java 修饰符总结

前文已经多处提到修饰符，为了能够系统地掌握 Java 修饰符，这里对其进行全面总结。在 Java 语言中，修饰符分为两类：访问控制符和非访问控制符。

5.9.1　访问控制符

访问控制符是一组限定类、属性或方法是否可以被程序里的其他部分访问和调用的修饰符。合理地使用访问控制符，可以降低类和类之间的耦合性（关联性），进而降低整个项目的复杂

度，也便于整个项目的开发和维护。类的访问控制符只能是空或者 public，方法和属性的访问控制符有 4 个，分别是 public、private、protected 和 default，其中 default 是一种没有定义专门的访问控制符的默认情况。如图 5.7 所示，给出了 4 类访问控制符的控制级别。下面分别对这 4 类访问控制符进行总结：

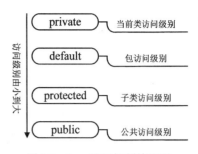

图 5.7　Java 访问控制符级别

- ❖ private。用 private 修饰的类成员变量和成员方法，只能被该类自身的方法访问和修改，而不能被任何其他类（包括该类的子类）访问和引用。因此，private 修饰符具有最高的保护级别。
- ❖ default（默认）。如果一个类、类成员变量和成员方法没有访问控制符，说明它具有默认的访问控制特性。这种默认的访问控制权限是，该类或成员只能被同一个包中的类访问和引用，而不能被其他包中的类使用，即使其他包中有该类的子类。这种访问特性又称为包访问性。
- ❖ protected。用保护访问控制符 protected 修饰的类成员变量、成员方法可以被 3 种类所访问：该类自身、与它在同一个包中的其他类、在其他包中的该类的子类。使用 protected 修饰符的主要作用是，允许其他包中它的子类来访问父类的特定属性和方法，否则可以使用默认访问控制符 default。
- ❖ public。这是最宽松的访问级别，当一个类或类成员被声明为 public 时，它就具有了被其他包中的类访问的可能性，只要包中的其他类在程序中使用 import 语句引入 public 类，就可以访问和引用这个类或其类成员。

5.9.2　非访问控制符

我们前文用到了 Java 非访问控制修饰符 static 和 final，其作用可总结如下：
- ❖ static。用来修饰类方法、类成员变量、类、代码块，实现数据的共享和初始化加载。
- ❖ final。用来修饰类、方法和变量，final 修饰的类不能够被继承，修饰的方法不能被继承类重新定义，修饰的变量为常量，是不可修改的。

需要特别指出的是，Java 非访问修饰符还有 abstract、synchronized、volatile、transient，会在后续章节进行讲解。

**************************************内容扩展**************************************

扫描右侧二维码获取如下内容

5.10　本章小结

5.11　理论测试与实践练习

****

第6章 继承和多态

前面我们学习了类、对象、包等面向对象编程的基本概念，初步了解了面向对象程序设计的基本知识，接下来继续学习面向对象编程的重要知识：继承和多态。通过类的继承机制，可以使用已有的类为基础派生出新类，无须编写重复的程序代码，很好地实现程序代码复用。多态是面向对象编程中继封装和继承之后的另一大特征，它具体是指同一个行为具有多个不同表现形式或形态的能力。使用多态机制，可以提高程序的抽象程度和简洁性，最大程度地降低类和程序模块间的耦合性，并提高程序的可扩展性和可维护性。从 Java 语言的底层逻辑上看，封装和继承是为实现多态做准备的。

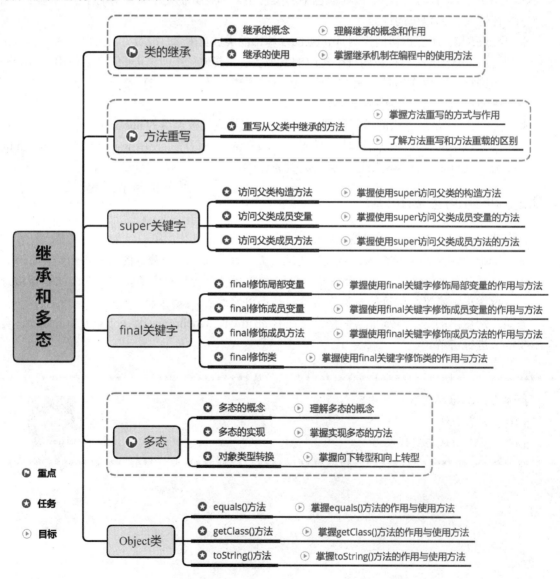

6.1　类　的　继　承

继承描述了类的所属关系，多个类通过继承可形成一个关系体系，进而在原有类的基础上派生出新的类，扩展新的功能，从而实现代码的复用。采用继承机制来设计软件系统中的类，可以提高程序的抽象程度，减少程序维护工作量，提高开发效率。

6.1.1　继承的概念

在现实生活中，"继承"是指一个对象直接使用另一对象的属性和方法，也可以指按照法律或遵照遗嘱接受死者的财产、职务、头衔、地位等。我们先利用现实生活中的例子来说明继承的含义。如图 6.1 所示，卡车（Truck 类）和公交车（Bus 类）都属于汽车（Car 类），它们都有发动机（engine）和轮子（wheel），都可以行驶（run）和刹车（stop），但是卡车类新增了载重量（capacity）属性以及拉货（load）和卸货（unload）方法，公交车类新增了载客量（capacity）属性以及报站（busstop）和停靠（dock）方法。

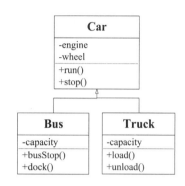

图 6.1　Car 类、Bus 类和 Truck 类的关系图

在面向对象程序设计中，一个新类从已经存在的类中获得成员变量或成员方法，这种现象称为继承。提供继承信息的类被称为父类（超类、基类），得到继承信息的类被称为子类（派生类）。一个父类可以同时拥有多个子类，但 Java 语言不支持多重继承，所以一个类只能有一个父类。父类是所有子类的公共成员变量和成员方法的集合，而子类是父类的特例，子类继承父类的成员变量和成员方法，可以修改父类的成员变量或重写父类的成员方法，也可以增加新的成员变量或成员方法。采用继承机制来设计系统中的类，可以提高程序的抽象程度，更加接近于人类的思维方式。

继承机制的显著特点之一是可以实现代码复用。以第 5 章的 Dog 类为例，我们能够以它为样板而设计新的 Cat 类，代码如下：

```java
public class Cat {
    private String name;
    private int age;
    public void show(){
        System.out.println("猫咪" + name + "在吃咸鱼");
    }
}
```

仔细观察这段代码我们会发现，在 Dog 类和 Cat 类中有很多重复代码，假设我们后续增加 Pig 类、Monkey 类等，重复代码还会不断增加。这时候，我们就可以提取这些类的相同成员变量和成员方法，设计一个 Anima（动物类），使 Dog 类、Cat 类等继承 Animal 类。

6.1.2　继承的使用

在 Java 语言中，类的继承通过 extends 关键字来实现，在定义类时通过 extends 关键字指出新定义类的父类，表示在两个类之间建立了继承关系。新定义的类称为子类，它可以从父类那里继承所有非 private（私有）的成员。Java 继承的语法格式如下：

```
class 子类A extends 父类B {
    // 代码块
}
```

该语法表示子类 A 派生于父类 B，如果类 B 又是某个类的子类，则类 A 同时也是该类的间接子类。如果没有 extends 关键字，则该类默认为 java.lang.Object 类的子类。Java 语言中的所有类都是直接或间接地继承 java.langObject 类得到的，所以之前所有案例中的类均是 java.lang.Object 类的子类。

接下来，通过案例来演示如何通过继承 Animal 类来派生 Dog 类、Cat 类，从而形成类的继承体系，实现代码复用，如例 6-1 所示。

【例 6-1】 Demo0601.java

```
1   package com.aaa.p060102;                          // 需要先建立包
2
3   class Animal {                                     // 定义父类Animal类
4       public String name;
5       public int age;
6       public void show() {
7           System.out.println("名字是" + name + ", 年龄: " + age);
8       }
9   }
10  class Dog extends Animal {                         // 定义子类Dog类
11      String color;
12      public void eat() {
13          System.out.println(color + "的狗狗在啃骨头");
14      }
15  }
16  class Cat extends Animal {                         // 定义子类Cat类
17  }
18  public class Demo0601 {
19      public static void main(String[] args) {
20          Dog d = new Dog();
21          d.name = "旺财";
22          d.age = 3;
23          d.color = "黑色";
24          d.show();
25          d.eat();
26      }
27  }
```

程序的运行结果如下：

```
名字是旺财, 年龄: 3
黑色的狗狗在啃骨头
```

例 6-1 中，Dog 类通过 extends 关键字继承了 Animal 类，它就是 Animal 的子类，Cat 类同样如此。从程序运行结果中可发现，Dog 类虽然没有定义 name、age 成员变量和 show()成员方法，但却能访问这些成员，说明子类可以继承父类所有的成员。

编程技巧：使用继承时，先定义父类（超类、基类），再定义子类（派生类），很好地体现了面向对象的思想。

6.2 方法重写

在继承机制中，当父类中的方法无法满足子类需求或子类具有特有的功能时，就需要在子类中重写父类的方法（也称为方法覆盖）。准确地说，方法重写建立在继承关系之上，具体是指子类从父类中继承方法时，如果在子类中有方法名和参数列表均与父类中的方法完全一致，但方法内容不同的方法，即子类修改了父类中方法的实现，此时创建的子类对象调用这个方法时，程序会调用子类的方法来执行，即子类的方法重写了从父类继承过来的同名方法。

当子类重写父类方法时，可以使用与父类相同的方法名及参数列表，也可以执行不同的功能。子类既可以隐藏和访问父类的方法，也可以覆盖父类的方法，体现了 Java 语言的优越性和灵活性。

接下来，通过案例来演示方法重写。以 Animal 为父类，Dog 类、Cat 类继承 Animal 类，Dog 类重写了父类的 show()方法，如例 6-2 所示。

【例 6-2】　Demo0602.java

```java
1    package com.aaa.p0602;
2
3    class Animal {                                          // 定义父类Animal类
4        public String name;
5        public int age;
6        public Animal() {
7            System.out.println("调用了动物类的构造方法Animal()");
8        }
9        public void show() {
10           System.out.println("父类名字是" + name + ", 年龄: " + age);
11       }
12   }
13   class Dog  extends Animal {                             // 定义子类Dog类
14       String color;
15       public Dog() {
16           System.out.println("调用了狗类的构造方法Dog()");
17       }
18       public  void eat() {
19           System.out.println(color + "的狗狗在啃骨头");
20       }
21       public void show() {
22           System.out.println("狗狗名字是" + name + ", 颜色是" + color);
23       }
24   }
25   class Cat extends Animal {                              // 定义子类Cat类
26   }
27   public  class Demo0602 {
28       public static void main(String[] args) {
29           Dog d = new Dog();
30           d.name = "旺财";
31           d.age = 2;
32           d.color = "黑色";
33           d.show();
34           d.eat();
35           Cat c = new Cat();
36           c.show();
37       }
38   }
```

程序的运行结果如下：

```
调用了动物类的构造方法Animal()
调用了狗类的构造方法Dog()
狗狗名字是旺财，颜色是黑色
黑色的狗狗在啃骨头
调用了动物类的构造方法Animal()
父类名字是null，年龄: 0
```

例 6-2 中，Dog 类继承了 Animal 类的 show()方法，但在子类 Dog 中对父类的 show()方法进行了重写，Cat 类只是继承了 Animal 类。从程序运行结果中可发现，第 29 行代码直接调用Dog()构造方法，理应输出"调用了狗类的构造方法 Dog()"，但是先输出"调用了动物类的构造方法 Animal()"，这是因为在执行子类的构造方法前，会首先调用父类中无参的构造方法，其目的是为了对继承自父类的成员进行初始化操作。第 33 行代码在调用 Dog 类对象的 show()方法时，只会调用子类重写的方法，并不会调用父类的 show()方法。Cat 类中没有重写父类的show()方法，第 36 行代码中的 Cat 类对象仍然调用的是父类的 show()方法，同时由于没有给Cat 类对象的成员变量 name 和 age 赋值，所以显示的名字是默认值"null"，年龄也是默认值"0"。

方法重写时必须注意如下事项：

❖ 必须考虑权限，即被子类重写的方法不能拥有比父类方法更加严格的访问权限。

❖ 构造方法不能被继承，不能被重写。

在第 5 章我们已经学习过方法重载，现将方法重载与方法重写的主要区别列于表 6.1。

表 6.1 方法重载和方法重写的区别

方 法 重 载	方 法 重 写
参数类型、参数个数、参数类型的顺序不同	参数个数、参数类型、参数类型的顺序完全相同
返回值类型可以相同，可以不相同	返回值类型完全相同
访问权限修饰符可相同，可不同	子类重写父类方法时，修饰符权限要大于等于父类修饰符权限，父类被 private 修饰的方法不能被重写

注意： 重写方法所抛出的异常不能比原方法更多，如果抛出比父类方法更多的异常，则在编译时会报错。有关异常的知识点将在后续章节讲解。

<h2 style="text-align:center">6.3 super 关键字</h2>

当子类继承父类后，有时候需要访问父类的一些成员变量或方法，这时可以使用 super 关键字来调用这些成员变量或方法。super 关键字的用法有如下 3 种。

❖ 在子类的构造方法中，访问父类的构造方法。语法格式如下：

```
super([参数列表])
```

❖ 在子类的成员方法中，访问父类的成员变量。语法格式如下：

```
super.成员变量
```

❖ 在子类的成员方法中，访问父类的成员方法。语法格式如下：

```
super.成员方法([实参列表])
```

6.3.1 super 访问父类构造方法

通过例 6-2 可以发现，程序中即使没有指明子类来调用父类的构造方法，但在程序执行时还是会先调用父类中的无参构造方法，以便进行成员初始化操作。但是，如果父类中有多个构造方法，如何才能调用父类中的某个特定构造方法呢？

Java 语言出于安全性的考虑，对于对象的初始化要求是非常严格的。例如，Java 要求一个父类的对象要在子类运行前完全初始化。

super 关键字可以用于在子类构造方法中调用父类的构造方法。如果在子类的构造方法中没有明确调用父类的构造方法，则在执行子类的构造方法时会自动调用父类的默认无参构造方法；

如果在子类的构造方法中调用了父类的构造方法，则调用语句必须出现在构造方法的首行。

接下来，通过案例来演示 super 关键字访问父类构造方法，如例 6-3 所示。

【例 6-3】 Demo0603.java

```
1   package com.aaa.p060301;
2
3   class Animal {                                      // 动物类
4       private String name;
5       private int age;
6       public Animal() {
7           System.out.println("调用了动物类的无参构造方法");
8       }
9       public Animal(String name,int age) {
10          System.out.println("调用了动物类的有参构造方法");
11          this.name = name;
12          this.age = age;
13      }
14      public void show() {
15          System.out.println("名字:" + name + ", 年龄: " + age);
16      }
17  }
18  class Dog  extends Animal {                         // 动物类的子类Dog类
19      String color;
20      public Dog() {                                  // 子类无参构造方法
21          System.out.println("调用了狗类的无参构造方法");
22      }
23      public Dog(String name,int age,String c) {      // 子类有参构造方法
24          super(name,age);                            // 调用父类的有参构造方法
25          color = c;
26          System.out.println("调用了狗类的有参构造方法");
27          System.out.println(color + "的狗狗");
28      }
29  }
30  public  class Demo0603 {
31      public static void main(String[] args) {
32          Dog d1 = new Dog();
33          d1.show();
34          System.out.println("----------------------");
35          Dog d2 = new Dog("花花",8,"黄色");
36          d2.show();
37      }
38  }
```

程序的运行结果如下：

```
调用了动物类的无参构造方法
调用了狗类的无参构造方法
名字:null, 年龄: 0
----------------------
调用了动物类的有参构造方法
调用了狗类的有参构造方法
黄色的狗狗
名字:花花, 年龄: 8
```

例 6-3 中，Dog 类继承自 Animal 类，Animal 类有两个成员变量 name 和 age，还有 1 个无参构造方法和 1 个有参构造方法，在子类 Dog 类的有参构造方法中（第 24 行）使用 super(name,age) 将参数 name 和 age 传递到父类 Animal 的有参构造方法内，因此只要子类的有参构造方法被调用，其父类对应的有参构造方法也会被调用。第 32 行代码调用 Dog 类的无参构造方法 Dog()，该构造方法会自动调用父类中对应的无参构造方法 Animal()，然后再执行自己的构造方法 Dog()。

第 35 行代码调用子类带 3 个参数的构造方法,该方法通过子类的有参构造方法语句 super(name, age)(第 24 行)调用父类的有参构造方法(第 9 行)。如果第 24 行代码不在子类构造方法的首行,则会编译报错"Call to 'super()' must be first statement in constructor body",中文含义为"对 super 的调用必须是构造器中的第 1 个语句",因为在程序里面先执行的是子类的操作,而后才是父类初始化过程,这明显是不对的。

6.3.2　super 访问父类成员变量和成员方法

在子类中使用 super 关键字除了可以访问父类的构造方法外,还可以访问父类的成员变量和成员方法,但是 super 关键字不能访问子类的成员。

接下来,通过案例来演示 super 访问父类的成员变量和成员方法,如例 6-4 所示。

【例 6-4】　Demo0604.java

```
1   package com.aaa.p060302;
2
3   class Animal {
4       protected String name;
5       protected int age;
6       public Animal() {
7       }
8       public Animal(String name,int age) {
9           this.name = name;
10          this.age = age;
11      }
12      public void show() {
13          System.out.println("父类名字:" + name + ", 年龄: " + age);
14      }
15  }
16  class Dog extends Animal {
17      String color;
18      int age = 10;
19      public Dog(String xm,int age,String c) {
20          super.name = xm;
21          super.age = age;
22          color = c;
23      }
24      public void show() {
25          System.out.println("子类Dog中的成员变量age:" + age);
26          super.show();                                    // 调用父类的show()方法
27          System.out.println("子类Dog, " + color + "的狗狗");
28      }
29  }
30  public class Demo0604 {
31      public static void main(String[] args) {
32          Dog d1 = new Dog("花花",11,"黄色");
33          d1.show();
34      }
35  }
```

程序的运行结果如下:

```
子类Dog中的成员变量age:10
父类名字:花花, 年龄: 11
子类Dog, 黄色的狗狗
```

例 6-4 中,子类 Dog 的构造方法没有使用 super 关键字来调用父类的有参构造方法,在父类 Animal 的第 4 行和第 5 行代码中将成员变量 name 和 age 声明为 protected 的,可以在子类构造方法中对父类的成员变量进行访问（第 20 行和第 21 行）。同样，由于父类的 show()方法声明为 public 的（第 12 行），所以可以在子类的普通方法中使用 super 关键字来调用（第 26 行）。

想一想：在定义父类时，可以使用 super 关键字吗？

6.4 final 关键字

final 是 Java 中的一个重要的关键字，可以修饰变量（成员变量或局部变量）、方法以及类。被 final 修饰的变量（成员变量或局部变量）称为常量，常量不能再次改变其引用。被 final 修饰的方法称为 final 方法，final 方法不能被子类重写。被 final 修饰的类称为 final 类，final 类通常是完整的，不能被继承。

6.4.1 final 修饰局部变量

使用 final 关键字修饰的局部变量，只能被赋值一次。如果再次对该局部变量进行赋值，则程序在编译时会报错，如例 6-5 所示。

【例 6-5】 Demo0605.java

```
1   package com.aaa.p060401;
2
3   public class Demo0605 {
4       public static void main(String[] args) {
5           final String JAVA_VERSION = "15.0.1";
6           JAVA_VERSION = "17.0.1";
7           System.out.println("当前JAVA版本号: " + JAVA_VERSION);
8       }
9   }
```

程序编译报错，提示"Cannot assign a value to final variable 'JAVA_VERSION'"，中文含义为"无法为最终变量 JAVA_VERSION 分配值"，出现错误的原因是，final 修饰的变量为常量，只能初始化一次，初始化后不能再修改。第 5 行代码将当前 Java 版本号 15.0.1 赋值给了常量字符串 JAVA_VERSION，因此第 6 号代码再次赋值时会编译报错。将第 5 行代码修改如下：

```
final String JAVA_VERSION;
```

程序的运行结果如下：

```
当前JAVA版本号: 17.0.1
```

再次运行程序可以发现，第 5 行代码的常量 JAVA_VERSION 只做声明，在第 6 行代码赋值一次，程序运行不会报错。

6.4.2 final 修饰成员变量

对于成员变量来说，一旦使用 final 关键字修饰，也是一样不能改变。和 final 修饰局部变量的不同点是，final 修饰的成员变量必须声明的时候赋值或者在构造方法中对其赋值，但是只能二者选一，如果没有直接赋值，那就必须保证所有重载的构造方法最终都会对 final 修饰的成员变量进行赋值。

接下来，通过案例来演示使用 final 修饰成员变量，如例 6-6 所示。

【例 6-6】 Demo0606.java

```
1   package com.aaa.p060402;
```

```
2
3   class Father {
4       final int CODE;                                    // 使用final修饰成员变量
5       public void show() {
6           System.out.println("当前常量代码CODE为: " + this.CODE);
7       }
8   }
9   public class Demo0606 {
10      public static void main(String[] args) {
11          Father f = new Father();                       // 创建Father对象
12          f.show();
13      }
14  }
```

程序编译报错，提示"Variable 'CODE' might not have been initialized"，中文含义为"变量 CODE 未在默认构造器中初始化"，出现错误的原因是，Java 虚拟机不会为 final 修饰的成员变量默认初始化。

因此，使用 final 修饰成员变量时，需要在声明时进行赋值，或者在构造方法中进行初始化。可以修改第 4 行代码如下：

```
final CODE= 1024;
```

或者修改 Father 类的代码如下：

```
1   class Father {
2       final int CODE;                                    // 使用final修饰成员变量
3       String name;
4       Father() {
5           CODE = 1024;
6       }
7       Father(String n, int code) {
8           name = n;
9           CODE = code;
10      }
11      public void show() {
12          System.out.println("当前常量代码CODE为: " + this.CODE);
13      }
14  }
```

两种修改方式均可，运行程序之后的结果如下：

```
当前常量代码CODE为: 1024
```

注意：对于父类中使用 final 修饰的成员变量，子类是可以继承的，但不能修改该成员变量的值。

6.4.3 final 修饰成员方法

使用 final 关键字修饰的成员方法，表示子类不能重写此方法，称为最终方法。对于一些比较重要且不希望被子类重写的成员方法，可以使用 final 关键字对其进行修饰。

接下来，通过案例来演示使用 final 修饰成员方法，如例 6-7 所示。

【例 6-7】　Demo0607.java

```
1   package com.aaa.p060403;
2
3   class Father {
4       public final void show() {
5           System.out.println("final修饰show()方法");
```

```
6          }
7      }
8   class Son extends Father {
9       public void show() {                              // 重写父类方法
10          System.out.println("重写父类show()方法");
11      }
12  }
13  public class Demo0607 {
14      public static void main(String[] args) {
15          Father f = new Father();                      // 创建Father类对象
16          f.show();
17      }
18  }
```

程序编译报错，提示"'show()' cannot override 'show()' in 'com.aaa.p060403.Father'; overridden method is final"，中文含义为"show()无法覆盖 com.aaa.p060403.Father 中的 show()，被覆盖的方法为 final"，出现错误的原因是，被 final 修饰的成员方法不能再被子类重写。

📖**知识点拨**：当一个常数或方法需要在程序里反复使用的时候，我们就可以把它定义为 static final，这样内存就不用重复地申请和释放空间。用 static final 来修饰的成员变量或成员方法，可理解为"全局常量"或"全局方法"。

6.4.4　final 修饰类

如果一个类被 final 所修饰，则说明这个类不能被其他类所继承，即该类不可能有子类，这种类被称为最终类。

接下来，通过案例来演示使用 final 修饰类，如例 6-8 所示。

【例 6-8】　Demo0608.java

```
1   package com.aaa.p060404;
2
3   final class Father {
4   }
5   class Son extends Father {                            // 编译报错
6   }
7   public class Demo0608 {
8       public static void main(String[] args) {
9           Son s = new Son();                           // 创建Son对象
10      }
11  }
```

程序编译报错，提示"'Cannot inherit from final 'com.aaa.p060404.Father'"，中文含义为"无法从最终类 com.aaa.p060404.Father 进行继承"，出现错误的原因是，被 final 所修饰的类为最终类，不能被子类继承。

📢**注意**：所有已被 private 修饰的私有方法以及所有包含在 final 类中的方法，都默认是最终方法。

6.5　多　　态

"多态"这个词来源于希腊语，意思是"多种形式"，最早应用于生物学，指同在一个生物群体，各个体之间存在的生理学、形态学和生化学的差异。在 Java 中，多态是指允许同一程序指令在不同的上下文中实现不同的操作。具体来讲，当一个方法名作为一个指令时，根据执行该方法的对象类型，可能产生不同的动作。

面向对象程序设计中包括两种形式的多态，分别是编译时多态和运行时多态。编译时多态是通过重载技术实现的，即在一个类中相同的方法名可用来定义不同的方法。运行时多态是基于继承机制建立的，是在运行时动态产生的多态性，下面主要对运行时多态进行讲解，本书中将运行时多态简称为多态。

多态是面向对象的重要特性，它可以提高程序的抽象程度和可扩展性，最大程度地降低类和程序模块间的耦合度。

6.5.1 为什么需要多态

下面通过一个现实生活中的例子来认识一下多态，这个例子模拟的是主人喂养宠物，代码如下：

```
1   class Pet {                                    // 宠物类
2       private String name = "无名";              // 昵称
3       private int health = 100;                   // 健康值
4       public  void eat() {}
5   }
6   class Dog extends Pet {                         // 狗类继承自宠物类
7       public  void eat() {                        // 重写eat()方法
8           System.out.println("狗狗在吃饭");
9       }
10  }
11  class Cat extends Pet {                         // 猫类继承自宠物类
12      public void eat() {
13          System.out.println("猫咪在吃饭");
14      }
15  }
16  class Master {
17      private  String name;
18      public void feed(Dog dog) {
19          dog.eat();
20      }
21      public  void feed(Cat cat) {
22          cat.eat();
23      }
24  }
```

在上述代码中，Pet 类是父类，Dog 类和 Cat 类是子类，并且重写了父类的 eat()方法。Master 类分别为 Dog 类和 Cat 类定义了喂食的方法，这两个方法构成了方法重载，可以实现主人喂养宠物的功能。但是，假如主人以后要喂养更多的不同种类的宠物时该怎么办呢？比如说，现在主人要喂养鹦鹉，我们除了需要先新增一个 Parrot 类（鹦鹉类）之外，还必须在 Master 类中新增一个给鹦鹉喂食的方法。当需要删除某个宠物类时，则需要进行删除相关宠物类的代码。那么，有没有更好的解决办法呢？这时候，就可以使用多态进行代码优化。

6.5.2 多态的概念

编程是一个将具体世界进行抽象化的过程，多态是抽象化的一种体现，即将一系列具体事物的共同点抽象出来，再通过这个抽象的事物，与不同的具体事物进行对话。对不同类的对象发出相同的消息，将会有不同的行为。例如，公司规定所有员工在九点钟开始工作，而不需要由专业领导对财务人员说"开始财务工作"、对行政人员说"开始行政工作"…，使用专业术语来定义多态就是：同一个引用类型，使用不同的实例可以执行不同的操作，即父类引用子类对象。

下面通过代码来理解一下多态，参考代码如下：

```
Pet p = new Dog();
p.eat();
...
```

在上述代码中，我们将子类对象赋值给一个父类对象，这就是所谓的父类引用子类对象，或者说一个父类的引用指向了一个子类对象。代码在执行时调用的都是子类中重写过的 eat() 方法，而不是父类中的 eat() 方法，这就是多态。

6.5.3　多态的实现

同一个父类派生出的多个子类可被当作同一种类型，这样使用相同的代码就可以处理所有子类的对象。在第 6.5.1 节中，Pet 类是父类，Dog 类和 Cat 类是子类，针对父类中的 eat() 方法，子类都重写了这个方法。对于第 6.5.2 节中的代码 "p.eat()"，当前赋值的是 Dog 类的对象，当然也可以是 Cat 类或其他 Pet 类的子类对象，即可能会得到多种运行结果，具体的结果取决于程序运行时父类对象 p 所指向对象的类型。

接下来，通过案例来演示多态的具体实现，如例 6-9 所示。

【例 6-9】　Demo0609.java

```
1   package com.aaa.p060503;
2
3   class Pet{                                     // 宠物类
4       private String name = "无名";              // 昵称
5       private int health = 100;                  // 健康值
6       public void eat() {}
7   }
8   // Dog类、Cat类重写父类的eat()方法
9   class Dog extends Pet {                        // 狗类继承自宠物类
10      public void eat() {                        // 重写eat()方法
11          System.out.println("狗狗在啃骨头");
12      }
13  }
14  class Cat extends Pet {                        // 猫类继承自宠物类
15      public void eat() {
16          System.out.println("猫咪在吃鱼干");
17      }
18  }
19  // 父类引用子类对象
20  class Master {
21      private String name;                       // 主人的姓名
22      // 通过传递参数实现父类引用子类对象
23      public void feed(Pet p) {
24          p.eat();                               // 主人喂宠物，具体类型由传入的类型决定
25      }
26  }
27  public class Demo0609 {
28      public static void main(String[] args) {
29          Pet d = new Dog();
30          Pet c = new Cat();
31          Master m = new Master();
32          m.feed(d);
33          m.feed(c);
34      }
35  }
```

程序的运行结果如下：

```
狗狗在啃骨头
猫咪在吃鱼干
```

通过程序结果可以发现，使用多态解决了主人喂养宠物的问题。这时不管主人将来喂养多少种宠物，我们只需要新增子类继承 Pet 类并重写 eat()方法就可以了，而 Master 类中始终只需要一个 feed()方法。

使用多态可以提高代码的可扩展性和可维护性，使用父类作为方法形参是实现多态的常用方式。这里要注意的是，在进行方法调用时必须调用子类重写过的父类方法，子类中独有的方法是不能通过父类引用调用到的。

6.5.4　对象类型转换

对象的类型转换是指子类与父类之间的转换，主要包括如下两种。

❖　向上转型：指从子类到父类的转换。

❖　向下转型：指从父类到子类的转换。

1．向上转型

类的继承关系使子类具有父类的成员变量和成员方法，这意味着父类的成员可以在它的派生子类中使用，也就是说子类的对象也是父类的对象，子类对象既可以作为该子类的类型也可以作为父类的类型。将一个子类对象的引用转换为该子类的父类引用，称为向上转型。向上转型的语法格式如下：

```
父类|接口 对象名 = new 子类();
```

参考代码如下：

```
Pet p = new Cat();
p.eat();                              // 调用子类的eat()方法
```

向上转型体现的是"is a"关系。例如，一个 Cat 类的对象（猫）是一个 Pet 类（宠物）的对象，这是没有问题的，因为 Cat 类继承了 Pet 类的成员变量和成员方法，这意味着 Pet 类的对象 p 调用 eat()方法时，可以完成相应的操作。

由于子类通常包含比父类更多的成员变量和成员方法，因此任何一个从父类派生出的各种子类都可以作为父类的类型对待。也就是说，从一个特殊的、具体的类型到一个通用、抽象类型的转换，肯定是安全的。例 6-9 就是通过向上转型实现的多态，本处不再赘述。

2．向下转型

向下转型也称为对象的强制类型转换，是指将父类对象类型的变量强制转换为子类类型。向上转型使父类对象可以指向子类对象，但通过父类对象只能访问父类中定义的成员变量和成员方法，子类特有的部分成员被隐藏，不能被访问。只有将父类对象强制转换为具体的子类类型，才能访问子类的特有成员。向下转型的语法格式如下：

```
子类 对象名 = (子类)父类对象;
```

参考代码如下：

```
Pet p =  new Pet();
Dog d1 = new Dog();
Dog d2;
```

```
// d2 = (Dog)p; 这种写法转换失败，因为p指向的类型是Pet，d2的引用类型为Dog
// 下面的写法正确，首先将p的引用指向d2，此时的p的类型变成了Dog，所以同类型之间可以转换
p = d2;
d2 = (Dog)p;
```

向下转型可以调用子类类型中所有的成员，不过需要注意的是，如果父类引用对象指向的
是子类对象，那么向下转型的过程是安全的，也就是编译时不会出错误。但是，如果父类引用
对象是父类本身，那么向下转型的过程是不安全的，编译不会出错，但是运行时会出现 Java 强
制类型转换异常。

针对这种情况，Java 语言中提供了 instanceof 关键字，可以先通过 instanceof 关键字来判断
某个对象是否属于某种数据类型（类或接口），当前面的判断结果为 true 时再执行转换，其语
法格式如下：

```
引用类型变量 instanceof 类名|接口
```

接下来，通过案例来演示向下转型，我们对例 6-9 的 main()方法进行修改，具体如例 6-10
所示。

【例 6-10】　Demo0610.java

```
1   package com.aaa.p060504;
2
3   class Pet {                                    // 宠物类
4       private String name = "无名";              // 昵称
5       private int health = 100;                  // 健康值
6       public void eat(){}
7   }
8   class Dog extends Pet {                        // 狗类继承自宠物类
9       public void eat() {                        // 重写eat()方法
10          System.out.println("狗狗在啃骨头");
11      }
12  }
13
14  class Cat extends Pet {                        // 猫类继承自宠物类
15      public void eat() {
16          System.out.println("猫咪在吃鱼干");
17      }
18  }
19  class Master {
20      private String name;                       // 主人的姓名
21      public void feed(Pet p) {
22          p.eat();                               // 主人喂宠物，具体类型由传入的类型决定
23      }
24  }
25  public class Demo0610 {
26      public static void main(String[] args) {
27          Pet p = new Dog();                     // 向上转型
28          if (p instanceof Dog) {                // 判断对象是否是Dog类型
29              Dog o = (Dog) p;                   // 向下转型
30              o.eat();
31          } else if(p instanceof Cat) {          // 判断对象是否是Cat类型
32              Cat c=(Cat) p;                     // 向下转型
33              c.eat();
34          }
35      }
36  }
```

程序的运行结果如下：

```
狗狗在啃骨头
```

例 6-10 中，通过程序运行结果可发现，instanceof 能准确判断出对象是否是某个类的实例，有效地防止了运行时异常的发生，提高了程序的健壮性。

📢 **注意**：在使用 instanceof 运算符时，该运算符前面的操作数的编译时类型要么与后面的类型相同，要么与后面的类型具有继承关系，否则会引起编译错误。

6.6　Object 类

在 Java 语言中，Object 类是所有类的父类，该类是 java.lang 包中的一个类，所有的类都是直接或者间接地继承该类。如果一个类没有使用 extends 关键字，则默认该类是 Object 的子类，所以说 Object 类是所有类的源。也就是说，以下两种类的定义的最终效果是完全相同的：

```
class Dog {}
class Dog extends Object {}
```

Object 类中提供了很多方法，下面讲解常用的 3 个方法，如表 6.2 所示。

表 6.2　Object 类的常用方法

方　　　法	方　法　描　述
public boolean equals(Object obj)	判断两个对象所指向的是否为同一个对象
public final Class getClass()	返回运行 getClass()方法的对象所属的类
public String toString()	取得对象信息，返回该对象的字符串表示

6.6.1　equals()方法

在前面章节，我们学习了使用比较运算符"=="比较两个变量是否相等。除此之外，还可以使用 equals()方法比较两个变量是否相等。

接下来，通过案例来演示如何使用 equals()方法比较两个对象是否相等，如例 6-11 所示。

【例 6-11】　Demo0611.java

```
1    package com.aaa.p060601;
2
3    class Cat {
4        String name;
5        public Cat(String name) {
6            this.name = name;
7        }
8    }
9    public class Demo0611 {
10       public static void main(String[] args) {
11           Cat cat1 = new Cat("机器猫");
12           Cat cat2 = new Cat("大脸猫");
13           System.out.println("cat1.equals(cat2)是" + cat1.equals(cat2));
14           System.out.println("cat1==cat2是" + (cat1 == cat2));
15       }
16   }
```

程序的运行结果如下：

```
cat1.equals(cat2)是false
cat1==cat2是false
```

从程序运行结果中可发现，equals()方法与直接使用"=="运算符比较两个对象是否相等的结果相同，这是由于 equals()方法的默认实现就是用"=="运算符检测两个引用变量是否指向同一对象，即比较的是对象在计算机内存中的地址。

6.6.2　getClass()方法

getClass()方法是 Object 类里所定义的方法，而 Object 类是所有类的父类，所以在任何类中均可调用这个方法。getClass()方法的功能是返回运行时的对象所属的类。一个 java.lang.Class 对象代表了 Java 应用程序运行时所加载的类或接口的实例，Class 对象由 JVM 自动产生，每当一个类被加载时，JVM 就自动为其生成一个 Class 对象。由于 Class 类没有构造方法，所以可以通过 Object 类的 getClass()方法来取得对象对应的 Class 对象。在取得 Class 对象之后，就可以通过 Class 对象的一些方法来获取类的基本信息。

接下来，通过案例来演示 getClass()方法的使用，如例 6-12 所示。

【例 6-12】　Demo0612.java

```
1   package com.aaa.p060602;
2
3   class Cat {
4       private String name;
5       public Cat(String name) {
6           this.name = name;
7       }
8   }
9   public class Demo0612 {
10      public static void main(String[] args) {
11          Cat cat = new Cat("机器猫");
12          Class obj = cat.getClass();              // 使用对象cat调用getClass()方法
13          System.out.println("对象cat所属的类为: " + obj);
14      }
15  }
```

程序的运行结果如下：

```
对象cat所属的类为: class com.aaa.p0611.Cat
```

从程序运行结果中可发现，Cat 类的对象 cat 指向新的对象，并去调用 getClass()方法，该方法继承自 Object 类，虽然在 Cat 类中没有定义它，但是可以由对象 cat 调用。getClass()方法返回的是 Class 类型，所以需要定义一个 Class 类型变量 obj 接收。

注意：例 6-12 第 12 行代码中的 Class 的首字母 "C" 为大写。

6.6.3　toString()方法

toString()方法的功能是将调用该方法的对象内容转换为字符串，并返回该字符串，返回内容由该对象所属类名、@和对象十六进制形式的内存地址组成，如例 6-13 所示。

【例 6-13】　Demo0613.java

```
1   package com.aaa.p060603;
2
3   class Cat {
4       private String name;
5       private int age;
6       public Cat (String name, int age) {
7           this.name = name;
8           this.age = age;
9       }
10  }
```

```
11  public class Demo0613 {
12      public static void main(String[] args) {
13          Cat cat = new Cat("机器猫");
14          // 调用对象的toString()方法
15          System.out.println(cat.toString());
16          // 直接打印对象
17          System.out.println(cat);
18      }
19  }
```

程序的运行结果如下：

```
com.aaa.p0612.Cat@7ef20235
com.aaa.p0612.Cat@7ef20235
```

例 6-13 中，默认打印了对象信息，从程序运行结果中可发现，直接打印对象和打印对象的 toString()方法返回值相同，也就是说对象输出一定会调用 Object 类的 toString()方法。

**********************************内容扩展**********************************
扫描右侧二维码获取如下内容
6.7   本章小结
6.8   理论测试与实践练习

****

第7章 抽象类、接口和内部类

前面学习了类、对象、封装、继承、多态等面向对象编程的基本概念，初步了解了面向对象程序设计理念，接下来我们继续学习面向对象编程的一些重要概念：抽象类、接口和内部类。其中，抽象类是从多个具体类中抽象出来的父类，可以作为子类的模板，实现更加丰富的类继承；接口是 Java 语言中实现多重继承的重要工具，Java 是单继承的语言，而实际应用中某些类往往需要继承多个类的属性与行为，接口很好地解决了单继承的这一缺陷；内部类是定义在类中的类，它同样有着非常重要的作用，如更好地实现隐藏、实现多重继承、实现同一个类中两种同名方法的调用等。

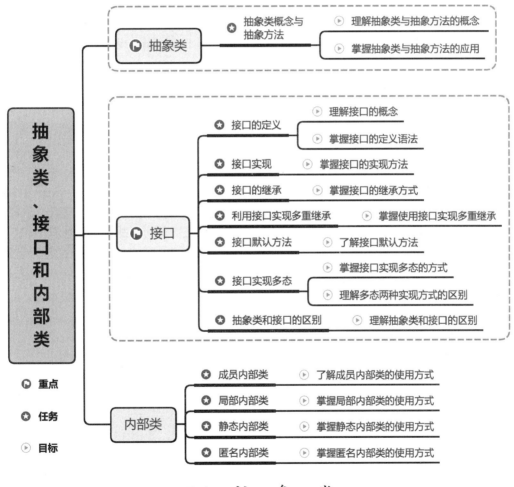

7.1 抽　象　类

在面向对象程序设计中，常常会遇到这样的问题：对于父类中的某些方法，其不同子类中的这些方法肯定有所不同，这些方法必须在子类中重写，故而根本无须在父类中实现这些方法。面对这类问题，Java 提供了抽象类，对一系列看上去不同但本质上相同的具体概念进行抽象，用来表征对问题领域进行分析、设计中得出的抽象概念，使类设计的体系结构更加清晰。

Java 语言中提供了 abstract 关键字，表示抽象的意思。用 abstract 关键字修饰的类称为抽象类，抽象类有类似"模板"的作用，我们可以定义抽象类来表征某些子类或对象的广义属类的共有特征，但是抽象类不能直接使用 new 关键字创建对象，只能被继承，并在其子类中将其特征具体化；用 abstract 关键字修饰的方法称为抽象方法，它是一个不完整的方法，只有声明，没有方法体。抽象类可以包含抽象方法，也可以不包含。定义抽象类和抽象方法的具体语法如下：

```
abstract class 抽象类名 {              // 定义抽象类，用abstract修饰
    [访问修饰符]abstract 返回类型 方法名称(参数);   // 定义抽象方法，用abstract修饰，无方法体
}
```

通过 abstract 关键字标记，抽象类和抽象方法可以让开发人员明确该类或方法的作用，进而在继承抽象类时重写其抽象方法，以针对性地解决具体问题。定义抽象类或抽象方法时，需要注意以下几点：

❖ 抽象类和抽象方法必须使用 abstract 修饰符来修饰，不能使用 private 修饰符，因为子类需要有继承抽象类的权限。

❖ 由于抽象类是需要被继承的，所以抽象类不能用 final 修饰，即关键字 abstract 和 final 不能同时使用。

❖ 抽象类不能被实例化，可以有构造方法和普通方法，且构造方法不能声明为抽象的。

❖ 普通方法内有方法体，而抽象方法不能有方法体。

❖ 抽象方法不能使用 static 修饰符来修饰，因为 static 修饰的方法可以通过类名调用，而调用一个没有方法体的方法会报错。

❖ 如果一个类继承了抽象类，则该类必须实现抽象类中的全部抽象方法，除非子类也是抽象类。

接下来，我们通过具体问题来体会抽象类与抽象方法的具体应用。几何形状是大家熟悉不过的，它们形状千姿百态，有圆形、正方形、三角形等，这些几何形状都可以计算面积，但是计算方法却不同。可见，计算面积是几何形状的共有特征，而不同的几何形状又有不同的具体实现。于是，为了设计出结构清晰的几何形状面积计算类体系，我们可以先定义抽象的几何形状类 Shape 类，该类包含公共的颜色属性 color，也包含公共的面积计算方法 getArea()，显然该方法也必须是抽象的。接着，我们进一步定义圆形类 Circle 类和正方形类 Square 类，让这两个类继承 Shape 类，并实现 getArea()方法。

接下来，我们给出上述问题的具体实现，如例 7-1 所示。

【例 7-1】 Demo0701.java

```
1    package com.aaa.p0701;
2
3    abstract class Shape {                    // 定义抽象的几何形状类Shape类
4        String color;
5        public Shape(String color) {
6            this.color = color;
7            System.out.println("当前图形颜色是: " + color);
8        }
9        abstract double getArea();            // 求面积的抽象方法
10   }
11   class Circle extends Shape {              // 定义Shape类的子类Circle类
12       private final double PI = 3.1415926;  // 声明圆周率常量
13       private double r;                     // 声明圆半径变量
14       public Circle(String color,double radius) {
```

```
15          super(color);
16          this.r = radius;
17      }
18      @Override
19      double getArea() {                          // 重写抽象类中的getArea()方法
20          return PI * r * r;
21      }
22  }
23  class Square extends Shape {                     // 定义Shape类的子类Square类
24      private double e;                            // 声明正方形的边长
25      public Square(String color,double edge) {
26          super(color);
27          this.e = edge;
28      }
29      @Override
30      double getArea() {                          // 重写抽象类中的getArea()方法
31          return e * e;
32      }
33  }
34
35  public class Demo0701 {
36      public static void main(String[] args) {
37          Circle circle = new Circle("红色",3);
38          System.out.println("圆的面积是: " + circle.getArea());
39          Shape square = new Square("绿色",4);
40          System.out.println("正方形的面积是: " + square.getArea());
41      }
42  }
```

程序的运行结果如下：

```
当前图形颜色是：红色
圆的面积是：28.274333400000003
当前图形颜色是：绿色
正方形的面积是：16.0
```

例 7-1 中，定义了抽象的 Shape 类，并在抽象类中定义了抽象的 getArea()方法。在子类 Circle 类和 Square 类中分别实现了适合其自身特性的 getArea()方法。

📌 **注意**：抽象类不可以直接用 new 关键字创建对象，但并不能说明抽象类不可以创建对象。例如，在例 7-1 中，main()方法中第 39 行代码就创建了抽象类 Shape 类的对象，但指向的是其子类的对象。

7.2　接　　口

Java 是一门单继承的语言，一个子类只能继承一个父类。但是在编程实践中，对于某些类，只继承一个抽象类显然无法满足要求，需要实现多个抽象类的抽象方法才能解决问题，这就需要通过接口来实现。在 Java 中，允许通过一个类实现多个接口来实现类似于多重继承的机制。

7.2.1　接口的定义

接口可以看作是从多个相似的类中抽象出来的规范，不提供任何实现，体现了规范和实现分离的思想。例如，计算机上提供了 USB 插槽，只要一个硬件遵守 USB 规范，就能插入 USB 插槽，可以是鼠标、键盘、数据线等，计算机无须关心是和哪个硬件对象建立了联系。同样，软件系统的开发也需要采用规范和实现分离的思想，即采用面向接口的编程思想，从而降低软件系统模块之间的耦合度，提高系统的可扩展性和可维护性。

在 Java 语言中，提供了 interface 关键字，用于声明接口，其语法格式如下：

```
[public]interface 接口名[extends 接口1,接口2…] {
    [public][static][final]数据类型 常量名 = 值;
    [public][abstract] 返回值的数据类型 方法名(参数列表);
        默认方法…
}
```

在上述语法中，当 interface 关键字前加上 public 修饰符时，接口可以被任何类的成员访问。如果省略 public，则接口只能被与它处在同一包中的成员访问。extends 语句与类继承中的 extends 语句基本相同，不同点在于接口可以继承自多个父接口，父接口之间使用逗号分隔。

接口中定义的变量和方法都包含默认的修饰符，其中变量默认声明为 "public static final"，即全局静态常量，方法默认声明为 "public abstract"，即抽象方法。例如，定义一个 Charge 接口（收费接口），内有接口常量 PORT_STYLE 和成员方法 getCharge()，代码如下：

```
interface Charge(){
    int PORT_STYLE = 1;                          // 接口常量
    void getCharge();                            // 接口方法声明
}
```

7.2.2 接口实现

接口与抽象类相似，也包含抽象方法，因此不能直接实例化接口，即不能使用 new 创建接口的实例。但是，可以利用接口的特性来创造一个新的类，然后再用新类来创建对象，利用接口创建新类的过程称为接口的实现。实现接口的目的主要是在新类中重写抽象的方法，当然也可以使用抽象类来实现抽象方法的重写。

接口的实现需要使用 implements 关键字，即在声明一个类的同时用关键字 implements 来实现接口，实现接口的类一般称为接口的实现类，具体语法如下：

```
[修饰符]class 类名 implements 接口1,接口2, 接口3,… {    // 如果实现多个接口，以逗号隔开
    …
}
```

一个类实现一个接口时，需要注意如下问题：

❖　如果实现接口的类不是抽象类，则该类必须实现接口的所有抽象方法。

❖　在类中实现接口的抽象方法时，必须使用与接口中完全一致的方法名及参数列表，否则只是定义一个新的方法，而不是实现已有的抽象方法。

接下来，通过案例来演示接口的实现，如例 7-2 所示。

【例 7-2】　Demo0702.java

```
1   package com.aaa.p070202;
2
3   interface PCI {                                  // 定义PCI接口
4       String serialNumber = "9CC0AC186027";
5       void start();
6       void run();
7       void stop();
8   }
9   public class VideoCard implements PCI {          // 定义显卡类，实现PCI接口
10      @Override
11      public void start() {
12          System.out.println("显卡开始启动");
13      }
```

```
14        @Override
15        public void run() {
16            System.out.println("显卡序列号是: " + serialNumber);
17            System.out.println("显卡开始工作");
18        }
19        @Override
20        public void stop() {
21            System.out.println("显卡停止工作");
22        }
23    }
24    public class Demo0702 {
25        public static void main(String[] args) {
26            VideoCard videoCard = new VideoCard();
27            videoCard.start();
28            videoCard.run();
29            videoCard.stop();
30        }
31    }
```

程序的运行结果如下：

```
显卡开始启动
显卡序列号是: 9CC0AC186027
显卡开始工作
显卡停止工作
```

从运行结果可以看到，程序中定义了一个 PCI 接口，该接口定义了一个全局常量 serialNumber 和 3 个抽象方法 start()、run()、stop()，显卡类 VideoCard 实现了 PCI 接口的这 3 个抽象方法，并在实现类的方法中调用接口的常量。最后，在 Demo0702 测试类中创建了显卡类 VideoCard 的实例，并输出运行结果。

7.2.3　接口的继承

在现实世界中，网络通信具有一定的标准，手机只有遵守相应的标准规范才可以使用相应的网络。然而，随着移动互联网技术的发展，网络通信标准从之前的 2G、3G 到目前的 4G、5G，而且 6G 也已在研发之中。Java 程序中的接口与网络通信标准类似，定义之后，随着技术的不断发展以及应用需求的不断增加，接口往往也需要更新迭代，主要是功能扩展，增加新的方法，以适应新的需求。但是，使用直接在原接口中增加方法的途径来扩展接口可能会带来问题：所有实现原接口的实现类都将因为原来接口的改变而不能正常工作。为了既能扩展接口，又不影响原接口的实现类，一种可行的方法是通过创建原接口的子接口来增加新的方法。

接口的继承与类的继承相似，都是使用 extends 关键字来实现，当一个接口继承父接口时，该接口会获得父接口中定义的所有抽象方法和常量。但是，接口的继承比类的继承要灵活，一个接口可以继承多个父接口，这样可以通过继承将多个接口合并为一个接口。接口继承的语法格式如下：

```
1    interface 接口名 extends 接口1,接口2,接口3,… {
2        …
3    }
```

接下来，通过案例来演示接口的继承，如例 7-3 所示。

【例 7-3】　Demo0703.java

```
1    package com.aaa.p070203;
2
```

```
3  interface I3G {
4      void onLine();                              // 上网
5      void call();                                // 打电话
6      void sendMsg();                             // 发短信
7  }
8  interface I4G extends I3G {
9      void watchVideo();                          // 看视频
10 }
11 class Nokia implements I3G {
12     @Override
13     public void call() {
14         System.out.println("打电话功能");
15     }
16     @Override
17     public void sendMsg() {
18         System.out.println("发短信功能");
19     }
20     @Override
21     public void onLine() {
22         System.out.println("上网功能");
23     }
24 }
25 class Mi implements I4G {
26     @Override
27     public void call() {
28         System.out.println("打电话功能");
29     }
30     @Override
31     public void sendMsg() {
32         System.out.println("发短信功能");
33     }
34     @Override
35     public void onLine() {
36         System.out.println("上网功能");
37     }
38     @Override
39     public void watchVideo() {
40         System.out.println("看视频功能");
41     }
42 }
43 public class Demo0703 {
44     public static void main(String[] args) {
45         System.out.println("Nokia手机使用第3代通信技术，具有：");
46         Nokia nokia = new Nokia();
47         nokia.call();
48         nokia.onLine();
49         nokia.sendMsg();
50         System.out.println("小米手机使用第4代通信技术，具有：");
51         Mi mi = new Mi();
52         mi.call();
53         mi.onLine();
54         mi.sendMsg();
55         mi.watchVideo();
56     }
57 }
```

程序的运行结果如下：

```
Nokia手机使用第3代通信技术，具有：
打电话功能
上网功能
```

```
发短信功能
小米手机使用第4代通信技术，具有：
打电话功能
上网功能
发短信功能
看视频功能
```

从运行结果可以看到，I4G 接口继承了 I3G 接口，直接继承了 I3G 接口中的 3 个抽象方法 call()、onLine()、sendMsg()，并新增了一个抽象方法 watchVide()，在 main()方法中 Nokia 类实现了 I3G 接口，从而实现父接口的 3 个抽象方法，而 Mi 类实现了 I4G 接口，实现了子接口的 4 个抽象方法。

📖**编程技巧**：如果一个类同时继承类并继承某个接口，需要先 extends 父类，再 implements 接口，格式如下：

```
子类 extends 父类 implements [接口列表]{
    ...
}
```

7.2.4　利用接口实现多重继承

Java 语言规定一个类只能继承一个父类，这给实际开发带来了许多困扰，因为许多类需要继承多个父类的成员才能满足需求，这种问题称为多重继承问题。然而，我们也不能将多个父类简单地合并成一个父类，因为每个父类都有自己的一套代码，合并到一起之后可能会出现同一方法的多种不同实现，由此会产生代码冲突，增加代码的不可靠性。有了接口以后多重继承问题就迎刃而解了，由于一个类可以实现多个接口，所以在程序设计的过程中我们可以把一些"特殊类"设计成接口，进而通过接口间接地解决多重继承问题。一个类实现多个接口时，在 implements 语句中分隔各个接口名，此时这些接口就可以被理解成特殊的类，而这种做法实际上就是使子类获得了多个父类的成员，并且由于接口成员没有实现细节，实现接口的类只能有一个具体的实现细节，从而避免了代码冲突，保证了 Java 代码的安全性和可靠性。

接下来，通过案例来演示利用接口实现多重继承，如例 7-4 所示。

【例 7-4】　Demo0704.java

```java
1    package com.aaa.p070204;
2
3    interface IFly {                                          // 定义IFly接口
4        void takeoff();                                       // 起飞方法
5        void land();                                          // 落地方法
6        void fly();                                           // 飞行方法
7    }
8    interface ISail {                                         // 定义ISail接口
9        void dock();                                          // 停靠方法
10       void cruise();                                        // 航行方法
11   }
12   class Vehicle {                                           // 定义交通工具Vehicle类
13       private double speed;
14       void setSpeed(int sd) {                               // 设置速度方法
15           this.speed = sd;
16           System.out.println("设置速度为" + speed);
17       }
18       void speedUp(int num) {                               // 加速方法
19           this.speed += num;
20           System.out.println("加速" + num + ",速度变为" + speed);
21       }
22       void speedDown(int num) {                             // 减速方法
```

```
23          this.speed -= num;
24          System.out.println("减速" + num + ", 速度变为" + speed);
25      }
26 }
27 class SeaPlane extends Vehicle implements IFly,ISail{          // 定义水上飞机类
28     public void takeoff() {
29         System.out.println("水上飞机开始起飞");
30     }
31     public void land() {
32         System.out.println("水上飞机开始落地");
33     }
34     public void fly() {
35         System.out.println("水上飞机可以飞行");
36     }
37     public void dock() {
38         System.out.println("水上飞机可以停靠");
39     }
40     public void cruise() {
41         System.out.println("水上飞机可以航行");
42     }
43 }
44 public class Demo0704 {
45     public static void main(String[] args) {
46         SeaPlane sp = new SeaPlane();
47         sp.takeoff();
48         sp.setSpeed(2)
49         sp.speedUp(2)
50         sp.fly();
51         sp.speedDown(2)
52         sp.land();
53         sp.cruise();
54         sp.speedDown(2)
55         sp.dock();
56     }
57 }
```

程序的运行结果如下：

```
水上飞机开始起飞
设置速度为2
加速2, 速度变为4
水上飞机可以飞行
减速2, 速度变为2
水上飞机开始落地
水上飞机可以航行
减速2, 速度变为0
水上飞机可以停靠
```

例 7-4 中，水上飞机类 SeaPlane 继承了交通工具类 Vehicle，并且实现了 IFly 接口和 ISail 接口。从程序运行结果中可以看到，它不仅具有了交通工具的功能，还增加了飞行功能和航行功能。

7.2.5　接口默认方法

在程序开发中，如果之前创建了一个接口，并且已经被大量的类实现，当需要再添加新的方法以扩充这个接口的功能的时候，就会导致所有已经实现的子类都要重写这个方法。但是，在接口中使用默认方法就不会有这个问题，所以从 JDK 8 开始新加了接口默认方法，便于接口的扩展。

接口默认方法是一个默认实现的方法，并且不强制实现类重写此方法，使用 default 关键字来修饰。接口新增的默认方法在实现类中可以直接使用。

接下来，通过案例来演示接口默认方法的使用，如例 7-5 所示。

【例 7-5】　Demo0705.java

```
1   package com.aaa.p070205;
2
3   public interface ICat {                                    // 定义ICat接口
4       void play();                                           // 抽象方法
5       default void run() {                                   // 默认方法
6           System.out.println("猫咪在跑，猫步");
7       }
8   }
9   class BlackCat implements ICat{                            // 黑猫类实现了ICat接口
10      @Override
11      public void play() {                                   // 重写ICat接口的抽象方法
12          System.out.println("黑猫在玩耍");
13      }
14  }
15  public class Demo0705 {
16      public static void main(String[] args) {
17          BlackCat cat = new BlackCat();
18          cat.play();
19          cat.run();
20      }
21  }
```

程序的运行结果如下：

```
黑猫在玩耍
猫咪在跑，猫步
```

例 7-5 中，ICat 接口定义了抽象方法 play()和默认方法 run()，BlackCat 类实现了 ICat 接口，并重写了抽象方法 play()，通过测试类 Demo0705 中的 main()方法创建了 BlackCat 类的实例，调用 play()和 run()方法后发现，ICat 接口的默认方法 run()可以被它的实现类的对象直接调用。

注意：接口允许定义多个默认方法，其子类可以实现多个接口，因此接口默认方法可能会出现同名情况，此时子类在实现或者调用默认方法时通常遵循以下原则：

（1）子类中的同名方法优先级最高。

（2）如果第一条无法进行判断，那么子接口的优先级更高；方法名相同时，优先选择拥有最具体实现的默认方法的接口，即如果接口 B 继承了接口 A，那么接口 B 就比接口 A 更加具体。

7.2.6　接口实现多态

在之前的章节中，我们讲解了使用继承机制来实现多态。事实上，使用接口也同样可以实现多态。

接下来，通过某汽车销售店案例演示如何通过接口实现多态，如例 7-6 所示。

【例 7-6】　Demo0706.java

```
1   package com.aaa.p070206;
2
3   interface ICar {                                           // 定义ICar接口
4       String showName();
5       double getPrice();
6   }
```

```
7   class Haval implements ICar{                          // 定义Haval汽车类
8       @Override
9       public String showName() {
10          return "哈佛SUV";
11      }
12      @Override
13      public double getPrice() {
14          return 150000;
15      }
16  }
17  class GreatWall implements ICar{                       // 定义GreatWall汽车类
18      @Override
19      public String showName() {
20          return "长城汽车";
21      }
22      @Override
23      public double getPrice() {
24          return 68000;
25      }
26  }
27  class CarShop {                                        // 定义汽车销售店CarShop类
28      private double money = 0;                          // 定义销售金额成员
29      public void sellCar(ICar car) {                    // 定义销售汽车方法
30          System.out.println("车型: " + car.showName() + ", 价格: " + car.getPrice());
31          money += car.getPrice();
32      }
33
34      public double getMoney() {                         // 定义获取金额方法
35          return money;
36      }
37  }
38
39  public class Demo0706 {                                // 测试类
40      public static void main(String[] args) {
41          CarShop shop = new CarShop();
42          Haval haval = new Haval();                     // Haval类的对象
43          shop.sellCar(haval);
44          GreatWall greatWall = new GreatWall();         // GreatWall类对象
45          shop.sellCar(greatWall);
46          System.out.println("销售总收入: " + shop.getMoney());
47      }
48  }
```

程序的运行结果如下：

```
车型: 哈佛SUV, 价格: 150000.0
车型: 长城汽车, 价格: 68000.0
销售总收入: 218000.0
```

例 7-6 中，ICar 接口定义了抽象方法 showName()和 getPrice()，Haval 类和 GreatWall 类实现了 ICar 接口，汽车销售店类 CarShop 针对实现 ICar 接口的实现类进行销售并汇总金额。在测试类 Demo0706 的 main()方法中创建 CarShop 类的实例 shop、Haval 类的实例 haval、GreatWall 类的实例 greatWall，通过 shop 对象的 sellCar()方法对汽车对象 havel 和 greatWall 销售，并调用 getMoney()方法统计销售总收入。这样，我们便通过 ICar 接口实现了多态。

7.2.7 抽象类和接口的比较

抽象类与接口是 Java 中对于抽象类定义进行支持的两种机制，它们都用于为对象定义共同的行为，二者比较如下：

- ❖　抽象类和接口都包含抽象方法。
- ❖　抽象类可以有非抽象方法，接口中如果要定义非抽象方法，需要标注为接口默认方法。
- ❖　接口中只能有常量，不能有变量；抽象类中既可以有常量，也可以有变量。
- ❖　一个类可以实现多个接口，但只能继承一个抽象类。

在程序设计时，应该根据具体业务需求来确定是使用抽象类还是接口。如果子类需要从父类继承一些变量或继承一些抽象方法、非抽象方法，可以考虑使用抽象类；如果一个类不需要继承，只需要实现某些重要的抽象方法，可以考虑使用接口。

📖**知识点拨**：在面向接口编程的思想中，接口只用关心操作，但不用关心这些操作的具体实现细节，可以使开发者将主要精力用来程序设计。通过面向接口编程，可以降低类与类、类与接口、层与层之间的耦合度。当设计和实现分离的时候，面向接口编程是一种解决问题的很好方式。

7.3　内　部　类

大多数情况下，类被定义为一个独立的程序单元。但在某些情况下，也可以将一个类定义在另一个类里面或者一个方法里面，这样的类称为内部类（也称嵌套类），包含内部类的类也被称为外部类。内部类包括 4 种：成员内部类、局部内部类、静态内部类和匿名内部类。

一般情况下，内部类有如下几个属性：

- ❖　内部类和外部类由 Java 编译器编译后生成的两个类是独立的。
- ❖　内部类是外部类的一个成员，可以使用外部类的类变量和实例变量，也可以使用外部类的局部变量。
- ❖　内部类可以被 protected 或 private 修饰。当一个类中嵌套另一个类时，访问保护并不妨碍内部类使用外部类的成员。
- ❖　内部类被 static 修饰后，不能再使用局部范围中或其他内部类中的数据和变量。

7.3.1　成员内部类

成员内部类是最普通的内部类，它定义于另一个类的内部，与外部类的成员变量、成员方法同级。成员内部类可以访问外部类的所有成员，外部类同样可以访问其成员内部类的所有成员。但是，成员内部类是依附外部类而存在的，如果要创建成员内部类的对象，前提必须存在一个外部类的对象。

在外部类外创建一个内部类对象的语法格式如下：

外部类名.内部类名 引用变量名 = new 外部类名().new 内部类名()

接下来，通过案例来演示成员内部类的使用，如例 7-7 所示。

【例 7-7】 Demo0707.java

```
1   package com.aaa.p070301;
2
3   class Outer {                                   // 定义外部类
4       private String name = "外部类Outer";
5       private int num = 666;
6
7       class Inner {                               // 定义内部类
8           private String name = "内部类Inner";    // 定义内部类的成员
```

```
9          public void accessOuter() {
10             System.out.println("在成员内部类中访问内部类的name:" + name);
11             // Outer.this表示外部类对象
12             System.out.println("在成员内部类中访问外部类的name:" + Outer.this.name);
13             System.out.println("在成员内部类中访问外部类的num:" + num);
14         }
15     }
16 }
17
18 public class Demo0707 {
19     public static void main(String[] args) {
20         Outer.Inner inner = new Outer().new Inner();
21         inner.accessOuter();
22     }
23 }
```

程序的运行结果如下：

```
在成员内部类中访问内部类的name:内部类Inner
在成员内部类中访问外部类的name:外部类Outer
在成员内部类中访问外部类的num:666
```

例 7-7 中，外部类 Outer 中定义了一个成员内部类 Inner，在 Inner 类的成员方法 accessOuter()中访问其自身的成员变量 name 以及其外部类 Outer 的成员变量 name 和 num，由于内部类和外部类的成员变量 name 重名，所以不能直接访问，只能用"Other.this.name"的形式进行访问，其中"Outer.this"表示外部类对象，而 num 只存在于外部类，内部类可以直接访问。

📢 注意：成员内部类中不能定义静态变量、静态方法和静态内部类。

7.3.2　局部内部类

局部内部类是指在成员方法中定义的类，这种类是局部的，和局部变量类似，只能在该方法或条件的作用域内使用，超出这些作用域就无法引用。

局部内部类的优势是，对于外部类完全隐藏，即使是包含它的外部类也是不可见的，是不能直接访问的，只有在方法中才可以创建内部类的实例并访问其中的方法和属性。

局部内部类的特点如下：

❖　局部内部类不允许使用访问权限修饰符（public、private、protected）。
❖　局部内部类对外部完全隐藏，除了创建这个类的方法可以访问它以外，其他地方均不能访问。

接下来，通过案例来演示局部内部类的使用，如例 7-8 所示。

【例 7-8】　Demo0708.java

```
1  package com.aaa.p070302;
2
3  class Outer{                                          // 定义外部类
4      private static String name = "外部类Outer";
5      private int num = 666;
6      public void display() {
7          int count = 5;
8          // 局部内部类嵌套在方法里面
9          class Inner {
10             public void accessOuter() {
11                 System.out.println("在局部内部类中访问外部方法的变量:" + (count));
12                 System.out.println("在局部内部类中访问外部类的name:" + Outer.name);
13                 System.out.println("在局部内部类中访问外部类的num:" + num);
```

```
14              }
15          }
16          // 局部内部类在方法内部调用
17          new Inner().accessOuter();
18      }
19  }
20  public class Demo0708 {
21      public static void main(String[] args) {
22          Outer outer = new Outer();
23          outer.dispaly();
24      }
25  }
```

程序的运行结果如下：

```
在局部内部类中访问外部方法的变量:5
在局部内部类中访问外部类的name:外部类Outer
在局部内部类中访问外部类的num:666
```

例 7-8 中，外部类 Outer 的 display()方法定义了一个内部类 Inner，Inner 类只能在 display()方法中创建其实例对象并调用自身方法 accessOuter()，该方法调用了外部类 Outer 的成员变量 name 和 num 以及 display()方法内的局部变量 count。从运行结果中发现，都可以正常输出，但是如果把第 11 行代码中的"count"后面加上"++"之后，会编译报错，因为局部变量是随着方法的调用而调用，随着调用结束而消失，但是我们调用局部内部类时创建的对象依旧在堆内存中，并没有被回收，如果访问的局部变量不是用 final 修饰的，当方法调用完毕后，依然存在于堆内存中的对象就会出现找不到局部变量的问题，而被 final 修饰的变量可以看成是一个常量，存在于常量池中，不会被立刻回收。所以，针对局部内部类来说，它可以访问方法中的局部变量，但不能进行修改。

注意：JDK 8 之后，即使不加 final 修饰符，系统也会默认加上。

7.3.3　静态内部类

静态内部类是指用 static 关键字修饰的成员内部类。静态内部类可以包含静态成员和非静态成员（实例成员），根据静态成员不能访问非静态成员的规则，静态内部类不能直接访问外部类的非静态成员，只能访问外部类的静态成员（即类成员）。创建静态内部类对象的语法格式如下：

```
外部类名.内部类名 引用变量名 = new 外部类名.内部类名()
```

接下来，通过案例来演示静态内部类的使用，如例 7-9 所示。

【例 7-9】　Demo0709.java

```
1   Package com.aaa.p070303;
2
3   class Outer{
4       private static String name = "外部类Outer";        // 定义类静态成员
5       private static int num = 666;
6       static class Inner {                              // 定义静态内部类
7           public static String name = "内部类Inner";     // 定义类静态成员
8           public void accessOuter() {
9               // 静态内部类成员方法中访问外部类私有成员变量
10              System.out.println("在静态内部类中访问外部类的name: " + Outer.name);
11              System.out.println("在静态内部类中访问外部类的num:" + num);
12          }
13      }
```

```
14          }
15  public class Demo0709 {
16      public static void main(String[] args) {
17          System.out.println("静态内部类: " + Outer.Inner.name);
18          Outer.Inner obj = new Outer.Inner();                 // 创建静态内部类对象
19          obj. accessOuter();
20
21      }
22  }
```

程序的运行结果如下：

```
静态内部类: 内部类Inner
在静态内部类中访问外部类的name: 外部类Outer
在静态内部类中访问外部类的num:666
```

例 7-9 中，外部类 Outer 中定义了一个静态内部类 Inner，Inner 类包含了静态成员变量 name 和成员方法 accessOuter()。访问静态内部类的静态成员变量，可以使用"外部类名.静态内部类名.静态成员变量"的形式；访问静态内部类的实例成员，则要先创建静态内部类对象，通过"new 外部类名.静态内部类名()"的形式访问。如果将第 5 行代码的 static 去掉，则在第 11 行代码调用时会报错，因为 num 属于外部类的非静态变量，不可以被其静态内部类直接访问。

注意：静态内部类不需要依赖外部类就可以直接创建；静态内部类不可以使用任何外部类的非 static 成员（包括变量和方法）。

7.3.4　匿名内部类

匿名内部类是一个没有显式名字的内部类。本质上看，它会隐式地继承一个类或者实现一个接口。换句话说，匿名内部类是一个继承了某个类或者实现了某接口的子类匿名对象。创建匿名内部类的语法格式如下：

```
new 类名/接口名/抽象类名() {
    ...                                                 // 匿名内部类实现部分
}
```

匿名内部类具有局部内部类的所有特点，同时它还具有如下特点：

❖　匿名内部类必须继承一个类或者实现一个接口，类名前面不能有修饰符。

❖　匿名内部类没有类名，因此没有构造方法。

❖　匿名内部类创建之后只能使用一次，不能重复使用。

匿名内部类是我们平时编写代码时用得比较多的内部类，在编写事件监听的代码时使用匿名内部类不但可简化程序，而且可使代码更加容易维护。

接下来，通过案例来演示匿名内部类的使用，如例 7-10 所示。

【例 7-10】　Demo0710.java

```
1   package com.aaa.p070304;
2
3   interface Inner {                                        // 定义接口
4       void getName(String name);
5   }
6   public class Demo0710 {
7       public static void main(String[] args) {
8           new Inner(){                                     // 定义匿名类，并实现Inner接口
9               public void getName(String name) {           // 重写getName()方法
10                  System.out.println("我是匿名类的方法，获取name为: " + name);
```

```
11            }
12        }.getName("张三");
13    }
14 }
```

程序的运行结果如下：

我是匿名类的方法，获取name为：张三

例 7-10 中，在外部类 Demo0710 的 main()方法中创建了匿名内部类 Inner 的对象，并调用该类的成员方法 getName()，传入参数"张三"，在创建 Inner 对象时，并没有给对象赋予名称，即"匿名"之意。

想一想：使用匿名内部类的优点和缺点有哪些？匿名内部类的使用场景有哪些？

*******************************内容扩展*******************************
扫描右侧二维码获取如下内容
7.4 本章小结
7.5 理论测试与实践练习

****

第8章 异常处理

异常是指正常执行的程序遇到了非正常的情况，导致程序执行中断。虽然 Java 语言的设计从根本上提供了便于写出整洁、安全的代码的方法，并且程序人员也会尽可能地减少错误的产生，但是会使程序被迫停止的错误仍然是不可避免的。为此，Java 提供了异常处理机制来帮助开发人员检查可能出现的错误，从而确保程序的安全性、可维护性和可读性。本章将针对 Java 程序中异常的产生及处理进行讲解，包含异常的类型、异常的捕获与处理方法以及如何实现自定义异常。

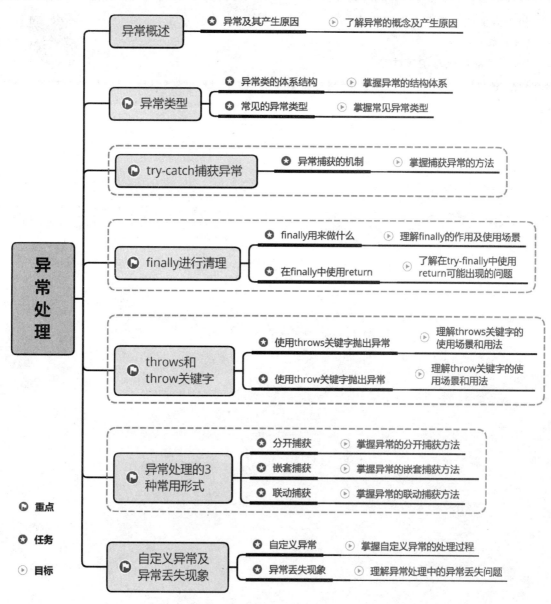

8.1　异 常 概 述

在程序开发过程中，由于开发人员的疏忽或是其他情况都可能导致程序发生异常，而程序一旦发生异常就无法正常有效地执行，不能得到预期的结果。例如：

❖　进行算术运算时，除数为零。

❖　数组遍历时，下标越界。

❖　获取数据时空指针。

上述情况的发生，都会导致程序的中断，影响程序的正常执行。

接下来，通过案例来认识一下异常的发生，如例 8-1 所示。

【例 8-1】　Demo0801.java

```
1   package com.aaa.p0801;
2
3   public class Demo0801 {
4       public static void main(String[] args) {
5           int divide = divide(5, 0);          // 调用divide()方法
6           System.out.println(divide);
7       }
8
9       // 下面的方法实现了两个整数相除
10      public static int divide(int x, int y) {
11          int result = x / y;                 // 定义一个变量result，记录两个数相除的结果
12          return result;                      // 将结果返回
13      }
14  }
```

程序的运行结果如下：

```
Exception in thread "main" java.lang.ArithmeticException: / by zero
    at com.aaa.p0801.Demo0801.divide(Test.java:13)
    at com.aaa.p0801.Demo0801.main(Test.java:7)
```

例 8-1 中，程序执行出现了 ArithmeticException 异常，即算术异常，是由除数为 0 引起的（异常信息提示：在调用 divide()方法时除数为 0），该异常发生后，系统会停止，不再继续执行，这种情况就是所说的异常会导致程序的终止。

为了防止异常的发生，保证程序的正常执行，Java 语言专门提供了异常处理机制，开发人员既可以在当前方法中进行异常的捕获和处理，也可以将异常抛出由方法调用者处理。只有这样，才能保证程序不会因为异常的产生而终止。

8.2　异 常 的 类 型

Java 语言帮我们定义了很多异常类，每一个异常类都代表了一种异常情况，并提供了相应的方法用来返回异常信息，本节我们就来了解异常类的体系结构以及常见的异常类。

8.2.1　异常类的体系结构

在 Java 异常类的结构体系中，Throwable 类是所有异常类的超类，Throwable 类派生出了两个非常重要的子类：Exception 类和 Error 类。Exception 类和 Error 类又派生出了很多的子类，用来处理不同的异常情况。如图 8.1 所示，给出了 Java 异常类的体系结构。

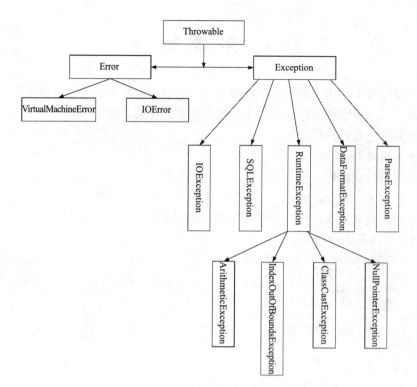

图 8.1　异常类的结构体系

图 8.1 所示的几个重要异常类的作用如下。

❖ Error：是 Throwanble 类的一个子类，表示的是错误，错误指的是仅靠程序本身是没有办法恢复的问题，所有程序的内部错误都是 Error 类及其子类抛出的。例如，VirtualMachineError（虚拟机损坏或资源耗尽）、内存溢出、栈溢出等，通常比较严重，是不可查的，Java 也不会对这些错误进行处理。

❖ Exception：是 Throwable 类的另外一个子类，表示的是可以被程序捕捉并处理的错误情况，我们称之为异常。Exception 类又派生出了许多子类来处理不同类型的异常。例如，IOException 类用来处理 I/O 异常，DataFormatException 类用来处理数据格式异常，等等。

❖ RuntimeException：是 Exception 类的子类，表示运行时异常，用来捕捉程序在运行期间出现的异常现象，如 ArithmeticException（算术异常，除数为 0），IndexOutOfBoundsException（数组下标越界），NullPointerException（空指针异常）等。当 RuntimeException 异常出现时，就表示是开发人员在设计时出现了错误。

8.2.2　常见的异常类型

在程序开发过程中，有些异常发生在程序编译时期，有些异常发生在程序运行时期。接下来，我们对这两种情况做详细介绍。

1. 编译时异常

编译时异常要求开发人员必须在程序编译期间就进行处理，否则程序无法正常编译，这种异常也称 checked 异常。Java 程序在编译的过程中，编译器会对代码进行检查，如果发现明显的异常，程序无法通过编译，就要求开发人员进行处理。在 Exception 类的子类中，除了

RuntimeException 类及其子类外,其他类都是编译时异常。如表 8.1 所示,列出了常见的编译时异常。

表 8.1 常见编译时异常

异常类名称	说　　明	异常类名称	说　　明
IOException	I/O 异常	DateFormatException	数据格式异常
SQLException	数据库访问异常	ParserException	解析异常

接下来,通过案例来认识一下什么是编译时异常,如例 8-2 所示。

【例 8-2】 Demo0802.java

```
1  package com.aaa.p080202;
2
3  public class Demo0802 {
4      public static void main(String[] args) {
5          // new FileWriter("demo.txt")报错
6          FileWriter fw = new FileWriter("demo.txt");
7      }
8  }
```

例 8-2 中,第 6 行代码存在编译时异常,编译器检查会报 IOException 异常。但是,在语法上代码是正确的,那么为什么编译器会报错呢?这是因为我们调用的构造方法中使用 throws 进行了异常抛出,所以在使用该类构造方法创建对象时,要求必须进行异常处理。从这里可以看出,所有的编译异常都是 Java 的源码本身抛出异常,我们在使用源码时就必须处理异常,否则编译无法通过,最终导致程序无法运行。

2. 运行时异常

运行时异常不会像编译时异常那样,强制要求开发人员必须在程序编译期间对这些异常进行处理,程序可以正常通过编译然后运行,但是在程序运行期间可能会因为出错导致程序的终止,这类异常也称 unchecked 异常。RuntimeException 类及其子类都是运行时异常。如表 8.2 所示,列出了常见的运行时异常。

表 8.2 常见运行时异常

异常类名称	说　　明	异常类名称	说　　明
ArithmeticException	算术异常	ClassCastException	类型转换异常
IndexOutOfBoundsException	索引越界异常	NullPointerException	空指针异常

运行时异常一般是由程序中的逻辑错误引起的,在程序运行时无法恢复。例如,通过数组的下标访问数组的元素时,如果超过了数组的最大索引,就会发生运行时异常,示例代码如下:

```
int [] arr = new int[5];
Sysstem.out.println(arr[5]);
```

上面的代码中,由于数组 arr 的长度为 5,最大索引值应为 4,当使用 arr[5]访问数组中的元素时就会发生数组索引越界的异常。

8.3　try-catch 捕获异常

例 8-1 中的程序发生了异常,那么 Java 语言是如何解决异常的呢?Java 语言提供了异常捕获的处理机制,可以帮助我们处理由异常引发的问题。一般情况下,异常捕获使用 try-catch 语句,其语法格式如下:

```
try {
      可能会产生异常的程序代码
} catch (异常类型 e) {
      发生异常后处理的程序代码1
}catch (异常类型 e) {
      发生异常后处理的程序代码2
} … catch (异常类型 e) {
      发生异常后处理的程序代码n
}
```

上述语法中，try 的花括号里面放的是可能会产生异常的代码；一个异常代码块可以被一个或是多个 catch 语句进行捕获。当有多个 catch 语句时，try 语句块里面的代码发生异常时，则会依次判断 catch 语句小括号里的异常类型是否和 try 里发生的异常匹配，匹配则成功捕捉，不匹配则继续向下进行匹配；如果只有一个 catch 语句，并且不匹配，则异常捕捉失败，程序依然会中断执行；每个 catch 语句块可以处理的异常类型由异常处理器参数指定，那么什么是异常处理参数呢？就是图 8.1 中所示的各种异常类型。

接下来，使用 try-catch 语句对例 8-1 中出现的异常进行捕获，如例 8-3 所示。

【例 8-3】 Demo0803.java

```
1   package com.aaa.p0803;
2
3   public class Demo0803 {
4       public static void main(String[] args) {
5           try {
6               final int divide = divide(5, 0);        // 调用divide方法
7               System.out.println(divide);
8           } catch (ArithmeticException e) {           // 注意异常类型，不匹配则捕获失败
9               System.out.println("捕获到了异常: " + e);// 异常处理语句
10          }
11          System.out.println("异常捕获结束");
12      }
13
14      // 下面的方法实现了两个整数相除
15      public static int divide(int x, int y) {
16          int result = x / y;                         // 定义一个变量result, 记录两个数相除的结果
17          return result;                              // 将结果返回
18      }
19  }
```

程序的运行结果如下：

```
捕获到了异常: java.lang.ArithmeticException: / by zero
异常捕获结束
```

例 8-3 中，我们对可能发生异常的代码使用了 **try-catch** 语句进行捕获处理，在 try 语句块中发生了 java.lang.ArithmeticException: / by zero 异常，即算术异常，程序跳转到 catch 语句块中执行。从运行结果可发现，在 try 语句块中，当程序发生异常时，try 语句块中发生异常部分后面的代码不再被执行。在 catch 语句块中，系统对异常进行处理，处理完成后程序正常向后执行，不再因为发生异常而终止执行。

8.4 finally 进行清理

事实上，一个完整的异常处理语句由 3 部分组成，即 try 语句块、catch 语句块和 finally 语句块，结构如下：

```
try {
    可能会产生异常的程序代码
}catch (异常类型 e) {
    发生异常后处理的程序代码1
}catch (异常类型 e) {
    发生异常后处理的程序代码2
} … catch (异常类型 e) {
    发生异常后处理的程序代码n
}

finally {
    最终执行的程序代码
}
```

从语法上来讲，当异常处理机制结构中出现 catch 语句块时 finally 语句块是可选的，当包含 finally 语句块时 catch 语句块是可选的，二者可以同时存在，也可以只存在其一。与 catch 语句块可以出现多次不同，finally 语句块只能出现一次。

8.4.1　finally 用来做什么

finally 是最终执行的语句块，无论 try-catch 语句块中是否发生异常，finally 语句块中的代码都会被执行。也就是说，当希望程序中的某些语句无论程序是否发生异常都执行时，可以将这些语句打包成 finally 语句块。在实际开发中，finally 语句块用于关闭文件或释放其他系统资源。当然，也有一些例外情况，就是在 try-catch 语句块中执行 System.exit(0)语句，表示退出当前的 Java 虚拟机，Java 虚拟机停止，程序中的任何代码都不会再执行。

接下来，通过案例来演示 finally 语句块的使用，如例 8-4 所示。

【例 8-4】　Demo0804.java

```
1   package com.aaa.080401;
2
3   public class Demo0804 {
4       public static void main(String[] args) {
5           try {
6               final int result = divide(5, 0);        // 调用divide()方法
7               System.out.println(result);             // 打印结果
8
9           } catch (ArithmeticException e) {
10              System.out.println("捕获到了异常: " + e);
11              return;
12          } finally {
13              System.out.println("开始执行finally块");
14          }
15          System.out.println("异常捕获结束");
16      }
17      // 下面的方法实现了两个整数相除
18      public static int divide(int x, int y) {
19          int result = x / y;                         // 定义一个变量result, 记录两个数的商
20          return result;                              // 将结果返回
21      }
22  }
```

程序的运行结果如下：

```
捕获到了异常: java.lang.ArithmeticException: / by zero
开始执行finally块
```

例 8-4 中，在 catch 语句块中添加了 return 语句，return 语句的作用在于结束当前方法。从

程序运行的结果中不难发现，finally 语句块中的程序仍会被执行，不会受 return 语句的影响，而 try-catch-finally 结构后面的代码就不会被执行。由此我们不难看出，不管程序是否发生异常，也不论在 try 和 catch 语句块中是否使用 return 语句结束，finally 语句块都会被执行。

另外，finally 是在 return 后面的表达式运算完成之后才执行的，此时并没有直接返回运算值，而是先将返回值保存（假设保存在了内存 A 中），finally 中的代码的执行不会影响方法的返回值，仍是在 finally 执行之前内存 A 中的值，因此方法返回值是在 finally 执行之前就已经确定的。

接下来，通过案例对上述情况进一步说明，如例 8-5 所示。

【例 8-5】 Demo0805.java

```
1   Package com.aaa.p080401;
2
3   public class Demo0805 {
4       public static int testReturn() {
5           int x = 1;                              // 定义变量x
6           try {
7               ++x;                                // ++在前时先运算
8               return x;                           // 返回结果
9           } finally {
10              ++x;                                // ++在前时先运算
11              System.out.println("finally: " + x);   // 打印在finally中的结果
12          }
13      }
14      public static void main(String[] args) {
15          System.out.println("最终返回值: " + testReturn());
16      }
17  }
```

程序的运行结果如下：

```
finally: 3
最终返回值: 2
```

例 8-5 中，随着方法被调用，程序先执行 try 语句块中的++x，此时 x 的值为 2；然后执行 return 语句时，先将计算结果 2 保存；接着程序转而执行 finally 语句块中的++x，此时 x 的值为 3；执行完毕之后，再从内存中取出返回结果进行返回。因此，虽然 finally 中对变量 x 进行了++操作，但是没有影响最终的返回结果。

8.4.2 在 finally 中使用 return

在 finally 中最好不要使用 return 语句，否则程序会提前退出，返回值不是 try 或 catch 语句块中保存的返回值。

接下来，我们在 try 和 finally 语句块中加 return 语句进行测试，如例 8-6 所示。

【例 8-6】 Demo0806.java

```
1   Package com.aaa.p080402;
2
3   public class Demo0806 {
4       public static String testReturn() {
5           try {
6               return "我是try中的return";
7           } finally {
8               return "我是finally中的return";
9           }
```

```
10        }
11      public static void main(String[] args) {
12          System.out.println("返回结果:" + testReturn());
13      }
14  }
```

程序的运行结果如下:

返回结果:我是finally中的return

例 8-6 中,程序最终输出的是 finally 中的 return 语句,而并不是 try 中的 return 语句,所以在 finally 中最好不要使用 return 语句。

8.5　throws 关键字和 throw 关键字

若某个方法可能会出现异常,但又不想在当前方法中处理这个异常,这时就可以使用 throws、throw 关键字在方法中抛出异常,由方法调用者进行处理。

8.5.1　使用 throws 关键字抛出异常

任何代码都有发生异常的可能性,如果方法不想对可能出现的异常做捕获处理,那么方法必须声明它可以抛出的这些异常,用于告知方法调用者此方法存在异常。Java 通过 throws 子句声明方法可抛出的异常,throws 子句由 throws 关键字和要抛出的异常类两部分组成,如果需要抛出多个异常类,则异常类与异常类之间通过逗号隔开,其语法格式如下:

```
数据类型 方法名(参数列表) throws 异常类1,异常类2,…,异常类n{
    方法体;
}
```

方法一旦使用 throws 进行异常抛出,则表示当前方法不再对异常做任何处理,而是由方法调用者来进行处理。此时,无论原方法是否有异常发生,系统都会要求调用者必须对异常进行处理。

接下来,通过案例来演示 throws 关键字的使用,如例 8-7 所示。

【例 8-7】　Demo0807.java

```
1   Package com.aaa.p080501;
2
3   public class Demo0807 {
4       public static void main(String[] args) {
5           try {
6               // 因为方法中声明抛出异常, 不管是否发生异常, 都必须处理
7               final int divide = divide(5, 0);        // 调用divide()方法
8               System.out.println(divide);             // 打印结果
9           } catch (ArithmeticException e) {
10              System.out.println("异常信息:" + e);
11          }
12          System.out.println("异常捕获结束");
13      }
14
15      // 声明抛出异常, 本方法中可以不处理异常
16      public static int divide(int x, int y) throws ArithmeticException {
17          int result = x / y;                         // 定义一个变量result, 记录两个数相除的结果
18          return result;                              // 将结果返回
19      }
20  }
```

程序的运行结果如下：

```
异常信息:java.lang.ArithmeticException: / by zero
异常捕获结束
```

例 8-7 中，在定义 divide()方法时，使用了 throws 关键字声明抛出 ArithmeticException 异常。main()方法调用该方法时，使用了 try-catch 对异常进行捕获处理，因此程序才可以正常编译运行。

throws 子句不仅可以在方法处声明抛出异常，在方法的调用者处也可以声明。如果主方法使用 throws 声明抛出异常，则异常会被 Java 虚拟机进行处理（Java 虚拟机处理会导致程序终止）。

接下来，通过案例来演示上述情况，如例 8-8 所示。

【例 8-8】 Demo0808.java

```
1   package com.aaa.p080501;
2
3   public class Demo0808 {
4       // main()方法中不做处理，继续向上抛出异常
5       public static void main(String[] args) throws ArithmeticException {
6           // 主方法在调用时未做捕获处理，因此JVM会直接报异常
7           final int divide = divide(5, 0);            // 调用divide()方法
8           System.out.println(divide);                 // 打印结果
9           System.out.println("程序结束");
10      }
11
12      // 下面的方法实现了两个整数相除
13      public static int divide(int x, int y) throws ArithmeticException {
14          int result = x / y;                          // 定义一个变量result，记录两个数相除的结果
15          return result;                               // 将结果返回
16      }
17  }
```

程序的运行结果如下：

```
Exception in thread "main" java.lang.ArithmeticException: / by zero
    at com.aaa.p080501.Test.divide(Test.java:14)
    at com.aaa.p080501.Test.main(Test.java:7)
```

例 8-8 中，在使用 main()方法调用 divide()方法时，并没有对异常进行捕获处理，而是使用 throws 关键字继续声明抛出异常。从执行结果中可以发现，程序虽然正常通过编译，但在运行时因为没有对异常进行处理，所以导致程序终止。由此可知，在 main()方法中使用 throws 关键字抛出异常，程序一旦出现异常会由 Java 虚拟机进行处理，这将导致程序执行中断。

8.5.2 使用 throw 关键字抛出异常

在前文的案例中，很多异常都是在程序执行期间由 Java 虚拟机进行捕捉抛出的，但有时我们希望能亲自进行异常类对象的实例化操作，手动进行异常的抛出，这时就要使用 throw 关键字来实现，其语法格式如下：

```
throw new 异常对象();
```

接下来，通过案例来演示使用 throw 关键字手动抛出异常，如例 8-9 所示。

【例 8-9】 Demo0809.java

```
1   package com.aaa.p080502;
2
3   public class Demo0809 {
4       public static void main(String[] args) {
5           try {
```

```
6            final int divide = divide(5, 0);        // 调用divide()方法
7            System.out.println(divide);             // 打印结果
8        } catch (ArithmeticException e) {
9            e.printStackTrace();
10       }
11       System.out.println("程序结束");
12   }
13
14   // 下面的方法实现了两个整数相除
15   public static int divide(int x, int y) {
16       if (y == 0) {
17           throw new ArithmeticException("错误: 除数不能为0! ");
18       }
19       int result = x / y;                         // 定义一个变量result, 记录两个数相除的结果
20       return result;                              // 将结果返回
21   }
22 }
```

程序的运行结果如下：

```
程序结束
java.lang.ArithmeticException: 错误: 除数不能为0!
    at com.aaa.p080502.Test.divide(Test.java:19)
    at com.aaa.p080502.Test.main(Test.java:8)
```

例 8-9 中，在 divide()方法中，直接使用 throw 关键字进行了异常类 ArithmeticException 的抛出。从程序运行结果中可以发现，异常捕获机制能对 throw 抛出的异常进行捕获并处理。

通过例 8-9 发现，Java 的异常一般会被 JVM 拦截并抛出，但是有时可能会遇到因为传参而出现的参数问题，或是由于其他的特殊错误情况导致需要自定义异常，这时就需要开发人员进行手动抛出异常。

8.6　异常处理的 3 种常用形式

通过前文可知，可以使用 try-catch-finally 语句块进行异常处理，但是如果一段代码块中处理的异常类型较多时，我们又该以什么样的形式进行处理呢？

下面，我们先来看一段代码，这段代码有两处可能抛出异常，如例 8-10 所示。

【例 8-10】　Demo0810.java

```
1  package com.aaa.p0806;
2  import java.util.Scanner;
3
4  public class Demo0810 {
5      public static void main(String[] args) {
6          Scanner scanner = new Scanner(System.in);
7          int result = 0;
8          int number1 = 0;
9          int number2 = 0;
10         // 这里可能会抛出异常
11         System.out.print("number1=");
12         number1 = scanner.nextInt();
13         System.out.print("number2=");
14         number2 = scanner.nextInt();
15         // 这里也可能抛出异常
16         result = number1 / number2;
17         System.out.println(result);
18     }
19 }
```

例 8-10 中，代码可能会抛出异常的地方有两个，那么我们应该如何处理呢？

8.6.1　第 1 种方式：分开捕获

分开捕获就是在可能出现不同异常的地方，分开依次进行捕获处理，这样做的好处就是我们可以非常清晰地知道哪些地方进行了什么异常处理，结构清晰。

接下来，通过案例来演示分开捕获的使用，如例 8-11 所示。

【例 8-11】　Demo0811.java

```
1   package com.aaa.p080601;
2   import java.util.Scanner;
3
4   public class Demo0811 {
5      public static void main(String[] args) {
6         Scanner scanner = new Scanner(System.in);
7         int result = 0;
8         int number1 = 0;
9         int number2 = 0;
10        // 这里可能会抛出异常
11        try {
12           System.out.print("number1=");
13           number1 = scanner.nextInt();
14           System.out.print("number2=");
15           number2 = scanner.nextInt();
16        } catch (InputMismatchException e) {
17           e.printStackTrace();
18        }
19        // 这里也可能抛出异常
20        try {
21           result = number1 / number2;
22           System.out.println(result);
23        } catch (ArithmeticException e) {
24           e.printStackTrace();
25        }
26     }
27  }
```

例 8-11 的代码中，将可能会抛出异常的两个地方分别使用 try-catch 语句块进行捕获，这种方式可以解决这两个可能会出现的异常问题。

8.6.2　第 2 种方式：嵌套捕获

嵌套捕获就是在异常捕获处理语句块中对于可能出现异常的部分再次进行异常捕获处理。异常处理流程代码可以放在任何能放可执行性代码的地方，因此完整的异常处理流程可放在 try-catch-finally 语句块中的任意位置。异常处理嵌套的深度没有明确的限制，但通常没有必要使用超过两层的嵌套异常处理，层次太深的嵌套异常处理没有太大必要，而且会导致程序可读性降低。

接下来，通过案例来演示嵌套捕获的使用，如例 8-12 所示。

【例 8-12】　Demo0812.java

```
1   package com.aaa.p080602;
2   import java.util.Scanner;
3
4   public class Demo0812 {
```

```
5       public static void main(String[] args) {
6           Scanner scanner = new Scanner(System.in);
7           int result = 0;
8           int number1 = 0;
9           int number2 = 0;
10          // 这里可能会抛出异常
11          try {
12              System.out.print("number1=");
13              number1 = scanner.nextInt();
14              System.out.print("number2=");
15              number2 = scanner.nextInt();
16
17              // 这里也可能抛出异常
18              try {
19                  result = number1 / number2;
20                  System.out.println(result);
21              } catch (ArithmeticException e) {
22                  e.printStackTrace();
23              }
24          } catch (InputMismatchException e) {
25              e.printStackTrace();
26          }
27      }
28  }
```

例 8-12 中，将可能会抛出异常的两个地方通过嵌套的方式使用 try-catch 进行捕获，这种方式也可以解决这两个可能会出现的异常问题。

8.6.3　第 3 种方式：联动捕获

我们在例 8-11 和例 8-12 中对两个可能会出现异常的位置做了不同的处理，虽然都可以解决这两个异常问题，但是会发现不管用哪种方式都会写两遍 try-catch 语句块，甚至第 2 种方式还会影响代码的可读性。为了解决这种问题，Java 提供了另外一种异常捕获处理方式——联动捕获。

所谓联动捕获，具体指的是一个 try 语句块配合多个 catch 语句块，当异常发生以后，符合异常情况的 catch 语句块就会被执行，其他的 catch 语句块会被跳过。

接下来，通过案例来演示联动捕获的使用，如例 8-13 所示。

【例 8-13】　Demo0813.java

```
1   package com.aaa.p080603;
2   import java.util.Scanner;
3
4   public class Demo0813 {
5       public static void main(String[] args) {
6           Scanner scanner = new Scanner(System.in);
7           int result = 0;
8           int number1 = 0;
9           int number2 = 0;
10          // 这里可能会抛出异常
11          try {
12              System.out.print("number1=");
13              number1 = scanner.nextInt();
14              System.out.print("number2=");
15              number2 = scanner.nextInt();
16
17              // 这里也可能抛出异常
```

```
18          result = number1 / number2;
19          System.out.println(result);
20      } catch (InputMismatchException e) {
21          e.printStackTrace();
22      } catch (ArithmeticException e) {
23          e.printStackTrace();
24      }
25  }
26 }
```

例 8-13 中，将可能会抛出异常的两个地方用 try 语句块包住，使用两个 catch 语句块进行捕获不同的异常，这种方式可以有效地解决例 8-11 和例 8-12 这两种方式造成的麻烦，并且也能解决可能会出现的异常。

注意：使用联动捕获时，下边的 catch 语句块捕获的异常类必须是上边 catch 语句块的同级类或是父级类。

8.7 自定义异常及异常丢失现象

8.7.1 自定义异常

在实际开发中，Java 提供的异常类可能不适合用来处理我们的现实业务，这时需要通过自定义异常来完成对实际业务的实现。例如，在统计信息时要求年龄必须合理，这时就可以使用自定义异常来完成，当输入的年龄合理时则正常使用，当输入的年龄不合理时（如-1、1000）则抛出自定义异常。可以通过扩展 Exception 类或 RuntimeException 类来实现自定义异常的创建。

创建自定义异常类，大体可以通过以下几个步骤来完成：

❖ 创建自定义异常类，但是该类需要继承 Exception 基类，如果自定义运行时异常则需要继承 RuntimeException 基类。

❖ 定义构造方法。

❖ 使用异常。

接下来，通过案例来演示自定义异常的使用，如例 8-14 所示。

【例 8-14】 Demo0814.java

```
1  package com.aaa.p080701;
2
3  // 自定义异常，继承Exception类
4  class CustomException extends Exception {
5      public CustomException() {
6          super();
7      }
8
9      public CustomException(String message) {
10         super(message);
11     }
12 }
13 public class Demo0814 {
14     public static void main(String[] args) {
15         try {
16             final int divide = divide(5, 0);      // 调用divide()方法
17             System.out.println(divide);           // 打印结果
18         } catch (CustomException e) {
19             e.printStackTrace();
```

```
20            }
21            System.out.println("程序结束");
22        }
23
24        // 下面的方法实现了两个整数相除
25        public static int divide(int x, int y) {
26            if (y == 0) {
27                throw new CustomException("错误: 除数不能为0! ");
28            }
29            int result = x / y;                        // 定义一个变量result, 记录两个数的商
30            return result;                             // 将结果返回
31        }
32    }
```

程序的运行结果如下:

```
Error:(17, 23) java: 在相应的 try 语句主体中不能抛出异常错误com.aaa.p080701.CustomException
Error:(26, 25) java: 未报告的异常错误com.aaa.p080701.CustomException; 必须对其进行捕获或声明
以便抛出
```

例 8-14 中，提示的第 1 个异常是"在相应的 try 语句块中不能抛出异常错误 com.aaa. CustomException"，这是因为系统不能确定 try 语句块中抛出的是什么类型的异常，但是如果将 catch 语句块后边的异常类型改为 Exception 时，是可以正常编译通过的，因为 Exception 类是所有异常类的基类。编译结果报错，提示的第 2 个异常是"未报告的异常错误 con.aaa.p080701. CustomException，必须对其进行捕获或声明以便抛出"。原因在于，divide()方法中使用 throw 关键字进行了 CustomException 对象的抛出，而 Exception 类及其子类都是必检异常，因此必须对抛出的异常进行捕获或声明。

对例 8-14 的代码进行整改，第 1 种方法是在 divide()方法中使用 try-catch 对异常进行捕获处理；第 2 种方法是使用 throws 子句声明抛出 CustomException 异常。接下来，我们使用第 2 种方法将程序进行修改，如例 8-15 所示。

【例 8-15】　Demo0815.java

```
1     Package com.aaa.p080701;
2
3     // 自定义异常, 继承Exception类
4     class CustomException extends Exception {
5         public CustomException() {
6             super();
7         }
8         public CustomException(String message) {
9             super(message);
10        }
11    }
12    public class Demo0815 {
13        public static void main(String[] args) {
14            try {
15                final int divide = divide(5, 0);        // 调用divide()方法
16                System.out.println(divide);             // 打印结果
17            } catch (CustomException e) {
18                System.out.println(e.getMessage());
19            }
20            System.out.println("程序结束");
21        }
22
23        // 下面的方法实现了两个整数相除
24        public static int divide(int x, int y) throws CustomException {
25            if (y == 0) {
26                throw new CustomException("错误: 除数不能为0! ");
```

```
27              }
28              int result = x / y;                    // 定义一个变量result，记录两个数相除的结果
29              return result;                         // 将结果返回
30          }
31      }
```

程序的运行结果如下：

```
错误：除数不能为0!
程序结束
```

例 8-15 中，自定义异常类 CustomException 继承 Exception 类，divide()方法使用 throw 关键字抛出 CustomException 类的实例，并使用 throws 子句声明抛出该异常。从运行结果中发现，try-catch 成功将自定义异常捕获。

8.7.2 异常丢失现象

通过前文的讲解可以看出，异常处理机制可以帮助开发人员解决很多问题。但是，这并不代表它没有任何问题，其实 Java 的异常捕获也有瑕疵。当在 try-finally 中出现 return 语句或是进行手动异常抛出时，就会发现即使在 try 中捕捉到了异常，但是最后输出的错误信息也不是 try 中出现的异常信息，而是 finally 中出现的错误信息，这种现象被称为异常丢失。一旦产生异常丢失现象，那么开发人员可能就会被错误信息误导，从而进行错误的判断和处理。

接下来，通过案例来演示异常丢失现象及其对程序开发的干扰，如例 8-16 所示。

【例 8-16】 Demo0816.java

```
1   package com.aaa.p080702;
2
3   public class Demo0816 {
4       void method1() throws MyException1 {
5           throw new MyException1();                // 手动抛出异常
6       }
7       void method2() throws MyException2 {
8           throw new MyException2();                // 手动抛出异常
9       }
10      public static void main(String[] args) {
11          Demo0816 demo = new Demo0816();
12          try {
13              try {
14                  demo.method1();
15              } finally {
16                  demo.method2();
17              }
18          } catch (Exception e) {
19              System.out.println(e);
20          }
21      }
22  }
23  class MyException1 extends Exception {
24      @Override
25      public String toString() {
26          return "异常丢失问题，MyException1类…";
27      }
28  }
29
30  class MyException2 extends Exception {
31      @Override
32      public String toString() {
```

```
33        return "异常丢失问题，MyException2类…";
34    }
35 }
```

程序的运行结果如下：

异常丢失问题，MyException2类…

　　例 8-16 中，输出的结果为"异常丢失现象，MyException2 类…"，main()方法中原本被抛出的 MyException1 异常并没有被捕获，这是由于 Java 虚拟机的机制造成的一点缺陷。产生这一问题的原因在于，finally 中的代码一般是用于关闭资源的代码（如关闭文件、网络链接等），故而当程序执行至 try-catch 语句块的"边界处"时，便会转入 finally 语句块，而 throw 语句在字节码层面并非原语操作，所以当上面的程序在执行到第 5 行时，Java 虚拟机会将要抛出的异常对象的引用存放到一个局部变量里，并将该变量存到方法栈的栈顶等待弹出，此时程序计数器指针指向 finally 内的代码，遇到下一个要抛出的异常时，该异常则顶替 MyException1 的对象引用所在位置，所以程序只会输出"异常丢失问题，MyException2 类…"。

　　同理，在 finally 里也不要处理返回值。当返回值在 finally 语句块外返回时，由于 throw 并非原子语句，所以会用中间变量存储中间值，导致 finally 内处理的返回值并不能体现在返回的实际值上。

**************************内容扩展**************************
扫描右侧二维码获取如下内容
8.8　本章小结
8.9　理论测试与实践练习

****

第9章 Java 常用类库

Java 提供了许多强大的基础类，可以简化开发，提高开发效率。这些类根据功能不同被划分到不同的包中，用户程序需要将其使用 import 关键字导入方可使用。本章将针对 java.lang 包、java.time 包以及 java.util 包中的一些常用类进行讲解，包含字符串类、日期时间类、系统类、包装类以及数学相关类。

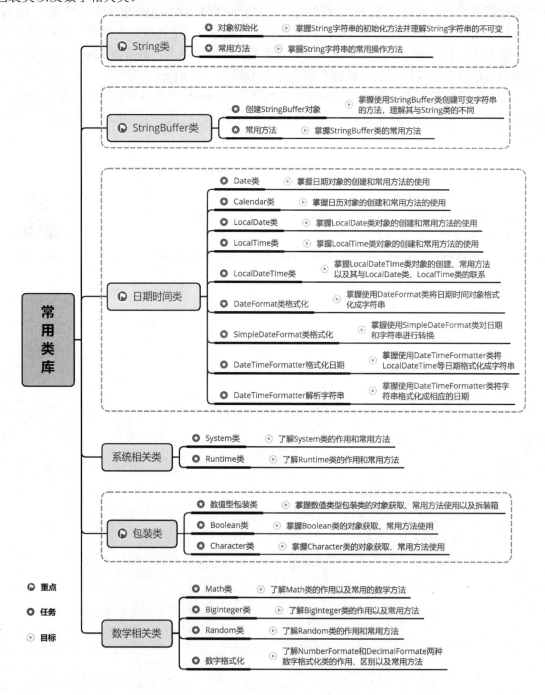

9.1　String 类

在前面的内容中经常见到 String 类，使用它来定义一个字符串。所谓字符串，就是 0 个或多个字符组成的文本，必须使用""引起来定义，如"AAA 软件教育"。String 类位于 java.lang 包中，lang 包中的类无须导入，因此 String 类可直接使用。本节将讲解关于 String 类的基本操作。

9.1.1　String 类初始化

在使用 String 类进行字符串操作之前，首先需要进行初始化。Java 中对 String 类的初始有两种方式，具体如下：

❖　直接给变量赋字符串常量值。使用字符串常量直接赋值给一个 String 对象，具体语法格式下：

```
String 变量名 = "字符串内容"
```

❖　使用构造方法进行初始化。String 类的构造方法有多个，常用的构造方法如表 9.1 所示。

表 9.1　String 类常用构造方法

方　　法	方　法　描　述
String()	创建一个空的字符串对象，即字符串长度为 0，但不代表对象为 null
String(String original)	根据一个字符串常量值来创建一个字符串对象
String(char value[])	将 char 数组中的元素拼接成一个字符串对象
String(char value[], int offset, int count)	将一个 char 数组截取一定的范围转换成一个字符串对象，其中第 1 个参数是 char 数组，第 2 个参数是截取开始的下标，第 3 个参数为截取的位数
String(byte[] bytes)	将一个 byte 数组转换成一个字符串对象
String(byte bytes[], int offset, int length)	将一个 byte 数组截取一定的范围转换成一个字符串对象，其中第 1 个参数是 byte 数组，第 2 个参数是截取开始的下标，第 3 个参数为截取的位数
String(byte bytes[], int offset, int length, String charsetName)	同上一个方法，区别在于上一个是按照平台默认编码格式进行转换，而这个是按照指定编码格式进行转换

接下来，通过案例来演示 String 类的多种构造方法的使用，如例 9-1 所示。

【例 9-1】　Demo0901.java

```
1   package com.aaa.p090101;
2
3   public class Demo0901 {
4       public static void main(String[] args) {
5           String str = new String();                  // 创建一个空的字符串
6           String str0 = new String("abcd");           // 创建一个字符串对象
7           System.out.println("根据字符串常量创建结果: "+str0);
8           char[] chars = {'a','b','c','d'};
9           String str1 = new String(chars);            // 由字符数组创建一个字符串
10          System.out.println("char数组转换结果: " + str1);
11          String str2 = new String(chars,1,2);        // 截取字符数组, 转换成字符串
12          System.out.println("char数组从1开始转换2位的结果: " + str2);
13          byte[] bytes = {65,66,67,68};
14          String str3 = new String(bytes);            // 由字节数组转换成字符串对象
15          System.out.println("byte数组转换结果: " + str3);
16          String str4 = new String(bytes,1,2);        // 截取字节数组, 转换成字符串
17          System.out.println("byte数组从1开始转换2位的结果: " + str4);
18      }
19  }
```

程序的运行结果如下：

```
根据字符串常量创建结果：abcd
char数组转换结果：abcd
char数组从1开始转换2位的结果：bc
byte数组转换结果：ABCD
byte数组从1开始转换2位的结果：BC
```

上述两种初始化形式创建的字符串效果是相同的，但是存储机制却存在很大的区别。

使用第一种"="赋值常量的形式，JVM 会去字符串常量池中查找是否存在对应常量值，如果不存在，就在字符串常量池中开辟一个空间来存储；如果存在，则该变量直接指向该常量值在字符串常量池中的地址值即可。并且，每一次变量值更改不会改变现在这个常量值，而是重新在字符串常量池中查找，没有就重新开辟空间存储，因此字符串是不可变的，每次改变都是地址的重新开辟。

知识点拨：静态常量池是用来存储字符串常量值的一块内存空间。

接下来，我们可以声明两个变量存储相同的内容，输出"=="比对的结果来观察一下地址存储的情况，如例 9-2 所示。

【例 9-2】 Demo0902.java

```
1   package com.aaa.p090101;
2
3   public class Demo0902 {
4       public static void main(String[] args) {
5           String str = "abcd";
6           String str1 = "abcd";
7           System.out.println(str == str1);              // 结果为true
8           str1 = "abcde";
9           System.out.println(str == str1);              // 结果为false
10          System.out.println("str的值: " + str);
11          System.out.println("str1的值: " + str1);
12      }
13  }
```

程序的运行结果如下：

```
true
false
str的值：abcd
str1的值：abcde
```

例 9-2 中，str 和 str1 使用"=="比较的结果为 true，说明两者存储地址是相同的，str1 并没有重新开辟一个空间存储 abcd，而是直接指向了之前 str 开辟过的地址，即 str 和 str1 指向了相同的地址，内存显示如图 9.1（a）所示。如果 str1 的值更改为 abcde，并不会更改现在这个地址的里的内容，而是重新查找是否含有 abcde，如果有则指向，如果没有则重新开辟一个空间存储，然后指向新的地址，内存显示如图 9.1（b）所示。

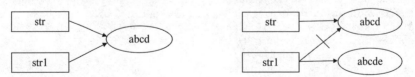

（a）str 和 str1 指向相同的地址　　　（b）断开原来的地址链接并指向新的地址

图 9.1　str 和 str1 的地址变化

注意：使用"=="关系运算符比较基本数据类型，可以用来判断值是否相同；如果比较的是引用数据类型，判断的是引用地址是否相同。

　　使用第 2 种形式，即 new 关键字调用构造方法，则每次初始化字符串对象都会在堆区开辟一个新的空间，因此使用 new 创建字符串对象无论内容是否一致，都会开辟不同的空间来存储。

　　接下来，我们可以使用 new 创建两个内容一致的字符串对象，输出"=="比对的结果来观察一下地址存储的情况，如例 9-3 所示。

【例 9-3】 Demo0903.java

```
1  package com.aaa.p090101;
2
3  public class Demo0903 {
4      public static void main(String[] args) {
5          String str = new String("abcd");
6          String str1 = new String("abcd");
7          System.out.println("str==str1结果为: " + (str == str1));    // 结果为false
8      }
9  }
```

程序的运行结果如下：

```
str==str1结果为: false
```

　　例 9-3 中，str 和 str1 字符串的内容相同，"=="对比的结果为 false，说明两者指向的地址是不同的，即使用 new 创建字符串对象，每次都会开辟一个新的空间。

想一想：new String("abcd")创建了几个对象？

　　new String("abcd")必须在堆区中创建一个对象，同时会查找字符串常量池中是否有"abcd"常量值，如果有则不再创建，如果没有则会创建一个，因此至少创建一个对象。

9.1.2　String 类的常用方法

　　对于已经声明并且初始化的字符串，可以对其进行拼接、截取、判断长度等操作。本节将详细讲解一些常用的字符串处理方法，包括字符串比较、连接字符串、字符串查找、提取字符串、替换字符串、分割字符串等。其他可能用到的字符串处理方法，可以去查看 API 进行了解。

1．字符串判断比较

　　在 Java 程序开发中，字符串判断比较是最常见的问题。通过前文的学习，我们已经知道使用"=="可以比较两个字符串的地址是否相同，但是实际开发过程中所涉及的字符串判断比较并不都是简单的地址对比，需要进行更全面、复杂的判断比较。为此，Java 提供了丰富的字符串判断比较方法，最常用的如表 9.2 所示。

表 9.2　字符串判断比较方法

方　法	方 法 描 述
int compareTo(String anotherString)	按字符的 ASCII 码值对字符串进行大小比较，返回整数值。若当前对象比参数大则返回正整数，反之则返回负整数，相等则返回 0。比较时先比较第 1 个字符，如果一样再比较第 2 个，以此类推
int compareToIgnore(String anotherString)	与 compareTo()方法相似，但忽略大小写
boolean equals(Object anotherObject)	该方法用来比较当前字符串和参数字符串中存储的内容是否一致，一致时返回 true，否则返回 false。与之前介绍的"=="不同，"=="比较的是地址，而 equals 比较的是地址中存储的值

续表

方　　法	方 法 描 述
boolean equalsIgnoreCase(String anotherString)	与 equals()方法相似，但忽略大小写
boolean startsWith(String prefix)	测试当前字符串是否以指定参数开头
boolean endsWith(String suffix)	测试当前字符串是否以指定参数结尾
boolean isEmpty()	判断字符串是否为空，即字符串的长度如果为 0 则返回 true，否则返回 false
boolean contains(CharSequence s)	判断当前字符串中是否包含参数子串

接下来，通过案例来演示字符串判断比较方法的使用，如例 9-4 所示。

【例 9-4】 Demo0904.java

```
1    package com.aaa.p090102;
2
3    public class Demo0904 {
4        public static void main(String[] args) {
5            String str = new String("AAA");
6            String str1 = new String("AAA");
7            String str2 = new String("aaa");
8            System.out.println("str==str1结果: " + (str == str1));
9            System.out.println("str.equals(str1)结果: " + str.equals(str1));
10           System.out.println("str.equals(str2)结果: " + str.equals(str2));
11           boolean result1 = str.equalsIgnoreCase(str2);
12           System.out.println("str.equalsIgnoreCase(str2)结果: "+ result1);
13           System.out.println("str.compareTo(str1)结果: " + str.compareTo(str1));
14           System.out.println("str.compareTo(str2)结果: " + str.compareTo(str2));
15           int result2 = str.compareToIgnoreCase(str2);
16           System.out.println("str.compareToIgnoreCase(str2)结果: " + result2);
17           String str3 = "AAA软件教育14年!";
18           System.out.println("str3.startsWith(\"A\")结果: " + str3.startsWith("A"));
19           System.out.println("str3.endsWith(\"!\")结果: " + str3.endsWith("!"));
20           System.out.println("str3.contains(\"a\")结果: " + str3.contains("a"));
21           String str4 = "";
22           // 如果长度为0则返回true
23           System.out.println("str4.isEmpty()结果为: " + str4.isEmpty());
24       }
25   }
```

程序的运行结果如下：

```
str==str1结果: false
str.equals(str1)结果: true
str.equals(str2)结果: false
str.equalsIgnoreCase(str2)结果: true
str.compareTo(str1)结果: 0
str.compareTo(str2)结果: -32
str.compareToIgnoreCase(str2)结果: 0
str3.startsWith("A")结果: true
str3.endsWith("!")结果: true
str3.contains("a")结果: false
str4.isEmpty()结果为: true
```

例 9-4 中，str 和 str1 是使用 new 初始化的两个存储内容都为"AAA"的字符串对象，内容相同地址不同，所以"=="比较地址返回的是 false，equals()比较存储内容，返回的是 true。str 存储的是"AAA"，而 str2 存储的是"aaa"，大小写不同，所以 equals()对比结果为 false，而 equalsIgnoreCase()忽略大小写对比返回的是 true。str 和 str1 存储内容完全一致，因此 compareTo() 返回值为 0。str 和 str2 的大小写不同，compareTo()对比结果是–32，因为"A"的 ASCII 值为 65，而"a"的 ASCII 值为 97，两数之差是–32。CompareToIgnoreCase()忽略大小写比较，因此

"AAA"和"aaa"对比结果为 0。第 22 行中，str4 对象必须非 null，否则会出现空指针异常，因为 isEmpty()方法底层是调用 length()方法，如果长度为 0 则返回 true，否则返回 false。

误区警告：使用"=="对比的是地址，new 方式初始化的字符串，里边的内容即便相同返回的也是 false，因此在不能明确初始化方式是"="赋值常量的情况下，不建议使用"=="来判断字符串是否相同，而要用 equals()方法来比较存储的内容是否一致。

2. 字符串连接

字符串连接指的是将多个字符串拼接组成一个字符串。Java 中提供两种方式进行字符串拼接。

❖ "+"拼接：使用"+"可以实现多个字符串连接形成一个新的字符串对象，并且如果"+"连接的是一个字符串和一个其他类型数据，返回的结果也是字符串。

❖ String concat(String str)方法：将参数中的字符串 str 连接到当前字符串的后面，效果等价于使用"+"。

接下来，通过案例来演示字符串的拼接，如例 9-5 所示。

【例 9-5】　Demo0905.java

```
1   package com.aaa.p090102;
2
3   public class Demo0905 {
4       public static void main(String[] args) {
5           String str1 = "AAA";
6           String str2 = "软件";
7           String str = str1 + str2 + "教育";              // "+"拼接字符串
8           System.out.println("str1+str2+\"教育\":" + str);
9           String str4 = str + 10 + 4 + "年";
10          System.out.println("str+10+4+\"年\":" + str4);
11          String str5 = 10 + 4 + "年";                    // 字符串数字混合运算，从左往右运行
12          System.out.println("10+4+\"年\":" + str5);
13          String str6 = str + ( 10 + 4 ) + "年";         // ()提高优先级，先计算()内再和字符串拼接
14          System.out.println("str+(10+4)+\"年\":" + str6);
15          str6 += "!";                                    // 同于str6 = str6 + "!"
16          System.out.println("str6+=\"!\":" + str6);
17          String str7 = str1.concat(str2).concat("教育").concat("14年!");
18          System.out.println("concat拼接:" + str7); // 同于str1 + str2 + "教育" + "14年!"
19      }
20  }
```

程序的运行结果如下：

```
str1+str2+"教育":AAA软件教育
str+10+4+"年":AAA软件教育104年
10+4+"年":14年
str+(10+4)+"年":AAA软件教育14年
str6+="!":AAA软件教育14年!
concat拼接:AAA软件教育14年!
```

例 9-5 中，"10 + 4 + "年""的拼接结果为"14 年"，即两个数字在前，那么结果是先数字运算，再和字符串拼接；""AAA 软件教育" + 10 + 4 + "年""的拼接结果为"AAA 软件教育 104 年"，说明如果数字在字符串后面，那么直接和字符串拼接，不会进行数学运算。但是，案例也显示，可以通过添加()使中间的数字先进行数学运算，再进行字符串拼接。

注意：String 对象是不可变的，因此每次"+"拼接的结果都会在字符串常量池中产生新的字符串常量，如果需要频繁地拼接字符串，不建议使用 String 类，空间浪费；如果是字符串和数字的混合运算，从左往右依次运算，从碰到字符串的位置开始按照字符串拼接走。

3. 提取字符串基本信息

字符串作为一个对象，可以通过该对象提供的特有方法来获取字符串的一些基本信息，如字符串长度、指定位置的字符等，具体方法如表 9.3 所示。

表 9.3　提取字符串基本信息的方法

方　　法	方 法 描 述
int length()	返回字符串长度，即字符的个数
char charAt(int index)	获取索引位置的字符，index 是索引下标，如果下标超出长度，会报错，其中索引从 0 开始

接下来，通过案例来演示提取字符串的基本信息，如例 9-6 所示。

【例 9-6】　Demo0906.java

```
1   package com.aaa.p090102;
2
3   public class Demo0906 {
4       public static void main(String[] args) {
5           String str = "AAA软件教育14年";
6           int length = str.length();
7           System.out.println("length():" + length);
8           char ch = str.charAt(3);
9           System.out.println("charAt(3):" + ch);
10          char ch2 = str.charAt(10);
11          System.out.println("charAt(10):" + ch2);
12      }
13  }
```

程序的运行结果如下：

```
length():10
charAt(3):软
Exception in thread "main" java.lang.StringIndexOutOfBoundsException: index 10, length 10
at java.base/java.lang.String.checkIndex(String.java:3693)
at java.base/java.lang.StringUTF16.checkIndex(StringUTF16.java:1584)
at java.base/java.lang.StringUTF16.charAt(StringUTF16.java:1381)
at java.base/java.lang.String.charAt(String.java:714)
at com.aaa.p090102.Demo0906.main(Demo0906.java:10)
```

例 9-6 中，length 取值为字符的个数，与中英文无关；charAt()获取指定位置的字符，超出索引范围会报错。

4. 提取子串

提取子串从本质上来说就是截取字符串的意思，即从一个特定的字符串中截取一定长度的子串。String 类中提供了两个截取字符串的方法，一个是从指定位置开始，截取到该字符串的尾部；另一个是在指定范围内进行截取，具体方法如表 9.4 所示。

表 9.4　提取子串的方法

方　　法	方 法 描 述
String substring(int beginIndex)	beginIndex 位置起，从当前字符串中取出剩余的字符作为一个新的字符串返回
String substring(int beginIndex, int endIndex)	beginIndex 位置起到 endIndex 位置停，从当前字符串中取出该范围的字符作为一个新的字符串返回。子串中包含 beginIndex 但不包含 endIndex 位置的内容

接下来，通过案例来演示提取子串，即截取字符串，如例 9-7 所示。

【例 9-7】　Demo0907.java

```
1   package com.aaa.p090102;
2
3   public class Demo0907 {
4       public static void main(String[] args) {
5           String str = "AAA软件教育14年";
6           String sub1 = str.substring(1);        // 从下标1开始截取，截取到尾部
7           System.out.println("substring(1):" + sub1);
8           String sub2 = str.substring(1,3);      // 从下标1开始截取，截取到下标3（不包含3）
9           System.out.println("substring(1,3):" + sub2);
10      }
11  }
```

程序的运行结果如下：

```
substring(1):AA软件教育14年
substring(1,3):AA
```

例 9-7 中，第 1 个运行结果可以看出，从指定位置开始截取到了字符串的最后；第 2 个运行结果可以看出，截取的字符串包含开始位置的字符，但不包含结束位置的字符。需要注意的是，字符串的下标是从 0 开始的。

5. 字符串的字符查找

在日常开发中，经常会遇到需要判断字符串中是否包含另外一个字符串（子串）或者某个字符的情况。String 类提供了 indexOf() 和 lastIndexOf() 方法来查找某个特定字符或者字符串（子串）在另一个字符串中出现的位置，具体如表 9.5 所示。

表 9.5　字符串的字符查找方法

方　　法	方　法　描　述
int indexOf(int ch/String str)	返回参数字符或者字符串在当前字符串中首次出现的索引位置。调用该方法，会从字符串的开始位置开始检索字符或者字符串，如果没有检索到返回-1，检索到返回首次找到的索引。其中，"int ch"代表的是字符的 ASCII 码值，"String str"是一个子串
int indexOf(int ch/String str, int fromIndex)	该方法与上一个方法类似，区别在于它不是从头开始检索，而是从指定位置 fromIndex 处开始查找
int lastIndexOf(int ch/String str)	返回参数字符或者字符串在当前字符串中最右边出现的索引，即从右侧开始查找第一次出现的位置
int lastIndexOf(int ch/String str, int fromIndex)	该方法与上一个方法类似，区别在于它不是从最右侧开始检索，而是从指定的索引 fromIndex 开始从右往左进行查找

接下来，通过案例来演示字符串的字符查找，如例 9-8 所示。

【例 9-8】　Demo0908.java

```
1   Package com.aaa.p090102;
2
3   public class Demo0908 {
4       public static void main(String[] args) {
5           String str = "AAA软件教育14年,专注教育14年";
6           int sub1 = str.indexOf(49);                // '1'的ASCII值为49
7           System.out.println("indexOf(49)结果为: " + sub1);
8           int sub11 = str.indexOf("1");
9           System.out.println("indexOf(\"1\")结果为: " + sub11);
10          int sub12 = str.indexOf("1",10);
11          System.out.println("indexOf(\"1\",10)结果为: " + sub12);
```

```
12          int sub13 = str.lastIndexOf("1");
13          System.out.println("lastIndexOf(\"1\")结果为: " + sub13);
14          int sub14 = str.lastIndexOf("1",14);                // 从14往前找，倒着找第一次出现1的位置
15          System.out.println("lastIndexOf(\"1\",14)结果为: " + sub14);
16      }
17  }
```

程序的运行结果如下：

```
indexOf(49)结果为: 7
indexOf("1")结果为: 7
indexOf("1",10)结果为: 15
lastIndexOf("1")结果为: 15
lastIndexOf("1",14)结果为: 7
```

例 9-8 中，返回的索引位置是从 0 开始计算的；查找的参数可以是字符串，也可以是字符的 ASCII 码值；数字 49 是字符"1"的 ASCII 码值。

6. 字符串替换

在日常开发中，经常会遇到需要将字符串中的一个或多个子串替换成其他字符串的需求，如新闻中的一些敏感词汇替换成"*"等。String 类提供了 replace()、replaceFirst()以及 replaceAll()方法来实现字符串替换功能，具体如表 9.6 所示。

表9.6　字符串的替换方法

方　　法	方 法 描 述
String replace(CharSequence target, CharSequence replacement)	该方法可以实现将指定字符序列（target）替换成新的字符序列（replacement），并返回一个新的字符串。CharSequence 是一个接口，代表一个字符序列，String 类、StringBuffer 类、StringBuilder 类都实现了这个接口
String replaceFirst(String regex, String replacement)	该方法用来将第 1 个指定的字符串或者第 1 个匹配的子串（regex）替换成新的字符串（replacement），支持正则表达式
String replaceAll(String regex, String replacement)	该方法用来将所有指定的字符串或者匹配的子串（regex）替换成新的字符串（replacement），支持正则表达式

接下来，通过案例来演示字符串的替换，如例 9-9 所示。

【例 9-9】 Demo0909.java

```
1   package com.aaa.p090102;
2
3   public class Demo0909 {
4       public static void main(String[] args) {
5           String str = "AAA软件教育14年，专注教育14年";
6           String newStr = str.replace("14","十四");         // 将所有的14替换成十四
7           System.out.println("replace替换后的字符串: " + newStr);
8           String newStr1 = str.replaceFirst("14","十四");// 将第1个14替换成十四
9           System.out.println("replaceFirst替换后的字符串:" + newStr1);
10          String newStr2 = str.replaceAll("14","十四");  // 将匹配的子串全部替换
11          System.out.println("replaceAll根据字符串替换结果: " + newStr2);
12          String newStr3 = str.replaceAll("1.","十四");  // 将匹配正则的内容全部替换
13          System.out.println("replaceAll根据正则表达式替换结果: " + newStr3);
14          System.out.println("替换前字符串: " + str);        // 所有操作不影响原有对象
15      }
16  }
```

程序的运行结果如下：

```
replace替换后的字符串：AAA软件教育十四年，专注教育十四年
replaceFirst替换后的字符串:AAA软件教育十四年，专注教育14年
```

```
replaceAll根据字符串替换结果：AAA软件教育十四年，专注教育十四年
replaceAll根据正则表达式替换结果：AAA软件教育十四年，专注教育十四年
替换前字符串：AAA软件教育14年，专注教育14年
```

例 9-9 中，所有的替换都没有影响原来的字符串，返回了一个新的字符串对象。

知识点拨： 正则表达式（Regular Expression）又称规则表达式，在代码中常简写为 regex、regexp 或 RE，是计算机科学的一个概念。它是对字符串操作的一种逻辑公式，用事先定义好的一些特定字符及这些特定字符的组合，组成一个"规则字符串"，用来表达对字符串的一种过滤逻辑。

例 9-9 中，"."代表匹配除换行符\n之外的任何单字符，"1."指的是以"1"为开始，后面有一个字符。如果想要详细了解正则表达式，可以查看 API 进行深入学习。

7. 字符串中字符的大小写转换

String 类提供了 toLowerCase()方法用于将当前字符串中的所有字符转换成小写；同时，也提供了 toUpperCase()方法用于将当前字符串中所有的字符转换成大写。

接下来，通过案例来演示字符串的大小写转换，如例 9-10 所示。

【例 9-10】 Demo0910.java

```
1  package com.aaa.p090102;
2
3  public class Demo0910 {
4      public static void main(String[] args) {
5          String str = "AAA软件教育14年，专注教育14年";
6          String strLow = str.toLowerCase();
7          System.out.println("toLowerCase调用转换后: " + strLow);
8          String strUpper = strLow.toUpperCase();
9          System.out.println("toUpperCase调用转换后: " + strUpper);
10     }
11 }
```

程序的运行结果如下：

```
toLowerCase调用转换后：aaa软件教育14年，专注教育14年
toUpperCase调用转换后：AAA软件教育14年，专注教育14年
```

8. 去除两端空格

在日常开发中，可能会遇到需要将某个字符串两端的空格去除这样的问题，比如接收录入的参数中含有前后空格，就需要将其去除。String 类提供了 trim()方法，用于截去字符串两端的空格，但对于中间的空格不处理。

接下来，通过案例来演示去除字符串的两端空格，如例 9-11 所示。

【例 9-11】 Demo0911.java

```
1  package com.aaa.p090102;
2
3  public class Demo0911 {
4      public static void main(String[] args) {
5          String str = " AAA软件教育14年 专注教育14年 ";// 前一个空格，后一个空格，中间一个空格
6          System.out.println(str + "----的长度为: " + str.length());
7          String strTrim = str.trim();
8          System.out.println(strTrim + "----的长度为: " + strTrim.length());
9      }
10 }
```

程序的运行结果如下：

```
AAA软件教育14年 专注教育14年 ----的长度为: 20
AAA软件教育14年 专注教育14年----的长度为: 18
```

例 9-11 中，两次运行结果只差 2 个空格即前后两个，中间的空格还在。

9. 分隔符进行字符串分解

String 类提供了 split(String str)方法，该方法可将参数 str 作为分隔符进行字符串分解，分解后返回的是一个字符串数组。

接下来，通过案例来演示字符串的分解，如例 9-12 所示。

【例 9-12】 Demo0912.java

```
1   package com.aaa.p090102;
2
3   public class Demo0912 {
4       public static void main(String[] args) {
5           String str = "AAA软件, AAA品牌, AAA经历, AAA梦想";
6           String[] strs = str.split(", ");
7           for(int i = 0;i < strs.length;i++) {
8               System.out.println("第" + i + "个字符串是: " + strs[i]);
9           }
10      }
11  }
```

程序的运行结果如下：

```
第0个字符串是: AAA软件
第1个字符串是: AAA品牌
第2个字符串是: AAA经历
第3个字符串是: AAA梦想
```

以上是 String 类的一些常用的方法，由于字符串使用频繁，所以要多加练习，熟练掌握。当然，字符串处理还有很多其他方法，可以查看 API 进行深入学习。

📢**注意：** String 对象是不可变的，以上所有方法的操作都是返回新的字符串对象，而不影响原来的字符串对象。

9.2　StringBuffer 类

StringBuffer 类与 String 类一样都是用来存储字符串的，区别在于 String 类创建的字符串不可变，内容一经定义便不可更改，每次更改 String 对象的值都需要开辟新的空间，而 StringBuffer 对象的空间开辟后内容是可以改变的，且容量会随着存放的字符增加而自动增加。接下来，我们对 StringBuffer 类展开讲解。

9.2.1　创建 StringBuffer 对象

创建一个新的 StringBuffer 对象，必须通过 new 的形式进行，不像 String 对象可以用 new 也可以直接用 "=" 赋值常量。StringBuffer 类的常用构造方法如表 9.7 所示。

表 9.7　StringBuffer 类的构造方法

方　　法	方　法　描　述
StringBuffer()	创建一个没有初始值的字符串
StringBuffer(String str)	创建一个带有初始值的字符串
StringBuffer(int capacity)	创建一个定义了初始空间的空字符串

接下来，通过案例来演示 StringBuffer 对象的多种创建方式，如例 9-13 所示。

【例 9-13】 Demo0913.java

```
1   package com.aaa.p090201;
2
3   public class Demo0913 {
4       public static void main(String[] args) {
5           StringBuffer str = new StringBuffer();
6           System.out.println("没有初始值的构造方法: " + str.length());
7           StringBuffer str2 = new StringBuffer("AAA");
8           System.out.println("带有初始值的构造方法: " + str2.length());
9           StringBuffer str3 = new StringBuffer(10);
10          System.out.println("初始容量为10, 实际长度为: " + str3.length());
11      }
12  }
```

程序的运行结果如下：

```
没有初始值的构造方法: 0
带有初始值的构造方法: 3
初始容量为10, 实际长度为: 0
```

例 9-13 中，带有初始空间的字符串仅仅只是定义了初始空间，真实的字符串长度仍然是 0。

9.2.2 StringBuffer 类常用方法

StringBuffer 类提供了多种方法，如查找方法、替换方法、拆分方法等，这些方法在使用上与 String 类所提供的方法差别不大。除此之外，StringBuffer 类还提供了一些特有方法，具体如表 9.8 所示。

表 9.8 StringBuffer 类的特有方法

方　　法	方　法　描　述
StringBuffer append()	在字符串尾部追加，该方法是一个重载的方法，里边的接收参数有多种，int、字符串、字符、char 数组、StringBuffer 对象等都可以
StringBuffer insert(int offset, String str)	在字符串的指定位置 offset 插入指定字符串 str
StringBuffer reverse()	将字符串进行反转
StringBuffer delete(int start, int end)	将字符串中指定范围的字符删除，范围从索引 start 开始到 end-1 的位置停止。如果 end-1 超出了最大索引，那么直接删除到尾部；如果 start 等于 end，那么不会删除任何字符；如果 start 大于 end，则会直接抛出异常

接下来，通过案例来演示 StringBuffer 类的上述特有方法的使用，如例 9-14 所示。

【例 9-14】 Demo0914.java

```
1   package com.aaa.p090202;
2
3   public class Demo0914 {
4       public static void main(String[] args) {
5           StringBuffer str = new StringBuffer("AAA软件教育, ");
6           System.out.println("创建的str对象: " + str);
7           str.append("专注软件教育");              // 追加字符串
8           str.append(14);                         // 追加数字
9           str.append('年');                       // 追加字符
10          System.out.println("追加后的结果: " + str);
11          System.out.println("---------------------------");
12          str.insert(14,"已经");
13          System.out.println("insert插入后结果: " + str);
14          System.out.println("---------------------------");
```

```
15        StringBuffer str2 = new StringBuffer("AAA软件");
16        str2.reverse();
17        System.out.println("AAA软件反转后结果: " + str2);
18        System.out.println("----------------------------");
19        StringBuffer stringBuffer = new StringBuffer("0123456789");
20        stringBuffer.delete(4,8);
21        System.out.println("delete(4,8):" + stringBuffer);
22        stringBuffer = new StringBuffer("0123456789");
23        stringBuffer.delete(4,10);
24        System.out.println("delete(4,10):" + stringBuffer);
25    }
26 }
```

程序的运行结果如下：

```
创建的str对象: AAA软件教育,
追加后的结果: AAA软件教育,专注软件教育14年
----------------------------
insert插入后结果: AAA软件教育,专注软件教育已经14年
----------------------------
AAA软件反转后结果: 件软AAA
----------------------------
delete(4,8):012389
delete(4,10):0123
```

StringBuffer 类还有很多和 String 类相似的方法，可以参考 String 类进行尝试。同时还有一些独有的方法，可以参考 API 进行学习。

📚**知识点拨**：Java 中除了 StringBuffer 类可以处理可变字符串之外，它还有一个 StringBuilder 类。它是 StringBuffer 类的简化，使用方法基本一样，因此本章节不在重复介绍。需要注意的是，StringBuilder 类的速度快，但线程安全性差。

9.3　日期时间类

在实际开发中，经常会用到日期、时间，同时还需要对日期、时间进行处理，Java 提供了多个类来处理日期和时间，本节就来详细讲解这些类。

9.3.1　Date 类

Date 类用来表示日期时间，位于 java.util 包中。

1. 创建 Date 对象

Date 类有很多构造方法，其中大部分都已经不推荐使用，表 9.9 列出了目前最常用的两种。

表 9.9　Date 类目前最常用的两种构造方法

方　　法	方　法　描　述
Date()	创建一个 Date 对象，并且初始值为系统当前日期
Date(long date)	创建一个 Date 对象，参数为指定时间距标准基准时间的毫秒数

接下来，通过案例来演示 Date 类构造方法的使用，如例 9-15 所示。

【例 9-15】　Demo0915.java

```
1  package com.aaa.p090301;
2  import java.util.Date;
3
4  public class Demo0915 {
5      public static void main(String[] args) {
```

```
6              Date date = new Date();
7              System.out.println(date);
8              long dateLong = System.currentTimeMillis();    // 获取当前时间距标准基准时间的毫秒数
9              Date date2 = new Date(dateLong);
10             System.out.println(date2);
11         }
12     }
```

程序的运行结果如下：

```
Mon May 03 21:57:21 CST 2021
Mon May 03 21:57:21 CST 2021
```

例 9-15 中，两种方式都是创建了一个 Date 对象，其中第 6 行是使用无参构造方法创建 Date 对象，表示系统当前时间；第 9 行使用有参构造方法创建 Date 对象，dateLong 是系统当前时间距离标准基准时间的毫秒数，该方法的本质就是将这个数值转换成 Date 日期时间格式。

📖**知识点拨**：System.currentTimeMillis()方法可用来获取系统当前时间距离标准基准时间（1970-01-01 00:00:00）的毫秒数。

2．Date 类的常用方法

在实际开发中，使用日期的地方一般都会涉及日期的操作，如日期的对比、获取年、获取月等。Date 类提供了很多相关的方法，其中大部分已经被其他日期类及其相关方法所取代，目前还比较常用的方法如表 9.10 所示。

表 9.10　Date 类目前最常用的方法

方　　法	方　法　描　述
boolean after(Date when)	判断当前日期对象是否在指定日期 when 之后
boolean before(Date when)	判断当前日期对象是否在指定日期 when 之前
long getTime()	获取自 1970-01-01 00:00:00 到当前日期对象的毫秒数
void setTime(long time)	设置当前 Date 对象的日期值，参数为毫秒数

接下来，通过案例来演示 Date 类的常用方法，如例 9-16 所示。

【例 9-16】　Demo0916.java

```
1   package com.aaa.p090301;
2   import java.text.ParseException;
3   import java.text.SimpleDateFormat;
4   import java.util.Date;
5
6   public class Demo0916 {
7       public static void main(String[] args) {
8           String birth1 = "1990-01-01";
9           String birth2 = "1990-02-01";
10          SimpleDateFormat format = new SimpleDateFormat("yyyy-MM-dd");
11          try {
12              Date birthDate1 = format.parse(birth1);    // 字符串birth1转换成日期
13              Date birthDate2 = format.parse(birth2);    // 字符串birth2转换成日期
14              boolean after = birthDate1.after(birthDate2);
15              boolean before = birthDate1.before(birthDate2);
16              // 1月1日在2月1日前边，因此为false
17              System.out.println("1.1 after 2.1比较结果为: " + after);
18              // 1月1日在2月1日前边，因此为true
19              System.out.println("1.1 before 2.1比较结果为: " + before);
20              System.out.println("获取所经历的毫秒值: " + birthDate1.getTime());
21          } catch (ParseException e) {
22              e.printStackTrace();
```

```
23          }
24      }
25  }
```

程序的运行结果如下：

```
1.1 after 2.1比较结果为：false
1.1 before 2.1比较结果为：true
获取所经历的毫秒值：631123200000
```

9.3.2 Calendar 类

Date 类中获取年、获取月、根据指定年月日进行对象创建等方法都已经不推荐使用，这些过时的方法很多都被 Calendar 类及其相关方法替代。Calendar 类也称日历类，同样位于 java.util 包中，可以指定年月日，可以获取年月日，也可以对日期进行加减运算。Calendar 类是一个抽象类，不可以用 new 关键字来创建对象，需要通过 getInstance()方法来获取实例，代表的是系统当前时间，也可以通过其子类 GregorianCalendar 类来创建对象。Calendar 类提供的常用方法如表 9.11 所示。

表 9.11　Calendar 类的常用方法

方　　法	方　法　描　述
Calendar getInstance()	返回一个系统当前日期的日历对象
void set(int year, int month, int date)	设置当前日期对象的 YEAR（年）、MONTH（月）、DAY_OF_MONTH（一个月的第几天）
void set(int year, int month, int date, int hourOfDay, int minute, int second)	设置当前日期对象的 YEAR（年）、MONTH（月）、DAY_OF_MONTH（一个月中的第几天）、HOUR_OF_DAY（一天中的小时）、MINUTE（分钟）、SECOND（秒）的值
void set(int field, int value)	将给定的日历字段 field 设置成指定值 value
void setTime(Date date)	将 Date 类型日期值设置给 Calendar 对象
void setTimeInMillis(long millis)	将给定的 long 毫秒数设置给 Calendar 对象
long getTimeInMillis()	返回 Calendar 对象对应的 long 毫秒数
Date getTime()	返回一个与之对应的 Date 对象
int get(int field)	返回指定日历字段的值
void add(int field, int amount)	根据日历规则，给指定的字段添加或者减去指定时间量

接下来，通过案例来演示 Calendar 日历类常用方法的使用，如例 9-17 所示。

【例 9-17】　Demo0917.java

```
1   package com.aaa.p090302;
2   import java.util.Calendar;
3
4   public class Demo0917 {
5       public static void main(String[] args) {
6           Calendar date = Calendar.getInstance();
7           int year = date.get(Calendar.YEAR);
8           int month = date.get(Calendar.MONTH) + 1;        // 注意：月份从0开始
9           int day = date.get(Calendar.DAY_OF_MONTH);
10          System.out.println("系统当前时间：" + year
11                  + "年" + month + "月"
12                  + day + "日");
13          Calendar date2 = Calendar.getInstance();
14          date2.set(2022,0,1,0,0,0);                        // 设置年月日时分秒，月份0开始
15
16          long dlong1 = date.getTimeInMillis();             // 获取当前日期的毫秒值
```

```
17          long dlong2 = date2.getTimeInMillis();        // 获取2022-1-1的毫秒值
18          // 计算两个毫秒值之间的差并换算成天
19          long daym = (dlong2 - dlong1) / (24 * 60 * 60 * 1000);
20          System.out.println("距离2022年元旦还有: " + daym + "天");
21      }
22  }
```

程序的运行结果如下：

```
系统当前时间: 2021年5月3日
距离2022年元旦还有: 242天
```

9.3.3 LocalDate 类和 LocalTime 类

JDK 1.8 中，新增了 LocalDate 类、LocalTime 类、LocalDateTime 类等几个日期时间类，位于 java.time 包中，都是不可变的。在日期时间的处理上，这些类提供了更丰富的方法以及更清晰的格式，逐渐替代了之前的 Date 类。

1. LocalDate 类

LocalDate 类用来表示日期，只有年月日，没有时分秒。LocalDate 类不能通过 new 关键字来创建对象，它提供了两种获取对象的方法：一个是使用 now()方法获取系统当前时间；另外一个是使用 of(int year, int month, int dayOfMonth)根据指定年月日来创建日期对象。具体语法如下：

```
LocalDate 变量名 = LocalDate.now();
LocalDate 变量名 = LocalDate.of(年,月,日);
```

除 now()和 of()方法外，LocalDate 类还提供了获取日期信息、日期运算、格式化的方法，常用方法如表 9.12 所示。

表 9.12　LocalDate 类的常用方法

方　　法	方　法　描　述
LocalDate now()	获取当前日期
LocalDate of(int year, int month, int dayOfMonth)	根据参数设置日期，参数分别为年、月、日
int getDayOfMonth()	获取当前日期是所在月的第几天
DayOfWeek getDayOfWeek()	获取当前日期所在星期，是一个 DayOfWeek 枚举类的值
int getDayOfYear()	获取当前日期是所在年的第几天
Month getMonth()	获取当前日期所在月份，是一个 Month 枚举类的值
int getMonthValue()	获取当前日期所在月份的数值
int lengthOfMonth()	获取当前日期所在月份有多少天
int lengthOfYear()	获取当前日期所在年有多少天
boolean isEqual(ChronoLocalDate other)	判断两个日期是否相同
boolean isLeapYear()	获取当前日期所在年是否为闰年
LocalDate withDayOfMonth(int dayOfMonth)	指定当前月的第几天，返回一个新的日期，不影响当前
LocalDate withDayOfYear(int dayOfYear)	指定当前年的第几天，返回一个新的日期，不影响当前
LocalDate withMonth(int month)	指定月，返回一个新的日期，不影响当前
LocalDate withYear(int year)	指定年，返回一个新的日期，不影响当前
LocalDate minusDays(long days)	将当前日期减 days 天，返回一个新的日期，不影响当前
LocalDate minusWeeks(long weeks)	将当前日期减 weeks 周，返回一个新的日期，不影响当前
LocalDate minusMonths(long months)	将当前日期减 months 月，返回一个新的日期，不影响当前
LocalDate minusYears(long years)	将当前日期减 years 年，返回一个新的日期，不影响当前
LocalDate plusDays(long days)	将当前日期加 days 天，返回一个新的日期，不影响当前

续表

方　　法	方 法 描 述
LocalDate plusWeeks(long weeks)	将当前日期加 weeks 周，返回一个新的日期，不影响当前
LocalDate plusMonths(long months)	将当前日期加 months 月，返回一个新的日期，不影响当前
LocalDate plusYears(long years)	将当前日期加 years 年，返回一个新的日期，不影响当前

接下来，通过案例来演示 LocalDate 类常用方法的使用，如例 9-18 所示。

【例 9-18】 Demo0918.java

```java
package com.aaa.p090303;
import java.time.LocalDate;

public class Demo0918 {
    public static void main(String[] args) {
        LocalDate date = LocalDate.now();
        System.out.println("系统当前日期: " + date);
        LocalDate ofDate = LocalDate.of(2021 , 12 , 12);
        System.out.println("of获取的日期信息: " + ofDate);
        // 该方法会返回一个新的日期对象，对原来的日期对象并不会更改
        ofDate = ofDate.withDayOfMonth(30);        // 参数是这个月的第30天
        System.out.println("withDayOfMonth(30): " + ofDate);
        ofDate = ofDate.withDayOfYear(30);         // 参数是这一年的第30天
        System.out.println("withDayOfYear(30): " + ofDate);
        ofDate = ofDate.plusDays(30);              // 加30天，返回一个新的日期
        System.out.println("plusDays(30): " + ofDate);
        System.out.println("getMonthValue:" + ofDate.getMonthValue());
        System.out.println("lengthOfMonth:" + ofDate.lengthOfMonth());
        System.out.println("lengthOfYear:" + ofDate.lengthOfYear());
        System.out.println("两个日期是否相等: " + ofDate.isEqual(date));
    }
}
```

程序的运行结果如下：

```
系统当前日期: 2021-05-03
of获取的日期信息: 2021-12-12
withDayOfMonth(30): 2021-12-30
withDayOfYear(30): 2021-01-30
plusDays(30): 2021-03-01
getMonthValue:3
lengthOfMonth:31
lengthOfYear:365
两个日期是否相等: false
```

例 9-18 中，每次调用日期操作方法时都需要重新赋值，因为 LocalDate 对象不可变，方法返回的都是一个新的对象。

2．LocalTime 类

LocalTime 类产生的对象是一个不可变的时间对象，以纳秒精度表示，此类只存储时分秒，而不存储日期和时区。LocalTime 类也不能通过 new 关键字来创建对象，它同样提供了两个获取对象的方法：一个是使用 now() 获取系统当前时间；另外一个是 of() 方法，这个是一个重载的方法，可以根据指定小时、分钟来获取对象，也可以根据指定小时、分钟、秒来获取对象，还可以根据指定小时、分钟、秒、纳秒来获取对象。具体语法如下：

```java
LocalTime 变量名 = LocalTime.now();
LocalTime 变量名 = LocalTime.of(时,分);
LocalTime 变量名 = LocalTime.of(时,分,秒);
LocalTime 变量名 = LocalTime.of(时,分,秒,纳秒);
```

除 now()和 of()方法外，LocalTime 类还提供了获取时间信息、进行时间运算、格式化的方法，常用方法与 LocalDate 类相类似，此处不在一一说明。

接下来，通过案例来演示 LocalTime 类常用方法的使用，如例 9-19 所示。

【例 9-19】　Demo0919.java

```
1   package com.aaa.p090303;
2   import java.time.LocalTime;
3
4   public class Demo0919 {
5       public static void main(String[] args) {
6           LocalTime time = LocalTime.now();
7           System.out.println("系统当前时间: " + time);
8           LocalTime ofTime = LocalTime.of(12,12,12);
9           System.out.println("of获取的时间信息: " + ofTime);
10          ofTime = ofTime.withHour(20);                       // 设定小时为20
11          System.out.println("ofTime.withHour(20): " + ofTime);
12          ofTime = ofTime.plusMinutes(60);                    // 加60分钟
13          System.out.println("ofTime.plusMinutes(60): " + ofTime);
14          int hours = ofTime.getHour();                       // 获取小时
15          System.out.println("ofTime.getHour():" + hours);
16      }
17  }
```

程序的运行结果如下：

```
系统当前时间: 22:09:51.569664
of获取的时间信息: 12:12:12
ofTime.withHour(20): 20:12:12
ofTime.plusMinutes(60): 21:12:12
ofTime.getHour():21
```

以上案例中都没有对格式化进行讲解，会在后续章节中会进行详细讲解。

9.3.4　LocalDateTime 类

LocalDateTime 类可以设置年月日时分秒，是 LocalDate 类和 LocalTIme 类的综合，可以通过 now()和 of()方法获取对象。它同时含有 LocalDate 类和 LocalTime 类的方法，而且还提供了额外的转换方法。

接下来，通过案例来演示 LocalDateTime 对象的获取以及常用方法的使用，如例 9-20 所示。

【例 9-20】　Demo0920.java

```
1   package com.aaa.p090304;
2   import java.time.LocalDate;
3   import java.time.LocalDateTime;
4   import java.time.LocalTime;
5
6   public class Demo0920 {
7       public static void main(String[] args) {
8           LocalDateTime dateTime = LocalDateTime.now();        // 通过now()获取系统当前时间
9           System.out.println("系统当前时间: " + dateTime);
10          LocalDateTime ofD = LocalDateTime.of(2021,12,12,10,10,10); // 通过of获取对象
11          System.out.println("通过of(年,月,日,时,分,秒)创建的时间: " + ofD);
12          LocalDate date = LocalDate.of(2021,12,12);
13          LocalTime time = LocalTime.of(10,10,10);
14          // 通过LocalDate和LocalTime组合成LocalDateTime对象
15          LocalDateTime ofD1 = LocalDateTime.of(date,time);
16          System.out.println("LocalDate与LocalTime组合时间: " + ofD1);
17          ofD = ofD.withDayOfMonth(2);                         // 指定月
18          System.out.println("ofD.withDayOfMonth(2):" + ofD);
```

```
19          ofD = ofD.plusMonths(1);                          // 加1个月
20          System.out.println("ofD.plusMonths(1):" + ofD);
21          LocalDate localDate = ofD.toLocalDate();          // 获取LocalDate
22          System.out.println("ofD.toLocalDate():" + localDate);
23          // LocalDate加上LocalTime组成LocalDateTime
24          LocalDateTime dateTime1 = localDate.atTime(LocalTime.now());
25          System.out.println("localDate.atTime(LocalTime.now()):" + dateTime1);
26      }
27  }
```

程序的运行结果如下：

```
系统当前时间: 2021-04-30T09:29:08.197235300
通过of(年,月,日,时,分,秒)创建的时间: 2021-12-12T10:10:10
LocalDate与LocalTime组合时间: 2021-12-12T10:10:10
ofD.withDayOfMonth(2):2021-12-02T10:10:10
ofD.plusMonths(1):2022-01-02T10:10:10
ofD.toLocalDate():2022-01-02
localDate.atTime(LocalTime.now()):2022-01-02T09:29:08.213225500
```

例 9-20 中，演示了 LocalDateTime 对象的多种获取形式和常用方法，基本操作与 LocalDate
对象和 LocalTime 对象一样。除此之外，还演示了几个类之间的转换，第 15 行是将 LocalDate 对
象和 LocalTime 对象通过 of()方法组合成 LocalDateTIme 对象，第 24 行是通过 atTime()方法将两
者组合成一个 LocalDateTime 对象，第 21 行是从 LocalDateTIme 对象中获取一个 LocalDate 对象。

9.3.5 日期时间格式化类

通过以上实例不难看出，根据所用日期类的不同，程序输出结果的格式也有所不同，并且
都不太符合常规显示习惯。因此，需要引入日期时间格式化类，将日期时间转换成指定格式的
字符串。例如，将日期"Fri Apr 23 20:50:51 CST 2021"格式转换为"2021-04-23 20:50:51 周五"。
除此之外，实际开发中经常会录入如"1990-01-05"这样的日期字符串，这些日期字符串没有
办法进行日期比较以及一些日期运算，因此需要将其转换成日期时间格式进行操作。Java 中提
供了多种方式来实现这些功能，本节将针对常用的日期时间格式化类（DateFormate 类、
SimpleDateFormat 类、DateTimeFormatter 类）进行详细讲解。

1. DateFormat 类格式化

DateFormat 类是一个抽象类，不能使用关键字 new 来创建对象，可以通过该类中提供的静
态方法来获取一个实例对象，可以根据需要的格式选择不同的静态方法，但是不能自定义格式。
该类提供了 format()方法来实现将日期时间对象格式化成字符串，同时提供了 parse()方法来实
现将字符串解析成日期时间对象，具体说明如表 9.13 所示。

表 9.13 DateFormat 类对象获取方法及常用格式化方法

分　　类	方　　法	方 法 描 述
对象的获取方法	static DateFormat getDateTimeInstance()	获取具有默认格式化风格和默认语言环境的日期时间格式
	static DateFormat getDateTimeInstance(int dateStyle , int timeStyle, Locale locale)	获取具有指定日期格式化风格、指定时间格式化风格和指定语言环境的日期时间格式。其中，格式化风格有以下几种： SHORT：完全为数字 MEDIUM：较长 LONG：更长 FULL：完全指定

续表

分　类	方　　法	方 法 描 述
对象的获取方法	static DateFormat getInstance()	获取日期时间格式化风格都使用 SHORT 风格的格式化器
格式化方法	String format(Date date)	将日期根据指定格式格式化成字符串
	Date parse(String source)	将给定的字符串解析成日期时间对象，如果字符串和格式不匹配，运行时会抛出 ParseException 异常

接下来，通过案例来演示 DateFormat 类对象的获取以及常用方法的使用，如例 9-21 所示。

【例 9-21】　Demo0921.java

```
1   package com.aaa.p090305;
2   import java.text.DateFormat;
3   import java.text.ParseException;
4   import java.util.Date;
5   import java.util.Locale;
6
7   public class Demo0921 {
8       public static void main(String[] args) {
9           System.out.println("---------------日期格式化成指定格式的字符串---------");
10          Date date = new Date();
11          DateFormat f1 = DateFormat.getInstance();        // 日期时间格式化风格都使用SHORT
12          System.out.println("SHORT风格: " + f1.format(date));
13          f1 = DateFormat.getDateTimeInstance(DateFormat.FULL, DateFormat.FULL,
14              Locale.CHINA);                               // 指定风格和环境
15          System.out.println("FULL风格和中文环境: " + f1.format(date));
16          f1 = DateFormat.getDateTimeInstance();           // 默认风格，默认语言环境
17          System.out.println("默认风格和默认语言环境: " + f1.format(date));
18          System.out.println("---------------将字符串解析成日期对象------------");
19          String birth = "2019年10月26日 上午11:11:11";
20          try {
21              Date date1 = f1.parse(birth);
22              System.out.println("转换后的日期: " + date1);
23          } catch (ParseException e) {
24              e.printStackTrace();
25          }
26      }
27  }
```

程序的运行结果如下：

```
---------------日期格式化成指定格式的字符串---------
SHORT风格: 2021/4/30 上午11:19
FULL风格和中文环境: 2021年4月30日星期五 中国标准时间 上午11:19:39
默认风格和默认语言环境: 2021年4月30日 上午11:19:39
---------------将字符串解析成日期对象------------
转换后的日期: Sat Oct 26 11:11:11 CST 2019
```

例 9-21 分为两部分，前半部分用来展示日期格式化成字符串，3 个方法分别展示的是 SHORT 风格、FULL 风格以及默认的 MEDIUM 风格的显示；后半部分展示的是字符串解析成日期，注意字符串的格式必须和声明的 DateFormat 对象格式一致，否则会出现异常。

2. SimpleDateFormat 类格式化

SimpleDateFormat 类是 DateFormat 类的子类，可以自定义格式。该类可以通过 new 关键字来创建对象，同样提供了 format()方法与 parse()方法进行日期和字符串之间的转换，其常用方法如表 9.14 所示。

表 9.14　SimpleDateFormat 类常用的构造方法与成员方法

分　类	方　法	方 法 描 述
构造 方法	SimpleDateFormat(String pattern)	指定日期格式创建一个 SimpleDateFormat 对象
	SimpleDateFormat(String pattern, Local local)	指定日期的格式和地区创建一个 SimpleDateFormat 对象，这里的 local 参数对星期显示有关键作用
成员 方法	String format(Date date)	将日期根据指定格式格式化成字符串
	Date parse(String source)	将符合格式的字符串转换成日期对象，如果字符串 和格式不匹配，运行时会抛出 ParseException 异常

接下来，通过案例来演示 SimpleDateFormat 类常用方法的使用，如例 9-22 所示。

【例 9-22】　Demo0922.java

```
1   package com.aaa.p090305;
2   import java.text.ParseException;
3   import java.text.SimpleDateFormat;
4   import java.util.Date;
5   import java.util.Locale;
6
7   public class Demo0922 {
8       public static void main(String[] args) {
9           System.out.println("---------日期格式成字符串---------");
10          Date date = new Date();
11          System.out.println("没有格式化之前的日期: " + date);
12          SimpleDateFormat f1 ;                        // 定义地区为中国
13          f1 = new SimpleDateFormat("yyyy-MM-dd HH:mm:ss EE",Locale.CHINA);
14          String strDate = f1.format(date);
15          System.out.println("格式化之后: " + strDate);
16          SimpleDateFormat f2 ;                        // 定义地区为美国
17          f2 = new SimpleDateFormat("yyyy-MM-dd HH:mm:ss EE",Locale.US);
18          String strDate1 = f2.format(date);
19          System.out.println("定义位置为美国来进行格式化: " + strDate1);
20          SimpleDateFormat f3 ;
21          f3 = new SimpleDateFormat("yyyy-MM-dd");         // 定义地区为默认
22          String strDate2 = f3.format(date);
23          System.out.println("只保留年月日格式化: " + strDate2);
24          System.out.println("-----------字符串解析成日期对象-----------");
25          String birth = "1990-10-10";        // 字符串需要和下边定义的格式一致，否则转换不成功
26          SimpleDateFormat f4 = new SimpleDateFormat("yyyy-MM-dd");
27          try {
28              Date birthDate = f4.parse(birth);
29              System.out.println("字符串转换成日期: " + birthDate);
30          } catch (ParseException e) {
31              e.printStackTrace();
32          }
33      }
34  }
```

程序的运行结果如下：

```
---------日期格式成字符串---------
没有格式化之前的日期: Fri Apr 30 11:47:05 CST 2021
格式化之后: 2021-04-30 11:47:05 周五
定义位置为美国来进行格式化: 2021-04-30 11:47:05 Fri
只保留年月日格式化: 2021-04-30
-----------字符串解析成日期对象-----------
字符串转换成日期: Wed Oct 10 00:00:00 CST 1990
```

例 9-22 中，第 13 行按照中国习惯进行格式化声明，第 17 行按照美国习惯进行格式化声明，对比二者格式化结果可以发现，在星期方面差距很大。

注意：格式规则中 yyyy 代表年，MM 代表月，dd 代表日，HH 代表小时（24 小时制），hh 代表小时（12 小时制），mm 代表分钟，ss 代表秒，E 代表星期，S 代表毫秒，D 代表一年中的第几天，w 代表一年中的第几个星期，W 代表一月中的第几星期，a 代表上下午标识。

3．DateTimeFormatter 类格式化

Java8 新增的日期时间 API，除了前边讲解的 LocalDate 类、LocalTime 类、LocalDateTime 类以外，还包括用于日期时间格式化的 DateTimeFormatter 类。它与 SimpleDateFormat 类的区别在于：DateTimeFormatter 类是线程安全的，而 SimpleDateFormat 类是线程不安全的；DateTimeFormatter 类可以格式化 LocalDate、LocalDateTime、LocalTIme 对象，而 SimpleDateFormat 类一般用来格式化 Date 对象。

DateTimeFormatter 类提供了 ofPattern(String pattern)方法进行格式化设置，参数 pattern 的定义规则是：yyyy 代表年、MM 代表月、dd 代表日、HH 代表 24 小时制的小时、hh 代表 12 小时制的小时、mm 代表分钟、ss 代表秒。这个类格式化日期有两种形式：

❖　使用 DateTimeFormatter 类的 format()方法。

❖　使用 LocalDate 类、LocalDateTime 类、LocalTime 类的 format()方法。

接下来，通过案例来演示使用 DateTimeFormatter 类分别将 LocalDateTime 类型、LocalDate 类型、LocalTime 类型的对象格式化成字符串，如例 9-23 所示。

【例 9-23】　Demo0923.java

```
1   package com.aaa.p090305;
2   import java.time.LocalDate;
3   import java.time.LocalDateTime;
4   import java.time.LocalTime;
5   import java.time.format.DateTimeFormatter;
6
7   public class Demo0923 {
8       public static void main(String[] args) {
9           LocalDateTime dateTime = LocalDateTime.now();
10          System.out.println("LocalDateTime原始格式:" + dateTime);
11          // 定义一个格式为"年-月-日 时：分：秒"
12          DateTimeFormatter f1 = DateTimeFormatter.
13                              ofPattern("yyyy-MM-dd HH:mm:ss");
14          // 定义一个格式为"年-月-日"
15          DateTimeFormatter f2 = DateTimeFormatter.ofPattern("yyyy-MM-dd");
16          // 定义一个格式为"时：分：秒"
17          DateTimeFormatter f3 = DateTimeFormatter.ofPattern("HH:mm:ss");
18          System.out.println("-------LocalDateTime的format()方法格式化-------");
19          // LocalDateTime的format方法
20          String dateStr = dateTime.format(f1);
21          System.out.println("yyyy-MM-dd HH:mm:ss格式化后: " + dateStr);
22          dateStr = dateTime.format(f2);
23          System.out.println("yyyy-MM-dd格式化后: " + dateStr);
24          System.out.println("-----DateTimeFormatter的format()方法格式化-----");
25          // DateTimeFormatter的format方法
26          dateStr = f1.format(dateTime);
27          System.out.println("yyyy-MM-dd HH:mm:ss格式化后: " + dateStr);
28          dateStr = f2.format(dateTime);
29          System.out.println("yyyy-MM-dd格式化后: " + dateStr);
30          System.out.println();
31          System.out.println();
32
33          LocalDate localDate = LocalDate.now();
34          System.out.println("LocalDate原始格式: " + localDate);
```

```
35          System.out.println("--------LocalDate的format()方法格式化--------");
36          // LocalDate的格式中只能有年月日
37          dateStr = localDate.format(f2);
38          System.out.println("yyyy-MM-dd格式化后: " + dateStr);
39          System.out.println("----DateTimeFormatter的format()方法格式化----");
40          // DateTimeFormatter的format方法
41          dateStr = f2.format(localDate);
42          System.out.println("yyyy-MM-dd格式化后: " + dateStr);
43          System.out.println();
44          System.out.println();
45
46          LocalTime localTime = LocalTime.now();
47          System.out.println("LocalTime原始格式: " + localTime);
48          System.out.println("---------LocalTime的format()方法格式化---------");
49          // LocalTime的格式中不能有年月日
50          dateStr = localTime.format(f3);
51          System.out.println("HH:mm:ss格式化后: " + dateStr);
52          System.out.println("-----DateTimeFormatter的format()方法格式化-----");
53          // DateTimeFormatter的format方法
54          dateStr = f3.format(localTime);
55          System.out.println("HH:mm:ss格式化后: " + dateStr);
56      }
57 }
```

程序的运行结果如下：

```
LocalDateTime原始格式:2021-04-30T14:39:04.869342200
-------LocalDateTime的format()方法格式化-------
yyyy-MM-dd HH:mm:ss格式化后: 2021-04-30 14:39:04
yyyy-MM-dd格式化后: 2021-04-30
-----DateTimeFormatter的format()方法格式化-----
yyyy-MM-dd HH:mm:ss格式化后: 2021-04-30 14:39:04
yyyy-MM-dd格式化后: 2021-04-30


LocalDate原始格式: 2021-04-30
--------LocalDate的format()方法格式化--------
yyyy-MM-dd格式化后: 2021-04-30
----DateTimeFormatter的format()方法格式化----
yyyy-MM-dd格式化后: 2021-04-30


LocalTime原始格式: 14:39:04.884332700
---------LocalTime的format()方法格式化---------
HH:mm:ss格式化后: 14:39:04
-----DateTimeFormatter的format()方法格式化-----
HH:mm:ss格式化后: 14:39:04
```

需要特别强调的是，LocalDate、LocalTime、LocalDateTime 这 3 种类型的对象格式化成字符串用的都是 DateTimeFormatter 类，但是定义格式的要求不同。其中，LocalDateTime 对象可以使用年月日时分秒，LocalDate 对象中只能有年月日，LocalTime 对象中不能有年月日。

4. DateTimeFormatter 类解析字符串

DateTimeFormatter 类可以将日期格式化成字符串，也可以将字符串解析成日期对象，有如下两种形式可以实现：

❖ 使用 LocalDate、LocalDateTime、LocalTime 类的 parse(CharSequence text, DateTimeFormatter formatter)方法。

❖ 使用 DateTimeFormatter 类的 parse()方法配合相关日期时间类的 from()方法，该方式相对于第一种方式而言比较麻烦。

接下来，通过案例来演示使用 DateTimeFormatter 将字符串格式化成日期对象，如例 9-24 所示。

【例 9-24】　Demo0924.java

```
1   package com.aaa.p090305;
2   import java.time.LocalDate;
3   import java.time.LocalDateTime;
4   import java.time.LocalTime;
5   import java.time.format.DateTimeFormatter;
6   import java.time.temporal.TemporalAccessor;
7
8   public class Demo0924 {
9       public static void main(String[] args) {
10          DateTimeFormatter f1 = DateTimeFormatter.
11                          ofPattern("yyyy-MM-dd HH:mm:ss");
12          DateTimeFormatter f2 = DateTimeFormatter.ofPattern("yyyy-MM-dd");
13          DateTimeFormatter f3 = DateTimeFormatter.ofPattern("HH:mm:ss");
14          System.out.println("----LocalDateTime类的parse()方法解析字符串----");
15          String dateStr = "2011-01-01 12:12:12";
16          LocalDateTime dateTime = LocalDateTime.parse(dateStr,f1);
17          System.out.println("LocalDateTime日期格式: " + dateTime);
18          System.out.println("--DateTimeFormatter类的parse()方法解析字符串--");
19          TemporalAccessor dateTime1= f1.parse(dateStr);
20          dateTime = LocalDateTime.from(dateTime1);
21          System.out.println("LocalDateTime日期格式: " + dateTime);
22          System.out.println("------LocalDate类的parse()方法解析字符串------");
23          dateStr = "2011-01-11";
24          LocalDate date = LocalDate.parse(dateStr,f2);
25          System.out.println("LocalDate日期格式: " + date);
26          System.out.println("------LocalTime类的parse()方法解析字符串------");
27          String timeStr = "11:11:11";
28          LocalTime time = LocalTime.parse(timeStr,f3);
29      System.out.println("LocalTime日期格式: " + time);
30      }
31  }
```

程序的运行结果如下：

```
----LocalDateTime类的parse()方法解析字符串----
LocalDateTime日期格式: 2011-01-01T12:12:12
--DateTimeFormatter类的parse()方法解析字符串--
LocalDateTime日期格式: 2011-01-01T12:12:12
------LocalDate类的parse()方法解析字符串------
LocalDate日期格式: 2011-01-11
------LocalTime类的parse()方法解析字符串------
LocalTime日期格式: 11:11:11
```

例 9-24 中，被解析的字符串格式需和 DateTimeFormatter 对象创建时设置的参数格式保持一致，否则会抛出 DateTimeParseException 异常。

9.4　系统相关类

9.4.1　System 类

System 类对于大家来说其实并不陌生，向控制台打印信息的 System.out.println()方法就是 System 类提供的。System 类位于 java.lang 包中，没有构造方法，提供了大量的静态方法，可以获取与系统相关的信息以及系统级操作。本节将介绍该类的常用方法。

1. currentTimeMillis()方法

currentTimeMillis()方法的声明语句是 static long currentTimeMillis()，该方法用于获取当前系统时间，返回的是毫秒值，表示系统当前时间距离标准基准时间（1970-01-01 00:00:00）的毫秒数。这个方法在前文已经使用过，此处不再介绍。

2. arraycopy()方法

arraycopy()方法的声明语句是 static void arraycopy(Object src, int srcPos, Object dest, int destPos, int length)，该方法可将数组中指定的数据复制到另一个数组中。其中，src 为源数据，srcPos 为源数据中的开始位置，dest 为目标数组，destPos 为目标数据中的开始位置，length 为要复制的数组元素的数量。

接下来，通过案例来演示 arraycopy()方法的使用，如例 9-25 所示。

【例 9-25】 Demo0925.java

```
1   package com.aaa.p090401;
2   import java.util.Arrays;
3
4   public class Demo0925 {
5       public static void main(String[] args) {
6           int[] src = new int[]{11,22,33,44,55,66};          // 源数组
7           int[] dest = new int[]{111,222,333,444};           // 目标数组
8           System.out.println("源数组: " + Arrays.toString(src));
9           System.out.println("目标数组复制前内容: " + Arrays.toString(dest));
10          System.arraycopy(src, 2, dest, 1, 2);              // 调用arraycopy()方法
11          System.out.println("目标数组复制后内容: " + Arrays.toString(dest));
12      }
13  }
```

程序的运行结果如下：

```
源数组: [11, 22, 33, 44, 55, 66]
目标数组复制前内容: [111, 222, 333, 444]
目标数组复制后内容: [111, 33, 44, 444]
```

例 9-25 中，从结果可以看出，arraycopy()方法从源数组复制数据并放到目标数组中，会覆盖目标数组中原来位置的内容，并不是插入。

3. gc()方法

gc()方法的声明语句是 static void gc()，该方法用来建议 JVM 赶快启动垃圾回收器。只是建议启动，JVM 是否启动又是另外一回事。

接下来，通过案例来演示 gc()方法的使用，如例 9-26 所示。

【例 9-26】 Demo0926.java

```
1   package com.aaa.p090401;
2
3   class Student {
4       String name;
5       public Student(String name) {
6           this.name = name;
7       }
8       @Override
9       protected void finalize() throws Throwable {
10          super.finalize();
11          System.out.println(name + "被回收了");
```

```
12          }
13      }
14  public class Demo0926 {
15      public static void main(String[] args) {
16          for(int i = 1;i <= 8;i++) {
17              new Student("对象" + i);
18              System.gc();
19          }
20      }
21  }
```

程序的运行结果如下：

```
对象1被回收了
对象3被回收了
对象4被回收了
对象2被回收了
对象5被回收了
对象6被回收了
对象7被回收了
对象8被回收了
```

例 9-26 中，通过循环语句多次调用 gc() 方法是因为它仅仅是建议回收，不一定能触发垃圾回收机制，因此多调用几次加大触发的概率。

注意：finalize() 方法是 Object 类的一个方法，此处 Student 类将其重写，这个方法会在垃圾回收时被调用。

4．getProperty() 方法

getProperty() 方法的声明语句是 static String getProperty(String key)，该方法用于根据系统的属性名获取对应的属性值。

接下来，通过案例来演示 getProperty() 方法的使用，如例 9-27 所示。

【例 9-27】　Demo0927.java

```
1   package com.aaa.p090401;
2
3   public class Demo0927 {
4       public static void main(String[] args) {
5           String osName = System.getProperty("os.name");
6           System.out.println("操作系统的类型: " + osName);
7           String javaHome = System.getProperty("java.home");
8           System.out.println("JDK的根路径: " + javaHome);
9           String pathStr = System.getProperty("java.vm.version");
10          System.out.println("JVM虚拟机版本:" + pathStr);
11      }
12  }
```

程序的运行结果如下：

```
操作系统的类型: Windows 10
JDK的根路径: C:\Program Files\Java\jdk-15.0.2
JVM虚拟机版本:15.0.2+7-27
```

例 9-27 中，JDK 的路径和安装路径有关，如果安装路径更改则这个路径输出会与本书不一致。这个案例只输出了 3 个属性值，实际有很多，大家可以根据需要更改属性名来获取不同的属性值。

5．exit() 方法

exit() 方法的声明语句是 static void exit(int status)，该方法用于退出 JVM，参数为 0 表示正

常退出，非 0 表示异常退出。退出 JVM 后，后面的代码将不再执行。无论参数传 0 还是传 1，JVM 都会退出。

9.4.2　Runtime 类

Runtime 类封装了运行时的环境。每个 Java 应用程序都有一个 Runtime 类的实例，使应用程序能够与运行的环境相连接。不能实例化一个 Runtime 对象，这个类是一个单例，可以通过 getRuntime 方法获取当前 Runtime 运行时对象的引用。一旦得到当前的 Runtime 对象引用，就可以调用 Runtime 对象的方法去控制 Java 虚拟机的状态和行为。

Runtime 的功能主要有：查看系统内存、终止 JVM 虚拟机、运行系统程序等，其常用方法如表 9.15 所示。

表 9.15　Runtime 类的常用方法

方　法	方 法 描 述
Runtime getRuntime()	用于获取 Runtime 实例
long freeMemory()	用于返回 Java 虚拟机的空闲内存量
long maxMemory()	用于返回 Java 虚拟机试图使用的最大内存量
long totalMemory()	用于返回 Java 虚拟机的内存总量
void exec(String command)	用于根据指定的路径执行对应的可执行文件

接下来，通过案例来演示 Runtime 类常用方法的使用，如例 9-28 所示。

【例 9-28】　Demo0928.java

```
1  package com.aaa.p090402;
2  import java.io.IOException;
3
4  public class Demo0928 {
5      public static void main(String[] args) {
6          Runtime runtime = Runtime.getRuntime();        // 获取Runtime实例
7          System.out.println("虚拟机中的空闲内存量:" + runtime.freeMemory());
8          System.out.println("虚拟机试图使用的最大内存量:" + runtime.maxMemory());
9          System.out.println("虚拟机中的内存总量:" + runtime.totalMemory());
10         try {
11             runtime.exec("calc");                       // 运行指定可执行文件
12         } catch (IOException e) {
13             e.printStackTrace();
14         }
15     }
16 }
```

程序的运行结果如图 9.2 所示。

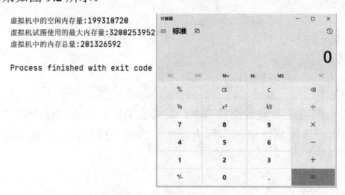

图 9.2　例 9-28 的运行结果

例 9-28 中，先获取 Runtime 实例。然后通过这个实例调用 Runtime 类中的 freeMemory ()
方法，获取 Java 虚拟机中的空闲内存量。接着调用 maxMemory() 方法，获取 Java 虚拟机试图
使用的最大内存量。再接着调用 totalMemory() 方法，获取 Java 虚拟机中的内存总量。最后调用
exec() 方法打开计算器，由于 Windows 中自带的计算器可以使用 calc 命令打开，所以调用 exec()
方法时只需要输入字符串"calc"即可。

9.5　包　装　类

Java 中的八大基本数据类型不能直接视为对象操作，无法赋值为 null，也不能用在泛型中，
如果字符串想转换成数字也无法直接通过强转达到。也就是说，基本数据类型简化了开发，但
是也给实际开始带来了诸多干扰，为了解决这些不足，Java 提供了包装类，主要作用是将基本
数据类型封装在包装类中。

包装类就是基本数据类型和对象之间的一个桥梁，可以进行相互转换。将基本数据类型转换
为对象的过程即是装箱，将对象转换为基本数据类型的过程即是拆箱。JDK 1.5 起，提供了自
动拆装箱，即基本数据类型和其封装类可以自动转换。Java 中基本数据类型的包装类如表 9.16
所示。

表 9.16　基本数据类型包装类

基本数据类型	包　装　类	基本数据类型	包　装　类
byte	Byte	Float	Float
short	Short	Double	Double
int	Integer	Char	Character
long	Long	Boolean	Boolean

9.5.1　数值型包装类

8 种基本数据类型中有 4 个整型，它们的包装类分别为 Byte 类、Short 类、Integer 类、Long
类；两个浮点型，包装类分别为 Double 类、Float 类。这些类都是 Number 类的子类，包含的方
法和使用方式都基本一致，因此在此只介绍 Integer 类，其他数值类型的包装类大家可以参考学
习。Integer 对象的获取有多种方式，具体如表 9.17 所示。

表 9.17　Integer 对象的获取方式

方　　法	方　法　描　述
new Integer(int value)	构造方法，以 int 型为参数创建一个 Integer 对象
new Integer(String s)	构造方法，以 String 字符串为参数创建一个 Integer 对象，这个字符串必须包含的是数字，否则会出现 NumberFormatException 异常
static Integer valueOf(String s)	把该 String 字符串转化成 Integer 对象，如果 String 中存储的不是数字会出现异常
Static Integer valueOf(int i)	把 int 类型包装成一个 Integer 对象
static Integer getInteger(String nm)	根据指定的名称得到系统属性的整数值。参数将被认为是系统属性的名称，没有将返回 null
直接赋值数字的常量值	使用自动装箱进行对象获取

表 9.17 所示的 Integer 对象的获取方法的具体实例如下：

```
Integer int1 = new Integer(11111);
```

```
Integer int2 = new Integer("11111");      // 不推荐
Integer int3 = 11111;                     // 使用自动装箱进行对象获取
Integer int4 = Integer.valueOf(11111);
Integer int5 = Integer.valueOf("11111");
```

如表 9.18 所示，列出了 Integer 类的常用方法。

表 9.18　Integer 类的常用方法

方　　法	方 法 描 述
static int parseInt(String s)	将字符串转换成 int 类型
static String toBinaryString(int i)	将数字转换成二进制进行显示
static String toHexString(int i)	将数字转换成十六进制进行显示
static String toOctalString(int i)	将数字转换成八进制进行显示
boolean equals(Object obj)	比较对象中存储的内容是否相等
int intValue()	以 int 型返回该对象的值
byte byteValue()	以 byte 型返回该对象的值
short shortValue()	以 short 型返回该对象的值

接下来，通过案例来演示 Integer 类常用方法的使用，如例 9-29 所示。

【例 9-29】　Demo0929.java

```
1  package com.aaa.p090501;
2
3  public class Demo0929 {
4      public static void main(String[] args) {
5          int i = Integer.parseInt("123");                        // 字符串转换成数字
6          String two = Integer.toBinaryString(111);
7          System.out.println("二进制: " + two);
8          String six = Integer.toHexString(111);
9          System.out.println("十六进制: " + six);
10         String eight = Integer.toOctalString(111);
11         System.out.println("八进制: " + eight);
12         Integer inte = new Integer(111);
13         Integer inte1 = new Integer(111);
14         System.out.println("inte==inte1: " + (inte == inte1));
15         System.out.println("inte.equals(inte1): " + inte.equals(inte1));
16     }
17 }
```

程序的运行结果如下：

```
二进制: 1101111
十六进制: 6f
八进制: 157
inte==inte1:false
inte.equals(inte1):true
```

例 9-29 中，使用 Integer 声明的整数是引用数据类型；使用 “==” 比对的是地址，由于使用 new 关键字的形式创建对象每次都会开辟新的空间，因此比对结果返回的是 false；而 equals() 方法对比的是存储内容，因此比对结果返回的是 true。

除了表 9.18 列出的常用方法以外，Integer 类还提供了以下几个常量。

❖　MAX_VALUE：表示 int 类型可取最大值，为 2 的 31 次方减 1。

❖　MIN_VULUE：表示 int 类型可取的最小值，为-2 的 31 次方。

❖　SIZE：表示用来以二进制补码形式表示 int 值的位数。

其他数值型的相关封装类与 Integer 类似，在此不再一一说明。

9.5.2　Boolean 类

Boolean 类是 boolean 类型的包装类，提供了将 boolean 类型包装成一个对象的方法、String 类型和 boolean 类型转换的方法，以及一些其他常用方法和常量。Boolean 对象的获取有多种方式，具体如表 9.19 所示。

表 9.19　Boolean 对象的获取方式

方　　法	方 法 描 述
new Boolean(Boolean value)	构造方法，以 boolean 型为参数创建一个 Boolean 对象
new Boolean(String s)	构造方法，以 String 字符串为参数创建一个 Boolean 对象，这个字符串必须是双引号包括的 true 才是 true，否则都是 false
static Boolean valueOf(String s)	把该 String 字符串转换成 Boolean 对象
static Boolean valueOf(boolean b)	把 boolean 类型包装成一个 Boolean 对象
直接赋值 boolean 类型的常量值	使用自动装箱进行对象获取

表 9.19 所示的 Boolean 对象的获取方法的具体实例如下：

```
Boolean b1 = new Boolean(true);
Boolean b2 = new Boolean("true");
Boolean b3 = Boolean.valueOf("true");
Boolean b4 = true;
```

如表 9.20 所示，列出了 Boolean 类的常用方法。

表 9.20　Boolean 类的常用方法

方　　法	方 法 描 述
static boolean parseBoolean(String s)	将字符串转换成 boolean 类型，这个字符串必须是双引号包括的 true 才是 true，否则都是 false
boolean equals(Object obj)	比较对象中存储的内容是否相等
boolean booleanValue()	以 boolean 类型返回该对象的值

接下来，通过案例来演示 Boolean 类常用方法的使用，如例 9-30 所示。

【例 9-30】　Demo0930.java

```
1   package com.aaa.p090502;
2
3   public class Demo0930 {
4       public static void main(String[] args) {
5           // 将字符串转换成boolean类型，必须"true"才是true，否则都是false
6           boolean b3 = Boolean.parseBoolean("true");
7           Boolean b1 = new Boolean(true);
8           Boolean b2 = new Boolean("true");
9           System.out.println("b1.booleanValue():" + b1.booleanValue());
10          System.out.println("b1==b2: " + (b1 == b2));
11          System.out.println("b1.equals(b2):" + (b1.equals(b2)));
12      }
13  }
```

程序的运行结果如下：

```
b1.booleanValue():true
b1==b2:false
b1.equals(b2):true
```

9.5.3 Character 类

Character 类是 char 类型的包装类，该类提供了很多方法可以实现字符和数字转换、字符大小写之间的转换。Character 对象的获取有多种方式，具体如表 9.21 所示。

表 9.21 Character 对象的获取方式

方　　法	方 法 描 述
new Character(char value)	构造方法，以 char 型为参数创建一个 Character 对象
static Character valueOf(char c)	把 char 值转换成 Character 对象
直接赋值 char 类型的常量值	使用自动装箱进行对象获取

表 9.21 所示的 Character 对象的获取方法的具体实例如下：：

```
Character char1 = new Character('c');
Character char2 = 'C';
Character char3 = Character.valueOf('c');
```

如表 9.22 所示，列出了 Character 类的常用方法。

表 9.22 Character 类的常用方法

方　　法	方 法 描 述
boolean equals(Object obj)	比较对象中存储的内容是否相等
static boolean isLetter(char c)	用于判断指定字符是否为字母
static boolean isDigit(char c)	用于判断指定字符是否为数字
static boolean isUpperCase(char c)	用于判断指定字符是否为大写字母
static boolean isLowerCase(char c)	用于判断指定字符是否为小写字母
static char toUpperCase(char c)	用于将小写字符转换为大写
static char toLowerCase(char c)	用于将大写字符转换为小写

接下来，通过案例来演示 Character 类常用方法的使用，如例 9-31 所示。

【例 9-31】 Demo0931.java

```
1   package com.aaa.p090503;
2
3   public class Demo0931 {
4       public static void main(String[] args) {
5           System.out.println("isUpperCase('c'):" + Character.isUpperCase('c'));
6           System.out.println("isLowerCase('c'):" + Character.isLowerCase('c'));
7           System.out.println("isLetter('c'):" + Character.isLetter('c'));
8           System.out.println("isDigit('c'):" + Character.isDigit('c'));
9           System.out.println("toUpperCase('c'):" + Character.toUpperCase('c'));
10      }
11  }
```

程序的运行结果如下：

```
isUpperCase('c'):false
isLowerCase('c'):true
isLetter('c'):true
isDigit('c'):false
toUpperCase('c'):C
```

9.6 数学相关类

Java 语言提供了丰富的数字处理类，包括 Math 类、BigInteger 类、Random 类以及数字格式化类。本节将对这些类做详细讲解。

9.6.1　Math 类

Math 类的作用是进行一些数学运算，位于 java.lang 包中。该类包含了许多用于执行基本数学运算的常量以及函数方法。

Math 类中的常量主要有 PI（圆周率）、E（自然对数底数）等；方法主要有取整数、绝对值、最大值、最小值、对数、平方根和三角函数等。Math 类的方法都是以 static 的形式定义的，因此这些方法可以在主函数中直接调用（Math.数学方法）。

Math 类中常用的数学运算方法如表 9.23 所示。

表 9.23　Math 类的常用方法

方　　法	方　法　描　述
static int abs(int a)	该方法用于计算参数的绝对值，参数可以是整形（int）、长整型（long）、单精度浮点型（float）、双精度浮点型（double）
static double ceil(double a)	该方法用于计算>=给定参数的最小整数
static double floor(double a)	该方法用于计算<=给定参数的最大整数
static double rint(double a)	该方法用于计算与参数最接近的整数，返回 double 类型值
static int round(float a)	该方法用于计算参数四舍五入后的结果
static int min(int a, int b)	该方法用于计算两个参数中的最小值，参数可以是整形（int）、长整型（long）、单精度浮点型（float）、双精度浮点型（double）
static int max(int a, int b)	该方法用于计算两个参数中的最大值
static double random()	该方法用于生成一个随机数
static double pow(double a, double b)	该方法用于计算指数函数的值
static double sqrt(double a)	该方法用于计算参数开平方的结果

接下来，通过案例来演示 Math 类常用方法的使用，如例 9-32 所示。

【例 9-32】　Demo0932.java

```
1    package com.aaa.p090601;
2
3    public class Demo0932 {
4        public static void main(String[] args) {
5            System.out.println("-----------------常量部分-----------");
6            System.out.println("圆周率PI:" + Math.PI);
7            System.out.println("自然对数底数E:" + Math.E);
8            System.out.println("-----------------常用方法-----------");
9            System.out.println("-20绝对值: " + Math.abs(-20));
10           System.out.println(">=6.01的最小整数: " + Math.ceil(6.01));
11           System.out.println("<=6.01的最大整数: " + Math.floor(6.01));
12           // rint获取的是最近的整数，如果两个整数一样近，返回偶数那一个
13           System.out.println("6.5最接近的整数: " + Math.rint(6.5));
14           System.out.println("6.5四舍五入后的结果: " + Math.round(6.5));
15           System.out.println("最小值: " + Math.min(6,8));
16           System.out.println("最大值: " + Math.max(6,8));
17           // 生成大于等于0小于1的随机数，类型是double
18           System.out.println("随机数: " + Math.random());
19           System.out.println("3的2次方: " + Math.pow(3,2));
20           System.out.println("4的平方根: " + Math.sqrt(4));
21       }
22   }
```

程序的运行结果如下：

```
-----------------常量部分-----------
圆周率PI:3.141592653589793
自然对数底数E:2.718281828459045
-----------------常用方法-----------
-20绝对值: 20
>=6.01的最小整数：7.0
<=6.01的最大整数：6.0
6.5最接近的整数：6.0
6.5四舍五入后的结果: 7
最小值: 6
最大值: 8
随机数: 0.13786516645597535
3的2次方：9.0
4的平方根: 2.0
```

9.6.2　BigInteger 类

在 Java 语言中，提供了用于进行大数字运算的 BigInteger 类，该类位于 java.math 包中，被称为大整数类。BigInteger 类型的数字范围要比 Integer 类型的数字范围大得多，并且支持任意精度的整数。

要使用 BigInteger 类，首先需要创建一个 BigInteger 对象。BigInteger 类提供了多种构造方法，其中最常用的是接收 String 类型参数的构造方法，具体语法如下：

```
BigInteger bigInteger = new BigInteger(String 数值型字符串);
```

BigInteger 类是一个引用数据类型，因此常规的运算符号（+、-、*、/）是不能使用的，可以通过该对象中相应的封装方法来进行操作。除了这些基础运算之外，该类还提供有求绝对值、相反数、最大公约数等的数学运算方法。

BigInteger 类中常用的数学运算方法如表 9.24 所示。

表 9.24　BigInteger 类的常用方法

方　　法	方　法　描　述
BigInteger add(BigInteger val)	加法运算
BigInteger subtract(BigInteger val)	减法运算
BigInteger multiply(BigInteger val)	乘法运算
BigInteger divide(BigInteger val)	除法运算
BigInteger remainder(BigInteger val)	取余数运算
BigInteger[] divideAndRemainder(BigInteger val)	除法运算，返回数组的第 1 个值为商，第 2 个值为余数
BigInteger pow(int exponent)	做参数的 exponent 次方运算
BigInteger negate()	取相反数
BigInteger min(BigInteger val)	返回较小的数值
BigInteger max(BigInteger val)	返回较大的数值

接下来，通过案例来演示 BigInteger 类常用方法的使用，如例 9-33 所示。

【例 9-33】　Demo0933.java

```
1    package com.aaa.p090602;
2    import java.math.BigInteger;
3    import java.util.Scanner;
4
5    public class Demo0933 {
6        public static void main(String[] args) {
7            BigInteger bigA = new BigInteger("100000");
```

```
8              BigInteger bigB = new BigInteger("200000");
9              System.out.println("A+B的值: " + bigA.add(bigB));
10             System.out.println("A-B的值: " + bigA.subtract(bigB));
11             System.out.println("A×B的值: " + bigA.multiply(bigB));
12             System.out.println("A÷B的值: " + bigA.divide(bigB));
13             System.out.println("取余数: " + bigA.remainder(bigB));
14             System.out.println("A÷B的值（返回数组）: "
15                     + "--商: " + bigA.divideAndRemainder(bigB)[0]
16                     + "--余数: " + bigA.divideAndRemainder(bigB)[1]);
17             System.out.println("A取相反数: " + bigA.negate());
18             System.out.println("A、B比较返回小值: " + bigA.min(bigB));
19             System.out.println("A、B比较返回大值: " + bigA.max(bigB));
20         }
21 }
```

程序的运行结果如下：

```
A+B的值: 300000
A-B的值: -100000
A×B的值: 20000000000
A÷B的值: 0
取余数: 100000
A÷B的值（返回数组）: --商: 0--余数: 100000
A取相反数: -100000
A、B比较返回小值: 100000
A、B比较返回大值: 200000
```

9.6.3　Random 类

Random 类位于 java.util 包中，该类用于生成一个伪随机数，也就是按照一定规则生成的随机数。在进行随机数生成时，随机算法的起源数字被称之为种子数（seed），在种子数的基础上按照相应规则进行变换，从而产生需要的随机数字。相同种子数的 Random 对象，相同次数生成的随机数字是完全相同的。

该类有两个构造方法：一个构造方法使用默认的种子（以当前时间作为种子），另一个构造方法需要我们显式传入一个 long 型整数作为种子：

```
public Random()                        // 以当前时间作为种子
public Random(long seed)               // 自定义随机数生成器种子
```

与 Math 类中的 random() 方法相比，Random 类提供了更多的方式来生成各种伪随机数，既可以生成浮点类型的伪随机数，也可以生成整数类型的伪随机数，并且还可以指定生成随机数的范围。

Random 类中常用的方法如表 9.25 所示。

表 9.25　Random 类的常用方法

方　　法	方　法　描　述
boolean nextBoolean()	返回一个随机的布尔值
double nextDouble()	返回一个 0~1.0 的随机双精度型值，包括 0，不包括 1.0
int nextInt()	返回一个随机整数
int nextInt(int n)	返回一个 0~n 的随机整数，包括 0，不包括 n
void setSeed(long seed)	设置 Random 对象中的种子数
long nextLong()	返回一个随机长整型值
float nextFloat()	返回一个随机浮点型值

接下来，通过案例来演示 Random 类常用方法的使用，如例 9-34 所示。

【例 9-34】 Demo0934.java

```
1  package com.aaa.p090603;
2  import java.util.Random;
3
4  public class Demo0934 {
5      public static void main(String[] args) {
6          Random r1 = new Random();
7          double num1 = r1.nextDouble();                    // 生成一个[0,1.0)区间的小数
8          System.out.println("[0,1.0)区间小数: " + num1);
9          double num2 = r1.nextDouble() * 2;                // 生成一个[0,2.0)的小数
10         System.out.println("[0,2.0)区间的小数: " + num2);
11         int num3 = r1.nextInt();                          // 生成一个任意整数
12         System.out.println("随机整数: " + num3);
13         int num4 = r1.nextInt(5);                         // 生成一个[0,5)区间的整数
14         System.out.println("[0,5)区间的整数: " + num4);
15         int num5 = r1.nextInt(18) - 3;                    // 生成一个[-3,15)区间的整数
16         System.out.println("[-3,15)区间的整数: " + num5);
17         // 相同种子数的Random对象，相同次数生成的随机数字是相同的
18         Random r2 = new Random(20);
19         Random r3 = new Random(20);
20         for (int i = 0;i < 5;i++) {
21             System.out.println("r2生成整数: " + (r2.nextInt(18) - 3));
22             System.out.println("r3生成整数: " + (r3.nextInt(18) - 3));
23         }
24     }
25 }
```

程序的运行结果如下：

```
[0,1.0)区间小数: 0.8630062058747404
[0,2.0)区间的小数: 0.7852189438727106
随机整数: 1533148188
[0,5)区间的整数: 2
[-3,15)区间的整数: 0
r2生成整数: 14
r3生成整数: 14
r2生成整数: 13
r3生成整数: 13
r2生成整数: 6
r3生成整数: 6
r2生成整数: 12
r3生成整数: 12
r2生成整数: 2
r3生成整数: 2
```

9.6.4 数字格式化

Java 语言中，提供了两个可以用于完成数字格式化的类，一个是 NumberFormat 类，一个是 DecimalFormat 类。

1. NumberFormat 类格式化

NumberFormat 类用于解析和格式化任何语言环境的数字，可以按照本地的语言风格进行数字的显示。例如，可以将一个数值格式化为符合某个国家或地区习惯的数值字符串，也可以将符合某个国家或地区习惯的数值字符串解析为相应的数值。同时，NumberFormat 类也是一个抽象类，是 Format 类的子类，不能直接通过 new 关键字来进行对象的创建。NumberFormat 类提供了很多静态方法用于获取其实例对象，具体如表 9.26 所示。

表 9.26 NumberFormate 类的对象获取方式

方　　法	方 法 描 述
static NumberFormat getInstance()	返回默认语言环境的通用数值格式
static NumberFormat getInstance(Locale inLocale)	返回指定语言环境的通用数值格式
static NumberFormat getCurrencyInstance()	返回当前默认语言环境的货币格式
static NumberFormat getCurrencyInstance(Locale inLocale)	返回指定环境的货币格式
static final NumberFormat getIntegerInstance()	返回当前默认环境的整数格式
static NumberFormat getIntegerInstance(Locale inLocale)	返回指定语言环境的整数格式
static final NumberFormat getNumberInstance()	返回当前默认环境的通用数值
static NumberFormat getNumberInstance(Locale inLocale)	返回指定语言环境的通用数值
static final NumberFormat getPercentInstance()	返回当前默认环境的百分比格式
static NumberFormat getPercentInstance(Locale inLocale)	返回指定语言环境的百分比格式

另外，NumberFormat 类提供的常用方法主要有两个，具体如表 9.27 所示。

表 9.27 NumberFormate 类的常用方法

方　　法	方 法 描 述
String format(数值)	将某个数值格式化为符合某个国家或地区习惯的数值字符串
Number parse(String source)	将符合某个国家或地区习惯的数值字符串解析为对应的数值

接下来，通过案例来演示 NumberFormat 类常用方法的使用，如例 9-35 所示。

【例 9-35】 Demo0935.java

```
1   package com.aaa.p090604;
2   import java.text.NumberFormat;
3   import java.text.ParseException;
4   import java.util.Locale;
5
6   public class Demo0935 {
7       public static void main(String[] args) throws ParseException {
8           NumberFormat nf = NumberFormat.getInstance();
9           // 将数值格式化为符合某个国家或地区习惯的数值字符串
10          int price = 13;
11          System.out.println("price:" + price);
12          System.out.println("以默认语言格式化price:" + nf.format(price));
13          nf = NumberFormat.getCurrencyInstance(Locale.US);
14          System.out.println("以US格式化price:" + nf.format(price));
15          nf = NumberFormat.getCurrencyInstance(Locale.FRANCE);
16          System.out.println("以FRANCE格式化price:" + nf.format(price));
17          // 将符合某个国家或地区习惯的数值字符串解析为对应的数值
18          nf = NumberFormat.getCurrencyInstance(Locale.US);
19          String str = "$13.00";
20          Number n = nf.parse(str);
21          System.out.println("将$13.00格式化为数值: " + n.doubleValue());
22          // 其他格式化
23          double d = 0.35;
24          nf = NumberFormat.getPercentInstance();
25          System.out.println("0.35的百分比: " + nf.format(d));
26      }
27  }
```

程序的运行结果如下：

```
price:13
以默认语言格式化price:13
以US格式化price:$13.00
以FRANCE格式化price:13,00 €
```

```
将$13.00格式化为数值: 13.0
0.35的百分比: 35%
```

2. DecimalFormat 类格式化

DecimalFormat 类是 NumberFormat 类的一个具体子类，用于格式化十进制数字。使用该类格式化数字时要比直接使用 NumberFormat 类更加方便，因为可以直接按照用户自定义的方式进行相应的格式化操作，同时也支持解析和格式化任何语言环境以及不同类型的数字，包括整数、小数、科学计数法表示的数、百分数和货币金额等。需要注意的是，对于数值的小数部分，默认只是显示 3 位小数，当超出小数点后 3 位时，采用四舍五入的方法进行舍弃。DecimalFormat 类常用的实例化方法如表 9.28 所示。

表 9.28　DecimalFormat 类常用的实例化方法

方　　法	方　法　描　述
new DecimalFormat()	构造方法，使用默认语言环境的默认模式和符号创建对象
new DecimalFormat(String pattern)	构造方法，指定规则进行对象创建

DecimalFormat 类除了提供 format()和 parse()方法之外，还提供了 applyPattern(String pattern) 方法来自定义格式化规则。

接下来，通过案例来演示 DecimalFormat 类常用方法的使用，如例 9-36 所示。

【例 9-36】　Demo0936.java

```
1   package com.aaa.p090604;
2   import java.text.DecimalFormat;
3   import java.text.ParseException;
4
5   public class Demo0936 {
6       public static void main(String[] args) throws ParseException {
7           double PI = 3.1415926;
8           DecimalFormat df0 = new DecimalFormat();
9           df0.applyPattern("0.0000");                        // 设置格式规则
10          System.out.println("PI_0: " + df0.format(PI));     // 将数字格式化成指定格式的字符串
11          DecimalFormat df1 = new DecimalFormat("0.000");
12          System.out.println("PI_1: " + df1.format(PI));
13          String numStr = "11.111";
14          Number num = df1.parse(numStr);                    // 将字符串解析为对应的数值
15          System.out.println("df1.parse(numStr):" + num.doubleValue());
16      }
17  }
```

程序的运行结果如下：

```
PI_0: 3.1416
PI_1: 3.142
df1.parse(numStr):11.111
```

除了以上基本使用方法外，DecimalFormat 类还支持使用不同的符号来代表不同的格式，常用符号以及代表意义如表 9.29 所示。

表 9.29　DecimalFormat 类支持的符号含义

符　　号	位　　置	是否本地化	含　　义
0	数字	是	阿拉伯数字
#	数字	是	阿拉伯数字，如果不存在则显示为空
.	数字	是	小数分隔符或货币小数分隔符
-	数字	是	减号

续表

符　　号	位　　置	是否本地化	含　　义
,	数字	是	分组分隔符
E	数字	是	分隔科学计数法中的尾数和指数。在前缀或后缀中无须加引号
;	子模式边界	是	分隔正数和负数子模式
%	前缀或后缀	是	乘以 100 并显示为百分数
/u2030	前缀或后缀	否	乘以 1000 并显示为千分数
¤（/u00A4）	前缀或后缀	否	货币记号，由货币符号替换。如果两个同时出现，则用国际货币符号替换。如果出现在某个模式中，则使用货币小数分隔符，而不使用小数分隔符
'	前缀或后缀	否	用于在前缀或后缀中为特殊字符加引号。例如，"'#'#"将 123 格式化为"#123"。要创建单引号本身，请连续使用两个单引号，如"# o' 'clock"

*******************************内容扩展********************************

扫描右侧二维码获取如下内容

9.7　本章小结

9.8　理论测试与实践练习

****

第10章　集合与泛型

在程序中存储和处理多条数据时，之前通常使用数组来完成。但是，在使用数组时需要预先设定数组的长度，而在有些情况下数据是不断变化的，导致无法确定数组的长度。例如，要统计图书馆的图书信息，因为图书馆会经常购入、借出、归还图书，图书的信息很难确定，所以无法使用数组进行处理。为了解决这类问题，Java 提供了集合框架来解决复杂的数据存储。另外，在使用集合时，通常会使用泛型来限定集合中数据的类型，这样在取出集合中数据的时候可以省去类型转换的操作。本章将针对 java.util 包下的集合框架及泛型进行讲解，包含集合接口和类的使用、泛型的用法、集合常用工具类的使用。

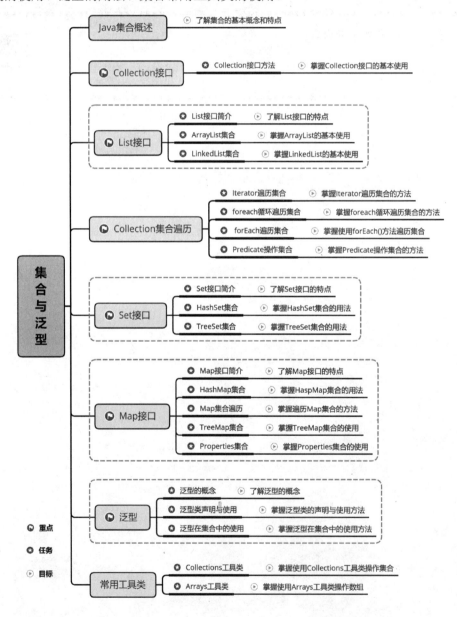

10.1　Java 集合概述

生活中人们使用容器装东西，而集合就类似于容器，可以进行数据的添加、删除、清空等操作。因此集合类也被称为容器类。

在 java.util 包中，有一系列可以使用的接口和类，这些接口和类统称为集合框架。在框架结构上，集合分为 List、Queue、Set 和 Map 四大体系，另外集合框架中的所有接口和类都派生于 Collection 和 Map 两个根接口。如图 10.1 所示，给出了 Java 集合框架图。

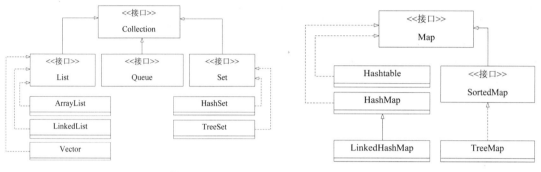

（a）Collection 根接口　　　　　　　　　　　　（b）Map 根接口

图 10.1　集合框架图

图 10.1 中，Collection 和 Map 是集合框架的两个根接口，派生出其他接口和类。List、Queue、Set 是 Collection 的子接口。List 存储数据的方式与数组类似，它添加的元素是有次序的，而且添加的元素可以重复，与数组不同的是 List 存储数据的长度是可变的。Set 集合中存储的数据都是无序的，把一个数据添加到 Set 集合后，Set 集合会以特定的规则存储数据，最终数据的存储和显示的次序是不一致的，另外 Set 集合中的元素不能重复。Queue 代表队列结构，能够实现元素的先进先出管理，它也有自己的实现类，但是由于很少使用，这里不再赘述。Map 集合存储数据的方式与 List 和 Set 不同，它里面的每项数据都是成对出现的，以键值对（key-value）方式存储，它的实现类有 HashMap 和 Hashtable，另外它还有一个子接口 SortedMap，能够实现以有序的方式存储键值对数据。

10.2　Collection 接口

Collection 接口是集合框架的顶级接口，是 List、Set 等接口的父接口，在 Collection 接口里定义的方法可用于操作 List 集合、Set 集合。Collection 接口里定义的操作集合元素的常用方法，如表 10.1 所示。

表 10.1　Collection 接口的常用方法

方　　法	方　法　描　述
oolean add(Object o)	添加一个 Object 类型的元素到集合中，并返回是否添加成功
oolean addAll(Collection c)	向集合中批量添加指定 Collection 中的所有元素，并返回是否添加成功
void clear()	清空集合中的所有元素
oolean contains(Object o)	判断某个元素是否包含在集合中，如果包含则返回 true
oolean containsAll(Collection c)	判断集合中是否包含了指定 Collection 中的所有元素，如果都包含返回 true

续表

方　法	方 法 描 述
boolean equals(Collection c)	比较当前集合对象与指定 Collection 集合对象是否相等
int hashCode()	返回当前 Collection 集合的哈希码值
Iterator iterator()	返回与当前 Collection 集合关联的迭代器对象
boolean remove(Object o)	删除当前集合中的指定元素
boolean removeAll(Collection c)	从当前集合中删除所有与指定集合 c 中相同的元素，如果当前集合中有元素被删除则返回 true
boolean retainAll(Collection c)	保留当前集合中那些也包含在指定集合 c 中的元素，如果当前集合在操作后元素有变化则返回 true
Object[] toArray()	返回当前 Collection 中所有元素组成的数组
boolean isEmpty()	判断当前集合是否为空。如果是则返回 true，否则返回 false
int size()	返回当前集合的元素个数

接下来，通过案例来演示 Collection 集合的一些常用方法的使用，如例 10-1 所示。

【例 10-1】 Demo1001.java

```
1    package com.aaa.p1002;
2    import java.util.ArrayList;
3    import java.util.Collection;
4    import java.util.HashSet;
5
6    public class Demo1001 {
7        public static void main(String[] args) {
8            Collection carList1 = new ArrayList();              // 创建ArrayList集合
9            carList1.add("保时捷");                               // 添加元素
10           carList1.add("兰博基尼");
11           carList1.add("劳斯莱斯");
12           System.out.println(carList1.size());                // 打印集合长度
13           System.out.println(carList1);                       // 打印集合内容
14           carList1.remove("兰博基尼");                          // 根据内容删除1个元素
15           System.out.println(carList1);                       // 再次打印集合内容
16           System.out.println("==================");          // 输出分隔符
17           Collection carList2 = new HashSet();                // 创建HashSet集合
18           carList2.add("宝马");                                // 添加元素
19           carList2.add("奔驰");
20           carList2.add("法拉利");
21           System.out.println(carList2.size());                // 打印集合长度
22           System.out.println(carList2);                       // 打印集合内容
23           carList2.clear();                                   // 清空集合
24           System.out.println(carList2.isEmpty());             // 打印集合是否为空
25           System.out.println(carList2);                       // 再次打印集合内容
26       }
27   }
```

程序的运行结果如下：

```
3
[保时捷, 兰博基尼, 劳斯莱斯]
[保时捷, 劳斯莱斯]
==================
[法拉利, 宝马, 奔驰]
3
true
[]
```

例 10-1 中，创建了两个 Collection 对象，一个是 carList1，它是 Collection 的实现类 ArrayList 的实例对象。另外一个是 carList2，它是 Collection 实现类 HashSet 的实例对象。虽然这两个是不同的实现类对象，但是由于两个实现类都实现了 Collection 接口，所以可以把它们当成 Collection 来使用，因此这两个对象都可以使用 add()方法向集合中添加元素。这种情况用到了 Java 的多态特性，关于多态大家可以查阅前文关于多态的内容。这段代码除了使用 add()方法向集合中添加元素外，还使用了 size()方法查看集合元素个数，通过 clear()方法清空集合元素，以及通过 isEmpty()方法判断集合是否为空。另外，在使用集合时，不要忘记使用 "import java.util.*;" 导包语句，导入集合类，否则程序会编译失败，提示找不到符号。

知识点拨：例 10-1 中，打印输出集合时，输出的都是集合元素拼接后的字符串内容。这是因为 Collection 的实现类重写了 Object 的 toString()方法，重写后的方法会将集合中的元素以字符串的方式拼接起来作为返回值。而在打印输出集合的时候，输出方法会自动调用集合重写的 toString()方法，所以集合中的元素都会以字符串拼接的方式被打印出来。

10.3　List 接口

List 是集合框架中使用频率比较高的一个接口，它的特点是存储的数据是有序的并且数据是可以重复的。List 接口中定义了一系列方法来处理集合中的数据，包含添加、修改、删除、遍历等操作。它的常用实现类有 ArrayList 类和 LinkedList 类。本节将详细讲解 List 接口的相关内容。

10.3.1　List 接口简介

List 是有序的 Collection，有序表示 List 中元素的存入和取出顺序保持一致，每一个元素都有一个索引位置来存放。使用 List 能够通过索引来访问集合中的指定位置的元素。另外，List 中的元素是可重复的。

List 接口继承 Collection 接口，并在 Collection 接口的基础上进行了扩充，拥有了比 Collection 接口更多的方法。这里给出了 List 接口的一些方法，如表 10.2 所示。

表 10.2　List 接口的常用方法

方　　法	方　法　描　述
void add(int index, Object o)	将 o 元素插入 List 集合中指定的 index 位置
boolean addAll(int index, Collection c)	在 index 位置插入 Collection 集合中的所有元素，如果添加后当前集合有变化则返回 true
Object get(int index)	获取 index 位置的元素
Object set(int index,Object o)	将 index 位置的元素替换为 o
Object remove(int index)	删除 index 位置的元素，并将删除的元素返回
int indexOf(Object o)	返回指定元素在 List 集合中首次出现时的索引，如果 List 集合不包含该元素则返回-1

List 接口有两个常用的实现类：ArrayList 和 LinkedList。ArrayList 以动态数组的方式实现 List 接口，而 LinkedList 以循环双链表的方式实现 List 接口，下面将分别讲解这两个实现类。

10.3.2　ArrayList 集合

ArrayList 是 List 接口的实现类，它内部是基于数组实现的，从 Collection 和 List 集合继承了很多方法，能够实现元素的添加、删除、修改和遍历等功能。可以通过 add(Object obj)方法实现元素的添加，通过 get(int index)方法实现元素的获取。

接下来，通过案例来演示 ArrayList 的基本使用，如例 10-2 所示。

【例 10-2】 Demo1002.java

```
1   package com.aaa.p100302;
2   import java.util.*;
3
4   public class Demo1002 {
5       public static void main(String[] args) {
6           List carList = new ArrayList();          // 创建ArrayList集合
7           carList.add("保时捷");                     // 向集合中添加元素
8           carList.add("兰博基尼");
9           // 打印集合中元素的个数
10          System.out.println("集合元素的个数:" + carList.size());
11          System.out.println(carList.get(0));       // 获取并打印集合中索引为0的元素
12      }
13  }
```

程序的运行结果如下：

```
集合元素的个数:2
保时捷
```

例 10-2 中，先创建一个名字为 carList 的 ArrayList 集合，然后向 carList 中添加两个元素，接着调用 size()方法输出 carList 集合中元素的个数，然后又通过 get()方法得到集合中索引为 0 的元素，并打印出来。需要注意的是，集合的索引下标从 0 开始，最大的索引下标是集合长度减 1，如果下标取值超出索引范围，则会发生 IndexOutOfBoundsException 异常。

知识点拨： ArrayList 通过自动扩容的机制实现容量的动态增加，底层是数组结构。因为底层是用数组实现的，所以 ArrayList 在插入和删除元素的时候处理效率不佳，因此不建议用 ArrayList 做大量增删操作。另外，由于 ArrayList 中的每个元素都有索引，所以元素查询效率很高，适合大量查询操作场景。

10.3.3　LinkedList 集合

LinkedList 也是 List 接口的一个实现类。LinkedList 底层的数据结构基于双向循环链表，链表中的每个元素都会通过对象引用的方式存储它前面的元素和后面的元素，从而将所有元素连接在一起，形成双向链表结构。在插入和删除元素时，只要修改前后两个关联的节点的对象引用关系即可完成操作。因此，对于频繁的插入或删除元素的操作，建议使用 LinkedList 类，效率较高。LinkedList 添加元素和删除元素的过程如图 10.2 所示。其中，插入元素就是让前后两个元素都关联引用新元素，删除元素就是让前后两个元素直接相互关联。

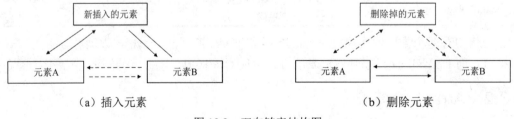

（a）插入元素　　　　　　　　　　　　　（b）删除元素

图 10.2　双向链表结构图

在图 10.2 中，插入新元素到元素 A 和元素 B 之间时，需要通过修改节点间的引用关系，将元素 A 和元素 B 分别直接和新元素建立关联，此时元素 A 和元素 B 原有的关联会自动断开，这样就完成了元素插入操作。在删除元素 A 和元素 B 之间的元素时，只需要修改节点间的引用关系，将元素 A 和元素 B 直接建立关联即可，此时这两个元素和被删除的元素的关联会自动断开，这样就完成了删除操作。

LinkedList 除了具备 List 的所有功能外，它还实现了 Deque（双端队列）接口，可以在集合的头部和尾部进行元素的添加和删除。这里给出 LinkedList 的一些常用方法，如表 10.3 所示。

表 10.3　LinkedList 接口的常用方法

方　　法	方 法 描 述
void add(int index,Object o)	在索引 index 的位置插入元素 o
void addFirst(Object o)	在集合的开头插入元素 o
void addLast(Object o)	在集合的结尾插入元素 o
Object getFirst()	获取集合的第 1 个元素
Object getLast()	获取集合的最后 1 个元素
Object removeFirst()	删除集合第 1 个元素并返回
Object removeLast()	删除集合最后 1 个元素并返回

接下来，通过案例来演示这些方法的使用，如例 10-3 所示。

【例 10-3】　Demo1003.java

```
1   package com.aaa.p100303;
2   import java.util.*;
3
4   public class Demo1003 {
5       public static void main(String[] args) {
6           LinkedList linkedList = new LinkedList();          // 创建LinkedList集合
7           linkedList.add("保时捷");                          // 向集合中添加元素
8           linkedList.add("兰博基尼");
9           linkedList.add("劳斯莱斯");
10          System.out.println(linkedList);                    // 打印集合中元素
11          linkedList.addLast("林肯");                        // 在集合尾部添加元素
12          linkedList.addFirst("布加迪");                     // 在集合头部添加元素
13          System.out.println(linkedList);                    // 打印添加元素后的集合
14          System.out.println(linkedList.removeLast());       // 删除并返回集合中最后一个元素
15      }
16  }
```

程序的运行结果如下：

```
[保时捷, 兰博基尼, 劳斯莱斯]
[布加迪, 保时捷, 兰博基尼, 劳斯莱斯, 林肯]
林肯
```

例 10-3 中，首先创建 LinkedList 集合对象，在集合中添加了 3 个元素，并打印输出。然后在集合尾部插入一个元素，接着在集合头部插入一个元素，打印输出集合内容，可以看出集合头部和尾部分别多出一个元素。最后删除集合尾部元素，并将删除的尾部元素打印出来。

10.4　Collection 集合遍历

遍历集合是进行 Java 程序开发时使用频率最高同时也是最重要的操作，本节将对遍历 Collection 集合的方式展开讲解。

10.4.1　Iterator 遍历集合

使用集合时，除了要对元素做添加、删除、修改操作，更多的时候需要遍历集合中的所有元素。Java 中有一个专门用于遍历集合的接口——Iterator，该接口中定义了迭代访问 Collection 中元素的方法，因此 Iterator 接口也被称为迭代器。Iterator 遍历对象主要使用两个方法：hasNext()和 next()，使用 hasNext()方法可以判断集合中是否有下一个元素，使用 next()可以取出集合的下一个元素。调用 Collection 接口的 iterator()方法能返回该集合的迭代器对象，通过这个迭代器对象就可以方便快捷地遍历对应的集合。Iterator 遍历集合的方式如图 10.3 所示。

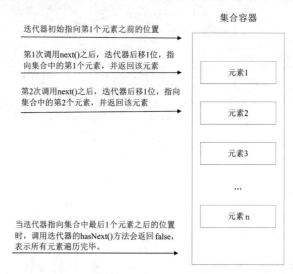

图 10.3　Iterator　遍历集合

在图 10.3 中，Iterator 在遍历集合中的元素时，它内部的指针开始会指向到第 1 个元素之前的位置，通过调用 next()方法，Iterator 的指针会后移一位，读取下一个元素。当指针指向最后一个元素之后的位置时，调用 hasNext()方法会返回 false，说明所有元素已经遍历完毕。

接下来，通过案例来演示如何使用 Iterator 遍历集合，如例 10-4 所示。

【例 10-4】　Demo1004.java

```
1   package com.aaa.p100401;
2   import java.util.*;
3
4   public class Demo1004 {
5       public static void main(String[] args) {
6           Collection coll = new ArrayList();        // 创建集合
7           coll.add("Bugatti");
8           coll.add("Porsche");
9           coll.add("Lamborghini");
10          Iterator i = coll.iterator();             // 获取Iterator对象
11          while (i.hasNext()) {                      // 判断集合中是否存在下一个元素
12              System.out.println(i.next());          // 打印集合中的元素
13          }
14      }
15  }
```

程序运行结果如下：

```
Bugatti
```

```
Porsche
Lamborghini
```

　　例 10-4 中，使用 Iterator 迭代器来遍历 ArrayList 集合。通过调用集合对象的 iterator()方法获得迭代器对象，然后调用迭代器的 hasNext()方法判断集合中是否有下一个元素，如果有则 hasNext()会返回 true，此时通过 next()方法可以取出集合中的下一个元素。需要注意的是，通过 next()方法获取元素之前，必须调用 hasNext()方法检测集合中是否存在元素，如果元素不存在，此时使用 next()方法取元素则会抛出 NoSuchElementException 异常。

　　📖**知识点拨**：Iterator 主要针对集合进行遍历，使用 Iterator 遍历集合时，每次获取元素前都需要先通过 hasNext()方法判断集合中是否有下一个元素，如果有才能调用 next()方法来取出元素。在 Iterator 第 1 次调用 next()方法时，Iterator 迭代器游标指向的是第 1 个元素之前的位置，实际上此时并没有指向任何元素，当第 1 次调用 next()方法后，迭代器的游标会后移一位，指向到集合中的第 1 个元素并会将该元素返回。通过循环调用 next()方法，就能将集合中的元素都遍历一遍。当 hashNext()方法返回 false 时，则说明迭代器游标指向到了集合末尾，此时需要停止遍历。

　　Iterator 迭代器遍历集合的用法步骤稍显复杂。除此之外，还有两种遍历集合的方法：使用 foreach 循环遍历集合和使用 forEach()遍历集合，下面详细讲解这两种遍历方式。

10.4.2　foreach 循环遍历集合

　　前文已经详细讲解过使用 foreach 循环遍历数组。但是，foreach 循环不仅能遍历数组，它也可以遍历集合。

　　接下来，通过案例来演示使用 foreach 循环遍历集合，如例 10-5 所示。

　　【例 10-5】　Demo1005.java

```
1   package com.aaa.p100402;
2   import java.util.*;
3
4   public class Demo1005 {
5       public static void main(String[] args) {
6           Collection cars = new ArrayList();          // 创建集合
7           cars.add("Bugatti");                        // 向集合中添加元素
8           cars.add("Porsche");
9           cars.add("Lamborghini");
10          for (Object object : cars) {                // 用foreach遍历集合中元素
11              System.out.println(object );            // 打印集合中取出来的每个元素
12          }
13      }
14  }
```

　　程序的运行结果如下：

```
Bugatti
Porsche
Lamborghini
```

　　例 10-5 中，首先创建了一个集合对象，添加 3 条数据。然后使用 foreach 循环遍历集合，每次循环时 foreach 都通过临时变量 object 存储当前遍历到的元素，并将元素打印输出。最终将集合中的所有元素都遍历一遍。这种通过 foreach 遍历集合的方式和之前遍历数组的方式基本一致。同样需要注意的是，在遍历集合元素的过程中，不能修改元素的数据，前文已经演示过这种情况，这里不再赘述。

10.4.3　forEach 遍历集合

在 Java 8 中，Iterable 接口新增了一个可以遍历集合的默认方法：forEach(Consumer action)。这个方法的参数类型（Consumer）是一个函数式接口，所以它可以接收一个 Lambda 表达式作为参数（Lambda 表达式将在第 11 章讲解）。另外，Iterable 接口是 Collection 集合接口的父接口，所以 Collection 集合的实现类都可以直接调用该方法，通过传入一个 Lambda 表达式来完成集合元素遍历。

接下来，通过案例来演示通过调用集合的 forEach(Consumer action)方法并传入 Lambda 表达式来遍历集合元素，如例 10-6 所示。

【例 10-6】　Demo1006.java

```
1   package com.aaa.p100403;
2   import java.util.ArrayList;
3   import java.util.Collection;
4
5   public class Demo1006 {
6       public static void main(String[] args) {
7           Collection cars = new ArrayList();          // 创建集合
8           cars.add("Bugatti");                         // 向集合中添加元素
9           cars.add("Porsche");
10          cars.add("Lamborghini");
11          cars.forEach(c->System.out.println(c));      // 调用forEach()方法遍历集合
12
13      }
14  }
```

程序的运行结果如下：

```
Bugatti
Porsche
Lamborghini
```

例 10-6 中，首先创建了一个集合对象，添加 3 条数据。然后通过调用集合对象的 forEach()方法，并传入一个 Lambda 表达式进行集合遍历。在遍历集合的时候，forEach()方法会自动将集合中的所有元素逐一传给 Lambda 表达式的形参 c，接着程序会执行 Lambda 的表达式的代码块，将元素打印输出，最终完成集合元素的遍历。

10.4.4　Predicate 操作集合

在学习完如何遍历集合后，现在来了解一下 Java 8 为 Collection 集合新增的一个方法：removeIf(Predicate filter)，该方法将会批量删除符合 filter 条件的所有元素。Predicate 是一种谓词动作接口，也就是一个函数式接口（第 11.2 节详细讲解），它可以关联一个具体的方法。通过这个方法可以对集合元素进行过滤操作。在 Java 程序中可使用 Lambda 表达式构建 Predicate 接口对象。

接下来，通过案例来演示 removeIf(Predicate filter)方法的用法，如例 10-7 所示。

【例 10-7】　Demo1007.java

```
1   package com.aaa.p100404;
2   import java.util.*;
3
```

```
4    public class Demo1007 {
5        public static void main(String[] args) {
6            List<String> books = new ArrayList<String>();
7            books.add("AAA软件Java大讲堂");
8            books.add("AAA软件HTML网页设计");
9            books.add("AAA软件C#程序设计");
10           books.add("AAA软件C语言教程");
11           books.add("AAA软件C++教程");
12           books.add("AAA软件Python精讲");
13           books.removeIf(book -> (book).length() < 12);        // 删除长度小于12的字符串
14           System.out.println(books);
15       }
16   }
```

程序的运行结果如下：

[AAA软件Java大讲堂, AAA软件HTML网页设计, AAA软件Python精讲]

例 10-7 中，第 13 行调用了 removeIf()方法批量删除集合中符合条件的元素，在该方法中传入一个 Lambda 表达式作为过滤条件，所有长度小于 12 的字符串元素都会被删除。

通过上面的案例可以了解到 Predicate 的好处，除此之外，在使用 Predicate 时还可以充分简化集合的运算。以例 10-7 程序中的 List 集合为例，假设程序有如下 3 个统计需求：

❖   在集合中统计出现"AAA 软件"字符串的数量。

❖   在集合中统计出现"Java"字符串的数量。

❖   在集合中统计出现长度大于 12 的字符串的数量。

此处所做的也只是一个假设，在实际开发过程中还可能有更多的统计需求。如果还是采用传统的编程方式来完成这些需求，则需要执行 3 次循环，但是采用 Predicate 方式只需要调用一下方法即可，如例 10-8 所示。

【例 10-8】   Demo1008.java

```
1    package com.aaa.p100404;
2    import java.util.ArrayList;
3    import java.util.List;
4    import java.util.function.Predicate;
5
6    public class Demo1008 {
7        public static void main(String[] args) {
8            List<String> books = new ArrayList<String>();
9            books.add("AAA软件Java大讲堂");
10           books.add("AAA软件HTML网页设计");
11           books.add("AAA软件C#程序设计");
12           books.add("AAA软件C语言教程");
13           books.add("AAA软件C++教程");
14           books.add("AAA软件Python精讲");
15           // 统计集合中出现"AAA软件"字符串的数量
16           System.out.println(count(books,
17                   book -> ((String) book).contains("AAA软件")));
18           // 统计集合中出现"Java"字符串的数量
19           System.out.println(count(books,
20                   book -> ((String) book).contains("Java")));
21           // 统计集合中出现长度大于12的字符串的数量
22           System.out.println(count(books,
23                   book -> ((String) book).length() > 12));
24       }
25       public static int count(List<String> books, Predicate predicate) {
```

```
26        int total = 0;
27        for (String book : books) {
28            // 使用Predicate的test()方法判断该对象是否满足指定的条件
29            if (predicate.test(book)) {
30                total++;
31            }
32        }
33        return total;
34    }
35 }
```

程序的运行结果如下：

```
6
1
2
```

例 10-8 中，定义了一个 count()方法，它使用 Predicate 来判断每个集合元素是否符合特定条件，条件将通过 Predicate 参数动态传入。从程序中第 17、20、23 行代码可以看到，在方法中传入了 3 个 Lambda 表达式，其目标类型都是 Predicate，这样 count()方法就只会统计满足Predicate 条件的对象。

10.5　Set 接口

在集合框架中，Set 集合与 List 集合有显著的区别，Set 集合存储的数据默认是无序并且不重复的，它的常用实现类有 HashSet 和 TreeSet，本节将详细讲解 Set 接口的使用。

10.5.1　Set 接口简介

Set 集合也继承自 Collection，它对 Collection 没有做额外的扩展。Set 集合中的元素具有无序、不能重复的特点。另外，Set 集合可以存储 null 值。

Set 接口的主要实现类是 HashSet 和 TreeSet。其中，HashSet 集合在存储元素时，会根据对象的哈希值将元素散列存放在集合中，这种方式可以实现高效存取。TreeSet 可以对集合中的元素排序，它的底层是用二叉树来实现的。它们存储的元素都是不能重复的。

10.5.2　HashSet 集合

HashSet 是 Set 接口的典型实现类。在使用 Set 集合时，实现类一般都用 HashSet。HashSet使用哈希算法来存储元素，因此存储和查找效率比较高。HashSet 存储元素时不能保证元素的顺序，也就是存储次序和显示次序会不一致，并且在多线程场景下使用不太安全。

HashSet 在添加元素时，会调用元素对象的 hashCode()方法得到该对象的哈希值，然后通过这个哈希值来决定该对象在集合中的存储位置。如果该位置没有元素，那么说明该元素在集合中是唯一的，就可以直接存入集合中。如果该位置上有元素，那么继续调用该元素的 equals()方法和集合中相同位置上的元素进行比较，如果 equals()方法返回为真，则说明该元素在集合中重复了，不能添加到集合中。否则，说明该元素也是唯一的，可以存入集合中，此时集合中同一个位置会存储两个元素。HashSet 添加元素的过程如图 10.4 所示。

接下来，通过案例来演示 HashSet 集合的使用，如例 10-9 所示。

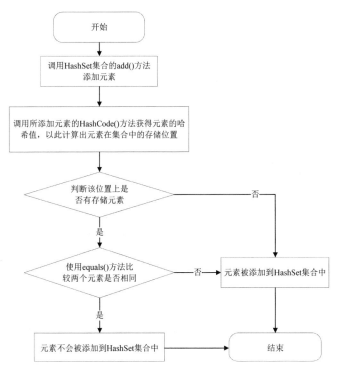

图 10.4　HashSet 集合添加元素过程

【例 10-9】　Demo1009.java

```
1   package com.aaa.p100502;
2   import java.util.*;
3
4   public class Demo1009{
5       public static void main(String[] args) {
6           Set set = new HashSet();              // 创建HashSet对象
7           set.add("布加迪");                     // 向集合中存储元素
8           set.add(null);
9           set.add("保时捷");
10          set.add("兰博基尼");
11          set.add("劳斯莱斯");
12          set.add("保时捷");
13          for (Object object : set) {            // 遍历集合
14              System.out.println(object);        // 打印集合中元素
15          }
16      }
17  }
```

程序的运行结果如下：

```
null
兰博基尼
布加迪
保时捷
劳斯莱斯
```

例 10-9 中，HashSet 集合存储元素时，先存入的是"布加迪"和"null"，后存入的是"保时捷"等，而最后所有元素的输出结果却不同，这证明了 HashSet 存储元素的无序性。但是，如果反复运行多次，会发现结果仍然不变，说明 HashSet 集合的存储也并不是随机的。另外，本例存入了两个"保时捷"，而运行结果中只有一个"保时捷"，说明 HashSet 的元素是不可重复的。

接下来，通过案例来演示在 HashSet 中存入没有重写 hashCode() 和 equals() 方法的对象时会有什么结果，如例 10-10 所示。

【例 10-10】 Demo1010.java

```
1    package com.aaa.p100502;
2    import java.util.*;
3
4    public class Demo1010{
5        public static void main(String[] args) {
6            Set set = new HashSet();                       // 创建HashSet对象
7            set.add(new Car ("保时捷",2000000));             // 向集合中存储元素
8            set.add(new Car ("兰博基尼",5000000));
9            set.add(new Car ("兰博基尼",5000000));
10           for (Object o : set) {                         // 遍历集合
11               System.out.println(o);                     // 打印集合中元素
12           }
13       }
14   }
15   class Car {
16       String brand;
17       int price;
18       public Car (String brand,int price){             // 构造方法
19           this.brand = brand;
20           this.price = price;
21       }
22       public String toString() {                        // 重写toString()方法
23           return brand + " - " + price + "元";
24       }
25   }
```

程序的运行结果如下：

```
保时捷 - 2000000元
兰博基尼 - 5000000元
兰博基尼 - 5000000元
```

运行结果打印了遍历出的集合元素，可运行结果中"兰博基尼 - 5000000 元"重复了。按照 HashSet 的特点，不应该在集合中出现重复元素。这是因为 Car 对象没有重写 hashCode() 和 equals() 方法，导致两个对象数据虽然相同，但是通过 hashCode() 方法生成的哈希值是不一样的，因此集合认为两个对象是不同的，所以都添加到了集合中。

接下来，在 Car 类中重写 hashCode() 和 equals() 方法，来解决例 10-10 中出现的问题，如例 10-11 所示。

【例 10-11】 Demo1011.java

```
1    package com.aaa.p100502;
2    import java.util.*;
3
4    public class Demo1011 {
5        public static void main(String[] args) {
6            Set set = new HashSet();                       // 创建HashSet对象
7            set.add(new Car ("保时捷",2000000));             // 向集合中存储元素
8            set.add(new Car ("兰博基尼",5000000));
9            set.add(new Car ("兰博基尼",5000000));
10           for (Object o : set) {                         // 遍历集合
11               System.out.println(o);                     // 打印集合中元素
12           }
13       }
```

```
14  }
15  class Car {
16      String brand;
17      int price;
18
19      public Car(String brand, int price) {        // 构造方法
20          this.brand = brand;
21          this.price = price;
22      }
23
24      public String toString() {                   // 重写toString()方法
25          return brand + " - " + price + "元";
26      }
27
28      public int hashCode() {
29          return Objects.hash(brand, price);       // 重写hashCode()方法
30      }
31
32      public boolean equals(Object object) {       // 重写equals()方法
33          if (this == object)                      // 判断当前对象与传进来的对象是否相等
34              return true;                         // 相等则返回true
35          if (!(object instanceof Car))            // 判断类型是否指向同一个类
36              return false;                        // 如果不同则返回false
37          Car car = (Car) object;                  // 向上转型
38          return price == car.price &&
39              Objects.equals(brand, car.brand);    // 对比每个变量返回最后的结果
40      }
41  }
```

程序的运行结果如下：

```
保时捷 - 2000000元
兰博基尼 - 5000000元
```

例 10-11 中，Car 对象重写了 hashCode()和 equals()方法，当调用 HashSet 的 add()方法添加元素时，HashSet 会先调用将要添加元素的 hashCode()方法得到元素的哈希值，用这个哈希值和已在集合中的元素的哈希值进行比较，查找集合中是否有哈希值相同的元素。如果有则进一步调用 equals()方法判断两个元素的类型和属性值是否相等，如果相等就说明新添加的元素在集合中已经存在，不再重复添加。因此，本例中 HashSet 会发现"兰博基尼-5000000 元"这个元素重复了，没有重复添加。

10.5.3　TreeSet 集合

Set 接口的另一个实现类是 TreeSet，TreeSet 集合中的元素也是不可重复的。TreeSet 底层是用自平衡的排序二叉树来实现的，所以 TreeSet 中的元素是可以进行排序的。二叉树结构是指每个节点元素最多有两个子节点的有序树。在整个二叉树结构中，每个节点和其子节点构成一个子树，其中左边的子节点被称为"左子树"，右边的子节点被称为"右子树"，节点本身被称为"根节点"。另外，使用二叉树存储数据时，要确保左子树的元素值小于根节点而右子树的元素值大于根节点。如图 10.5 所示，给出了二叉树的结构示意。

根据图 10.5 所示，当使用二叉树存储一个新元素时，会首先与二叉树结构中的第

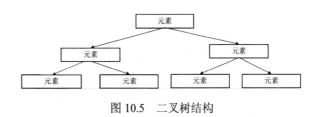

图 10.5　二叉树结构

1 个元素（整个二叉树的根元素）比较大小，如果小于根元素，那么新添加的元素就会进入左边的分支，并且继续和左边分支中的子元素比较大小，直到找到一个合适的位置进行存储。如果新加的元素大于第 1 个元素，则该元素会进入右边的分支，并且继续和右边分支中的子元素比较大小，直到找到一个合适的位置进行存储。对于 TreeSet 集合而言，如果新添加的数据和已有的数据重复，则不会再次添加。

为了便于读者更加直观地理解二叉树的使用，我们列举一个示例。例如，现在要存储这样一组数据：25、12、37、7、15、30、42、30，其最终的存储结果如图 10.6 所示。

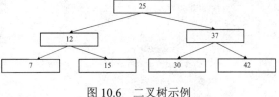

图 10.6　二叉树示例

图 10.6 中，按照次序将数据存入二叉树时，第 1 个数据是 25，会被作为根节点存储在二叉树的最顶端。存储第 2 个数据 12 时，因为它比根节点小，所以会被存入左子树。第 3 个数据 37，因为比根节点大，所以会被存入右子树。以此类推，后续要存入的数据都会先与各个子树的根节点比较大小，从而决定存入左子树还是右子树。另外，在存储 30 这个数据时，第 1 次被存储之后，再次存入时因为重复会被排除掉。根据二叉树的这种存储规则，TreeSet 集合实现了数据有序并且不重复的效果。

这里给出 TreeSet 的一些特有的常用方法，如表 10.4 所示。

表 10.4　TreeSet 类的常用方法

方　法	方　法　描　述
Comparator comparator()	针对定制排序和自然排序，该方法会返回不同的结果。如果 TreeSet 使用定制排序，则返回定制排序所使用的 Comparator 比较器对象；如果 TreeSet 使用自然排序，则返回 null
Object first()	获取集合中第 1 个元素
Object last()	获取集合中最后一个元素
Object lower(Object o)	获取集合中位于 o 之前的元素
Object higher(Object o)	获取集合中位于 o 之后的元素
SortedSet subset(Object o1, Object o2)	获取此 Set 的子集合，范围从 o1（包括）到 o2（不包括）
SortedSet headset(Object o)	获取此 Set 的子集合，范围小于元素 o
SortedSet tailSet(Object o)	获取此 Set 的子集合，范围大于或等于元素 o

接下来，通过案例来演示 TreeSet 集合常用方法的具体使用，如例 10-12 所示。

【例 10-12】　Demo1012.java

```
1    package com.aaa.p100503;
2    import java.util.*;
3
4    public class Demo1012 {
5        public static void main(String[] args) {
6            TreeSet tree = new TreeSet();              // 创建TreeSet集合
7            tree.add(60);                              // 添加元素
8            tree.add(180);
9            tree.add(360);
10           tree.add(120);
11           tree.add(560);
12           System.out.println(tree);                  // 打印集合
13           System.out.println(tree.first());          // 打印集合中第1个元素
14           // 打印集合中大于等于100小于400的元素
15           System.out.println(tree.subSet(100, 400));
```

```
16          }
17      }
```

程序的运行结果如下：

```
[60, 120, 180, 360, 560]
60
[120, 180, 360]
```

例 10-12 中，添加元素时没有按数值大小顺序添加，但是打印结果中的数据都是有序的。这说明 TreeSet 集合会根据元素实际值的大小进行排序。另外输出结果还显示了集合中第 1 个元素和集合中大于等于 100 小于 400 的元素，也都是按排好的顺序打印的。

TreeSet 有两种排序方法：自然排序和定制排序，其中自然排序是默认的排序规则，下面来讲解这两种不同的排序方式。

1．自然排序

Java 提供了一个 Comparable 接口，在这个接口中定义了一个 compareTo(Object obj)方法。实现类实现了 Comparable 接口的这个方法，就可以进行大小比较。例如，o1.compareTo(o2)，如果该方法返回一个正整数，则说明 o1 大于 o2；如果该方法返回一个负整数，则说明 o1 小于 o2；如果该方法返回 0，则说明 o1 和 o2 相等。

TreeSet 添加元素时，会调用要添加元素的 compareTo(Object obj)方法和集合中的元素比较大小，根据比较结果将元素按升序排序，这就是自然排序。

📖**知识点拨**：Java 的很多常用类已经实现了 Comparable 接口，并实现了比较大小的方式，如基本类型的包装类都实现了此接口。

在使用 TreeSet 集合时，添加的元素必须实现 Comparable 接口，否则程序会抛出 ClassCastException 异常。接下来，通过案例来演示这种情况，如例 10-13 所示。

【例 10-13】 Demo1013.java

```
1   package com.aaa.p100503;
2   import java.util.*;
3
4   class Car {
5   }
6   public class Demo1013 {
7       public static void main(String[] args) {
8           TreeSet treeSet = new TreeSet();            // 创建TreeSet集合
9           treeSet.add(new Car ());                    // 向集合中添加元素
10      }
11  }
```

程序运行报错，提示"ClassCastException"，中文含义是"类型转换异常"，出错的原因是因为例 10-13 中的 Car 类并没有实现 Comparable 接口，导致 TreeSet 集合无法实现对象比较排序，因此报错。

此外，在向 TreeSet 集合中添加元素的时候，应该确保添加的元素都是同一个类型的对象，否则也会报 ClassCastException 异常，如例 10-14 所示。

【例 10-14】 Demo1014.java

```
1   package com.aaa.p100503;
2   import java.util.*;
3
4   public class Demo1014{
```

```
5        public static void main(String[] args) {
6            TreeSet ts = new TreeSet();                  // 创建TreeSet集合
7            ts.add(100);                                 // 向集合中添加元素
8            ts.add("abc");
9        }
10   }
```

程序运行报错，提示"ClassCastException"，中文含义是"类型转换异常"，出错的原因是 Integer 类型不能转为 String 类型，也就是向 TreeSet 集合添加了不同类型的对象，所以导致错误。

接下来，修改例 10-14 的代码，使程序正确运行，如例 10-15 所示。

【例 10-15】 Demo1015.java

```
1    package com.aaa.p100503;
2    import java.util.*;
3
4    public class Demo1015 {
5        public static void main(String[] args) {
6            TreeSet treeSet = new TreeSet();             // 创建TreeSet集合
7            treeSet.add(new Car());                      // 向集合中添加元素
8            treeSet.add(new Car());
9            System.out.println(treeSet);                 // 打印集合
10       }
11   }
12   class Car implements Comparable{
13       public int compareTo(Object o) {                // 重写compareTo()方法
14           return 1;                                    // 设置固定返回1（也可以写别的值）
15       }
16   }
```

程序的运行结果如下：

```
[com.aaa.p100503.Car@16b3fc9e, com.aaa.p100503.Car@e2d56bf]
```

以上程序运行结果打印了集合中 2 个元素的地址值，说明添加元素成功。在例 10-15 中，Car 类实现了 Comparable 接口，并且重写了 compareTo(Object o)方法，所以添加成功。

2. 定制排序

自然排序是根据集合元素的数值大小，默认按升序排序。但有些情况需要按特殊规则排序，比如降序排列，就需要用到定制排序。Java 中的 Comparator 接口定义了一个 compare(T t1,T t2) 方法，该方法能够实现 t1 和 t2 的大小比较。若该方法比较结果返回正整数，则说明 t1 大于 t2；若返回 0，则说明 t1 等于 t2；若返回负整数，则说明 t1 小于 t2。

如果要 TreeSet 集合使用定制排序方式为元素排序，只需在创建 TreeSet 集合时，为 TreeSet 集合提供一个实现了 Comparator 接口的比较器对象，并在比较器对象实现的 compare()方法中编写排序逻辑。

接下来，通过案例来演示定制排序的具体使用，如例 10-16 所示。

【例 10-16】 Demo1016.java

```
1    package com.aaa.p100503;
2    import java.util.*;
3
4    public class Demo1016 {
5        public static void main(String[] args) {
6            // 创建TreeSet集合对象，提供一个实现了Comparator接口的比较器对象
7            TreeSet treeSet = new TreeSet(new MyComparator());
```

```
8            treeSet.add(new Car("布加迪", 1200000));
9            treeSet.add(new Car("保时捷", 1100000));
10           treeSet.add(new Car("兰博基尼", 2100000));
11           System.out.println(treeSet);
12       }
13   }
14
15   class Car {                                              // 定义Car
16       private String brand;
17       private Integer price;
18       public Car(String brand, Integer price) {
19           this.brand = brand;
20           this.price = price;
21       }
22       public String getBrand() {
23           return brand;
24       }
25       public void setBrand(String brand) {
26           this.brand = brand;
27       }
28       public Integer getPrice() {
29           return price;
30       }
31       public void setPrice(Integer price) {
32           this.price = price;
33       }
34       public String toString() {
35           return brand + " - " + price;
36       }
37   }
38
39   class MyComparator implements Comparator {               // 实现Comparator
40       // 实现compare()方法
41       public int compare(Object o1, Object o2) {
42           if (o1 instanceof Car & o2 instanceof Car) {
43               Car c1 = (Car) o1;                            // 强转为Car类
44               Car c2 = (Car) o2;
45               if (c1.getPrice() > c2.getPrice()) {         // 比较价格
46                   return -1;
47               } else if (c1.getPrice() < c2.getPrice()) {
48                   return 1;
49               }
50           }
51           return 0;
52       }
53   }
```

程序的运行结果如下：

```
[兰博基尼 - 2100000, 布加迪 - 1200000, 保时捷 - 1100000]
```

例 10-16 中，自定义类 MyComparator 实现了 Comparator 接口，在实现的接口方法 compare 中实现了降序排序规则，因此集合中的元素打印输出是以降序排列的。

10.6　Map 接口

在 Java 开发中，Map 集合的使用也是比较广泛的。Map 集合以键值对方式存储数据，键和值一一对应，通过键可以获取值，并且键不能重复。Map 接口的常用实现类有 HashMap、

TreeMap、Properties，本节将详细讲解 Map 接口的使用。

10.6.1 Map 接口简介

Map 接口与 Collection 接口是并列存在的，它以键值对（key-value）的形式存储元素，可以按照键访问值。Map 集合本身由键（key）的集合和值（value）的集合构成。键的集合是 Set 集合，因此不能有重复的元素，当向 Map 中添加已有的键时，则新的键会覆盖已有的键，通常用 String 类作为 Map 的 key。值的集合是 Collection 集合，可以存在重复元素。Map 中键和值是成对出现的，即通过指定的 key 总能找到唯一与之对应的 value。这里给出 Map 接口的常用方法，如表 10.5 所示。

表 10.5 Map 接口的常用方法

方 法	方 法 描 述
Object put(Object key, Object value)	以键值对的方式向集合添加数据
Object remove(Object key)	以键为参数删除集合中的键值对数据
void putAll(Map t)	将其他 Map 中的数据添加到当前 Map 集合中
void clear()	清除当前 Map 中的所有数据
Object get(Object key)	根据键获取对应的值，找不到则返回 null
boolean containsKey(Object key)	判断集合中是否包含对应的键，包含则返回 true
boolean containsValue(Object value)	判断集合中是否包含对应的值，包含则返回 true
int size()	返回集合中的记录数
boolean isEmpty()	判断集合是否是空的，空则返回 true
Set keySet()	返回集合中键的 Set 视图
Collection values()	返回集合中值的 Collection 视图
Set entrySet()	返回集合中的键值对的 Set 视图

Map 集合接口最常用的实现类是 HashMap 集合和 TreeMap 集合，下面对这两个类进行详细说明。

10.6.2 HashMap 集合

HashMap 类是 Map 接口中使用最多的实现类，它的键和值允许为 null。因为它的键也是使用哈希算法进行存储的，所以与 HashSet 集合一样，不保证数据的顺序，另外键也不允许重复。HashMap 判断两个键是否相同的规则与 HashSet 类似，也是先通过 hashCode()方法判断键的哈希值是否相同，再通过 equals()方法判断键的数据是否相等。HashMap 内部结构和数据存储过程如图 10.7 所示。

根据图 10.7 所示，HashMap 的内部结构是由数组和链表构成的。当向 HashMap 中添加键值对数据时，会先使用键的 hashCode()方法得到一个哈希值。这个哈希值对应一个集合中的存储位置。如果对应的位置上没有元素，则键值对数据可以直接存到这个位置上。如果对应的位置上有数据，则会调用键的 equals()方法和这个位置上存储的所有元素的键比较一下，如果没有相同的键，则键值对数据会被添加到这个位置上的链表结构中。如果有相同的键，则新添加的键值对数据会覆盖旧的键值对数据。

接下来，通过案例来演示 HashMap 集合的使用，如例 10-17 所示。

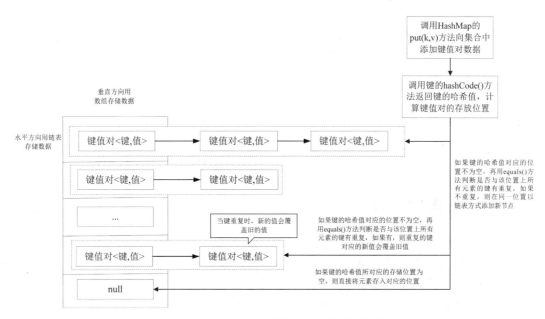

图 10.7　HashMap 内部结构和数据存储过程

【例 10-17】　Demo1017.java

```
1   package com.aaa.p100602;
2   import java.util.*;
3
4   public class Demo1017 {
5       public static void main(String[] args) {
6           Map map = new HashMap();                    // 创建HashMap集合
7           map.put(null, null);                        // 存入键值对，键和值都为null
8           map.put("car1", "布加迪");                   // 存入非空数据
9           map.put("car2", "保时捷");
10          map.put("car3", "兰博基尼");
11          System.out.println(map.size());             // 打印集合长度
12          System.out.println(map);                    // 打印集合所有元素
13          System.out.println(map.get("car3"));        // 取出并打印键为car3的值
14      }
15  }
```

程序的运行结果如下：

```
4
{null=null, car2=保时捷, car3=兰博基尼, car1=布加迪}
兰博基尼
```

以上程序输出了 HashMap 集合的长度和集合中的元素，并将键为 car3 的值打印输出。

HashMap 中的键是不可重复的，因为键是用 Set 集合存储的。接下来，通过案例来演示 HashMap 的键重复时的情况，如例 10-18 所示。

【例 10-18】　Demo1018.java

```
1   package com.aaa.p100602;
2   import java.util.*;
3
4   public class Demo1018 {
5       public static void main(String[] args) {
6           Map map = new HashMap();                    // 创建HashMap集合
7           map.put("car1", "布加迪");                   // 存入元素
8           map.put("car2", "保时捷");
```

```
9              map.put("car3", "兰博基尼");
10             map.put("car3", "劳斯莱斯");              // 存入重复的键car3
11             System.out.println(map);                 // 打印集合所有元素
12         }
13     }
```

程序的运行结果如下：

```
{car2=保时捷, car3=劳斯莱斯, car1=布加迪}
```

以上代码中，键"car3"被添加了两次，第 1 次"car3"值为"兰博基尼"，第 2 次"car3"值为"劳斯莱斯"，当键被重复添加时，后添加的键值覆盖了前面添加的键值。

10.6.3 Map 集合遍历

在使用集合的时候，遍历集合元素是十分常用的操作。对 Map 集合而言，程序中经常需要取出 Map 中所有的键和值进行特定处理，那么如何遍历 Map 中所有的键值对呢？Map 集合遍历和 Collection 单列集合遍历的方式基本类似，主要有两种方式可以实现：第 1 种方式是使用 Iterator 迭代器遍历集合；第 2 种方式就是使用 JDK 8 提供的 forEach(Consumer action)方法遍历集合。

接下来，以 HashMap 集合为例来分别对这两种集合遍历方式进行详细讲解。

1. Iterator 迭代器遍历 Map 集合

使用 Iterator 迭代器遍历 Map 集合，有两种遍历方式：遍历键的集合和遍历键值对集合。这两种方式需要调用 Map 对应的两个方法，即 keySet()和 entrySet()。

其中，keySet()方法会返回由 Map 集合中所有键组成的 Set 集合，接着通过 Set 集合获取对应的 Iterator 对象，然后遍历 Map 集合中所有的键，再根据键获取相应的值。

接下来，通过案例来演示先遍历键，再根据键获取相应值，以此来遍历 Map 集合，如例 10-19 所示。

【例 10-19】 Demo1019.java

```
1    package com.aaa.p100603;
2    import java.util.*;
3
4    public class Demo1019 {
5        public static void main(String[] args) {
6            Map map = new HashMap();                      // 创建Map集合
7            map.put("car1", "兰博基尼");                   // 存储元素
8            map.put("car2", "劳斯莱斯");
9            map.put("car3", "布加迪");
10           System.out.println(map);
11           Set keySet = map.keySet();                    // 获取键的Set集合
12           Iterator it = keySet.iterator();              // 迭代键的集合
13           while (it.hasNext()) {
14               Object key = it.next();                   // 获取遍历到的键
15               Object value = map.get(key);              // 获取键所对应的值
16               System.out.println(key + ":" + value);
17           }
18       }
19   }
```

程序的运行结果如下：

```
{car2=劳斯莱斯, car3=布加迪, car1=兰博基尼}
car2:劳斯莱斯
```

```
car3:布加迪
car1:兰博基尼
```

例 10-19 中，第 10 行代码调用 Map 对象的 keySet()方法，获得 Map 集合中所有键的 Set 集合，然后通过 Iterator 对象迭代 Set 集合的每一个键元素，然后通过 get(Object key)方法，根据键获取对应的值，并将键和值打印出来。

Iterator 迭代器遍历 Map 集合的另外一种方式是调用 Map 的 entrySet()方法，该方法将 Map 集合中的每个键值对作为一个整体，组成 Set 集合并返回，接着将键值对的 Set 集合转换为 Iterator 对象，然后迭代获取集合中的每个键值对对象，再从对象中取出键和值。

接下来，修改例 10-19 中的第 10～16 行代码，通过使用 entrySet()方法来进行 Map 集合遍历，修改后的代码如例 10-20 所示。

【例 10-20】　Demo1020.java

```
1   package com.aaa.p100603;
2   import java.util.*;
3
4   public class Demo1020 {
5       public static void main(String[] args) {
6           Map map = new HashMap();                        // 创建Map集合
7           map.put("car1", "兰博基尼");                      // 存储元素
8           map.put("car2", "劳斯莱斯");
9           map.put("car3", "布加迪");
10          System.out.println(map);
11          Set entrySet = map.entrySet();                  // 获取键值对的Set集合
12          Iterator it = entrySet.iterator();              // 获取Iterator对象
13          while (it.hasNext()) {
14              // 获取集合中键值对对象，并转为Map.Entry类型
15              Map.Entry entry = (Map.Entry) (it.next());
16              Object key = entry.getKey();                // 获取Entry中的键
17              Object value = entry.getValue();            // 获取Entry中的值
18              System.out.println(key + ":" + value);
19          }
20      }
21  }
```

程序的运行结果如下：

```
{car2=劳斯莱斯, car3=布加迪, car1=兰博基尼}
car2:劳斯莱斯
car3:布加迪
car1:兰博基尼
```

例 10-20 中，首先调用 Map 对象的 entrySet()方法获得 Map 中所有键值对对象的 Set 集合，这个集合中存放了 Map.Entry 类型的元素（Entry 是 Map 接口内部类），每个 Map.Entry 对象代表 Map 中的一个键值对，然后使用 Iterator 对象遍历键值对的 Set 集合，获得每一个键值对对象，接着分别调用键值对对象的 getKey()和 getValue()方法获取键和值。

2. JDK 8 新方法遍历 Map 集合

与遍历 Collection 集合类似，在 JDK 8 中也根据 Lambda 表达式特性新增了一个 forEach(BiConsumer action)方法，用于 Map 集合的遍历，该方法所需要的参数也是一个函数式接口，因此可以使用 Lambda 表达式的书写形式来进行集合遍历。

接下来，通过案例来演示如何使用 forEach(BiConsumer action)方法遍历 Map 集合，如例 10-21 所示。

【例 10-21】　Demo1021.java

```
1   package com.aaa.p100603;
2   import java.util.HashMap;
3   import java.util.Map;
4
5   public class Demo1021 {
6       public static void main(String[] args) {
7           Map map = new HashMap();                    // 创建Map集合
8           map.put("car1", "兰博基尼");                  // 存储元素
9           map.put("car2", "劳斯莱斯");
10          map.put("car3", "布加迪");
11          System.out.println(map);
12          map.forEach((key, value) -> System.out.println(key + ":" + value));
13      }
14  }
```

程序的运行结果下：

```
{car2=劳斯莱斯, car3=布加迪, car1=兰博基尼}
car2:劳斯莱斯
car3:布加迪
car1:兰博基尼
```

例 10-21 中，第 11 行使用了 JDK 8 中新增的 forEach()方法来遍历集合元素，该方法接收的是一个用 Lambda 表达式书写的函数式接口 BiConsumer 的对象。在调用这个 forEach()方法时，程序会逐一取出 Map 集合中的键和值，并传递给 Lambda 表达式的形参，然后在表达式的代码块中打印出来。

对于 Map 集合，除了以上两种主要的遍历方式外，还提供了一个 values()方法，通过这个方法可以获取 Map 中所有值组成的 Collection 集合。

接下来，通过案例来演示 values()方法的使用，如例 10-22 所示。

【例 10-22】　Demo1022.java

```
1   package com.aaa.p100603;
2   import java.util.*;
3
4   public class Demo1022 {
5       public static void main(String[] args) {
6           Map map = new HashMap();
7           map.put("1", "Jack");
8           map.put("2", "Rose");
9           map.put("3", "Lucy");
10          System.out.println(map);
11          Collection values = map.values();        // 获取Map集合中所有值的集合
12          // 遍历Map集合的所有值，用临时变量v存储遍历到的值，并打印
13          values.forEach(v -> System.out.println(v));
14      }
15  }
```

程序的运行结果如下：

```
{1=Jack, 2=Rose, 3=Lucy}
Jack
Rose
Lucy
```

例 10-22 中，通过调用 Map 集合的 values()方法获取 Map 集合中所有值的 Collection 集合，然后以 forEach()方法迭代输出集合中的每一个值。

10.6.4　TreeMap 集合

TreeMap 类也是 Map 接口的一个常用的实现类。TreeMap 集合存储键值对时，会根据键进行排序。该集合可以保证所有的键值对都处于有序状态。

接下来，通过案例来演示 TreeMap 集合的具体用法，如例 10-23 所示。

【例 10-23】　Demo1023.java

```
1    package com.aaa.p100604;
2    import java.util.*;
3
4    public class Demo1023 {
5        public static void main(String[] args) {
6            Map map = new TreeMap();                          // 创建TreeMap集合
7            map.put("Girl3", "西施");                         // 添加元素
8            map.put("Girl2", "王昭君");
9            map.put("Girl1", "貂蝉");
10           map.put("Girl4", "杨玉环");
11           Iterator iterator = map.keySet().iterator();      // 获取迭代器对象
12           while (iterator.hasNext()) {
13               Object key = iterator.next();                 // 取到键
14               Object value = map.get(key);                  // 取到值
15               System.out.println(key + ":" + value);
16           }
17       }
18   }
```

程序的运行结果如下：

```
Girl1:貂蝉
Girl2:王昭君
Girl3:西施
Girl4:杨玉环
```

例 10-23 中，先创建 TreeMap 集合对象，接着添加键为"Girl3"、值为"西施"的元素，后添加键为"Girl2"、值为"王昭君"的元素和键为"Girl1"、值为"貂蝉"的元素，最后添加了键为"Girl4"、值为"杨玉环"的元素。运行之后，结果中可以看到集合中元素顺序并不是这样，而是按键值的大小来升序排列的，这是因为 String 实现了 Comparable 接口，所以默认会按照自然顺序进行排序。

TreeMap 除了可以使用自然顺序进行排序外，还支持定制排序，可以根据自己的需求实现排序逻辑。

接下来，通过案例来演示在 TreeMap 集合中实现定制排序，如例 10-24 所示。

【例 10-24】　Demo1024.java

```
1    package com.aaa.p100604;
2    import java.util.*;
3
4    public class Demo1024 {
5        public static void main(String[] args) {
6            // 创建TreeMap集合并传入一个实现了Comparator接口的自定义对象
7            Map map = new TreeMap(new TestComparator());
8            map.put("Girl3", "西施");                         // 添加元素
9            map.put("Girl2", "王昭君");
10           map.put("Girl1", "貂蝉");
11           map.put("Girl4", "杨玉环");
```

```
12                // 获取迭代器对象
13                Iterator iterator = map.keySet().iterator();
14                while (iterator.hasNext()) {
15                    Object key = iterator.next();              // 取到键
16                    Object value = map.get(key);               // 取到值
17                    System.out.println(key + ":" + value);
18                }
19            }
20    }
21    class TestComparator implements Comparator{               // 自定义类，实现Comparator接口
22        public int compare(Object o1,Object o2){
23            // 将Object类型参数强转为String类型
24            String s1 = (String) o1;
25            String s2 = (String)o2;
26            return s2.compareTo(s1);                          // 返回比较之后的值
27        }
28    }
```

程序的运行结果如下：

```
Girl4:杨玉环
Girl3:西施
Girl2:王昭君
Girl1:貂蝉
```

例 10-24 中，是按照键为 Girl3、Girl2、Girl1、Girl4 的顺序，将元素存入集合的，运行结果中显示元素是按降序排列的，这是因为本例自定义的 TestComparator 类实现的 compare(Object o1, Object o2)方法重写了排序逻辑，这就是 TreeMap 集合的定制排序。

10.6.5　Properties 集合

Hashtable 是 Map 接口中一个早期的并且线程安全的实现类。与 HashMap 类似的是，Hashtable 存储的键值对数据也是无序的，它判断键是否相等的方式与 HashMap 类是相同的。但是，与 HashMap 不同的是，它的键和值都不允许使用 null。

Hashtable 类因为要确保线程安全，所以存取元素速度比较慢，目前用的比较少。不过它的子类 Properties 在实际开发中用的比较多，该子类对象主要用于处理 properties 属性文件，由于属性文件里的键和值都是字符串类型，所以 Properties 集合里的键和值都是字符串类型。这里给出 Properties 类的常用方法，如表 10.6 所示。

表 10.6　Properties 类的常用方法

方　　法	方　法　描　述
String getProperty(String key)	根据键获取值
String getProperty(String key, String defaultValue)	根据 key 获取对应的值。如果值不存在，则直接将 defaultValue 作为返回值
Object setProperty(String key, String value)	以键值对的方式设置数据。如果键存在，则覆盖之前的数据；如果键不存在，则添加数据
void load(InputStream inStream)	通过输入流从属性文件中加载键值对数据，加载到的键值对数据添加到 Properties 里
void store(OutputStream out, String s)	通过输出流将 Properties 中的键值对输出到指定文件

接下来，通过案例来演示 Properties 类的用法，如例 10-25 所示。

【例 10-25】　Demo1025.java

```
1    package com.aaa.p100605;
```

```
2    import java.io.FileOutputStream;
3    import java.util.Properties;
4
5    public class Demo1025 {
6        public static void main(String[] args) throws Exception {
7            // 创建Properties集合类对象
8            Properties pro = new Properties();
9            // 向Properties集合中添加键值对数据
10           pro.setProperty("username", "AAA");
11           pro.setProperty("password", "123456");
12           // 将Properties集合中的属性保存到当前项目根目录下程序自动创建的data.ini文件中
13           pro.store(new FileOutputStream("data.ini"), "title");
14       }
15   }
```

上面程序运行后，会在项目根目录下生成一个名为 data.ini 的文件，文件内容如下：

```
#title
#Wed Jan 13 19:19:44 CST 2021
password=123456
username=AAA
```

10.7　泛　　型

在 Java 开发中，泛型是一项非常重要的技术，使用泛型技术可以通过类型参数化的方式处理不同类型的对象，同时又能保证编译时的类型安全。在集合中使用泛型，可以省去使用集合数据时要做的类型转换操作。本节将详细讲解泛型的相关内容。

10.7.1　泛型的概念

泛型的本质是参数化类型，是将所操作的数据类型指定为一个参数。泛型解决了数据类型的安全性问题，在声明类或实例化时需要指定好处理数据的具体类型。这种参数化类型可以用在类、接口和方法的创建中，分别称为泛型类、泛型接口、泛型方法。

Java 泛型可以让程序在编译时有更强的类型检查，解决程序在编译时发出的数据类型警告。同时，可以消除强制类型转换，使代码更加简洁、健壮。

10.7.2　泛型类声明与使用

Java 集合默认情况下会自动将添加的数据转为 Object 类型存储，因此取出数据的时候，需要使用 Object 类的变量来接受。另外，因为无法判断取出的数据原本是什么类型的，所以会导致强制类型转换的时候容易出错。

接下来，通过案例来演示这种情况，如例 10-26 所示。

【例 10-26】　Demo1026.java

```
1    package com.aaa.p100702;
2
3    public class Demo1026 {
4        public static void main(String[] args) {
5            MyCls mycls = new MyCls();
6            mycls.set("字符串");                        // 设置字符串类型的数据
7            Integer i = (Integer) mycls.get();         // 取值时强制转换为Integer类型
8            System.out.println(i);
```

```
9          }
10   }
11
12   class MyCls {
13       private Object variable;
14
15       public void set(Object variable) {
16           this.variable = variable;
17       }
18
19       public Object get() {
20           return variable;
21       }
22   }
```

例 10-26 中，程序运行报错，提示"ClassCastException"，中文含义是"类型转换异常"，这是因为第 5 行存入了一个 String 类型的值，而第 6 行取出这个值时，将其强制转换为 Integer 类型，出现了类型转换的错误，为了避免这个错误，此时就可以使用泛型。在定义 MyCls 类时可以使用<T>声明参数类型（T 其实就是特定类型的简写字符，这里也可以使用其他字符），然后将 set()方法的参数类型和 get()方法的返回值类型都声明为 T。这样在存入元素时，元素的类型就被限定了，容器就被限定只能存入 T 类型的元素。取出元素时，由于元素类型已被限定，因此也无须类型转换。

接下来，通过案例来演示如何自定义泛型，如例 10-27 所示。

【例 10-27】　Demo1027.java

```
1    package com.aaa.p100702;
2
3    public class Demo1027 {
4        public static void main(String[] args) {
5            MyCls <String> mycls = new MyCls <String>();
6            mycls.set("字符串");                      // 设置字符串类型参数
7            String s = mycls.get();
8            System.out.println(s);
9        }
10   }
11
12   class MyCls<T> {                                  // 创建类时，指定泛型类型为T类型
13       T variable;
14
15       public void set(T variable) {                // 指定set()方法参数为T类型
16           this.variable = variable;
17       }
18
19       public T get() {                             // 指定get()方法返回值为T类型
20           return variable;
21       }
22   }
```

程序的运行结果如下：

```
字符串
```

例 10-27 中，MyCls 类声明了泛型类型为 T，其中 set()方法参数类型和 get()方法返回值类型都为 T。在 main()方法中创建 MyCls 对象实例时，通过<String>将泛型 T 指定为 String 类型，调用 set()方法存入 String 类型的数据，调用 get()方法取出的值自然是 String 类型，这样就不需要进行类型转换，使得程序更加健壮。

10.7.3　泛型在集合中的使用

在前面几节使用集合时，代码中都会出现类型安全的警告，其原因是未指定泛型。如果指定了泛型，就不会出现这种警告。泛型在定义集合类时，使用"<参数化类型>"的方式指定该集合存储的数据类型，语法格式如下：

```
集合类型<参数化类型> 集合变量 = new 集合类型<参数化类型>();
```

接下来，通过案例来演示泛型在集合中的使用，如例 10-28 所示。

【例 10-28】　Demo1028.java

```
1   package com.aaa.p100703;
2   import java.util.ArrayList;
3
4   public class Demo1028 {
5       public static void main(String[] args) {
6           // 创建泛型集合，限定只能添加整型数据
7           ArrayList<Integer> list = new ArrayList<Integer>();
8           list.add(100);                                      // 添加元素
9           list.add(200);
10          list.add(300);
11          System.out.println(list);                           // 打印集合
12      }
13  }
```

程序的运行结果如下：

```
[100, 200, 300]
```

例 10-28 中，创建集合的时候，指定了泛型为 Integer 类型，限制该集合只能添加 Integer 类型的元素，编译文件时，不再出现类型安全警告，这时如果向集合中添加非 Integer 类型的元素，会出现编译时异常。

了解了泛型的定义和基本使用后，下面进一步了解一下泛型通配符的概念。泛型通配符用符号"?"表示。例如，List<?>，表示它可以通配 List<String>、List<Object>等各种具体泛型 List。

接下来，通过案例来演示泛型通配符的使用，如例 10-29 所示。

【例 10-29】　Demo1029.java

```
1   package com.aaa.p100703;
2   import java.util.*;
3
4   public class Demo1029 {
5       public static void main(String[] args) {
6           List<?> list = null;                                // 声明List泛型为?
7           list = new ArrayList<Integer>();
8           // list.add(666);                                   // 编译时异常
9           list = new ArrayList<String>();
10          // list.add("AAA软件教育");                          // 编译时异常
11          list.add(null);                                     // 添加元素null
12          System.out.println(list);
13          List<Float> list1 = new ArrayList<Float>();
14          List<String> list2 = new ArrayList<String>();
15          list1.add(3.1415926f);
16          list2.add("梅超风");
17          show(list1);
18          show(list2);
19      }
```

```
20        static void show(List<?> list) {
21            for (Object object : list) {
22                System.out.println(object);
23            }
24        }
25    }
```

程序的运行结果如下：

```
[null]
3.1415925
梅超风
```

例 10-29 中，创建 List 对象时声明泛型类型为 "?"，泛型类型设为 String 或 Float 时都没有报错，说明泛型通配符的可扩展性。但是，直接向泛型集合中添加元素时会报错，因为 List 集合中的元素类型是不确定的。添加 null 到集合时不会报错，因为 null 是所有类型的成员。

此外，在方法 show() 的参数声明中，List 参数使用了泛型通配符 "?"，所以该方法能接收多种参数类型的集合。

10.8 集合常用工具类

在使用集合处理数据的时候，经常会用到一些常用的操作，如排序、查找、反转元素、取最大值等，如果这些操作每次都要自己去实现一遍，是非常麻烦的事情，所以 Java 中提供了一些集合工具类，能够很方便地完成这些操作。

10.8.1 Collections 工具类

Collections 不是接口也不是集合，而是 Collection 接口的工具类，它提供了一系列静态方法对集合元素进行查询、排序和修改等操作，能够操作 Set、List 和 Map 等集合。下面对 Collections 类的常用方法进行详细介绍。

1. 排序操作

Collections 类中定义了一些对 List 集合进行排序的静态方法，如表 10.7 所示。

表 10.7 Collections 类的排序方法

方　　法	方 法 描 述
static void reverse(List list)	反转 list 集合中的元素顺序
static void shuffle(List list)	随机排序 list 集合中的元素
static void sort(List list)	以自然顺序将 list 集合中的元素排序
static void swap(List list, int i, int j)	将集合中指定两处位置的元素互换

接下来，通过案例来演示上述方法的使用，如例 10-30 所示。

【例 10-30】 Demo1030.java

```
1  package com.aaa.p100801;
2  import java.util.*;
3
4  public class Demo1030 {
5      public static void main(String[] args) {
6          List list = new ArrayList();              // 创建集合对象
7          list.add(5);                              // 添加元素
8          list.add(6);
```

```
9              list.add(3);
10             list.add(1);
11             list.add(2);
12             list.add(7);
13             list.add(4);
14             System.out.println("打印集合:" + list);        // 打印集合
15             Collections.reverse(list);                    // 反转集合
16             System.out.println("反转集合:" + list);
17             Collections.shuffle(list);                    // 随机排序
18             System.out.println("随机排序:" + list);
19             Collections.sort(list);                       // 按自然顺序排序
20             System.out.println("自然顺序:" + list);
21             Collections.swap(list, 1, 3);                 // 将索引为1的元素和索引为3的元素交换位置
22             System.out.println("交换元素:" + list);
23       }
24  }
```

程序的运行结果如下:

```
打印集合:[5, 6, 3, 1, 2, 7, 4]
反转集合:[4, 7, 2, 1, 3, 6, 5]
随机排序:[3, 7, 5, 4, 1, 6, 2]
自然顺序:[1, 2, 3, 4, 5, 6, 7]
交换元素:[1, 4, 3, 2, 5, 6, 7]
```

例 10-30 中，先向 List 集合添加了 7 个元素，分别为 5、6、3、1、2、7、4，第 1 次打印原始集合，第 2 次使用 reverse()方法将集合反转后打印，第 3 次使用 shuffle()方法将集合随机排序打印，第 4 次使用 sort()方法将集合按自然顺序排序打印，最后使用 swap()方法将索引为 1 的元素和索引为 3 的元素交换位置并打印。

2. 查找、替换操作

Collections 类中还提供了一些静态方法对集合进行查找、替换，如表 10.8 所示。

表 10.8　Collections 类的查找、替换方法

方　　法	方　法　描　述
static int binarySearch(List list, Object o)	在已经升序排序的 List 集合中，使用二分法搜索元素在集合中的索引
static Object max(Collection coll)	返回集合中的最大元素
static Object min(Collection coll)	返回集合中的最小元素
static boolean replaceAll(List list,Object o1, Object o2)	用 o2 元素替换 List 集合中所有的 o1 元素
int frequency(Collection coll, Object o)	返回集合中指定元素出现的次数

接下来，通过案例来演示上述方法的使用，如例 10-31 所示。

【例 10-31】　Demo1031.java

```
1   package com.aaa.p100801;
2   import java.util.*;
3
4   public class Demo1031 {
5       public static void main(String[] args) {
6           List list = new ArrayList(7);          // 创建集合对象
7           list.add(5);                           // 添加元素
8           list.add(6);
9           list.add(3);
10          list.add(1);
11          list.add(2);
12          list.add(7);
```

```
13              list.add(4);
14              Collections.sort(list);                    // 先将list集合升序排列
15              System.out.println(list);                  // 打印输出list集合
16              // 打印元素1在list集合中的索引
17              System.out.println(Collections.binarySearch(list, 1));
18              System.out.println("集合中的最大元素: " + Collections.max(list));
19              System.out.println("集合中的最小元素: " + Collections.min(list));
20              // 在list集合中，用元素6替换元素1
21              Collections.replaceAll(list, 1, 6);
22              System.out.println(list);                  // 再次打印输出list集合
23              // 打印集合中元素6出现的次数
24              System.out.println(Collections.frequency(list, 6));
25          }
26  }
```

程序的运行结果如下：

```
1, 2, 3, 4, 5, 6, 7]
0
集合中的最大元素: 7
集合中的最小元素: 1
[6, 2, 3, 4, 5, 6, 7]
2
```

例 10-31 中，运行结果是先打印了排序后的 List 集合，接着输出 List 集合中元素 1 的索引。索引为 0，说明集合索引是从 0 开始的。接着打印了集合中的最大元素和最小元素。接着用元素 6 替换掉集合里的元素 1 再次打印集合。最后打印出元素 6 在集合中出现的次数，结果为 2。

10.8.2　Arrays 工具类

java.util 包中除了提供 Collections 集合工具类外，还提供了一个 Arrays 数组工具类，里面包含大量操作数组的静态方法，如表 10.9 所示。

表 10.9　Arrays 类的常用方法

方　　法	方　法　描　述
static void sort(Object[] arr)	将数组元素按自然顺序排序
static int binarySearch(Object[] arr, Object o)	在数组 arr 中，用二分搜索法搜索元素 o 的索引位置
static fill(Object[] arr,Object o)	使用 o 元素填充数组
static String toString(Object[] arr)	将数组转换为字符串
static \<T\> T[] copyOfRange(Object[] arr, int i, int j)	将数组索引从 i（包括）到 j（不包括）的元素复制到一个新数组

接下来，通过案例来演示上述方法的使用，如例 10-32 所示。

【例 10-32】　Demo1032.java

```
1   package com.aaa.p100802;
2   import java.util.*;
3
4   public class Demo1032 {
5       public static void main(String[] args) {
6           // 创建数组并初始化内容
7           String[] strs = new String[]{"b", "c", "d", "a", "e","g","f"};
8           Arrays.sort(strs);                     // 对strs数组按自然顺序进行排序
9           // 打印元素"d"在数组strs中的索引
10          System.out.println(Arrays.binarySearch(strs,"d"));
11          for (String s : strs) {
```

```
12              System.out.print(s);                // 打印排序后的数组
13          }
14      System.out.println();
15      // 将数组转换为字符串并打印
16      System.out.println(Arrays.toString(strs));
17      // 将数组strs从strs[1]到strs[6]复制到数组strs2中
18      String[] strs2 = Arrays.copyOfRange(strs, 1, 6);
19      for (String s : strs2) {
20              System.out.print(s);                // 打印复制得到的新数组
21          }
22      }
23 }
```

程序的运行结果如下：

```
3
abcdefg
[a, b, c, d, e, f, g]
bcdef
```

例 10-32 中，先创建了一个数组，接着对数组进行了自然排序，再接着打印出了 strs 数组元素 "d" 在数组中的索引位置，索引为 3，然后遍历打印出排序后的所有数组元素。再接着将 strs 数组转换为字符串并打印。最后将 strs 数组中索引从 1 到 5 的元素复制到数组 strs2 中并打印显示。

*******************************内容扩展**********************************

扫描右侧二维码获取如下内容

10.9 本章小结

10.10 理论测试与实践练习

****

第 11 章　Lambda 表达式

Lambda 表达式（Lambda Expression）是 JDK 8 新增的功能，它显著增强了 Java，继续保持自身的活力和创造性。它基于数学中的 λ 演算得名，是一个匿名函数，即没有函数名的函数，主要优点在于简化代码、增强代码可读性、并行操作集合等。Lambda 表达式正在重塑 Java，将影响到后续 Java 技术的使用。方法引用可以理解为 Lambda 表达式的快捷写法，它比 Lambda 表达式更加简洁，可读性更高，有更好的重用性。本章将对 Lambda 表达式和方法引用展开详细讲解。

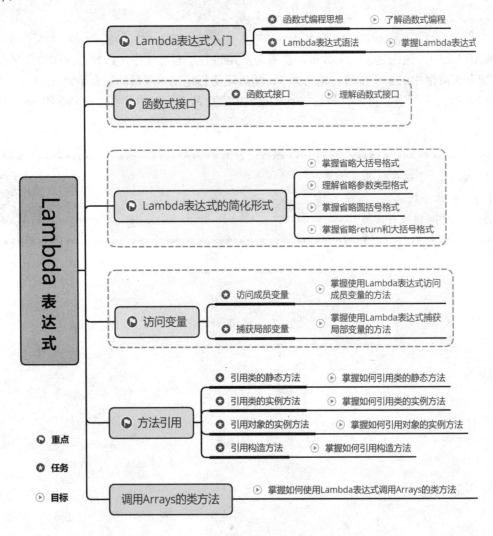

11.1　Lambda 表达式入门

在数学计算中，Lambda 表达式指的是一个函数：对于输入值的部分或全部组合来说，它会指定一个输出值。在 C#、JavaScript 里面也都提供了 Lambda 语法，不同语言对于 Lambda 的定义可能不太相同，但相同点是 Lambda 都可当作一个方法，可以输入不同值来返回输出值。在 Java 中，没有办法编写独立的函数，需要使用方法来代替函数，不过它总是作为对象或类的一部分而存在。现在，Java 语言提供的 Lambda 表达式类似独立函数，可以看成一种匿名方法，拥有更为简洁的语法，可以省略修饰符、返回类型、throws 语句等，在某些情况下还可以省略参数。Lambda 表达式常用于匿名类并实现方法的地方，以便让 Java 语法更加简洁。

11.1.1　函数式编程思想

函数式编程思想是将计算机运算作为函数的计算，函数的计算可随时调用。函数式编程语言则是一种编程规范，它将计算机运算视为数学上的函数计算，并且避免使用程序状态以及易变对象；函数除了可以被调用以外，还可以作为参数传递给一个操作，或者作为操作的结果返回。函数式编程语言重点描述的是程序需要完成什么功能，而不是如何一步一步地完成这些功能。总结来看，函数式编程思想是一种将操作与操作的实施过程进行分离的思想。

诞生 50 多年之后，函数式编程语言（Functional Programming）开始获得越来越多的关注。不仅最古老的函数式语言 Lisp 重获青春，而且新的函数式语言层出不穷，如 Erlang、clojure、Scala、F#等。目前，最当红的 Python、JavaScript、Ruby 等语言对函数式编程的支持都很强，就连老牌的面向对象语言 Java、面向过程语言 PHP，都忙不迭地加入对匿名函数的支持。越来越多的迹象表明，函数式编程已经不仅是学术界的最爱，开始大踏步地在业界投入实用。

函数式编程与面向对象编程有很大的区别，它将程序代码当作数学中的函数，函数本身作为另一个函数的参数或返回值，而面向对象编程则是按照真实世界客观事物的自然规律进行分析，客观世界中存在什么样的实体，在软件系统就存在什么样的对象。函数式编程只是对 Java 语言的补充。简而言之，函数式编程尽量忽略面向对象的复杂语法，强调做什么，而不是以什么形式去做；面向对象编程则强调从现实对象的角度来解决问题。

函数式编程思想是 Java 实现并行处理的基础，所以 Java 语言引入了 Lambda 表达式，开启了 Java 语言支持函数式编程的新时代，现在很多语言都支持 Lambda 表达式（不同语言可能叫法不同）。为什么 Lambda 表达式这么受欢迎呢？这是因为 Lambda 表达式是实现支持函数式编程的技术基础。

11.1.2　Lambda 表达式语法

第 7.3.4 节已经讲过匿名内部类，Lambda 表达式作用则主要是用于匿名内部类的方法实现。为了更好地理解 Lambda 表达式的概念，这里先从一个案例开始。如例 11-1 所示，先来使用匿名内部类实现加法运算和减法运算的功能。

【例 11-1】 Demo1101.java

```
1    package com.aaa.p110102;
2
3    interface Calc {                              // 可计算接口
4        int calcInt(int x, int y);                // 两个int类型参数
5    }
6    public class Demo1101 {
7        public static Calc calculate(char opr) {
8            Calc result;
9            if (opr == '+') {
10               result = new Calc() {             // 匿名内部类实现Calc接口
11                   @Override
```

```
12              public int calcInt(int x, int y) {          // 实现加法运算方法
13                  return a + b;
14              }
15          };
16      } else {
17          result = new Calc() {                            // 匿名内部类实现Calc接口
18              @Override
19              public int calcInt(int x, int y) {          // 实现减法运算方法
20                  return a - b;
21              }
22          };
23      }
24      return result;
25  }
26  public static void main(String[] args) {
27      int n1 = 10;
28      int n2 = 5;
29      Calc f1 = calculate('+');                            // 实现加法计算
30      Calc f2 = calculate('-');                            // 实现减法计算
31      System.out.println(n1 + "+" + n2 + "=" + f1.calcInt(n1, n2));
32      System.out.println(n1 + "-" + n2 + "=" + f2.calcInt(n1, n2));
33  }
34 }
```

程序的运行结果如下：

```
10+5=15
10-5=5
```

例 11-1 中，calculate()方法的参数是具体的操作数，返回值类型是 Calc 接口，代码第 12 行和第 19 行都采用匿名内部类实现了 Calc 接口的 calcInt()方法，第 13 行实现加法运算，第 20 行实现减法运算。

但是，上述使用匿名内部类实现通用方法 calculate()的代码很臃肿。现在，我们采用 Lambda 表达式来替代匿名内部类，修改 Demo1101 类，修改之后 calculate()的代码如下：

```
1   /**
2    * 通过操作符进行计算
3    * @param opr 操作符
4    * @return 实现Calc接口对象
5    */
6   public static Calc calculate(char opr) {
7       Calc result;
8       if (opr == '+') {
9           result = (int a, int b) -> {                     // Lambda表达式实现Calc接口
10              return a + b;
11          };
12      } else {
13          result = (int a, int b) -> {                     // Lambda表达式实现Calc接口
14              return a - b;
15          };
16      }
17      return result;
18 }
```

代码第 9 行和第 13 行用 Lambda 表达式替代匿名内部类，程序运行结果和案例 11-1 相同。因为 Lambda 表达式和匿名类都是为了作为传递给方法的参数而设立的，它们都可以把功能像对象一样传递给方法。使用匿名类是向方法传递了一个对象，而使用 Lambda 表达式不需要创建对象，只需要将 Lambda 表达式传递给方法即可。

通过上述演示，可以给 Lambda 表达式一个定义：Lambda 表达式是一个匿名函数（方法）代码块，可以作为表达式、方法参数和方法返回值。

完整的 Lambda 表达式有 3 个要素，分别是参数列表、箭头符号、代码块，语法格式如下：

```
(参数列表) -> {
    ...                                            // Lambda表达式体
}
```

这里，针对 Lambda 表达式的 3 个要素说明如下。

❖　参数列表：当只有一个参数时无须定义圆括号，但无参数或多个参数需要定义圆括号。

❖　箭头符号：箭头符号"->"指向后面要做的事情。

❖　代码块：如果主体只包含一个语句，就不需要使用大括号{}；如果是多行语句，则该语句块会像方法体一样被执行，并由一个 return 语句返回到调用者。

下面是几个 Lambda 表达式的简单示例：

```
(int a,int b) -> a + b;                        // 两个参数a和b，返回二者的和
() -> 79;                                      // 没有参数，返回整数79
(String str) -> {System.out.println(str);}     // String类型参数，打印到控制台
(int a) -> {return a + 1;}                     // 以一个整数为参数，返回该数加1后的值
```

观察上述几个简单示例，除了刚才必备的 3 个要素之外，发现 Lambda 表达式像没有名字的方法，并且它没有返回类型、throws 子句。实际上，返回类型和异常是由 Java 编译器自动从 Lambda 表达式的代码块得到的，如上述示例中最后一个 Lambda 表达式，由于 a 为 int 类型，故而返回类型是 int，而 throws 子句为空。因此，Lambda 表达式真正缺少的是方法名称，从这个角度来讲，Lambda 表达式可以视为一种匿名方法，这点和匿名类相似。

使用匿名类需要向方法传递一个对象，而使用 Lambda 表达式则不需要创建对象，只需要将表达式传递给方法。所以，Lambda 表达式语法上比匿名类更加简单、代码更少、逻辑上更清晰。

11.2　函数式接口

由于 Lambda 表达式的返回值类型由代码块决定，所以 Lambda 表达式可以作为"任意类型"的对象传递给调用者，具体作为何种类型的对象，取决于调用者的需要。为了能够确定 Lambda 表达式的类型，而又不对 Java 的类型系统做大的修改，Java 利用现有的 interface 接口来作为 Lambda 表达式的目标类型，这种接口被称为函数式接口。函数式接口本质上就是只包含一个抽象方法的接口，也可以包含多个默认方法、类方法，但只能声明一个抽象方法，如果声明多个抽象方法，则会发生编译错误。

查看 Java 8 之后的 API 文档，可以发现大量的函数式接口，如 Runnable、ActionListener 等。JDK 8 之后，为函数式接口提供了一个新注解@FunctionalInterface，放在定义的接口前面，用于告知编译器执行更严格的检查，防止在函数式接口中声明多个抽象方法，即检查该接口必须是函数式接口，否则编译器报错。

由于 Lambda 表达式的结果被作为对象，在程序中完全可以使用 Lambda 表达式进行赋值，参考如下代码：

```
@FunctionalInterface
public interface Runnable {                     // Runnable是Java提供的一个接口
    public abstract void run();                 // Runnable在接口中只包含一个无参数的方法
}
Runnable runnable = () -> {
```

```
        for(var i = 0;i < 99;i++) {
            System.out.println(i);
        }
    };
```

通过上述代码可以发现，Lambda 表达式代表的匿名方法实现了 Runnable 接口中唯一的、无参数的方法。

为了保证 Lambda 表达式的目标类型是一个明确的函数式接口，有如下 3 种常见方式：

❖ 将 Lambda 表达式赋值给函数式接口类型的变量。

❖ 将 Lambda 表达式作为函数式接口类型的参数传给某个方法。

❖ 使用函数式接口对 Lambda 表达式进行强制类型转换。

Lambda 表达式可以自行定义函数式接口，如果是常用的功能，则有点太麻烦。为了方便开发者使用，Java 已经定义了几种通用的函数式接口，用户可以基于这些通用接口来编写程序。JDK 8 新增的函数式接口都放在 java.util.function 包下，最常用的有 4 类，如表 11.1 所示。

表 11.1　Java 提供的函数式接口

函数式接口	方　法	方　法　描　述
Consumer\<T\>	void accept(T t)	消费性接口，提供的是无返回值的抽象方法
Supplier \<T\>	T get()	提供的是有返无参的抽象方法
Function\<T,R\>	R apply(T t)	提供的是有参有返的抽象方法
Predicate \<T\>	boolean test(T t)	提供的有参有返的方法，返回的是 boolean 类型的返回值

这里，以 Predicate\<T\>接口为例展开对函数式接口的讨论。该接口接收一个布尔型的表达式参数，而数据的集合类 ArrayList 有一个 removeIf()方法，它的参数是 Predicate 类型，是专门用来传递 Lambda 表达式的。

接下来，通过案例来演示函数式接口传递 Lambda 表达式的功能，如例 11-2 所示。

【例 11-2】　Demo1102.java

```
1   package com.aaa.p1102;
2   import java.util.ArrayList;
3   import java.util.List;
4
5   public class Demo1102 {
6       public static void main(String[] args) {
7           List<String> list = new ArrayList<>();      // 定义一个List集合
8           list.add("Java");                           // 向list集合追加数据
9           list.add("Es6");
10          list.add(null);
11          list.add("Html5");
12          list.add(null);
13
14          System.out.println(list);                   // 输出集合中的数据
15          list.removeIf((e)-> {                       // 使用Predicate<T>进行去null处理
16              return e == null;}
17          );
18          System.out.println(list);                   // 输出删除之后的数据
19      }
20  }
```

程序的运行结果如下：

```
[Java, Es6, null, Html5, null]
[Java, Es6, Html5]
```

例 11-2 中，先创建一个名字为 list 的 ArrayList 集合，然后向 list 中添加了 5 个元素，接着输出 list 集合中元素。然后又通过调用 list 的 removeIf()方法,传递符合 Predicate 函数式接口的 Lambda 表达式。因为传递的元素是判断参数等于 null,所以会删除 list 中值为 null 的元素,接下来在第 18 行代码输出 list 中的数据,结果发现值为 null 的元素被删除了。

综上所述,函数式接口带给我们最大的好处就是:可以使用极简的 lambda 表达式实例化接口,这点在实际的开发中很有好处,往往一两行代码能够解决很复杂的场景需求。

📢注意:@FunctionalInterface 注解加或不加对于接口是不是函数式接口没有影响,该注解只是提醒编译器去检查该接口是否仅包含一个抽象方法。

11.3 Lambda 表达式的简化形式

Lambda 表达式的核心原则是:只要可以推导,都可以省略,即可以根据上下文推导出来的内容,都可以省略书写,这样简化了代码,但潜在的问题是有可能会使代码可读性变差。本节介绍 Lambda 表达式的几种常用简化形式。

1. 省略大括号

在 Lambda 表达式中,如果程序代码块只包含了一条语句,就可以省略大括号。标准格式和省略格式对比如下:

```
() -> {System.out.prnitln("一起来跟我学习JAVA的Lambda表达式");}    // 标准格式
() -> System.out.prnitln("一起来跟我学习JAVA的Lambda表达式");      // 省略格式
```

2. 省略参数类型

Lambda 表达式可以根据上下文环境推断出参数类型,所以可以省略参数类型。标准格式和省略格式对比如下:

```
1   interface Calc {                                    // 可计算接口
2       int calcInt(int x, int y);                      // 两个int类型参数
3   }
4   public static Calc calculate(char opr) {
5       Calc result;
6       if (opr == '+') {
7           result = (int x,int  y) -> {                 // 标准格式
8               return x + y;
9           };
10      } else {
11          result = (x, y) -> {                         // 省略格式
12              return x - y;
13          };
14      }
15      return result;
16  }
```

3. 省略圆括号

当 Lambda 表达式中参数只有一个的时候,可以省略参数圆括号。下面代码使用到了第 11.2 节的 Consumer 函数式接口,Lambda 表达式标准格式和省略圆括号的格式对比如下:

```
Consumer<String>consumer = (s) -> System.out.println(s);    // 标准格式
Consumer<String>consumer = s -> System.out.println(s);      // 省略格式
consumer.accept("一起来学习Java");                          // 简化形式的调用
```

4. 省略 return 和大括号

当 Lambda 表达式的代码块中有返回值且有只有一条语句时,那么可以省略 return 和大括

号。注意，二者需要同时省略，否则编译报错。下面代码使用到了 Comparator 接口，该接口包含 compare(T o1,T o2)方法，此方法有两个泛型参数可以进行比较，会返回 int 类型值。返回值大于 0，表示第 1 个参数大；返回值等于 0，表示两个参数相同；返回值小于 0，表示第 2 个参数较大。Lambda 表达式标准格式和省略格式对比如下：

```
Comparator<Integer> com = (x, y) -> {return Integer.compare(x,y);}   // 标准格式
Comparator<Integer> com = (x, y) -> Integer.compare(x,y);            // 省略格式
System.out.println(com.compare(3,3));                               // 简化形式的调用
```

上述 4 种方式是 Lambda 表达式的简化形式，代码简洁了，对于初学者而言会增加理解难度，一般建议初学者使用标准格式，等熟练掌握 Lambda 表达式后再逐步使用简化形式。

11.4 访 问 变 量

Lambda 表达式中可以访问其外层作用域中定义的变量。例如，可以使用其外层类定义的实例或静态变量以及调用其外层类定义的方法，也可以显式或隐式地访问 this 变量。

11.4.1　访问成员变量

成员变量包括实例成员变量和静态成员变量。在 Lambda 表达式中，可以访问这些成员变量，此时的 Lambda 表达式与普通方法一样，可以读取成员变量，也可以修改成员变量。

接下来，通过案例来演示 Lambda 表达式访问成员变量的功能，如例 11-3 所示。

【例 11-3】　Demo1103.java

```
1   package com.aaa.p110401;
2
3   interface Calc {
4       int calcInt(int x, int y);
5   }
6   public class Demo1103 {
7       private int count = 1;                    // 实例成员变量
8       private static int num = 2;               // 静态成员变量
9       public static Calc add() {                // 静态方法，进行加法运算
10          Calc result = (int x, int y) -> {
11              num++;                            // 访问静态成员变量，不能访问实例成员变量
12              int c = x + y + num;              // 修改为x + y + num+this.count会报错
13              return c;
14          };
15          return result;
16      }
17      public Calc mul() {                       // 实例方法，进行乘法运算
18          Calc result = (int x, int y) -> {
19              num++;                            // 访问静态成员变量和实例成员变量
20              this.count++;
21              int c = x * y - num - this.count;
22              return c;
23          };
24          return result;
25      }
26
27      // 测试方法
28      public static void main(String[] args) {
29          System.out.println("静态方法，加法运算: " + add().calcInt(4, 3));
30          System.out.println("实例方法，减法运算: " + new Demo1103().mul().calcInt(4, 3));
```

```
31        }
32    }
```

程序的运行结果如下：

```
静态方法，加法运算：10
实例方法，减法运算：6
```

从程序运行结果来看，例 11-3 中声明了一个实例成员变量 count 和一个静态成员变量 num。此外，还声明了静态方法 add() 和实例方法 sub()。add() 方法是静态方法，静态方法中不能访问实例成员变量，所以第 12 行代码的 Lambda 表达式中也不能访问实例成员变量，在代码"x + y + num"后加上 this.count 会报错。sub() 方法是实例方法，实例方法中能够访问静态成员变量和实例成员变量，所以第 18 行代码的 Lambda 表达式中可以访问这些变量。当然，实例方法和静态方法也可以访问，当访问实例成员变量或实例方法时可以使用 this，在不与局部变量发生冲突情况下可以省略 this。

11.4.2　捕获局部变量

对于成员变量的访问，Lambda 表达式与普通方法没有区别，但是有时候 Lambda 表达式需要访问外部作用域代码中的变量，这些变量不是在函数体内定义的，是在 Lambda 表达式所处的上下文中定义的，这称为变量捕获或变量绑定。当 Lambda 表达式发生变量捕获时，系统编译器会将变量当成 final 的。因此，这些变量在声明时，可以不定义成 final，并且 Lambda 表达式中不能修改那些捕获的变量。

接下来，通过案例来演示如何捕获局部变量，如例 11-4 所示。

【例 11-4】　Demo1104.java

```
1    package com.aaa.p110402;
2    import java.util.Comparator;
3
4    public class Demo1104 {
5        public static void main(String[] args) {
6            test();
7        }
8        static void test(){
9            Integer a = 222;
10           Comparator<Integer> com = (x, y) -> {
11               // 如果取消注释会报错，下面会详细解释
12               // a++;
13               return Integer.compare(x,y);
14           };
15           System.out.println("两个数字比较结果为：" + com.compare(22,33));
16       }
17   }
```

程序的运行结果如下：

```
两个数字比较结果为：-1
```

例 11-4 中，使用 Comparator<Integer> 比较接口，第 10～14 行代码为 Lambda 表达式，可以访问其外部域第 9 行代码，系统自动将第 9 行代码当成 final 类型的变量，此处显式加上 final 也可以，但是如果取消第 12 行代码注释，则程序编译报错，提示"Variable used in lambda expression should be final or effectively final"，中文含义为"从 Lambda 表达式引用的本地变量必须是最终变量或实际上的最终变量"。出现错误的原因在于，代码中声明了局部变量 a，Lambda

表达式中捕获这个变量，不管这个变量是否显式地使用 final 修饰，它都不能在 Lambda 表达式中被修改。

Lambda 表达式的代码块可以访问外部作用域的变量，意味着 Lambda 表达式的方法体与外部作用域的代码块有相同的作用域范围，所以在 Lambda 表达式范围内不允许声明一个与局部变量名相同的参数或局部变量。如果把第 10 行代码中的变量 x 修改为 a，程序编译报错，提示 "Variable 'a' is already defined in the scope"，中文含义为 "变量 a 已经在局部范围内定义"，出现错误的原因就是，在方法 test()内部不能有两个同名的变量。

11.5　方 法 引 用

方法引用是用来直接访问类或者实例的已经存在的方法或者构造方法。方法引用提供了一种引用而不执行方法的方式，它需要由兼容的函数式接口构成目标类型上下文。计算时，方法引用会创建函数式接口的一个实例。

当 Lambda 表达式中只是执行一个方法调用时，不用 Lambda 表达式，直接通过方法引用的形式可读性更高一些。方法引用可以理解为 lambda 表达式的快捷写法，它比 lambda 表达式更加简洁，可读性更好，有更好的重用性。如果 Lambda 表达式的代码块只有一条代码，可以在代码块中使用方法引用。方法引用本质上是一个 Lambda 表达式，使用的是双冒号 "::" 操作符。方法引用有 4 种形式，如表 11.2 所示。

表 11.2　方法引用的 4 种形式

方法引用方式	示　　例	方法引用方式	示　　例
引用类的静态方法	ClassName::staticMethodName	引用类的实例方法	ClassName::methodName
引用对象的实例方法	Object::instanceMethodName	引用构造方法	ClassName::new

11.5.1　引用类的静态方法

引用类方法，其实就是引用类的静态方法，语法格式和示例如下：

```
格式：ClassName::staticMethodName
示例：String::valueOf
```

如果函数式接口的实现恰好可以通过调用一个静态方法来实现，那么就可以使用静态方法引用。此时，类是静态方法动作的发起者。假如 Lambda 表达式符合如下格式：

```
([变量1，变量2，…]) -> 类名.静态方法名([变量1，变量2，…])
```

可以简写成如下格式：

```
类名::静态方法名([变量1，变量2，…])
```

注意，这里静态方法名后面不需要加括号，也不用加参数，因为编译器都可以推断出来。具体参考下列等价代码格式：

❖　String::valueOf 等价于 Lambda 表达式 (str) -> String.valueOf(str)。
❖　Math::pow 等价于 Lambda 表达式 (a,b) -> Math.pow(a, b)。
接下来，通过案例来演示引用类的静态方法，如例 11-5 所示。

【例 11-5】　Demo1105.java

```
1  package com.aaa.p110501;
2
```

```
3    interface Converter {                        // 接口负责将String类型转换为Integer类型
4        Integer change(String s);
5    }
6    public class Demo1105 {
7        public static void main(String[] args) {
8            Converter c1 = s -> Integer.parseInt(s);  // Lambda表达式的写法
9            Integer v1 = c1.change("8319");
10           System.out.println("Lambda表达式输出: " + v1);
11           Converter c2 = Integer::parseInt;          // 引用方法的写法
12           Integer v2 = c2.change("8319");
13           System.out.println("方法引用输出: " + v2);
14       }
15   }
```

程序的运行结果如下：

```
Lambda表达式输出: 8319
方法引用输出: 8319
```

例 11-5 中，第 3～5 行定义了一个函数式接口 Converter，在接口中定义了一个 change()抽象方法，该方法负责将 String 参数转换为 Integer 类型。第 8 行代码使用 Lambda 表达式来创建一个 Converter 对象，由于其代码块只有一条语句，因此省略了大括号，并将这条语句的值作为返回值。第 9 行代码调用 Converter 的对象 c1，因为 c1 对象是 Lambda 表达式创建的，c1 的 change()方法体就是 Lambda 表达式的代码块部分，所以第 10 行代码输出结果为 8319。

由于上面的 Lambda 表达式的代码块只有一行调用类方法的代码，所以可以用类的方法引用来替换。第 11 行代码也就是调用 Integer 类的 parseInt()方法来实现 Converter 函数式接口中唯一的抽象方法 change()，当调用 change()方法时，调用参数会传给 Integer 类的 parseInt()类方法，因此第 13 行代码输出结果也为 8319。

从程序运行结果可以看到，使用引用类方法和 Lambda 表达式，效果是一致的。可以说引用类方法是 Lambda 表达式的孪生兄弟，二者可以起到异曲同工的效果。

11.5.2　引用类的实例方法

引用类的实例方法，其实就是引用类中的成员方法，语法格式和示例如下：

```
格式：ClassName::methodName
示例：String::substring
```

这和类调用静态方法不相同，动作的发起者是 ClassName 类所创建的任意一个对象，只不过在方法调用的时候需要将引用对象作为参数输入方法中，并且规定此对象一定要位于方法参数的第 1 个。如果 Lambda 表达式的"->"的右边要执行的表达式是调用的"->"的左边第 1 个参数的某个实例方法，并且从第 2 个参数开始（或无参）对应到该实例方法的参数列表时，就可以使用这种方法。假如 Lambda 表达式符合如下格式：

```
(变量1[, 变量2, …]) -> 变量1.实例方法([变量2, …])
```

代码就可以简写成如下格式：

```
变量1对应的类名::实例方法名
```

接下来，通过案例来演示引用类的实例方法，如例 11-6 所示。

【例 11-6】　Demo1106.java

```
1    package com.aaa.p110502;
2
```

```
3    interface MyString{
4        // 从开始位置startX开始到endX截取字符串
5        String mySubString(String s,int startX,int endX);
6    }
7    public class Demo1106 {
8        private static void useMyString(MyString myStr){
9            String str = myStr.mySubString("AAA软件教育欢迎您!",0,7);
10           System.out.println(str);
11       }
12       public static void main(String[] args) {
13           // 方式1: 使用Lambda表达式的标准格式
14           useMyString((String s,int startX,int endX)->{
15               return s.substring(startX,endX);
16           });
17
18           useMyString((s,x,y)->s.substring(x,y));    // 方式2: 使用Lambda表达式的简化格式
19           useMyString(String::substring);            // 方式3: 使用类的实例方法引用格式
20       }
21   }
```

程序的运行结果如下：

```
AAA软件教育
AAA软件教育
AAA软件教育
```

例 11-6 中，定义了一个 MyString 接口，包含一个抽象方法 mySubString()，该方法负责根据参数生成一个 String 类型的返回值。第 8～11 行代码定义了一个静态的方法 useMyString()，方法的参数是 MyString 类型的接口，因为 Lambda 表达式可以作为函数式接口的参数。在下面的 main()方法中对静态方法 useMyString()进行了 3 次调用，分别是 Lambda 表达式的标准格式、简化格式、方法引用格式。

从程序运行结果来看，结果都是一样的。Lambda 表达式的简化格式是对标准格式的精简，而引用类的实例方法格式更为简单。Lambda 表达式被引用类的实例方法替代时，第 1 个调用参数作为 substring()方法的调用者，剩下的参数会作为 substring()实例方法的调用参数。

11.5.3　引用对象的实例方法

引用对象的实例方法，其实就引用类中的成员方法。这种语法与引用静态方法的语法类似，只不过这里使用对象引用而不是类名，语法格式和示例如下：

```
格式: Object::instanceMethodName
示例: "helloWorld"::toUpperCase
```

此时，对象是方法动作的发起者。当要执行的表达式是调用某个对象的方法，并且这个方法的参数列表和接口里抽象函数的参数列表一一对应时，就可以采用引用对象的方法的格式。假如 Lambda 表达式符合如下格式：

```
([变量1, 变量2, …]) -> 对象引用.方法名([变量1, 变量2, …])
```

就可以简写成如下格式：

```
对象引用::方法名
```

例如，"helloWorld"::toUpperCase 等价于 Lambda 表达式 () -> str.toUpperCase()，该实例方法引用就是调用了"helloWorld"的 toUpperCase()实例方法来实现之前 Lambda 表达式中的抽象方法。

接下来，通过案例来演示引用对象的实例方法，如例 11-7 所示。

【例 11-7】　Demo1107.java

```
1    package com.aaa.p110503;
2    import java.util.Arrays;
3    import java.util.List;
4
5    interface Converter{
6        Integer change(String from);
7    }
8    public class Demo1107 {
9        public static void main(String[] args) {
10           Converter c1 = from -> "www.3adazuo.cn".indexOf(from);
11           Integer value = c1.change("it");
12           System.out.println("3a在www.3adazuo.cn中的位置: " + value);
13           // 使用引用对象的实例方法的形式输出
14           Converter c2 = "www.3adazuo.cn"::indexOf;
15           System.out.println("3a在www.3adazuo.cn中的位置: " + c2.change("3a"));
16       }
17   }
```

程序的运行结果如下：

```
3a在www.3adazuo.cn中的位置: 4
3a在www.3adazuo.cn中的位置: 4
```

例 11-7 中，定义了一个 Converter 接口，包含一个 change()抽象方法，负责将 String 参数转换为 Integer 参数。第 10 行的 Lambda 表达式实现了该接口的 change()方法，所以可以将表达式中代码块的值作为返回值。接着，第 11 行代码调用 c1 对象的 change()方法将字符串转换为整数，由于 c1 对象是 Lambda 表达式创建的，change()方法的执行体就是 Lambda 表达式的代码块部分，所以第 12 行代码的输出结果是"3a"在字符串"www.3adazuo.cn"中的位置 4。第 14 行代码是对象的实例方法引用，表示调用"www.3adazuo.cn"对象的 indexOf()实例方法来实现 Converter 函数式接口中唯一的抽象方法 change()，当调用该接口中的 change()方法时，参数"3a"会传递给"www.3adazuo.cn"的 indexOf()实例方法，相当于"www.3adazuo.cn". indexOf("3a")，同样输出结果为 4。

11.5.4　引用构造方法

方法引用用来重用现有 API 的方法流程，JDK 还提供了构造方法引用，用来重用现有 API 的对象构建流程。构造器引用与方法引用类似，不同的是在构造器引用中方法名是 new，语法格式和示例如下：

```
格式: 类名::new
示例: Customer::new
```

对于拥有多个构造器的类，选择使用哪个构造器取决于上下文。方法引用有返回值类型，构造方法在语法上没有返回值类型。事实上，每个构造方法都会有返回值类型，也就是该类自身。

接下来，通过案例来演示引用构造方法，如例 11-8 所示。

【例 11-8】　Demo1108.java

```
1    package com.aaa.p110504;
2    import java.util.ArrayList;
3    import java.util.*;
4    import java.util.function.Function;
```

```
5
6   class Customer {
7       String name;
8       public Customer(String name) {
9           this.name = name;
10      }
11      @Override
12      public String toString() {
13          return "Customer{" + "name='" + name + '\'' + '}';
14      }
15  }
16  public class Demo1108 {
17      static <P,R> List<R> map(List<P>list, Function<P,R> mapper){
18          List<R>mapped = new ArrayList<>();
19          for(int n = 0;n < list.size();n++){
20              mapped.add(mapper.apply(list.get(n)));
21          }
22          return mapped;
23      }
24      public static void main(String[] args) {
25          List<String>names = Arrays.asList("扁鹊","华佗");
26          List<Customer>customers = map(names,Customer::new);
27          for(Customer c:customers)
28              System.out.println(c);
29      }
30  }
```

程序的运行结果如下：

```
Customer{name='扁鹊'}
Customer{name='华佗'}
```

例 11-8 中，第 6～15 行代码定义了 Customer 类，包含一个 name 成员变量，带一个参数的构造方法和 toString()方法。第 17～23 行代码定义了一个 map()方法，使用了 Function 函数式接口，该接口定义的一个 apply(T t)抽象方法必须重写，该方法的作用是指定将获取的 P 类型数据转换为 R 类型，这里是先将数据放到 mapped 集合，然后转换为 Customer 类的实例。第 25 行代码使用 Arrays 类的 asList()方法对集合进行了赋值操作，第 26 行代码调用 map()方法及其构造器引用将 names 集合转换为 Customer 类的实例。第 27 行和第 28 行代码针对集合中的数据进行了遍历输出。

从程序运行结果来看，构造器引用在使用 new 关键字的时候，不需要使用类名和参数，由类内的方法直接调用 Lambda 表达式进行构造器方法调用即可。

📖知识点拨：如果有多个同名的重载方法，编译器就会尝试从上下文中找出指的那一个方法。例如，Math.max 方法有 4 个版本，参数类型分别是 int、long、float、double，选择哪个版本取决于 Math::max 转换为哪个函数式接口的方法参数。类似于 lambda 表达式，方法引用不能独立存在，总是会转换为函数式接口的实例。

11.6 Lambda 表达式调用 Arrays 的类方法

Arrays 类的一些方法需要实现 Comparator、XxxOperator、XxxFunction 等接口的实例，这些接口都是函数式接口，因此可以使用 Lambda 表达式来调用 Arrays 的方法。

接下来，通过案例来演示使用 Lambda 表达式调用 Arrays 的类方法，如例 11-9 所示。

【例 11-9】　Demo1109.java

```
1    package com.aaa.p1106;
2    import java.util.Arrays;
3
4    public class Demo1109 {
5        public static void main(String[] args) {
6            String[] arr = new String[] { "CSDN","51CTO", "ITEye", "cnblogs" };
7            Arrays.parallelSort(arr,(s1, s2) -> s1.length() - s2.length());
8            System.out.println("排序:" + Arrays.toString(arr));
9            int[] intArray = new int[] {3, 9, 8, 0};
10           // left代表数组中前一个索引处的元素，计算第1个元素时left为1
11           // right代表数组中当前索引处的元素
12           Arrays.parallelPrefix(intArray, (left, right) -> left * right);
13           System.out.println("累积:" + Arrays.toString(intArray));
14           long[] longArray = new long[5];
15           // operand代表正在计算的元素索引
16           Arrays.parallelSetAll(longArray, operand -> operand * 5);
17           System.out.println("索引*5:" + Arrays.toString(longArray));
18       }
19   }
```

程序的运行结果如下：

```
排序:[CSDN, 51CTO, ITEye, CNBLOGS]
累积:[3, 27, 216, 0]
索引*5:[0, 5, 10, 15, 20]
```

通过程序运行结果可以发现，第 7 行代码的 Lambda 表达式的目标类型是 Comparator，该接口指定了判断字符串大小的标准；第 12 行代码的 Lambda 表达式的目标类型是 IntBinaryOperator，该对象将会根据前后两个元素来计算当前元素的值；第 16 行代码的 Lambda 表达式的目标类型是 IntToLongFunction，该对象将根据元素的索引来计算当前元素的值。通过本案例可以发现，Lambda 表达式能够使程序更加简洁，代码更加简单。

**********************************内容扩展**********************************
扫描右侧二维码获取如下内容
11.7　本章小结
11.8　理论测试与实践练习

****

第12章 输入/输出流

　　应用程序经常需要访问文件和目录，读取文件信息或写入信息到文件，即从外界输入数据或者向外界传输数据，这些数据可以保存在磁盘文件、内存或其他程序中。在 Java 中，对这些数据的操作是通过 I/O 技术来实现的。所谓 I/O 技术，就是数据的输入（Input）、输出（Output）技术。本章将对 Java 的 I/O 系统进行讲解，包括 I/O 的体系结构、流的概念、字节流、处理字节流的基本类 InputStream 和 OutputStream、字符流、处理字符流的基本类 Reader 和 Writer、文件管理、序列化和反序列化等。

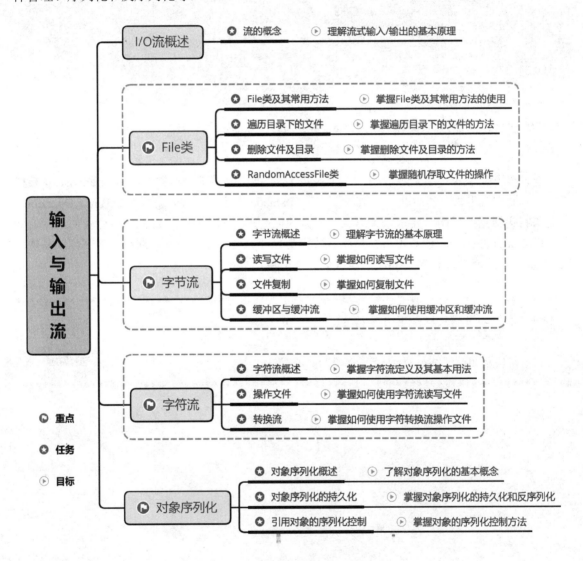

12.1　I/O 流概述

Java 将数据的输入/输出操作当作"流"来处理，"流"是一组从源头到目的地的有序的字节序列。在 Java 程序中，从某个数据源读取数据到程序的流称为输入流，通过程序使用数据流将数据写入目的地的流称为输出流。输入流/输出流也称为 I/O 流，其读取和写入流程如图 12.1 所示。

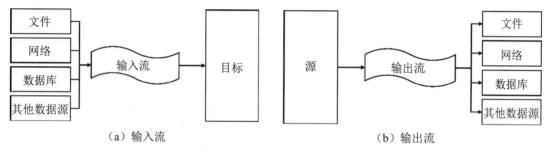

图 12.1　输入/输出流示意图

当程序需要从某个数据源读入数据的时候，就会开启一个输入流，数据源可以是文件、内存或网络等。相反，需要写出数据到某个数据目的地的时候，也会开启一个输出流，这个数据目的地也能够是文件、内存或网络等。I/O 流有很多种，按操作数据单位不同可分为字节流和字符流，按数据流的方向不同分为输入流和输出流，如表 12.1 所示。

表 12.1　流的分类

输入/输出	字　节　流	字　符　流
输入流	InputStream	Reader
输出流	OutputStream	Writer

输入流和输出流是以程序为中心来进行区分的，从外部设备读取数据到程序是输入流，从程序写入数据到外部设备是输出流。字节流的单位是一个字节，即 8bit；字符流的单位是两个字节，即 16bit。表 12.1 是 I/O 流的简单分类，实际开发中需要使用的 I/O 流共涉及 40 多个类，都是从这 4 个抽象基类派生的。接下来，我们先学习输入/输出流的体系结构。

Java.io 包中的最重要的部分由 6 个类和一个接口组成。6 个类是指 File、RandomAccessFile、InputStream、OutputStream、Writer、Reader，一个接口指的是 Serializable。掌握了这些 I/O 的核心操作，那么对于 Java 中的 I/O 体系也就有了一个初步的认识。总体上看，Java 的 I/O 主要包括如下 3 个部分。

❖　流式部分：I/O 的主体部分。

❖　非流式部分：主要包含一些辅助流式部分的类，如 File 类、RandomAccessFile 类和 FileDescriptor 类等。

❖　其他类：主要是文件读取部分的与安全相关的类（如 SerializablePermission 类），以及与本地操作系统相关的文件系统的类（如 FileSystem 类、Win32FileSystem 类和 WinNTFileSystem 类）。

这里，将 Java 的 I/O 中主要的类简单介绍如下。

❖　File 类（文件特征与管理类）：用于文件或者目录的描述信息等，如生成新目录、修改文件名、删除文件、判断文件所在路径等。

❖ InputStream 类（二进制格式操作类）：基于字节输入操作的抽象类，是所有输入流的父类，定义了所有输入流都具有的共同特征。

❖ OutputStream 类（二进制格式操作类）：基于字节输出操作的抽象类，是所有输出流的父类，定义了所有输出流都具有的共同特征。

❖ Reader 类（文件格式操作类）：抽象类，基于字符的输入操作。

❖ Writer 类（文件格式操作类）：抽象类，基于字符的输出操作。

❖ RandomAccessFile 类（随机文件操作类）：它的功能丰富，可以从文件的任意位置进行存取（输入/输出）操作。

综上所述，Java 中 I/O 流的体系结构如图 12.2 所示。

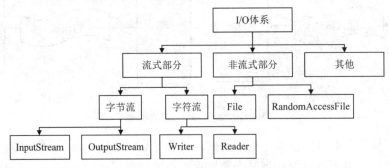

图 12.2　I/O 流体系结构图

12.2　File 类

File 类可以用于处理文件目录。在对一个文件进行输入/输出时，必须先获取有关该文件的基本信息，如文件是否可以读取、能否被写入、路径是什么等。java.io.File 类不属于 Java 流系统，但它是文件流进行文件操作的辅助类，提供了获取文件基本信息以及操作文件的一些方法，通过调用 File 类提供的相应方法，能够完成创建文件、删除文件以及对目录的一些操作。

12.2.1　File 类及其常用方法

File 类的对象是一个"文件或目录"的抽象，它并不打开文件或目录，而是指定要操作的文件或目录。File 类的对象一旦创建，就不能再修改。要创建一个新的 File 对象，需要使用它的构造方法，如表 12.2 所示。

表 12.2　File 类的构造方法

构　造　方　法	方　法　描　述
public File(String filename)	创建 File 对象，filename 表示文件或目录的路径
public File(String parent, String child)	创建 File 对象，parent 表示上级目录，child 表示指定的子目录或文件名
public File(File obj, String child)	创建 File 对象，obj 表示 File 对象，child 表示指定的子目录或文件名

使用表 12.2 所列的哪种构造方法要由其他被访问的文件来决定。例如，当在应用程序中只用到一个文件时，使用第 1 种构造方法最合适；如果使用了一个公共目录下的几个文件，那么使用第 2 种或第 3 种构造方法会更方便。

创建 File 类的对象后，就可以使用 File 类的相关方法来获取文件信息。接下来，先了解一下 File 类的常用方法，如表 12.3 所示。

表 12.3 File 类的常用方法

方　　法	方 法 描 述	备　　注
String getName()	获取相关文件名	与文件名相关的方法
String getPath()	获取文件路径	
String getAbsolutePath()	获取文件绝对路径	
String getParent()	获取文件上级目录名称	
boolean renameTo(File newName)	更改文件名，成功则返回 true，否则返回 false	
boolean exists()	检测文件对象是否存在	文件检测相关方法
boolean canWrite()	检测文件对象是否可写	
boolean canRead()	检测文件对象是否可读	
boolean isFile()	检测文件对象是否是文件	
boolean isDirectory()	检测文件对象是否是目录	
boolean isAbsolute()	检测文件对象是否是绝对路径	
long lastModified()	返回此 File 对象表示的文件或目录最后一次被修改的时间	文件常用属性相关方法
long length()	返回此 File 对象表示的文件或目录的长度	
boolean delete()	删除文件或目录。如果 File 对象为目录，则该目录为空，方可删除。删除成功，返回 true，否则返回 false	
boolean mkdir()	创建 File 对象指定目录。如果创建成功，则返回 true，否则返回 false	目录相关方法
boolean mkdirs()	创建 File 对象指定的目录，如果此目录的父级不存在，则还会创建父目录。如创建成功，则返回 true，否则返回 false	
String []list()	返回此 File 对象表示的目录中的文件和目录的名称所组成的字符串数组	

接下来，通过一个案例来演示 File 类常用方法的基本使用，先在当前目录创建一个 1201.txt 文件，在里面输入"AAA 软件教育欢迎您!"，然后编写代码，如例 12-1 所示。

【例 12-1】 Demo1201.java

```java
package com.aaa.p120201;
import java.io.*;
import java.util.*;
import java.text.SimpleDateFormat;

public class Demo1201 {
    public static void main(String[] args) {
        File file = new File("src/1201.txt");
        System.out.println("文件是否存在-->" + file.exists());
        System.out.println("文件是否可写-->" + file.canWrite());
        System.out.println("文件是否可读-->" + file.canRead());
        System.out.println("文件是否是文件-->" + file.isFile());
        System.out.println("文件是否是目录-->" + file.isDirectory());
        System.out.println("文件是否是绝对路径-->" + file.isAbsolute());
        System.out.println("文件名是-->" + file.getName());
        System.out.println("文件的路径是-->" + file.getPath());
        System.out.println("文件的绝对路径是-->" + file.getAbsolutePath());
        System.out.println("文件的上级路径是-->" + file.getParent());
        SimpleDateFormat sdf = new SimpleDateFormat("yyyy-MM-dd");
        System.out.print("最后修改时间-->");
        System.out.println(sdf.format(new Date(file.lastModified())));
        System.out.println("文件长度是-->" + file.length());
    }
}
```

程序的运行结果如下：

```
文件是否存在-->true
文件是否可写-->true
文件是否可读-->true
文件是否是文件-->true
文件是否是目录-->false
文件是否是绝对路径-->false
文件名是-->1201.txt
文件的路径是-->src\1201.txt
文件的绝对路径是-->D:\work\AAA课程研发\教材编写\javaIO\src\1201.txt
文件的上级路径是-->src
最后修改时间-->2021-06-15
文件长度是-->25
```

例 12-1 中，在程序中构造了 File 类的对象，运用 File 类的各个方法得到文件的各种相关属性。在第 19～21 行代码中，通过格式化时间信息，获取文件最后修改时间，最后打印文件 1201.txt 相关属性的信息。

12.2.2　遍历目录下的文件

File 类用来操作文件和获得文件的信息，但是不提供对文件读取的方法，这些方法由文件流提供。File 类中提供了 list()方法和 listFiles()方法，用来遍历目录下的所有文件。两者不同之处是 list()方法只返回文件名，没有路径信息；而 listFiles()方法不但返回文件名称，还包含路径信息。

接下来，通过案例来演示 list()方法与 listFiles()方法的使用，如例 12-2 所示。

【例 12-2】　Demo1202.java

```java
1   package com.aaa.p120202;
2   import java.io.*;
3
4   public class Demo1202 {
5       public static void main(String[] args) {
6           System.out.printf("------------------list()方法------------------");
7           File file = new File("D:\\javaCode");           // 创建File对象
8           if (file.isDirectory()) {                       // 判断file目录是否存在
9               String[] list = file.list();
10              for (String fileName : list) {
11                  System.out.println(fileName);           // 打印文件名
12              }
13          }
14          System.out.printf("------------------listFiles()方法------------------");
15          files(file);
16      }
17      public static void files(File file) {
18          File[] listFile = file.listFiles();             // 遍历目录下所有文件
19          for (File f : listFile) {
20              if (f.isDirectory()) {                      // 判断是否目录
21                  files(f);                               // 递归调用
22              }
23              System.out.println(f.getAbsolutePath());
24          }
25      }
26  }
```

程序的运行结果如下：

```
------------------list()方法--------------------
chapter02
test.txt
----------------listFiles()方法----------------
D:\javaCode\chapter02\.idea\.gitignore
D:\javaCode\chapter02\.idea\misc.xml
D:\javaCode\chapter02\.idea\modules.xml
D:\javaCode\chapter02\.idea\uiDesigner.xml
D:\javaCode\chapter02\.idea\workspace.xml
D:\javaCode\chapter02\.idea
D:\javaCode\chapter02\chapter02.iml
D:\javaCode\chapter02\out\production\chapter02\Demo02.class
D:\javaCode\chapter02\out\production\chapter02\Demo0201.class
```

例 12-2 中，首先创建 File 对象，指定 File 对象的目录。第 5～10 行代码先判断 file 目录是否存在，若存在，则调用 list()方法。第 6 行代码以 String 数组的形式得到所有文件名，最后循环遍历数组内容并打印。如果目录下仍然有子目录则不能遍历到，此时就需要用到 File 类的 listFiles()方法，遍历目录下所有文件之后，判断循环遍历到的是否是目录，如果是目录，则再次递归调用 files(file)方法本身，直到遍历完所有文件。第 14～22 行代码是自定义的静态方法。通过程序运行结果可以看到，listFiles()方法输出的信息比 list()方法输出的信息更加详细，而且 listFiles()方法返回值是 File 类型，可以直接使用该文件。

注意：在 Windows 系统中，目录的分隔符是反斜杠（\）。但是，在 Java 语言中，使用反斜杠表示转义字符，所以如果需要在 Windows 系统的路径下包括反斜杠，则应该使用两条反斜杠，如 D:\\javaCode 或者直接用斜杠（/）也可以。

12.2.3　删除文件及目录

在程序设计中，除了遍历文件外，文件的删除操作也很常见，Java 中通过使用 File 类的 delete()方法来对文件进行删除操作。

接下来，通过案例来演示如何删除文件及目录，如例 12-3 所示。

【例 12-3】　Demo1203.java

```
1    package com.aaa.p120203;
2    import java.io.*;
3
4    public class Demo1203 {
5        public static void main(String[] args) {
6            String path = "D:/javaCode/chapter02/out";
7            deleteD(path);
8        }
9        private static void deleteD(String pp) {
10           File file = new File(pp);
11           if (file.isFile()) {
12               while (file.exists()) {
13                   System.out.println("删除了文件: " + file.getName());
14                   file.delete();
15               }
16           } else {
17               File[] listFiles = file.listFiles();
18               for (File file2 : listFiles) {
19                   try {
20                       deleteD(file2.getAbsolutePath());
21                   } catch (Exception e) {
```

```
22                    System.out.println(e.getMessage());
23               }
24          }
25          file.delete();
26      }
27   }
28 }
```

程序的运行结果如下：

```
删除了文件：Demo02.class
删除了文件：Demo0201.class
删除了文件：Demo0202.class
删除了文件：Demo03.class
删除了文件：Demo05.class
删除了文件：Demo06.class
```

例 12-3 中，在 main()方法中，deleteD(File file)方法中将待删除的内容以字符串形式传入。调用方法时创建 File 对象，然后遍历该目录下所有文件，判断遍历到的是否是目录。如果是目录，继续递归调用方法本身；如果是文件则输出文件信息然后直接删除，删除文件完成后，将目录删除。第 18～23 行代码增加了确保程序健壮性的异常处理。

✎注意：File 类的 delete()方法只是删除一个指定的文件，如果目录下还有子目录，是无法直接删除的，需要递归删除。另外，在 Java 中是直接从虚拟机中将文件或目录删除，可以不经过回收站，文件无法恢复，所以使用 delete()操作时要谨慎。

12.2.4 RandomAccessFile 类

Java 提供的 RandomAccessFile 类，允许从文件的任何位置进行数据的读写。它不属于流，是 Object 类的子类，但它融合了 InputStream 类和 OutStream 类的功能，既能提供 read()方法和 write()方法，还能提供更高级的直接读写各种基本数据类型数据的读写方法，如 readInt()方法和 writeInt()方法等。

RandomAccessFile 类的中文含义为随机访问文件类，随机意味着不确定性，指的是不需要从头读到尾，可以从文件的任意位置开始访问文件。使用 RandomAccessFile 类，程序可以直接跳到文件的任意地方读、写文件，既支持只访问文件的部分数据，又支持向已存在的文件追加数据。

为支持任意读写，RandomAccessFile 类将文件内容存储在一个大型的 byte 数组中。RandomAccessFile 类设置指向该隐含的 byte 数组的索引，称为文件指针，通过从文件开头就开始计算的偏移量来标明当前读写的位置。

RandomAccessFile 类有两个构造方法，其实这两个构造方法基本相同，只是指定文件的形式不同而已。一个使用 String 参数来指定文件名，一个使用 File 参数来指定文件本身。具体示例如下：

```
// 访问file参数指定的文件，访问的形式由mode参数指定
public RandomAccessFile(File file, String mode)
// 访问name参数指定的文件，访问的形式由mode参数指定
public RandomAccessFile(String name, String mode)
```

在创建 RandomAccessFile 对象时还要设置该对象的访问形式，具体使用一个参数 mode 进行指定，mode 的值及其对应的访问形式如表 12.4 所示。

表 12.4　mode 的值及其含义

mode值	含　　义
"r"	以只读的方式打开，如果试图对该 RandomAccessFile 执行写入方法，都将抛出 IOException 异常
"rw"	以读、写方式打开指定文件，如果该文件不存在，则尝试创建该文件
"rws"	以读、写方式打开指定文件，相较于"rw"模式，还需要将文件的内容或元数据的每个更新都同步写入底层存储设备
"rwd"	以读、写方式打开指定文件，相较于"rw"模式，还要求将文件内容的每个更新都同步写入底层存储设备

随机访问文件是由字节序列组成，一个称为文件指针的特殊标记定位这些字节中的某个字节的位置，文件的读写操作就是在文件指针所在的位置上进行的。打开文件时，文件指针置于文件的起始位置，在文件中进行读写数据后，文件指针就会移动到下一个数据项。如表 12.5 所示，列出了 RandomAccessFile 类所拥有的用来操作文件指针的方法。

表 12.5　RandomAccessFile 类操作指针的方法

方　　法	方　法　描　述
long getFilePointer()	获取当前读写指针所处的位置
void seek(long pos)	指定从文件起始位置开始的指针偏移量，即设置读指针的位置
int skipBytes(int n)	使读写指针从当前位置开始，跳过 n 个字节
void setLength(long num)	设置文件长度

接下来，通过案例来演示 RandomAccessFile 类操作文件指针的方法的使用，如例 12-4 所示。

【例 12-4】　Demo1204.java

```
1    package com.aaa.p120204;
2    import java.io.*;
3    import java.io.IOException;
4    import java.io.RandomAccessFile;
5
6    public class Demo1204 {
7        public static void main(String[] args) {
8            File file = new File("d:/javaCode/test.txt");
9            RandomAccessFile raf = null;                    // 声明RandomAccessFile对象
10
11           try{
12               raf = new RandomAccessFile(file,"rw");
13               for(int n = 0;n < 10;n++){
14                   raf.writeInt(n);
15               }
16               System.out.println("当前指针位置: " + raf.getFilePointer());
17               System.out.println("文件长度: " + raf.length() + "字节");
18               raf.seek(0);                                // 返回数据的起始位置
19
20               System.out.println("当前指针位置:" + raf.getFilePointer());
21               System.out.println("读取数据");
22               for(int n = 0;n < 6;n++) {
23                   System.out.println("数值:" + raf.readInt() + "-->" +
24                               (raf.getFilePointer() - 4));
25                   if(n == 3)raf.seek(32);                 // 指针跳过4, 5, 6, 7
26               }
27               raf.close();                                // 关闭随机访问文件流
28           }catch (IOException e){
29               e.printStackTrace();
30           }
31       }
32   }
```

程序的运行结果如下：

```
当前指针位置：40
文件长度：40字节
当前指针位置:0
读取数据
数值:0-->0
数值:1-->4
数值:2-->8
数值:3-->12
数值:8-->32
数值:9-->36
```

例 12-4 中，先向 test.txt 文件写入 0～9 这 10 个数字，此时文件的长度为 10 个字节，数据指针位置为 40。如果要读取文件的数据信息，则需要把文件指针移动到文件的起始位置，而执行 seek(0)可以达到目的。虽然开始时会循环读取数据，但在 i 为 3 时，将指针移动到 32，即跳过 4、5、6、7，直接开始读取 8 和 9，对应指针位置是 32 和 36。

12.3 字 节 流

前文讲解了使用 File 类对文件或目录进行操作的方法，但是 File 类不包含向文件读写数据的方法。为了进一步进行文件输入/输出操作，需要使用正确的 I/O 类来创建对象。在程序设计中，程序如果要读取或写入 8bit 的字节数据，应该使用字节流来处理。字节流一般用于读取或写入二进制数据，如图片、音频文件等。一般而言，只要是"非文本数据"就应该使用字节流来处理。

12.3.1 字节流概述

在计算机中，无论是文本、图片、音频还是视频，所有的文件都能以二进制（bit，1 字节为 8bit）形式传输或保存。Java 中针对字节输入/输出操作提供了一系列流，统称为字节流。程序需要数据的时候要使用输入流来读取数据，而当程序需要将一些数据保存起来的时候就需要使用输出流来完成。在 Java 中，字节流提供了两个抽象基类 InputStream 和 OutputStream，分别用于处理字节流的输入和输出。因为抽象类不能被实例化，所以在实际使用中，使用的是这两个类的子类。这里还需要强调的是，输入流和输出流的概念是有一个参照物的，参照物就是站在程序的角度来理解这两个概念，如图 12.3 所示。

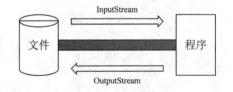

图 12.3　字节流示意

图 12.3 中，从文件到程序是输入流（InputStream），通过程序，读取文件中的数据；从程序到文件是输出流（OutputStream），将数据从程序输出到文件。

InputStream 类和 OutputStream 类都是抽象类，不能被实例化，所以如果要实现不同数据源的操作功能，必须要用到它们的子类,这些子类可以在 JDK 的 API 文档里的类层次结构中查看，如图 12.4 和图 12.5 所示。

从图 12.4 和图 12.5 中可看出，InputStream 和 OutputStream 的子类虽然较多，但都有规律可循。因为输入流或输出流的数据源或目标的数据格式不同，如字节数组、文件、管道等，所以子类在命名的时候采用的格式是数据类型加抽象基类名。例如，FileInputStream 的子类表示从文件中读取信息，InputStream 为后缀。此外，InputStream 和 OutputStream 的子类大多都是成对出现的，如数据过滤流 FilterInputStream 和 FilterOutputStream。

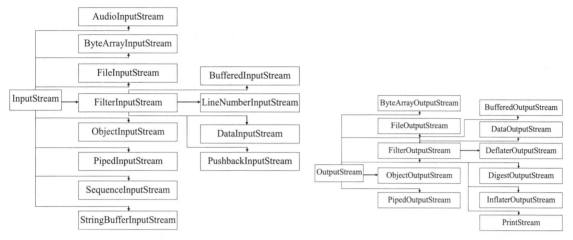

图 12.4　InputStream 子类结构图　　　　图 12.5　OutputStream 子类结构图

InputStream 类定义了输入流的一般方法，是字节输入流的父类，其他字节输入流都是在其基础上做功能上的增强。因此，了解了 InputStream 类就为了解其他字节输入流打下了基础，表 12.6 列出了 InputStream 类的常用方法。

表 12.6　InputStream 类的常用方法

方　　法	方　法　描　述
public int available()	获取输入流中可以不受阻塞地读取的字节数
public void close()	关闭输入流并释放与该流关联的所有系统资源，该方法由子类重写
public void mark(int readlimit)	在此输入流中标记当前的位置，该方法由子类重写
public boolean markSupported()	判断当前输入流是否允许标记。若允许，则返回 true，否则返回 false
public long skip(long n)	从输入流中跳过 n 个指定的字节，并返回跳过的字节数
public int read()	从输入流中读取数据的下一个字节
public int read(byte[] b)	从输入流中读取一定数量的字节，并将其存储在缓冲区数组 b 中，返回读取的字节数。如果已经到达末尾，则返回-1
public int read(byte[] b, int off, int len)	将输入流中最多 len 个数据字节读入 byte 数组。然后将读取的 b 数据以 int 返回。如果已经到达末尾，则返回-1
public void reset()	将输入流重新定位到最后一次对此输入流设置标记的起始处

表 12.6 中列出了 InputStream 类的方法，上述所有方法都声明抛出 IOException 异常，因此使用时要注意处理异常。InputStream 类使用最多的方法为 read() 和 close() 方法，前者从已存在的文件中读取字节，在工作做完之后，由后者关闭字节流，释放系统资源。如果不关闭会浪费一定量的系统资源，进而导致计算机运行效率下降。read() 方法有构成函数重载的 3 种形式，无参的 read() 方法可以用来将字节挨个读入，另外两个可以指定一个字节数组作为读取字节的批量，甚至可以通过定义 off 和 len，指定读取字节的起始位置和长度。

下面我们来看一看 OutputStream 类，它拥有和 InputStream 类相似的用法和相对应的功能方法，其常用方法如表 12.7 所示。

表 12.7 OutputStream 类的常用方法

方　　法	方 法 描 述
void close()	关闭此输出流，并释放与之有关的所有系统资源，由子类重写该方法
void flush()	刷新此输出流，并强制写出所有缓冲的输出字节
void write(byte[] b)	将数组 b 的数据写到输出流
void write(int b)	将指定的 b 字节写入此输出流
void write(byte[] b, int off, int len)	将指定 byte 数组 b 中从偏移量 off 开始的 len 个字节写入输出流

表 12.7 所列的 OutputStream 类的常用方法可分为两类：3 个重载 write()方法能够向文件中写入数据，可以选择挨个或以数组的方式；flush()和 close()方法能够操作字节输出流本身，close()方法关闭此流并释放系统资源，flush()方法会强制将缓冲区中的字节写入文件中，即使缓冲区还没有装满，该方法也可在流关闭前调用，用于清空缓冲区。

12.3.2　读写文件

FileInputStream 类和 FileOutputStream 类用于从文件/向文件读取/写入字节数据，FileInputStream 类是 InputStream 类的子类，用来从文件中读取数据，操作文件的字节输入流；FileOutputStream 类是 OutputStream 类的子类，可以指定文件名创建实例，一旦创建文档就开启，接着就可以用来写入数据。二者在使用时，都不需要用 close()关闭文档。

接下来，通过实例来演示读取本地文件的流程。为了方便，我们先在当前目录下新建一个名为 read.txt 的文件，并向其中写入"AAA 软件教育"，接着编写程序将文件中的内容读出并打印到控制台，如例 12-5 所示。

【例 12-5】　Demo1205.java

```java
1   package com.aaa.p120302;
2   import java.io.*;
3
4   public class Demo1205 {
5       public static void main(String[] args) {
6           FileInputStream fileInput = null;
7           try {
8               fileInput = new FileInputStream("read.txt");        // 创建文件输入流对象
9               int n = 1024;                                       // 设定读取的字节数
10              byte buffer[] = new byte[n];
11              // 读取输入流
12              while ((fileInput.read(buffer, 0, n) != -1) && (n > 0)) {
13                  System.out.print(new String(buffer));
14              }
15          } catch (Exception e) {
16              System.out.println(e);
17          } finally {
18              if (fileInput != null){
19                  try {
20                      fileInput.close();                          // 释放资源
21                  } catch (IOException e) {
22                      e.printStackTrace();
23                  }
24              }
25          }
26      }
27  }
```

程序的运行结果如下：

AAA软件教育

例 12-5 中，建立了一个长度为 1024 的 byte 数组，将其传入 read()方法中，并设置始末位置分别为 0 和 n，此时 read()方法一次读 1024 个字节。运行之后，我们看到控制台打印出"AAA 软件教育"。

注意：在例 12-5 中，如果程序中途出现错误，将直接中断，所以一定要将关闭资源的 close()方法写到 finally 中。另外，由于 finally 中不能直接访问 try 中的内容，所以要将 FileInputStream 对象定义在 try 的外面。由于篇幅有限，后面的代码不再重复异常处理的标准写法，直接将异常抛出。

需要注意的是，当创建文件输入流时，一定要保证目录下有对应文件存在，否则会报 FileNotFoundException 异常，提示"java.io.FileNotFoundException: read.txt（系统找不到指定的文件）"。

明白了 FileInputStream 类的用法，下面我们来看看与之相对应的 FileOutputStream 类，它使用字节流向一个文件中写入内容，两者用法相似，如例 12-6 所示。

【例 12-6】　Demo1206.java

```
1   package com.aaa.p120302;
2   import java.io.*;
3
4   public class Demo1206 {
5       public static void main(String[] args) throws Exception {
6           System.out.print("请输入要保存到文件的内容: ");
7           int count, n = 1024;
8           byte buffer[] = new byte[n];
9           count = System.in.read(buffer);                    // 读取标准输入流
10          // 创建文件输出流对象
11          FileOutputStream fileOutput = new FileOutputStream("read.txt");
12          fileOutput.write(buffer, 0, count);                // 写入输出流
13          System.out.println("已保存到read.txt!");
14          fileOutput.close();                                // 释放资源
15      }
16  }
```

程序的运行结果如下：

```
请输入要保存到文件的内容: AAA软件欢迎你
已保存到read.txt!
```

例 12-6 程序的运行结果显示已保存到 read.txt，此时文件内容如下：

```
AAA软件欢迎你
```

与输入流不同的是，当文件不存在时，输出流会先创建文件再向其中写入内容。当文件已经存在时，会先将原来的内容清空，再向其中写入。例 12-6 中程序执行之后，原来的内容被替换成了新的内容。如果想要保留原来内容，只需要在构造输出流时追加一个 Boolean 类型的参数，该参数用于指定是否为追加写入，如果为 true，就能够在源文件尾部的下一行写入内容了，如例 12-7 所示。

【例 12-7】　Demo1207.java

```
1   package com.aaa.p120302;
2   import java.io.*;
3
4   public class Demo1207 {
5       public static void main(String[] args) throws Exception {
6           System.out.print("请输入要保存到文件的内容: ");
```

```
7          int count, n = 1024;
8          byte buffer[] = new byte[n];
9          count = System.in.read(buffer);                    // 读取标准输入流
10         // 创建文件输出流对象
11         FileOutputStream fileOutput = new FileOutputStream("read.txt", true);
12         fileOutput.write(buffer, 0, count);                // 写入输出流
13         System.out.println("已保存到read.txt!");
14         fileOutput.close();                                // 释放资源
15     }
16 }
```

程序的运行结果如下：

```
请输入要保存到文件的内容：专业的软件培训机构
已保存到read.txt!
```

运行结果显示已保存到 read.txt，由于我们是自行创建了 read.txt 文件，并在例 12-6 中重写，而本次运行的结果是将对应内容追加到 read.txt 中，此时文件内容如下：

```
AAA软件欢迎你
专业的软件培训机构
```

通过例 12-7 可以看出，构造 FileOutputStream 对象时声明 append 参数为 true，即可在原文件基础上写入新内容。

12.3.3 文件复制

前面我们分别讲解了文件输入流和文件输出流的使用，现在我们将二者结合起来，就能够完成更复杂的操作，这也是我们在日常开发中可能使用到的。

输入流和输出流结合使用可以实现文件的复制，首先我们来做一些准备工作。在当前目录下建立两个文件夹，分别命名为 image、target，之后向 image 目录下存放一张图片，并命名为 img.png。然后，开始编写代码，如例 12-8 所示。

【例 12-8】 Demo1208.java

```
1  package com.aaa.p120303;
2  import java.io.*;
3
4  public class Demo1208 {
5      public static void main(String[] args) throws Exception {
6          // 创建文件输入流对象
7          FileInputStream input = new FileInputStream("image\\img.png");
8          // 创建文件输出流对象
9          FileOutputStream output = new FileOutputStream("target\\img.png");
10         int len;                                           // 定义len，记录每次读取的字节
11         long begin = System.currentTimeMillis();           // 复制文件前的系统时间
12         while ((len = input.read()) != -1) {               // 读取文件并判断是否到达文件末尾
13             output.write(len);                             // 将读到的字节写入文件
14         }
15         long end = System.currentTimeMillis();             // 复制文件后的系统时间
16         System.out.println("复制文件耗时：" + (end - begin) + "毫秒");
17         output.close();                                    // 释放资源
18         input.close();
19     }
20 }
```

程序的运行结果如下：

```
复制文件耗时：875毫秒
```

控制台中打印出了程序复制文件所消耗的时间，而图片就在这段时间内由字节流的方式实现了复制，如图 12.6 和图 12.7 所示。

图 12.6　要复制的图片文件

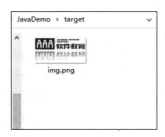

图 12.7　复制结果

由于不同计算机性能不同，或同一个计算机在不同情况下负载不同，复制图片所消耗的时间都有可能会有差别，具体时间以现实情况为准。

注意：在例 12-8 中，指定 image 和 target 的目录用"\\"，这是因为 Windows 系统目录用反斜杠"\"表示，但 Java 中反斜杠是特殊字符，所以写成"\\"指定路径，也可以使用"/"指定目录，如"image/img.png"。

12.3.4　字节流的缓冲区

前文讲解了字节流复制文件，还有一种更高效的复制方式，那就是在使用中加上缓冲区，缓冲区可以帮助提升字节传输效率。因为，不加缓冲区的时候是一个字节一个字节地传输，而加了缓冲区后则是先将字节填满一个缓冲区，再将整个缓冲区的字节一并传输，这样可以显著降低传输次数，提升传输效率。每次传输都会消耗一定的时间，但是使用缓冲区会在本地占用一定的空间，这属于空间换时间的方式。

接下来，通过案例来演示缓冲区在字节流复制中的用法，如例 12-9 所示。

【例 12-9】　Demo1209.java

```
1  package com.aaa.p120304;
2  import java.io.*;
3
4  public class Demo1209 {
5      public static void main(String[] args) throws Exception {
6          // 创建文件输入流对象
7          FileInputStream input = new FileInputStream("image\\img.png");
8          // 创建文件输出流对象
9          FileOutputStream output = new FileOutputStream("target\\img.png");
10         byte[] b = new byte[1024];                   // 定义缓冲区大小
11         int len;                                     // 定义len，记录每次读取的字节
12         long begin = System.currentTimeMillis();     // 复制文件前的系统时间
13         while ((len = input.read(b)) != -1) {        // 读取文件并判断是否到达文件末尾
14             output.write(b, 0, len);                 // 从第1个字节开始，向文件写入len个字节
15         }
16         long end = System.currentTimeMillis();       // 复制文件后的系统时间
17         System.out.println("复制文件耗时：" + (end - begin) + "毫秒");
18         output.close();                              // 释放资源
19         input.close();
20     }
21 }
```

程序的运行结果如下：

复制文件耗时：38毫秒

从例 12-9 的运行结果可以看出，与例 12-8 相比，复制所耗的时间大大地降低了，说明使用缓冲区有效减少了字节流的传输次数，从而提升了程序的运行效率。

除了上面这种方式，还有一种封装性更好、更易用的方式来使用带缓冲区的 I/O 流，那就是 BufferedInputStream 类和 BufferedOutputStream 类，二者称为缓冲流，它们的构造器接收对应的 I/O 流，并返回带缓冲的 BufferedInputStream 对象和 BufferedOutputStream 对象，这体现出了装饰设计模式的思想，其接收的参数为装饰对象，返回的类为装饰结果，结构如图 12.8 所示。

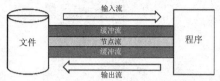

图 12.8　缓冲流示意图

从图 12.8 可以看出，在程序和文件之间的核心由节点流传输数据，如我们在之前所讲到的 FileInputStream 和 FileOutputStream。在外层为节点流的封装，如我们现在讲的 BufferedInputStream 和 BufferedOutputStream。

接下来，通过案例来演示缓冲流的使用，如例 12-10 所示。

【例 12-10】　Demo1210.java

```
1   package com.aaa.p120304;
2   import java.io.*;
3
4   public class Demo1210 {
5       public static void main(String[] args) throws Exception {
6           // 创建文件输入流对象
7           FileInputStream fInput = new FileInputStream("image\\img.png");
8           // 创建文件输出流对象
9           FileOutputStream fOutput = new FileOutputStream("target\\img.png");
10          // 将创建的节点流的对象作为形参传递给缓冲流的构造方法中
11          BufferedInputStream bInput = new BufferedInputStream(fInput);
12          BufferedOutputStream bOutput = new BufferedOutputStream(fOutput);
13          int len;                                 // 定义len，记录每次读取的字节
14          long begin = System.currentTimeMillis(); // 复制文件前的系统时间
15          while ((len = bInput.read()) != -1) {    // 读取文件并判断是否到达文件末尾
16              bOutput.write(len);                  // 将读到的字节写入文件
17          }
18          long end = System.currentTimeMillis();   // 复制文件后的系统时间
19          System.out.println("复制文件耗时: " + (end - begin) + "毫秒");
20          bInput.close();
21          bOutput.close();
22      }
23  }
```

程序的运行结果如下：

复制文件耗时：51毫秒

通过例 12-10 的运行结果可以看出，复制 img 文件的时间为 51 毫秒，和未使用缓冲时相比，复制的速度明显加快，因为缓冲流内部定义了一个长度为 8192 的字节数组作为缓冲区，在使用 read()方法或 write()方法进行读写时首先将数据存入该数组中，然后以数组为对象进行操作，这显著降低了操作次数，让程序完成同样的工作花费时间更少。

12.4　字　符　流

前文讲解了使用 InputStream 和 OutputStream 来处理字节流，也就是二进制文件，而 Reader 和 Writer 是用来处理字符流的，也就是文本文件。与文件字节输入/输出流的功能一样，文件字

符输入/输出流 Reader 和 Writer 只是建立了一条通往文本文件的通道，而要实现对字符数据的读写操作，还需要相应的读方法和写方法来完成。

12.4.1 字符流概述

除了字节流，Java 还提供了字符流，用于操作字符。与字节流类似，字符流也有两个抽象基类，分别是 Reader 和 Writer。Reader 是字符输入流，用于从目标文件读取字符；Writer 是字符输出流，用于向目标文件写入字符。字符流也是由两个抽象基类衍生出很多子类，由子类来实现功能，先来了解一下它们的子类结构，如图 12.9 和图 12.10 所示。

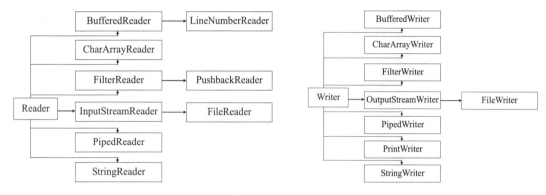

图 12.9　Reader 子类结构图　　　　图 12.10　Writer 子类结构图

可以看出，字符流与字节流相似，也是很有规律的，这些子类都是以它们的抽象基类为结尾命名的，并且大多都是成对出现的，如 CharArrayReader 和 CharArrayWriter。接下来，我们详细讲解字符流的使用。

12.4.2 操作文件

Reader 和 Writer 有众多子类，其中 FileReader 和 FileWriter 是两个很常用的子类，FileReader 类是用来从文件中读取字符的，操作文件的字符输入流。

接下来，通过案例来演示如何从文件中读取字符。首先在当前目录新建一个文本文件 read.txt，文件内容如下：

```
AAA软件教育
fileReader
```

创建文件完成后，开始编写代码，如例 12-11 所示。

【例 12-11】　Demo1211.java

```
1   package com.aaa.p120402;
2   import java.io.*;
3
4   public class Demo1211 {
5       public static void main(String[] args) throws Exception {
6           File file = new File("read.txt");
7           FileReader fileReader = new FileReader(file);
8           int len;                                    // 定义len, 记录读取的字符
9           while ((len = fileReader.read()) != -1){    // 判断是否读取到文件的末尾
10              System.out.print((char) len);           // 打印文件内容
11          }
12          fileReader.close();                         // 释放资源
```

```
13        }
14    }
```

程序的运行结果如下：

```
AAA软件教育
fileReader
```

例 12-11 中，首先定义了一个文件字符输入流，然后在创建输入流实例时，将文件以参数传入。读取到文件后，用变量 len 记录读取的字符数，然后循环输出。这里要注意 len 是 int 类型，所以输出时要强转类型，第 10 行代码中将 len 强转为 char 类型。

与 FileReader 类对应的是 FileWriter 类，它用来将字符写入文件，操作文件字符输出流。

接下来，通过案例来演示如何将字符写入文件，如例 12-12 所示。

【例 12-12】 Demo1212.java

```
1    package com.aaa.p120402;
2    import java.io.*;
3
4    public class Demo1212 {
5        public static void main(String[] args) throws Exception {
6            File file = new File("read.txt");
7            FileWriter fileWriter = new FileWriter(file);
8            fileWriter.write("AAA软件教育是专业的Java学习平台");          // 写入文件的内容
9            System.out.println("已保存到read.txt!");
10           fileWriter.close();                                    // 释放资源
11       }
12   }
```

程序的运行结果如下：

```
已保存到read.txt!
```

例 12-12 运行结果显示已保存到 read.txt 文件，文件内容如下：

```
AAA软件教育是专业的Java学习平台
```

FileWriter 与 FileOutputStream 类似，如果指定的目标文件不存在，则先新建文件，再写入内容，如果文件存在，会先清空文件内容，然后写入新内容，但是结尾不加换行符。如果想在文件内容的末尾追加内容，则需要调用构造方法 FileWriter(String FileName,boolean append)来创建文件字符输出流对象，将参数 append 指定为 true 即可，将例 12-12 第 5 行代码修改如下：

```
FileWriter fileWriter = new FileWriter(file, true);
```

再次运行程序，输出流会将字符追加到文件内容的末尾，不会清除文件本身的内容，结尾同样是没有换行符的。

12.4.3　转换流

前文分别讲解了字节流和字符流，有时字节流和字符流之间可能也需要进行转换。在 JDK 中提供了可以将字节流转换为字符流的两个类，分别是 InputStreamReader 类和 OutputStreamWriter 类，它们被称之为转换流。其中，OutputStreamWriter 类可以将一个字节输出流转换成字符输出流，而 InputStreamReade 类可以将一个字节输入流转换成字符输入流。转换流的出现方便了对文件的读写，它在字符流与字节流之间架起了一座桥梁，使原本没有关联的两种流的操作能够进行转换，提高了程序的灵活性。通过转换流进行读写数据的过程，如图 12.11 所示。

图 12.11 中，程序向文件写入数据时将输出的字符流转变为字节流，程序从文件读取数据时将输入的字节流变为字符流，有效地提高了读写效率。

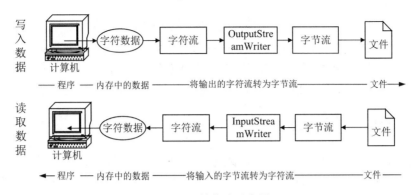

图 12.11　转换流示意图

接下来，通过案例来演示转换流的使用。首先在当前目录新建一个文本文件 Conversion.txt，文件内容为"AAA 软件教育"。创建文件完成后，开始编写代码，如例 12-13 所示。

【例 12-13】　Demo1213.java

```java
1   package com.aaa.p120403;
2   import java.io.*;
3
4   public class Demo1213 {
5       public static void main(String[] args) throws IOException {
6           // 创建字节输入流
7           FileInputStream input = new FileInputStream("Conversion.txt");
8           // 将字节输入流转换为字符输入流
9           InputStreamReader inputReader = new InputStreamReader(input);
10          // 创建字节输出流
11          FileOutputStream output = new FileOutputStream("target.txt");
12          // 将字节输出流转换为字符输出流
13          OutputStreamWriter outputWriter = new OutputStreamWriter(output);
14          int str;
15          while ((str = inputReader.read()) != -1) {
16              outputWriter.write(str);
17          }
18          outputWriter.close();
19          inputReader.close();
20      }
21  }
```

例 12-13 的程序运行结束后，会在当前目录生成一个 target.txt 文件，如图 12.12 和图 12.13 所示。

图 12.12　要复制的文件

图 12.13　复制结果

在例 12-13 中实现了字节流与字符流之间的互相转换，将字节流转换为字符流，从而实现直接对字符的读写。这里要注意，如果用字符流操作非文本文件，如操作视频文件，很有可能会造成部分数据丢失。

12.5　对象序列化方式

Java 提供了一种对象序列化的机制，该机制中一个对象可以被表示为一个字节序列，该字节序列包括该对象的数据、对象的类型和存储在对象中的数据的类型。将序列化对象写入文件之后，可以从文件中读取出来，并且对它进行反序列化。也就是说，对象的类型信息、对象的数据，还有对象中的数据类型可以用来在内存中新建对象。上述整个过程都是 Java 虚拟机（JVM）独立完成的，这样在一个平台上序列化的对象可以在另一个完全不同的平台上反序列化。

12.5.1　对象序列化概述

序列化机制可以将实现序列化的 Java 对象转换成字节序列，而这些字节序列可以保存在磁盘上，或者通过网络传输，以备以后重新恢复成原来的对象继续使用。序列化机制可以使 Java 对象脱离程序的运行而独立存在。

对象的序列化是指将一个 Java 对象写入 I/O 流中，与此对应，对象的反序列化则是指从 I/O 流中恢复该 Java 对象。

如果需要让某个对象支持序列化机制，则必须让它的类是可序列化的。为了让某个类是可序列化的，该类就需要实现 Serializable 或者 Externalizable 这两个接口之一，一般推荐使用 Serializable 接口，因为 Serializable 接口只需实现不需要重写任何方法，使用起来较为简单。

Java 的很多类其实已经实现了 Serializable，该接口是一个标记接口，实现该接口时无须实现任何方法，它只是表明该类的实例是可序列化的。所有可能在网络上传输的对象的类都必须是可序列化的，否则程序可能会出现异常，如 RMI（Remote Method Invoke，即远程方法调用，是 Java EE 的基础）过程中的参数和返回值；所有需要保存到磁盘里的对象的类都必须可序列化，如 Web 应用中需要保存到 HttpSession 或 ServletContext 属性的 Java 对象。

因为序列化是 RMI 过程的参数和返回值都必须实现的机制，而 RMI 又是 Java EE 技术的基础，且所有的分布式应用常常需要跨平台、跨网络，所以要求所有传递的参数、返回值必须实现序列化。因此，序列化机制是 Java EE 平台的基础，通常建议程序创建的每个 JavaBean 类都实现 Serializable 接口。

12.5.2　如何实现对象序列化的持久化

如果需要将某个对象保存到磁盘上或者通过网络传输，那么这个类就需要实现 Serializable 接口或者 Extermalizable 接口之一。

使用 Serializable 来实现序列化非常简单，主要让目标类实现 Serializable 接口即可，无须实现任何方法。一旦某个类实现了 Serializable 接口，该类的对象就是可序列化的，程序可以通过如下两个步骤来序列化该对象：

❖　创建一个 ObjectOutputStream 输出流，这个输出流是一个处理流，所以必须建立在其他节点流的基础之上，代码如下：

```
// 创建个 ObjectOutputStreamn输出流
FileOutputStream fos = new FileOutputStream("person.txt");
ObjectOutputStream oos = new ObjectOutputStream(fos);
```

❖　调用 ObjectOutputStream 对象的 writeObject()方法输出可序列化对象，代码如下：

```
// 将一个Person对象写入输出流中
oos.writeObject(person);
```

下面的程序定义了一个 Person 类，这个类就是一个普通的 Java 类，只是实现了 Serializable 接口，该接口代表该类的对象是可序列化的，代码如下：

```
1    import java.io.Serializable;
2
3    public class Person implements Serializable {
4        private String name;
5        private Integer age;
6        public Person(String name, Integer age) {
7            this.name = name;
8            this.age = age;
9        }
10       public String getName() {
11           return name;
12       }
13       public void setName(String name) {
14           this.name = name;
15       }
16       public Integer getAge() {
17           return age;
18       }
19       public void setAge(Integer age) {
20           this.age = age;
21       }
22       @Override
23       public String toString() {
24           return "Person{" + "name='" + name + '\'' + ", age=" + age + '}';
25       }
26   }
```

接下来,通过案例来演示使用 ObjectOutputStream 将一个 Person 对象写入磁盘文件,如例 12-14
所示。

【例 12-14】　　Demo1214.java

```
1    package com.aaa.p120502;
2
3    public class Demo1214 {
4        public static void main(String[] args) {
5            try (FileOutputStream fos = new FileOutputStream("person.txt");
6                 ObjectOutputStream oos = new ObjectOutputStream(fos)) {
7                Person person = new Person("小乔", 18);
8                oos.writeObject(person);
9            } catch (IOException e) {
10               e.printStackTrace();
11           }
12       }
13   }
```

例 12-14 中,第 6 行代码创建了一个 ObjectOutputStream 输出流,这个 ObjectOutputStream 输
出流建立在一个文件输出流的基础之上。第 8 行代码使用 writeObject()方法将一个 Person 对象写入
输出流。运行这段代码,将会看到生成了一个 Person.txt 文件,该文件的内容就是 Person 对象。

如果想从二进制流中恢复 Java 对象,则需要使用反序列化。反序化的的步骤如下:

❖　创建一个 ObjectInputStream 输入流,这个输入流也是个处理流,所以必须建立在其他
　　节点流的基础之上,代码如下:

```
// 创建一个ObjectInputStream输入流
FileInputStream fis = new FileInputStream("person.txt");
ObjectInputStream ois = new ObjectInputStream(fis);
```

❖　调用 ObjectInputStream 对象的 readObject()方法读取流中的对象,该方法返回一个 Object
　　类型的 Java 对象,如果程序知道该 Java 对象的类型,则可以将该对象强制类型转换

成其真实的类型，代码如下：

```
// 从输入流中读取一个Java对象，并将其强制类型转换为Person类
Person person = (Person) ois.readObject();
```

接下来，通过案例来演示从刚刚生成的 person.txt 文件中读取 Person 对象，如例 12-15 所示。

【例 12-15】 Demo1215.java

```
1  package com.aaa.p120502;
2
3  public class Demo1215 {
4      public static void main(String[] args) {
5          try (FileInputStream fis = new FileInputStream("person.txt");
6              ObjectInputStream ois = new ObjectInputStream(fis)) {
7              Person person = (Person) ois.readObject();
8              System.out.println(person);
9          } catch (Exception e) {
10             e.printStackTrace();
11         }
12     }
13 }
```

例 12-15 中，第 6 行代码将一个文件输入流包装成 ObjectInputStream 输入流，第 7 行代码使用 readObject()方法读取了文件中的 Java 对象，这就完成了反序列化过程。

必须指出的是，反序列化读取的仅仅是 Java 对象的数据，而不是 Java 类，因此采用反序列化恢复 Java 对象时，必须提供该 Java 对象所属类的 class 文件，否则将会引发 ClassNotFoundException 异常。

如果使用序列化机制向文件中写入了多个 Java 对象，使用反序列化机制恢复对象时必须按实际写入的顺序读取。

当一个可序列化类有多个父类时（包括直接父类和间接父类），这些父类要么有无参数的构造器，要么也是可序列化的，否则反序列化时将抛出 InvalidClassException 异常。如果父类是不可序列化的，只是带有无参数的构造器，则该父类中定义的成员变量值不会序列化到二进制流中。

12.5.3 引用对象的序列化控制

前文中的 Person 类的两个成员变量分别是 String 类型和 Integer 类型。如果某个类的成员变量的类型不是基本类型或 String 类型，而是另一个引用类型，那么这个引用类必须是可序列化的，否则拥有该类型成员变量的类也是不可序列化的。

下面的程序中，Teacher 类持有一个 Student 类的引用，只有 Student 类是可序列化的，Teacher 类才是可序列化的。如果 Student 类不可序列化，则无论 Teacher 类是否实现 Serilizable 或 Externalizable 接口，它都是不可序列化的。代码如下：

```
1  public class Teacher implements Serializable {
2      private String name;
3      private Student student;
4      public Teacher(String name, Student student) {
5          this.name = name;
6          this.student = student;
7      }
8      public String getName() {
9          return name;
10     }
```

```
11        public void setName(String name) {
12            this.name = name;
13        }
14        public Student getStudent() {
15            return student;
16        }
17        public void setStudent(Student student) {
18            this.student = student;
19        }
20        @Override
21        public String toString() {
22            return "Teacher{" + "name='" + name + '\'' +", student=" + student +'}';
23        }
24    }
25
26    class Student implements Serializable {
27        private String name;
28        private Integer age;
29        public Student(String name, Integer age) {
30            this.name = name;
31            this.age = age;
32        }
33        public String getName() {
34            return name;
35        }
36        public void setName(String name) {
37            this.name = name;
38        }
39        public Integer getAge() {
40            return age;
41        }
42        public void setAge(Integer age) {
43            this.age = age;
44        }
45        @Override
46        public String toString() {
47            return "Student{" + "name='" + name + '\'' + ", age=" + age + '}';
48        }
49    }
```

🐾**注意：** 当程序序列化一个 Teacher 对象时，如果该 Teacher 对象持有一个 Student 对象的引用，为了在反序列化时可以正常恢复该 Teacher 对象，程序会顺带将该 Student 对象也进行序列化，所以 Student 类也必须是可序列化的，否则 Teacher 类将不可序列化。

现在假设有如下特殊情形，程序中有两个 Teacher 对象，它们的 student 实例变量都引用同一个 Student 对象，而且该 Student 对象还有一个引用变量引用，代码如下：

```
Student student = new Student("小乔", 18);
Teacher teacher1 = new Teacher("周瑜", student);
Teacher teacher2 = new Teacher("曹操", student);
```

上述代码创建了两个 Teacher 对象和一个 Student 对象，这 3 个对象在内存中的存储如图 12.14 所示。

这里产生了一个问题，如果先序列化 teacher1 对象，则系统将该 teacher1 对象所引用的 Student 对象一起序列化。当程序序列化 teacher2 对象时，系统则一样会再次序列化 teacher2 对象所引用的 Student 对象。如果程序再显式序列化 student 对象，系统将再次序列化该 Student 对象。这个过程似乎会向输出流中输入 3 个 Student 对象。

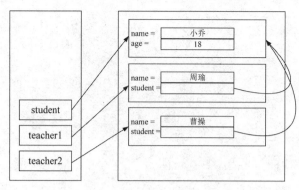

图 12.14　内存示意图

如果系统向输出流中写入了 3 个 Student 对象，那么后果是当程序从输入流中反序列化这些对象时，将会得到 3 个 Student 对象，从而导致 teacher1 和 teacher2 所引用的 Student 对象不是同一个对象，这显然与图 12.12 所示的效果不一致，也违背了 Java 序列化机制的初衷。所以，Java 序列化机制采用了一种特殊的序列化算法，其算法内容如下：

❖　所有保存到磁盘中的对象都有一个序列化编号。
❖　当程序试图序列化一个对象时，将先检查该对象是否已经被序列化过，只有该对象从未（在本次虚拟机中）被序列化过时，系统才会将该对象转换成字节序列并输出。
❖　如果某个对象已经序列化过，程序将只是直接输出一个序列化编号，而不是再次重新序列化该对象。

根据上面的序列化算法，可以得到一个结论，当第 2 次、第 3 次序列化 Student 对象时，程序不会再次将 Student 对象转换成字节序列并输出，而是仅仅输出一个序列化编号。例如，有如下顺序的序列化代码：

```
oos.writeObject(teacher1);
oos.writeObject(teacher2);
oos.writeObject(student);
```

上面代码一次序列化了 teacher1、teacher2 和 student 对象，序列化后磁盘文件的存储如图 12.15 所示，通过该图可以很好地理解 Java 序列化的底层机制。不难看出，当多次调用 writeObject() 方法输出同一个对象时，只有当第 1 次调用 writeObject() 方法时才会将该对象转换成字节序列并输出。

接下来，通过案例来演示序列化两个 Teacher 对象，两个 Teacher 对象都持有一个引用同一个 Student 对象的引用，而且程序两次调用 writeObject() 方法输出同一个 Teacher 对象，如例 12-16 所示。

【例 12-16】　Demo1216.java

```
1   package com.aaa.p120503;
2
3   public class Demo1216 {
4       public static void main(String[] args) {
5           try (FileOutputStream fos = new FileOutputStream("teacher.txt");
6               ObjectOutputStream oos = new ObjectOutputStream(fos)) {
7               Student student = new Student("小乔", 18);
8               Teacher teacher1 = new Teacher("周瑜", student);
9               Teacher teacher2 = new Teacher("曹操", student);
10              oos.writeObject(teacher1);
11              oos.writeObject(teacher2);
12              oos.writeObject(student);
13              oos.writeObject(teacher2);
```

```
14              } catch (Exception e) {
15                  e.printStackTrace();
16              }
17          }
18      }
```

例 12-16 中，4 次调用了 writeObject0 方法来输出对象，实际上只序列化了 3 个对象，而且其中两个 Teacher 对象的 student 引用实际是同一个 Student 对象。

接下来，通过案例来演示读取序列化文件中的对象，如例 12-17 所示。

【例 12-17】　Demo1217.java

```
1   package com.aaa.p120503;
2
3   public class Demo1217 {
4       public static void main(String[] args) {
5           try (FileInputStream fis = new FileInputStream("teacher.txt");
6                ObjectInputStream ois = new ObjectInputStream(fis)) {
7               Teacher t1 = (Teacher) ois.readObject();
8               Teacher t2 = (Teacher) ois.readObject();
9               Student s = (Student) ois.readObject();
10              Teacher t3 = (Teacher) ois.readObject();
11              System.out.println("t1的student引用和s是不是相同对象:"
12                                  + (t1.getStudent() == s));
13              System.out.println("t2的student引用和s是不是相同对象:"
14                                  + (t2.getStudent() == s));
15              System.out.println("t2和t3是不是相同对象:" + (t2 == t3));
16          } catch (Exception e) {
17              e.printStackTrace();
18          }
19      }
20  }
```

程序的运行结果如下：

```
t1的student引用和s是不是相同对象:true
t2的student引用和s是不是相同对象:true
t2和t3是不是相同对象:true
```

例 12-17 中，代码依次读取了序列化文件中的 4 个对象，但通过后面的比较判断，不难发现 t2 和 t3 是同一个对象，t1、t2 和 s 的引用变量引用的也是同一个对象，这证明了图 12.15 所示的序列化机制。

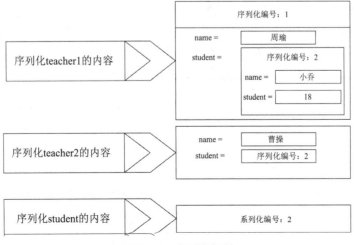

图 12.15　序列化机制

根据 Java 序列化机制，如果多次序列化同一个对象时，只有第 1 次序列化时才会把该对象转换成字节序列并输出。这样也可能会引发一个潜在的问题，即当程序序列化一个可变对象时，只有第 1 次使用 writeObject()方法输出时才会将该对象转换成字节序列并输出，当程序再次调用 writeObject()方法时，程序只是输出前面的序列化编号，即使后面该对象的实例变量值已被改变，改变的实例变量值也不会被输出，如例 12-18 所示。

【例 12-18】 Demo1218.java

```
1   package com.aaa.p120503;
2
3   public class Demo1218 {
4       public static void main(String[] args) {
5           try (FileOutputStream fos = new FileOutputStream("teacher.txt");
6               ObjectOutputStream oos = new ObjectOutputStream(fos);
7               FileInputStream fis = new FileInputStream("teacher.txt");
8               ObjectInputStream ois = new ObjectInputStream(fis)) {
9               Student student1 = new Student("小乔", 18);
10              oos.writeObject(student1);
11              student1.setName("大乔");
12              System.out.println("修改name后:" + student1);
13              oos.writeObject(student1);
14              Student s2 = (Student) ois.readObject();
15              Student s3 = (Student) ois.readObject();
16              System.out.println("s2与s3进行对比:" + (s2 == s3));
17              System.out.println("s2反序列化后:" + s2);
18              System.out.println("s3反序列化后:" + s3);
19          } catch (Exception e) {
20              e.printStackTrace();
21          }
22      }
23  }
```

程序的运行结果如下：

```
修改name后:Student{name='大乔', age=18}
s2与s3进行对比:true
s2反序列化后:Student{name='小乔', age=18}
s3反序列化后:Student{name='小乔', age=18}
```

例 12-18 中，先使用 writeObject()方法写入了一个 Student 对象，接着改变了 Student 对象的实例变量 name 的值，然后程序再次序列化输出 Student 对象，但这次不会将 Student 对象转换成字节序列输出了，而是仅输出了一个序列化编号。第 14 行和第 15 行的代码两次调用 readObject()方法读取了序列化文件中的对象，比较两次读取的对象结果为 true，证明是同一对象。然后，程序再次输出两个对象，两个对象的 name 值依然是"小乔"，表明改变后的 Student 对象并没有被写入，这与 Java 序列化机制相符。

************************************内容扩展**************************************

扫描右侧二维码获取如下内容

12.6　本章小结

12.7　理论测试与实践练习

****

第13章 多线程

前面我们介绍的都是单线程编程，即一个程序只有一个从头到尾的执行路径。这样做的优点是易于编程，无须考虑过多的情况。但是，由于单线程需要在上一个任务完成之后才开始下一个任务，所以其效率比较低。真实的应用程序都具有多任务同时执行的特点，这些任务在执行的时候互不干扰，这就需要多线程技术。

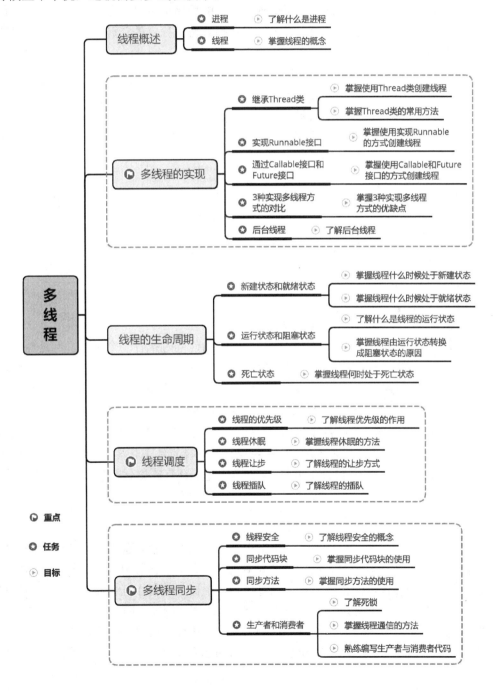

13.1 线程概述

随着计算机技术的飞速发展，计算机的操作系统一般都是支持多任务的，即在同一个时间内执行多个程序，一般的操作系统都需要引入多进程与多线程技术。

13.1.1 进程

在学习线程之前，需要先简单了解一下什么是进程。进程是程序的一次执行过程，是系统运行程序的基本单位。在操作系统中，每个独立执行的程序都可以称之为是一个进程，包括创建、运行、消亡 3 个阶段。进程是独立存在的，它拥有自己独立的资源，多个进程可以在同一个处理器上并发执行且互不影响。

例如，每一台计算机都可以同时运行腾讯QQ 以及 QQ 音乐两个程序，在听音乐的同时聊天。此时，按 Ctrl+Alt+Delete 组合键打开"任务管理器"窗口，在"进程"选项卡中就可以查看进程，如图 13.1 所示。通过图 13.1可以看到腾讯 QQ、QQ 音乐以及此时计算机正在运行的其他程序，将软件正常关闭或者右键结束进程，都可以使这个进程消亡。

需要明确指出的的是，表面上看操作系统中是多个进程同时执行的，即图 13.1 中所示的腾讯 QQ、QQ 音乐以及其他程序都在同时执行，但实际上这些进程并不是同时运行。因为，计算机中所有的程序都是由 CPU 执行

图 13.1　软件进程

的，且一般的计算机都只有一个 CPU，而一个 CPU 只能同时执行一个进程，但是操作系统会给各个同时打开的程序分配占用时间，在这段时间里可以执行 QQ 聊天，当这段时间段过去则切换到 QQ 音乐，之后再切换到其他程序。由于 CPU 的执行速度很快，人们根本发觉不到它是在切换执行，所以会有一种计算机同时执行多个程序的感觉。

知识点拨： 中央处理器（Central Processing Unit，CPU）作为计算机系统的运算和控制核心，是信息处理、程序运行的最终执行单元。它是一块超大规模的集成电路，功能主要是解释计算机指令以及处理计算机软件中的数据。CPU 的能力高低直接影响了整个计算机的运行速度。

13.1.2 线程

通过前面关于进程的讲解可以知道，每个程序都是一个进程。但是，现在流行的操作系统不但支持多进程，还支持多线程。在一个进程中还可以有多个执行单元同时执行，这些执行单元就称为线程。换句话说，操作系统可以同时执行多个任务，每个任务就是一个进程，每个进程又可以同时执行多个子任务，每个子任务就是一个线程。例如，图 13.1 所示的计算机运行状态中，腾讯 QQ 就是一个进程。然而我们在聊天的时候可以同时打开多个聊天窗口，并且互不影响，这就是多个线程同时运行。打开 Windows 任务管理器，选择"性能"选项卡，可以查看

当前系统的线程数，如图 13.2 所示。图 13.2 显示，当前系统的总进程数为 213、总线程数为 2773，总线程数要比总进程数多很多，原因就是一个进程里面可以有多个线程在同时执行。

所谓多线程，指的就是在一个进程中多个线程可以同时存在、同时运行、互不影响。

当有多个线程在操作时，如果系统只有一个 CPU，则它根本不可能真正同时进行一个以上的线程，它只能把 CPU 运行时间划分成若干个时间段，再将时间段分配给各个线程执行，在一个时间段的线程代码运行时，其他线程处于挂起状态，这种方式称为并发（Concurrent）。并发环境是以"挂起→执行→挂起"的方式将很小的时间段分给各线程，给用户一种线程在同时运行的错觉。在并发环境中，多线程缩短了系统的响应时间，给用户更好的体验。

进程和线程一样都是实现并发机制的一种手段，进程是可以独立运行的一段程序，线程是比进程更小的执行单位。一个线程只能属于一个进程，一个进程可以拥有多个线程。线程一般不拥有自己的系统资源，但是可以访问其隶属的进程的资源。如图 13.3 所示，给出了进程与线程的关系结构。

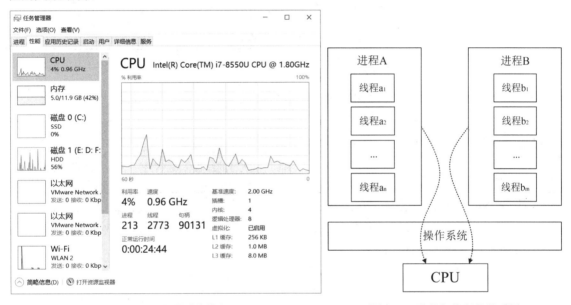

图 13.2　当前系统线程　　　　　　图 13.3　进程与线程的关系图

Java 语言对多线程提供直接支持，通过其设定的机制组织代码，可以将按照逻辑顺序执行的代码片段转成并发执行，而每一个代码片段还是一个逻辑上比较完整的程序代码片段。

13.2　多线程的实现

Java 语言提供了 3 种实现多线程的方式：继承 Thread 类、实现 Runnable 接口、使用 Callable 接口和 Future 接口。

13.2.1　继承 Thread 类实现多线程

Java 提供了 Thread 类，代表线程，它位于 java.lang 包中，开发人员可以通过继承 Thread 类来创建并启动多线程，具体步骤如下：

❖　从 Thread 类派生出一个子类，并且在子类中重写 run() 方法。

❖　用这个子类创建一个实例对象。

❖ 调用对象的 start()方法启动线程。

启动一个新线程时，需要创建一个 Thread 类的实例，Thread 类的常用构造方法如表 13.1 所示。

表 13.1 Thread 类的常用构造方法

构 造 方 法	方 法 描 述
public Thread()	创建新的 Thread 对象，自动生成的线程名称为 Thread-n，其中 n 为整数
public Thread(String name)	创建新的 Thread 对象，name 是新线程的名称
public Thread(Runnable target)	创建新的 Thread 对象，其中 target 是 run()方法被调用时的对象
public Thread(Runnable target, String name)	创建新的 Thread 对象，其中 target 是 run()方法被调用时的对象，name 是新线程的名字

表 13.1 列出了 Thread 类的常用构造方法，创建线程实例时需要使用这些构造方法，线程中真正的功能代码写在这个类的 run()方法中。当一个类继承 Thread 类之后，要重写父类的 run()方法。另外，Thread 类还有一些常用方法，如表 13.2 所示。

表 13.2 Thread 类的常用方法

方 法	方 法 描 述
String getName()	返回该线程的名称
Thread.State getState()	返回该线程的状态
boolean isAlive()	判断该线程是不是处于活跃状态
void setName(String name)	更改线程的名字，使其与参数 name 保持一致
void start()	开始执行线程，Java 虚拟机调用该线程里面的 run()方法
static void sleep(long millis)	在指定的毫秒数内让当前正在执行的线程休眠（暂停执行），此操作受到系统计时器与调度程序精度和准确性的影响
static Thread currentThread()	返回当前正在运行的线程的对象的引用

接下来，通过案例来演示使用继承 Thread 类的方式创建多线程，如例 13-1 所示。

【例 13-1】 Demo1301.java

```
1  package com.aaa.p130201;
2
3  public class Demo1301 {
4      public static void main(String[] args) {
5          MyThread myThread1 = new MyThread();        // 创建MyThread实例对象
6          MyThread myThread2 = new MyThread();
7          myThread1.start();                          // 开启线程
8          myThread2.start();
9      }
10 }
11 class MyThread extends Thread {
12     public void run() {                             // 重写run()方法
13         for (int i = 0; i < 10; i++) {
14             if (i % 2 != 0) {
15                 System.out.println(Thread.
16                     currentThread().getName() + ":" + i);
17             }
18         }
19     }
20 }
```

程序的运行结果如下：

```
Thread-0:1
Thread-1:1
Thread-0:3
```

```
Thread-1:3
Thread-0:5
Thread-0:7
Thread-0:9
Thread-1:5
Thread-1:7
Thread-1:9
```

例 13-1 中，声明了一个 MyThread 类，继承 Thread 类，并且在类中重写了 run()方法，方法的功能是循环打印小于 10 的奇数，其中 currentThread()方法是 Thread 类的静态方法，调用该方法返回的是当前正在执行的线程对象的引用。Demo1301 类在 main()方法中创建了两个 MyThread 类的实例对象，分别调用实例对象的 start()方法启动两个线程，两个线程都运行成功。

📢 **注意**：如果 start()方法调用一个已经启动的线程，程序会报 IllegalThreadStateException 异常。

13.2.2 实现 Runnable 接口实现多线程

Runnable 是 Java 中用于实现线程的接口，从理论上来讲，任何实现线程功能的类都必须实现该接口。第 13.2.1 节讲到的继承 Thread 类的方式创建多线程，实际上就是因为 Thread 类实现了 Runnable 接口，所以它的子类才具有了线程的功能。但是，Java 只支持单继承，一个类只能有一个父类，当一个类继承 Thread 类之后就不能再继承其他类，因此可以用实现 Runnable 接口的方式创建多线程，这种创建线程的方式更具有灵活性，同时可令用户线程能够具有其他类的一些特性，所以这种方法是经常使用的。通过实现 Runnable 接口创建并启动多线程的步骤如下：

❖ 定义 Runnable 接口实现类，并重写 run()方法。
❖ 创建 Runnable 接口实现类的实例对象，并将该实例对象传递给 Thread 类的一个构造方法，该实例对象提供线程体 run()方法。
❖ 调用实例对象的 start()方法启动线程。

接下来，通过案例来演示如何通过实现 Runnable 接口的方式创建多线程，如例 13-2 所示。

【例 13-2】 Demo1302.java

```
1   package com.aaa.p130202;
2
3   public class Demo1302 {
4       public static void main(String[] args) {
5           MyThread myThread = new MyThread();              // 创建myThread实例
6           // 第1个参数是myThread对象,第2个参数是线程名称
7           new Thread(myThread, "线程1").start();            // 启动线程
8           new Thread(myThread, "线程2").start();
9       }
10  }
11  class MyThread implements Runnable {
12      public void run() {                                  // 重写run()方法
13          for (int i = 0; i < 10; i++) {
14              if (i % 2 != 0) {
15                  System.out.println(Thread.
16                          currentThread().getName() + ":" + i);
17              }
18          }
19      }
20  }
```

程序的运行结果如下：

```
线程1:1
```

```
线程1:3
线程2:1
线程1:5
线程2:3
线程1:7
线程2:5
线程1:9
线程2:7
线程2:9
```

例 13-2 中，MyThread 类实现了 Runnable 接口并且重写了 run()方法，方法的功能是循环打印小于 10 的奇数。Demo1302 类在 main()方法中以 MyThread 类的实例分别创建并开启两个线程对象，调用 Thread(Runnable target, String name)构造方法的目的是指定线程的名称 "线程 1" 和 "线程 2"。

13.2.3　通过 Callable 接口和 Future 接口实现多线程

前文讲解了创建多线程的两种方式，但是这两种方式都有一个缺陷，在执行完任务之后无法获取线程的执行结果，如果想要获取执行结果，就必须通过共享变量或者使用线程通信的方式来达到，这样使用起来就比较麻烦。于是，JDK 5.0 后 Java 便提供了 Callable 接口来解决这个问题，该接口内有一个 call()方法，这个方法是线程执行体，有返回值且可以抛出异常。通过实现 Callable 接口创建并启动多线程的步骤如下：

❖ 定义 Callable 接口实现类，指定返回值的类型，并重写 call()方法。
❖ 创建 Callable 实现类的实例。
❖ 使用 FutureTask 类来包装 Callable 对象，该 FutureTask 对象封装了 Callable 对象的 call() 方法的返回值。
❖ 将 FutureTask 类的实例注册进入 Thread 类中并启动线程。
❖ 采用 FutureTask<V>中的 get()方法获取自定义线程的返回值。

Callable 接口不是 Runnable 接口的子接口，所以不能直接作为 Thread 类构造方法的参数，而且 call()方法有返回值，是被调用者。JDK 5.0 中提供了 Future 接口，该接口有一个 FutureTask 实现类，该类实现了 Runnable 接口，封装了 Callable 对象的 call()方法的返回值，所以该类可以作为参数传入 Thread 类中。接下来，先了解一下 Future 接口的常用方法，如表 13.3 所示。

表 13.3　Future 接口的常用方法

方　　法	方　法　描　述
boolean cancel(boolean b)	试图取消对该任务的执行
V get()	如有必要，等待计算完成，然后获取其结果
V get(long timeout, TimeUnit unit)	如有必要，最多等待使计算完成所用时间之后，获取其结果（若结果可用）
boolean isCancelled()	如果在任务正常完成前将其取消，则返回 true
boolean isDone()	如果任务已完成，则返回 true

接下来，通过案例来演示如何通过 Callable 接口和 Future 接口创建多线程，如例 13-3 所示。
【例 13-3】　Demo1303.java

```
1    package com.aaa.p130203;
2    import java.util.concurrent.Callable;
3    import java.util.concurrent.FutureTask;
4
5    public class Demo1303 {
6        public static void main(String[] args) {
```

```
7           Callable<String> callable = new MyThread();          // 创建Callable对象
8           // 使用FutureTask来包装Callable对象
9           FutureTask<String> futureTask = new FutureTask<String>(callable);
10          for (int i = 0; i < 15; i++) {
11              System.out.println(Thread.currentThread().getName() + ": " + i);
12              if (i == 1) {
13                  // FutureTask对象作为Thread对象的参数创建新的线程
14                  Thread thread = new Thread(futureTask);
15                  thread.start();                               // 启动线程
16              }
17          }
18          System.out.println("主线程循环执行完毕");
19          try {
20              // 取得新创建线程中的call()方法返回值
21              String result = futureTask.get();
22              System.out.println("result = " + result);
23          } catch (Exception e) {
24              e.printStackTrace();
25          }
26      }
27  }
28  class MyThread implements Callable<String> {
29      public String call() {
30          for (int i = 10; i > 0; i--) {
31          System.out.println(Thread.currentThread().getName() + "倒计时: " + i);
32          }
33          return "线程执行完毕！！！";
34      }
35  }
```

程序的第 1 次运行结果如下：

```
main: 0
main: 1
main: 2
main: 3
main: 4
main: 5
main: 6
main: 7
main: 8
main: 9
main: 10
main: 11
main: 12
main: 13
main: 14
主线程循环执行完毕
Thread-0倒计时: 10
Thread-0倒计时: 9
Thread-0倒计时: 8
Thread-0倒计时: 7
Thread-0倒计时: 6
Thread-0倒计时: 5
Thread-0倒计时: 4
Thread-0倒计时: 3
Thread-0倒计时: 2
Thread-0倒计时: 1
result = 线程执行完毕！！！
```

程序的第 2 次运行结果如下：

```
main: 0
main: 1
main: 2
```

```
main: 3
main: 4
main: 5
main: 6
main: 7
main: 8
main: 9
Thread-0倒计时: 10
main: 10
Thread-0倒计时: 9
main: 11
Thread-0倒计时: 8
main: 12
Thread-0倒计时: 7
main: 13
main: 14
主线程循环执行完毕
Thread-0倒计时: 6
Thread-0倒计时: 5
Thread-0倒计时: 4
Thread-0倒计时: 3
Thread-0倒计时: 2
Thread-0倒计时: 1
result = 线程执行完毕！！！
```

例 13-3 中，MyThread 类实现了 Callable 接口，指定了返回值的类型并且重写了 call()方法。该方法主要是用于打印倒计时的时间。main()方法中执行 15 次循环，并且在循环的过程中启动子线程并获取子线程的返回值。

反复执行例 13-3 的程序，会发现有一个规律："result = 线程执行完毕！！！"一直都是在最后输出，而"主线程循环执行完毕"输出的位置则不固定，有时候会在子线程循环前，有时候会在子线程循环后，有时候也会在子线程循环中。之所以会出现这种现象，是因为通过 get()方法获取子线程的返回值时，子线程的方法没有执行完毕，所以 get()方法就会阻塞，当子线程中的 call()方法执行完毕，get()方法才能取到返回值。

13.2.4　3 种实现多线程方式的对比分析

前面讲解了创建多线程的 3 种方式，这 3 种方式各有优缺点，具体如表 13.4 所示。

表 13.4　3 种实现多线程方式的对比

实 现 方 式	优　劣	具 体 内 容
继承 Thread 类	优点	程序代码简单
		使用 run()方法可以直接调用线程的其他方法
	缺点	只能继承 Thread 类
		不能实现资源共享
实现 Runnable 接口	优点	符合面向对象的设计思想
		便于继承其他的类
		能实现资源共享
	缺点	编程比较复杂
使用 Callable 接口和 Future 接口	优点	便于继承其他的类
		有返回值，可以抛异常
	缺点	编程比较复杂

表 13.4 列出了 3 种创建多线程方式的优点和缺点，想要代码简洁就采用第 1 种方式，想要实现资源共享就采用第 2 种方式，想要有返回值并且能抛异常就采用第 3 种方式。

13.2.5　后台线程

Java 中有一种线程，它是在后台运行的，主要任务就是为其他线程提供服务，这种线程被称为后台线程或守护线程。JVM 的垃圾回收机制使用的就是后台线程。

后台线程有一个重要的特征：如果所有的前台线程都死亡，后台线程会自动死亡。

调用 Thread 类的 setDaemon(true)方法可以将指定的线程设置为后台线程，所有的前台线程都死亡的时候，后台线程就会自动死亡。Thread 类还提供了一个 isDaemon()方法，该方法主要是用于判断一个线程是否是一个后台线程。

接下来，通过案例来演示后台线程的使用，如例 13-4 所示。

【例 13-4】　Demo1304.java

```
1   package com.aaa.p130205;
2
3   public class Demo1304 {
4       public static void main(String[] args) {
5           // 创建MyThread类实例
6           System.out.println("青年学子梁山伯辞家求学，路上偶遇女扮男装的学子祝英台，");
7           System.out.println("两人一见如故，志趣相投，遂于草桥结拜为兄弟。");
8           MyThread1 myThread1 = new MyThread1("梁山伯:");
9           myThread1.start();                              // 开启线程
10          MyThread2 myThread2 = new MyThread2("祝英台:");
11          myThread2.setDaemon(true);                      // 设置为后台线程
12          myThread2.start();                              // 开启线程
13      }
14  }
15  class MyThread1 extends Thread {
16      private String socialStatus;
17      public MyThread1(String socialStatus) {
18          this.socialStatus = socialStatus;
19      }
20      @Override
21      public void run() {
22          for (int i = 1; i <= 20; i++) {
23              System.out.println(socialStatus + i);
24          }
25      }
26  }
27  class MyThread2 extends Thread {
28      private String socialStatus;
29      public MyThread2(String socialStatus) {
30          this.socialStatus = socialStatus;
31      }
32      @Override
33      public void run() {
34          for (int i = 1; i <= 100; i++) {
35              System.out.println(socialStatus + i);
36          }
37      }
38  }
```

程序的运行结果如下：

```
青年学子梁山伯辞家求学，路上偶遇女扮男装的学子祝英台，
两人一见如故，志趣相投，遂于草桥结拜为兄弟。
梁山伯:1
梁山伯:2
```

```
祝英台：1
梁山伯：3
梁山伯：4
梁山伯：5
梁山伯：6
梁山伯：7
梁山伯：8
梁山伯：9
梁山伯：10
祝英台：2
梁山伯：11
祝英台：3
梁山伯：12
梁山伯：13
梁山伯：14
梁山伯：15
祝英台：4
梁山伯：16
祝英台：5
梁山伯：17
祝英台：6
祝英台：7
祝英台：8
祝英台：9
祝英台：10
梁山伯：18
梁山伯：19
祝英台：11
梁山伯：20
祝英台：12
祝英台：13
祝英台：14
祝英台：15
祝英台：16
祝英台：17
祝英台：18
祝英台：19
```

例 13-4 中，MyThread1 与 MyThread2 类继承了 Thread 类并且实现了 run()方法，MyThread1 中的 run()方法调用 20 次循环，MyThread2 中的 run()方法调用 100 次循环。Demo1304 类 main() 方法中分别创建 MyThread1 与 MyThread2 的实例，MyThread2 的对象调用 setDaemon(true)，此时该线程被设置为后台线程。通过运行结果可以发现，MyThread2 线程本应该执行循环 100 次，但是结果只执行 19 次就结束了，这是因为前台线程执行完毕后，线程死亡，只剩下后台线程，当线程只剩下后台线程的时候程序就没有执行的必要了，所以后台线程也会随之退出。

注意：setDaemon(true)必须在 start()方法之前调用，否则会引发异常。

13.3　线程的生命周期

在讲解了线程的创建及使用之后，下面再来讲解一下线程的生命周期。在 Java 中，任何对象都有生命周期，线程也不例外。线程有新建（New）、就绪（Runnable）、运行（Running）、阻塞（Blocked）和死亡（Terminated）5 种状态，从新建到死亡称之为线程的生命周期，如图 13.4 所示。

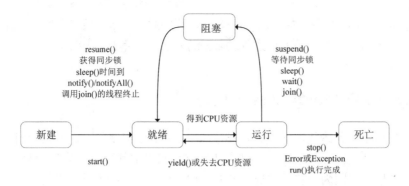

图 13.4　线程的生命周期及状态转换

13.3.1　新建状态和就绪状态

当程序使用 new 关键字创建一个线程后，该线程处于新建状态，此时 JVM 给它分配一块内存，但不可运行。

当线程对象调用 start()方法之后，该线程处于就绪状态，JVM 会为它创建方法调用栈和程序计数器。处于就绪状态的线程并没有开始运行，只是表示该线程可以运行了。获得 CPU 的使用权之后，线程即可开始运行。

注意：启动线程使用的是 start()方法，而不是 run()方法！如果直接调用 run()方法，系统会把当前的线程识别为一个普通的对象，而 run()方法也就是一个普通的方法，并不是线程的执行体。

接下来，通过案例来演示线程的启动，如例 13-5 所示。

【例 13-5】　Demo1305.java

```
1   package p130301;
2
3   public class Demo1305 {
4       public static void main(String[] args) throws InterruptedException {
5           new MyThread().run();
6           new MyThread().run();
7       }
8   }
9   class MyThread extends Thread {
10      @Override
11      public void run() {
12          for (int i = 0; i < 5; i++) {
13              System.out.println(Thread.currentThread().getName() + " " + i);
14          }
15      }
16  }
```

程序的运行结果如下：

```
main 0
main 1
main 2
main 3
main 4
main 0
main 1
main 2
main 3
main 4
```

例 13-5 中，线程创建之后直接调用 run()方法，程序的运行结果是整个程序只有一个线程——主线程。启动线程的正确方法是调用线程的 start()方法，而不是直接调用 run()方法，否则就会变成单线程。

13.3.2　运行状态和阻塞状态

运行状态是指处于就绪状态的线程占用了 CPU，执行程序代码。并发执行时，如果 CPU的占用时间超时，则会执行其他线程。只有处于就绪状态的线程才可以转换到运行状态。

阻塞状态是指线程因为一些原因放弃 CPU 使用权，暂时停止运行。当线程处于阻塞状态时，Java 虚拟机不会给线程分配 CPU，直到线程重新进入就绪状态，它才有机会转换到运行状态。

下面列举一下线程由运行状态转换成阻塞状态的原因，以及如何从阻塞状态转换成就绪状态。

❖　当线程调用了某个对象的 suspend()方法时，会使线程进入阻塞状态，如果想进入就绪状态，需要使用 resume()方法唤醒该线程。

❖　当线程试图获取某个对象的同步锁时，如果该锁被其他线程持有，则当前线程就会进入阻塞状态，如果想从阻塞状态进入就绪状态，必须获取到其他线程持有的锁。关于锁的概念，会在第 13.5.2 节详细讲解。

❖　当线程调用了 Thread 类的 sleep()方法时，也会使线程进入阻塞状态，在这种情况下，需要等到线程睡眠的时间结束，线程会自动进入就绪状态。关于线程休眠的概念，会在第 13.4.2 节详细讲解。

❖　当线程调用了某个对象的 wait()方法时，也会使线程进入阻塞状态，如果想进入就绪状态，需要使用 notify()或 notifyAll()方法唤醒该线程。关于 wait()方法，会在第 13.5.4节详细讲解。

❖　当在一个线程中调用了另一个线程的 join()方法时，会使当前线程进入阻塞状态，在这种情况下，要等到新加入的线程运行结束才会结束阻塞状态，进入就绪状态。调用join()方法，意味着线程插队，关于线程插队的概念，会在第 13.4.4 节详细讲解。

📢注意：线程从阻塞状态只能进入就绪状态，不能直接进入运行状态。

13.3.3　死亡状态

线程会以如下方式结束，结束之后线程就处于死亡状态：

❖　线程的 run()方法正常执行完毕，线程正常结束。

❖　线程抛出异常（Exception）或错误（Error）导致线程死亡。

❖　调用线程对象的 stop()方法结束线程。

线程一旦转换为死亡状态，就不能运行且不能转换为其他状态。

📢注意：不要对处于死亡状态的线程调用 start()方法，程序只能对新建状态的线程调用 start()方法。判断线程是否死亡可以使用线程的 isAlive()方法：当线程处于就绪、运行、阻塞这 3 种状态时，该方法返回 true；当线程处于新建和死亡状态时，该方法返回 false。

13.4　线程的调度

通过前面的学习我们知道，线程就绪之后就可以运行，但这并不意味着这个线程能够立刻运行，如果想让线程运行就必须获得 CPU 的使用权。因为多线程是并发运行的，所以必须考虑 CPU 是如何分配的。线程的调度就是为线程分配 CPU 使用权，常用如下两种模型。

❖ 分时调度模型：让所有的线程轮流获得 CPU 的使用权，平均分配每个线程占用 CPU 的时间。

❖ 抢占式调度模型：优先让运行池中优先级高的线程占用 CPU，若运行池中线程优先级相同，则遵循"先进先出"的原则。

本节就来详细讲解线程调度的相关知识。

13.4.1 线程的优先级

所有处于就绪状态的线程会根据它们的优先级存放在运行池中，优先级高的线程运行的机会比较多，优先级低的线程运行机会比较少。Thread 类的 setPriority(int newPriority)方法用于设置线程的优先级，getPriority()方法用于获取线程的优先级。优先级可以用 Thread 类中的静态常量来表示，如表 13.5 所示。

表 13.5 Thread 类的静态常量

常 量	常 量 描 述
static int MAX_PRIORITY	取值为 10，表示最高优先级
static int NORM_PRIORITY	取值为 5，表示默认优先级
static int MIN_PRIORITY	取值为 1，表示最低优先级

表 13.5 中列出了 Thread 类中与优先级有关的 3 个静态常量，在设置线程的优先级时可以使用这些静态常量。

接下来，通过案例来演示线程优先级的使用，如例 13-6 所示。

【例 13-6】 Demo1306.java

```
1   package com.aaa.p130401;
2
3   public class Demo1306 {
4       public static void main(String[] args) throws InterruptedException {
5           // 创建MyThread实例
6           System.out.println("吃饭时吃菜的顺序: ");
7           MyThread myThread1 = new MyThread("水煮肉片");
8           MyThread myThread2 = new MyThread("酱焖茼蒿");
9           MyThread myThread3 = new MyThread("树根炒树皮");
10          myThread1.setPriority(Thread.MIN_PRIORITY);      // 设置优先级
11          myThread2.setPriority(Thread.MAX_PRIORITY);
12          myThread3.setPriority(Thread.NORM_PRIORITY);
13          myThread1.start();                               // 开启线程
14          myThread2.start();
15          myThread3.start();
16      }
17  }
18
19  class MyThread extends Thread {
20      private final String Cuisine;
21
22      public MyThread(String Cuisine) {
23          this.Cuisine = Cuisine;
24      }
25
26      @Override
```

```
27        public void run() {
28            for (int i = 0; i < 5; i++) {
29                System.out.println(Cuisine + i);
30            }
31        }
32    }
```

程序的运行结果如下：

```
吃饭时吃菜的顺序：
酱焖茼蒿0
树根炒树皮0
酱焖茼蒿1
酱焖茼蒿2
酱焖茼蒿3
酱焖茼蒿4
树根炒树皮1
树根炒树皮2
树根炒树皮3
树根炒树皮4
水煮肉片0
水煮肉片1
水煮肉片2
水煮肉片3
水煮肉片4
```

例 13-6 中，声明了 MyThread 类，继承 Thread 类并重写了 run()方法，run()方法内循环打印结果。Demo1306 类在 main()方法中先创建了 3 个 MyThread 类的实例并指定线程的名称，再使用 setPriority(int newPriority)方法设置线程的优先级，最后调用 start()方法启动线程。从执行结果来看，优先级高的会优先执行。但需要注意的是，优先级比较低的不一定永远最后执行，也有可能先执行，只不过机率稍微小一点。

注意：Thread 类的 setPriority(int newPriority)方法可以设置 10 种优先级，但是优先级的级别需要操作系统的支持，不同的操作系统上支持的优先级也各不同，所以要尽量避免直接用数字指定线程优先级，应该使用 Thread 类的 3 个静态常量指定线程优先级别，这样可以保证程序有很好的可移植性。

13.4.2　线程休眠 sleep()

线程的调度是按照线程的优先级的高低顺序抢占 CPU 资源的，优先级高的线程会优先抢占 CPU 资源，线程不执行完，优先级低的线程就无法抢占 CPU 资源。Thread 类提供了 sleep()方法，该方法可使正在执行的线程进入阻塞状态，也叫线程休眠。休眠时间内该线程是不运行的，休眠时间结束后线程才继续运行。如果想让优先级低的线程抢占 CPU 资源，就需要调用 sleep()方法，该方法是人为地控制线程，让正在执行的线程暂停一段固定的时间，在暂停的时间内，线程让出 CPU 资源，让优先级低的线程有机会运行。休眠方法结束之后，线程将进入可运行状态。

sleep()方法有两种形式，具体如下：

```
static void sleep(long millis)
static void sleep(long millis, int nanos)
```

上述两种形式，第 1 种中的参数指的是线程休眠的毫秒数，第 2 种中的参数指的是线程休眠的毫秒数和纳秒数。使用 sleep(long millis)方法时会报 InterruptedException 异常，此时必须捕获异常或抛出异常。

接下来，通过案例来演示线程休眠，如例 13-7 所示。

【例 13-7】 Demo1307.java

```java
1   package com.aaa.p130402;
2   import java.text.SimpleDateFormat;
3   import java.util.Date;
4
5   public class Demo1307 {
6       public static void main(String[] args) throws InterruptedException {
7           // 创建MyThread实例
8           System.out.println("吃饭时吃菜的顺序");
9           MyThread myThread1 = new MyThread("水煮肉片");
10          MyThread myThread2 = new MyThread("酱焖茼蒿");
11          MyThread myThread3 = new MyThread("树根炒树皮");
12          myThread1.setPriority(Thread.MIN_PRIORITY);          // 设置优先级
13          myThread2.setPriority(Thread.MAX_PRIORITY);
14          myThread3.setPriority(Thread.NORM_PRIORITY);
15          myThread3.start();                                   // 开启线程
16          Thread.sleep(2000);                                  // 设置线程休眠
17          myThread2.start();
18          Thread.sleep(2000);
19          myThread1.start();
20      }
21  }
22
23  class MyThread extends Thread {
24      private final String Cuisine;
25
26      public MyThread(String Cuisine) {
27          this.Cuisine = Cuisine;
28      }
29
30      @Override
31      public void run() {
32          for (int i = 0; i < 5; i++) {
33              System.out.println(Cuisine + i);
34          }
35      }
36  }
```

程序的运行结果如下：

```
吃饭时吃菜的顺序
树根炒树皮0
树根炒树皮1
树根炒树皮2
树根炒树皮3
树根炒树皮4
酱焖茼蒿0
酱焖茼蒿1
酱焖茼蒿2
酱焖茼蒿3
酱焖茼蒿4
水煮肉片0
水煮肉片1
水煮肉片2
水煮肉片3
水煮肉片4
```

例 13-7 中，线程启动后调用 Thread 类的 sleep()方法，让程序休眠 2 秒，将打印的结果跟例 13-6 对比，可以看到有很明显的差别。

13.4.3　线程让步 yield()

Thread 类还提供一个 yield()方法，该方法和 sleep()方法类似，它也可以让当前正在执行的线程暂停，sleep()方法在暂停期间对象锁不释放从而导致线程阻塞，而 yield()方法只是将线程的状态转化为就绪状态，等待线程调度器的再次调用，线程调度器有可能会将刚才处于就绪状态的线程重新调度出来，这就是线程让步。

接下来，通过案例来演示线程让步，如例 13-8 所示。

【例 13-8】　Demo1308.java

```java
package com.aaa.p130403;

public class Demo1308 {
    public static void main(String[] args) throws InterruptedException {
        // 创建MyThread实例
        System.out.println("吃饭时吃菜的顺序: ");
        MyThread myThread1 = new MyThread("水煮肉片");
        MyThread myThread2 = new MyThread("酱焖茼蒿");
        myThread1.setPriority(Thread.MAX_PRIORITY);          // 设置优先级
        myThread2.setPriority(Thread.MIN_PRIORITY);
        myThread1.start();
        myThread2.start();
    }
}

class MyThread extends Thread {
    private final String Cuisine;

    public MyThread(String Cuisine) {
        this.Cuisine = Cuisine;
    }

    @Override
    public void run() {
        for (int i = 0; i < 5; i++) {
            Thread.yield();                                  // 设置线程让步
            System.out.println(Cuisine + i);
        }
    }
}
```

程序的运行结果如下：

```
吃饭时吃菜的顺序:
水煮肉片0
酱焖茼蒿0
水煮肉片1
酱焖茼蒿1
水煮肉片2
酱焖茼蒿2
酱焖茼蒿3
酱焖茼蒿4
水煮肉片3
水煮肉片4
```

例 13-8 中，声明 MyThread 类，继承 Thread 类并实现了 run()方法，方法内循环打印结果，每次打印前调用 yield()方法进行线程让步。Demo1308 类在 main()方法中创建 MyThread 类实例，分别创建并开启两个线程。这里注意，并不是线程执行到 yield()方法就一定切换到其他线程，也有可能线程继续执行。

📢**注意：** 调用 yield()方法之后，可以使具有与当前线程相同优先级的线程有运行的机会。如果有其他线程与当前线程具有相同的优先级并且处于可运行状态，该方法会把调用 yield()方法的线程放入运行池中，并允许其他线程运行。如果没有同等优先级的线程处于可运行状态，yield()方法什么也不做，即该线程将继续运行，例 13-8 就属于这种情况。

13.4.4　线程插队 join()

Thread 类提供了 join()方法，当某个线程执行中调用其他线程的 join()方法时，该线程将被阻塞，直到 join()方法所调用的线程结束，这种情况称为线程插队。

接下来，通过案例来演示线程插队，如例 13-9 所示。

【例 13-9】　Demo1309.java

```
1   package com.aaa.p130404;
2
3   public class Demo1309 {
4       public static void main(String[] args) throws Exception {
5           // 创建MyThread实例
6           System.out.println("吃饭时吃菜的顺序: ");
7           MyThread myThread1 = new MyThread("酱焖茼蒿");
8           myThread1.start();                              // 开启线程
9           for (int i = 1; i < 6; i++) {
10              if (i == 3) {
11                  try {
12                      System.out.println("酱焖茼蒿要开始插队了");
13                      myThread1.join();                   // 线程插入
14                  } catch (Exception e) {
15                      e.printStackTrace();
16                  }
17              }
18              System.out.println("水煮肉片" + i);
19          }
20      }
21  }
22  class MyThread extends Thread {
23      private String socialStatus;
24      private int tickets = 10;
25      public MyThread(String socialStatus) {
26          this.socialStatus = socialStatus;
27      }
28      @Override
29      public void run() {
30          for (int i = 1; i < 6; i++) {
31              System.out.println(socialStatus + i);
32          }
33      }
34  }
```

程序的运行结果如下：

```
吃饭时吃菜的顺序:
水煮肉片1
水煮肉片2
酱焖茼蒿要开始插队了
酱焖茼蒿1
```

```
酱焖茼蒿2
酱焖茼蒿3
酱焖茼蒿4
酱焖茼蒿5
水煮肉片3
水煮肉片4
水煮肉片5
```

例 13-9 中，声明了 MyThread 类，继承 Thread 类并实现了 run()方法，方法内循环打印"酱焖茼蒿"。Demo1309 类在 main()方法中创建 MyThread 类实例并启动线程，main()方法中也循环打印吃菜的顺序，当变量 i 的值为 3 时，调用 join()方法插入子线程，然后子线程开始执行，直到子线程执行完，main()方法的主线程才能继续执行。

13.5　多线程同步

前面讲解了线程的基本使用，多线程可以提高程序的运行效率，但是多线程也会导致很多不合理的现象的出现，比如在卖外卖时出现超卖的现象。之所以出现这些现象，是因为系统的调度具有随机性，多线程在操作同一数据时，很容易出现这种错误。接下来，我们就来讲解如何解决这种错误。

13.5.1　线程安全

关于线程安全，我们通过卖外卖来展示。卖外卖的基本流程大致为：首先，要知道一共有多少外卖，每卖掉 1 份外卖，对应的数量就会减 1；其次，可以有多个窗口卖外卖，当外卖的数量为 0 时就停止售卖。如果是单线程，这个流程不会出现什么问题，但是如果这个流程放在多线程并发的情况下，就会出现超卖的情况。

接下来，通过案例来演示这个问题，如例 13-10 所示。

【例 13-10】　Demo1310.java

```
1   package com.aaa.p130501;
2
3   public class Demo1310 {
4       public static void main(String[] args) {
5           Takeout takeout = new Takeout();
6           Thread t1 = new Thread(takeout);
7           Thread t2 = new Thread(takeout);
8           Thread t3 = new Thread(takeout);
9           t1.start();
10          t2.start();
11          t3.start();
12      }
13  }
14  class Takeout implements Runnable {
15      private int takeout = 5;
16
17      public void run() {
18          for (int i = 0; i < 100; i++) {
19              if (takeout > 0) {
20                  try {
21                      Thread.sleep(100);
22                  } catch (InterruptedException e) {
23                      e.printStackTrace();
```

```
24                  }
25                  System.out.println(
26                      "卖出第" + (5 - takeout + 1) + "份外卖,还剩" + --takeout + "份外卖");
27              }
28          }
29      }
30  }
```

程序的运行结果如下:

```
卖出第1份外卖,还剩4份外卖
卖出第1份外卖,还剩3份外卖
卖出第3份外卖,还剩2份外卖
卖出第4份外卖,还剩1份外卖
卖出第5份外卖,还剩0份外卖
卖出第6份外卖,还剩-1份外卖
```

例 13-10 中, 声明了 Takeout 类, 实现了 Runnable 接口。首先, 在类中定义一个 int 类型的变量 takeout, 这个变量代表的是外卖的总数量; 然后, 重写 run()方法, run()方法中循环卖外卖, 每卖 1 份外卖, 外卖总数减 1, 为了演示可能出现的问题, 通过调用 sleep()方法让程序在每次循环时休眠 100 毫秒; 最后, Demo1310 类在 main()方法中创建并启动 3 个线程, 模拟 3 个窗口同时卖外卖。运行结果可以看出, 第 1 份外卖重复卖了 2 次, 剩余的外卖还出现了-1 份。

出现上述情况显然是不合理的, 这里以剩余的外卖出现-1 份为例进行讲解。之所以会出现超卖的情况, 是因为 run()方法的循环中判断外卖总数量是否大于 0, 如果大于 0 就会继续售卖, 但售卖的时候线程调用了 sleep()方法, 导致程序每次循环都会休眠 100 毫秒, 这就会出现某个线程执行到此处进入休眠时, 另外两个线程也进入执行, 所以卖出的数量就会变多, 这就是线程安全问题。

13.5.2　多线程中的同步代码块

我们使用多个线程访问同一资源时, 若多个线程只有读操作, 那么不会发生线程安全问题, 但是如果多个线程都对资源有读和写的操作, 就容易出现线程安全问题。前面卖外卖的案例中就出现了线程安全问题。为了解决这种问题, 可以使用线程锁。

线程锁主要是给方法或代码块加锁。这样, 某个方法或者代码块使用锁时, 在同一时刻至多仅有一个线程在执行该段代码。当有多个线程访问同一对象的加锁方法或代码块时, 同一时间只有一个线程在执行, 其余线程必须要等待当前线程执行完之后才能执行该代码段。但是, 其余线程可以访问该对象中的非加锁代码块。

Java 的多线程引入了同步代码块, 当多个线程使用同一个共享资源时, 可以将处理共享资源的代码放置在一个使用 synchronized 关键字来修饰的代码块中。具体示例如下:

```
synchronized (obj) {
    ...                    // 要同步的代码块
}
```

Java 中每个对象都有一个内置锁。当程序运行到 synchronized 同步代码块时, 就会获得当前执行的代码块里面的对象锁。一个对象只有一个锁, 称为锁对象。如果一个线程获得该锁, 其他线程就无法再次获得这个对象的锁, 直到第 1 个线程释放锁。释放锁是指此线程退出了 synchronized 同步方法或代码块。

如上所示, synchronized(obj)中的 obj 就是同步锁, 它是同步代码块的关键, 当线程执行同步代码块时, 会先检查同步监视器的标志位, 默认情况下标志位为 1。标志位为 1 时线程会执行同步代码块，同时将标志位改为 0；当第 2 个线程执行同步代码块前，先检查标志位，如果检查到标志位为 0，第 2 个线程就会进入阻塞状态；当第 1 个线程执行完同步代码块内的代码时，将标志位重新改为 1，第 2 个线程进入同步代码块。

接下来，通过修改例 13-10 的代码来演示如何使用同步代码块解决线程安全问题，如例 13-11 所示。

【例 13-11】 Demo1311.java

```
1    package com.aaa.p130502;
2
3    public class Demo1311 {
4        public static void main(String[] args) {
5            Takeout takeout = new Takeout();
6            Thread t1 = new Thread(takeout);
7            Thread t2 = new Thread(takeout);
8            Thread t3 = new Thread(takeout);
9            t1.start();
10           t2.start();
11           t3.start();
12       }
13   }
14   class Takeout implements Runnable {
15       private int takeout = 5;
16
17       public void run() {
18           for (int i = 0; i < 100; i++) {
19               synchronized (this) {                    // this代表当前对象
20                   if (takeout > 0) {
21                       try {
22                           Thread.sleep(100);
23                       } catch (InterruptedException e) {
24                           e.printStackTrace();
25                       }
26                       System.out.println("卖出第" + (5 - takeout + 1) + "份外卖, 还剩" +
27                               --takeout + "份外卖");
28                   }
29               }
30           }
31       }
32   }
```

程序的运行结果如下：

```
卖出第1份外卖, 还剩4份外卖
卖出第2份外卖, 还剩3份外卖
卖出第3份外卖, 还剩2份外卖
卖出第4份外卖, 还剩1份外卖
卖出第5份外卖, 还剩0份外卖
```

例 13-11 与例 13-10 几乎是完全一样，区别就是例 13-11 在 run() 方法的循环中执行售卖操作时，将操作变量 takeout 的操作都放到同步代码块中。在使用同步代码块时必须指定一个需要同步的对象，一般使用当前对象（this）即可。将例 13-10 修改为例 13-11 后，多次运行该程序，同样不会出现重复售卖或超卖的情况。

注意： 同步代码块中的锁对象可以是任意类型的对象，但多个线程共享的锁对象必须是相同的。"任意"说的是共享锁对象的类型。所以，锁对象的创建代码不能放到 run() 方法中，否则每个线程运行到 run() 方法都会创建一个新对象，这样每个线程都会有一个不同的锁，而每个锁都有自己的标志位，线程之间便无法产生同步的效果。

13.5.3 synchronized 修饰的同步方法

第 13.5.2 节讲解了使用同步代码块解决线程安全问题。另外，Java 还提供了同步方法，即用 synchronized 关键字修饰的方法，它的监视器是调用该方法的对象。使用同步方法同样可以解决线程安全的问题。

接下来，通过修改例 13-10 的代码来演示如何使用同步方法解决线程安全问题，如例 13-12 所示。

【例 13-12】 Demo1312.java

```
1    package com.aaa.p130503;
2
3    public class Demo1312 {
4        public static void main(String[] args) throws Exception {
5            Takeout takeout = new Takeout();
6            Thread t1 = new Thread(takeout);
7            Thread t2 = new Thread(takeout);
8            Thread t3 = new Thread(takeout);
9            t1.start();
10           t2.start();
11           t3.start();
12       }
13   }
14
15   class Takeout implements Runnable {
16       private int takeout = 5;
17
18       public synchronized void run() {
19           for (int i = 0; i < 100; i++) {
20               if (takeout > 0) {
21                   try {
22                       Thread.sleep(100);
23                   } catch (InterruptedException e) {
24                       e.printStackTrace();
25                   }
26                   System.out.println(
27                       "卖出第" + (5 - takeout + 1) + "份外卖，还剩" + --takeout + "份外卖");
28               }
29           }
30       }
31   }
```

程序的运行结果如下：

```
卖出第1份外卖，还剩4份外卖
卖出第2份外卖，还剩3份外卖
卖出第3份外卖，还剩2份外卖
卖出第4份外卖，还剩1份外卖
卖出第5份外卖，还剩0份外卖
```

例 13-12 与例 13-10 几乎一样，区别就是例 13-10 的 run()方法没有使用 synchronized 关键字修饰。将例 13-10 修改为例 13-12 后，多次运行程序不会出现超卖或者重复售卖的情况。

注意：同步方法的锁就是调用该方法的对象，也就是 this 所指向的对象，但是静态方法不需要创建对象就可以用"类名.方法名()"的方式进行调用，这时的锁则不再是 this，而是该方法所在类的 class 对象，该对象可以直接用"类名.class"的方式获取。

13.5.4 生产者和消费者

不同的线程执行不同的任务，有些复杂的程序需要多个线程共同完成一个任务，这时就需要线程之间能够相互通信。线程通信中的一个经典问题就是生产者和消费者问题。java.lang 包中的 Object 类中提供了 3 种方法用于线程的通信，如表 13.6 所示。

表 13.6　Object 类中的线程通信方法

方　　法	方　法　描　述
void wait()	导致当前线程等待，直到另一个线程调用该对象的 notify() 方法或 notifyAll() 方法
void notify()	唤醒正在等待对象监视器的单个线程
void notifyAll()	唤醒正在等待对象监视器的所有线程

表 13.6 列举了线程通信需要使用的 3 个方法，这 3 个方法只有在 synchronized 方法或 synchronized 代码块中才能使用，否则会报 IllegalMonitorStateException 异常。

生产者和消费者问题也称有限缓冲问题，是一个多线程同步问题的经典案例。该问题描述了两个共享固定大小缓冲区的线程（即所谓的"生产者"和"消费者"）在实际运行时会发生的问题。生产者的主要作用是生成一定量的数据放到缓冲区中，然后重复此过程，与此同时消费者也在缓冲区消耗这些数据，如图 13.5 所示。

图 13.5　生产者和消费者

生产者和消费者问题会导致死锁的出现，下面简单介绍一下死锁。

死锁是指两个或两个以上的线程在执行过程中，由于竞争资源或者彼此通信而造成的一种阻塞的现象，若无外力作用，它们都将无法推进下去。

生产者和消费者问题如果不加以协调可能会出现以下情况：缓冲区中数据已满，而生产者依然占用着它，消费者等着生产者让出空间从而去消费产品，生产者等着消费者消费产品从而向空间中添加产品。互相等待，从而发生死锁。

接下来，通过一个案例来演示如何解决生产者和消费者问题，如例 13-13 所示。

【例 13-13】　Demo1313.java

```
1   package com.aaa.p130504;
2
3   import java.util.LinkedList;
4   public class Demo1313 {
5       private static final int MAX_NUM = 5;                        // 设置仓库的最大值
6       private LinkedList<Object> list = new LinkedList<>();        // 缓存区
7       class Producer implements Runnable{                          // 生产者
8           @Override
9           public void run() {
10              while(true){
11                  try{
12                      Thread.sleep(1000);
13                      synchronized (list) {
14                          while (list.size() + 1 > MAX_NUM) {
15                              System.out.println("生产者:" +
16                                  Thread.currentThread().getName() + " 仓库已满");
17                              try {
18                                  list.wait();
19                              } catch (InterruptedException e) {
20                                  e.printStackTrace();
```

```
21                              }
22                          }
23                          list.add(new Object());
24                          System.out.println("生产者:" + Thread.currentThread().
25                              getName() + " 生产了一个产品, 现库存量:" + list.size());
26                          list.notifyAll();
27                      }
28                  }catch (InterruptedException e){
29                      e.printStackTrace();
30                  }
31              }
32          }
33      }
34      class Consumer implements Runnable{                          // 消费者
35          @Override
36          public void run() {
37              while(true){
38                  try{
39                      Thread.sleep(3000);
40                      synchronized (list) {
41                          while (list.size() == 0) {
42                              System.out.println("消费者:" + Thread.currentThread().
43                                              getName() + " 仓库为空");
44                              try {
45                                  list.wait();
46                              } catch (InterruptedException e) {
47                                  e.printStackTrace();
48                              }
49                          }
50                          list.remove();
51                          System.out.println("消费者:" + Thread.currentThread().
52                              getName() + " 消费一个产品, 现库存量:" + list.size());
53                          list.notifyAll();
54                      }
55                  }catch (InterruptedException e){
56                      e.printStackTrace();
57                  }
58              }
59          }
60      }
61      public static void main(String[] args) {
62          Demo1313 proAndCon = new Demo1313();
63          Producer producer = proAndCon.new Producer();
64          Consumer consumer = proAndCon.new Consumer();
65          // 开启3个生产者线程和3个消费者线程
66          for (int i = 0; i < 3; i++) {
67              Thread pro = new Thread(producer);
68              pro.start();
69              Thread con = new Thread(consumer);
70              con.start();
71          }
72      }
73  }
```

程序的运行结果如下:

```
生产者:Thread-2 生产了一个产品, 现库存量:1
生产者:Thread-0 生产了一个产品, 现库存量:2
生产者:Thread-4 生产了一个产品, 现库存量:3
生产者:Thread-2 生产了一个产品, 现库存量:4
生产者:Thread-0 生产了一个产品, 现库存量:5
生产者:Thread-4 仓库已满
```

```
消费者:Thread-3 消费一个产品，现库存量:4
生产者:Thread-4 生产了一个产品，现库存量:5
生产者:Thread-2 仓库已满
消费者:Thread-1 消费一个产品，现库存量:4
生产者:Thread-0 生产了一个产品，现库存量:5
消费者:Thread-5 消费一个产品，现库存量:4
生产者:Thread-2 生产了一个产品，现库存量:5
生产者:Thread-4 仓库已满
生产者:Thread-2 仓库已满
生产者:Thread-0 仓库已满
消费者:Thread-3 消费一个产品，现库存量:4
生产者:Thread-0 生产了一个产品，现库存量:5
生产者:Thread-2 仓库已满
生产者:Thread-4 仓库已满
```

例 13-13 中，使用 wait()和 notify()方法来解决生产者和消费者的问题。对于生产者而言，如果缓存区的容量大于设定的最大容量，程序就会调用 wait()方法来阻塞线程；否则，就会向缓存区中添加对象，然后调用 notifyAll()方法来唤醒其他被阻塞的线程。对于消费者而言，如果缓存区中没有对象，程序会调用 wait()方法阻塞线程；否则，就移除缓冲区的对象，并调用 notifyAll()方法来唤醒其他被阻塞的线程。

本例中有 3 个生产者和 3 个消费者，属于多对多的情况。仓库的容量为 5，生产者线程运行 1 次休眠 1s，消费者线程运行一次休眠 3s，消费的速度明显慢于生产的速度，从而避免了死锁的出现。

**************************************内容扩展**************************************

扫描右侧二维码获取如下内容

13.6　本章小结

13.7　理论测试与实践练习

****

第14章　JDBC 数据库技术

　　一般应用程序都会选择用数据库来存储数据，这是因为数据库能够随数据进行物理存储。应用程序要想使用数据库，就必须编写相应代码连接到数据库并进行相关操作。Java 语言提供了规范客户端程序如何来访问数据库的应用程序接口，简称 JDBC API，是 Java 数据应用开发的一项核心技术。开发人员可以使用 JDBC 提供的通信协议来连接和访问数据。本章将介绍 JDBC 的相关概念，讲解如何利用 JDBC 进行数据库的添加、修改、删除和查询操作，并在此基础上进一步讲解 JDBC 事务、DAO 模式、连接池技术等 Java 数据库操作相关的核心技术。

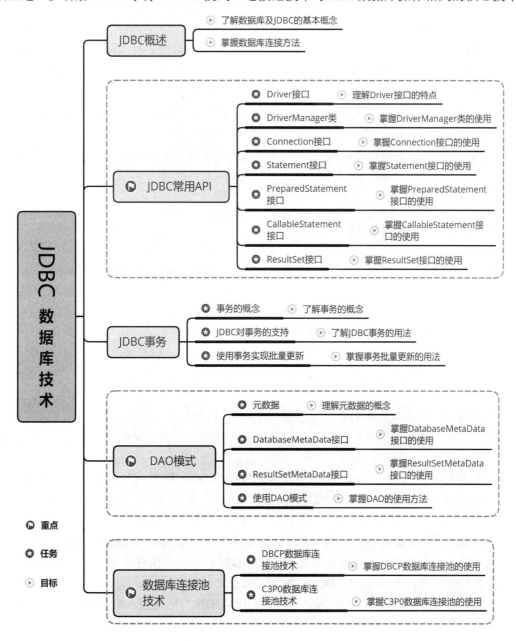

14.1 JDBC 概述

一般企业级的应用都需要将数据进行持久化操作。所谓持久化操作，就是将内存中的数据保存到硬盘中。数据持久化的实现过程，大多都是通过各种关系型数据库来完成的。在 Java 中，操作数据库的技术就是 JDBC。

14.1.1 什么是 JDBC

JDBC 的基础是数据库和 SQL 语句，没有数据库的支撑，JDBC 就无从谈起。

什么是数据库呢？数据库是按照数据结构来组织、存储和管理数据的仓库，是一个长期存储在计算机内的、有组织的、可共享的、统一管理的大量数据的集合。目前，市面上比较流行的关系型数据库包括 MySQL、Oracle 和 SQL Server。

有了数据库之后，需要对数据库进行操作，在操作的时候离不开 SQL 语句。什么是 SQL 语句呢？SQL 语句是对关系型数据库进行操作的一种语言，主要是用于存取数据以及查询、更新和管理数据库。

Java 应用程序如果想要操作数据库，就需要借助于 JDBC（Java Database Connectivity）API，即 Java 数据库编程接口，它是一组标准的接口和类。使用这些接口和类，Java 程序可以访问各种不同类型的数据库，并可以使用 SQL 语句来完成对数据库的添加、查询、更新和删除等操作。

对于开发者而言，JDBC 提供了 API，在开发的时候不需要关心实现接口的细节，直接调用即可。

14.1.2 怎样连接数据库

目前，市场上数据库产品的种类众多，最热门的是 Oracle、MySQL 和 Microsoft SQL Server，占据绝大部分的市场份额，大多数开发人员都会选择这 3 种数据库。对于不同的数据库产品，其内部处理数据的方式不同，访问方式也不一样。那么，使用 Java 代码该如何连接数据库呢？针对这个问题，数据库厂商给出了解决方案：对于不同的数据库，提供了相应的数据库驱动，如图 14.1 所示。从图 14.1 中可以看出，对于 MySQL 数据库，只要安装 MySQL 驱动，JDBC 就可以不用关心具体的连接过程，从而实现对 MySQL 的操作。Oracle 数据库、SQL Server 数据库，同样如此。

一般情况下，连接数据库的常用方式有以下两种：

- ❖ 安装相应厂商的数据库驱动。这需要去各个数据库厂商提供的官网下载驱动包，显得比较麻烦。
- ❖ 使用 JDBC-ODBC 桥驱动器。在微软公司的 Windows 系统中预先设定一个 ODBC（Open Database Connectivity，开放数据库互联）功能，由于 ODBC 是微软公司的产品，因此它可以连接所有在 Windows 平台上运行的数据库。由 ODBC 去连接特定的数据库，JDBC 只需要连接 ODBC 就可以了，如图 14.2 所示。通过 ODBC 可以连接到它支持的任意一种数据库，这种连接方式叫 JDBC-ODBC 桥，使用这种方法让 Java 连接到数据库的驱动程序称为 JDBC-ODBC 桥驱动器。

以上介绍了两种数据库连接方式，其中 JDBC-ODBC 桥连接比较简单，但是只能支持

Windows 下的数据库连接，可移植行较差，因此这种方式用的并不多。直接使用数据库厂商驱动的方式可移植性比较好，在实际开发中用的比较广泛，下面开始针对这种方式进行讲解。

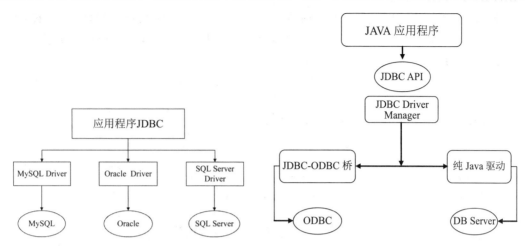

图 14.1　厂商驱动连接数据库　　　　图 14.2　JDBC 连接 ODBC 桥驱动

使用厂商驱动连接数据库的步骤如下：

❖　到相应的数据库厂商网站下载驱动，或者从 Maven 官网下载驱动包，复制到项目中。

❖　在 JDBC 代码中，设定特定的驱动程序名称、URL、数据库账号和密码。

不同的驱动程序和不同的数据库，应该采用不同的驱动程序名称、URL、数据库账号和密码。常见的数据库的驱动名称和 URL 如下。

❖　MySQL：驱动程序为 com.mysql.jdbc.Driver，URL 为 jdbc:mysql://[host:port]/[database][?参数名 1][=参数值 1][&参数名 2][=参数值 2]。例如，连接本机的 MySQL 数据库，名称 school，用户名 root，密码 root，代码如下：

```
Class.forName("com.mysql.jdbc.Driver");
String url = "jdbc:mysql://localhost:3306/school?Unicode=true&characterEncoding=UTF-8";
String user = "root";
String password = "root";
Connection conn = DriverManager.getConnection(url,user,password);
```

❖　Oracle：驱动程序为 oracle.jdbc.driver.OracleDriver，URL 为 jdbc: oracle: thin: @ [ip]: 1521: [sid]。例如，连接本机的 Oracle 数据库，名称 school，用户名 scott，密码 tiger，代码如下：

```
String user = "scott";
String password = "tiger";
String url = "jdbc:oracle:thin:@localhost:1521:school";
Class.forName("oracle.jdbc.driver.OracleDriver");
Connection conn=DriverManager.getConnection(url,user,password);
```

❖　SQL Server：驱动程序为 com.microsoft.jdbc.sqlserver.SQLServerDriver，URL 为 jdbc: microsoft: sqlserver://[ip]:1433; DatabaseName=[DBName]。例如，连接本机的 SQL Server 数据库，名称 school，用户名 sa，密码 sa，代码如下：

```
String user = "sa";
String password = "sa";
String url = "jdbc:microsoft:sqlserver://localhost:1433;DatabaseName=school";
Class.forName("com.microsoft.jdbc.sqlserver.SQLServerDriver");
Connection conn = DriverManager.getConnection(url,user,password);
```

📢 **注意**：我们使用数据库能够正常操作的前提是：必须将相应的包复制到项目的 classpath 下面，在 IDEA 中，可以在项目中导入该包。

下载厂商驱动的操作非常简单，以 MySQL 数据库为例，可从 Maven 网站下载 MySQL 驱动包（https://mvnrepository.com/），并选择版本号为 5.1.47，如图 14.3 和图 14.4 所示。下载成功后保存在本地 D:\jar 路径中并解压该文件，如图 14.5 所示。

 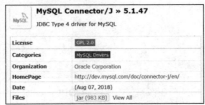 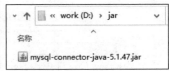

图 14.3　打开 Maven 官网搜索 jar 包　　　图 14.4　选择 jar 包版本下载　　　图 14.5　jar 存放的位置

14.2　JDBC 常用 API

JDBC 相关的 API 存放在 java.sql 包中，主要包括表 14.1 所示的类或接口。

表 14.1　JDBC 常用的类或接口

类 或 接 口	说　明
Driver	每个驱动程序类必须实现的接口
DriverManager	JDBC 驱动管理类
Connection	与特定数据库的连接（会话）
Statement	用于执行静态 SQL 语句并返回其生成的结果的对象
PreparedStatement	Statement 接口的一个子接口，可以对 SQL 语句进行预编译
CallableStatement	Statement 接口的一个子接口，可以执行存储过程
ResultSet	表示数据库结果集的数据表，通常通过执行查询数据库的语句生成

14.2.1　Driver 接口

在 JDBC 技术中，Driver 是 java.sql 包下面的一个接口，如果数据库厂商需要提供驱动程序，就需要实现该接口。不同的数据库的驱动路径是不一样的，MySQL 的数据库驱动路径为：com.mysql.jdbc.Driver。

加载驱动程序是 JDBC 操作的第 1 步，之前已经将数据库的驱动程序讲解过了，这里直接使用。首先将数据库驱动配置到项目的 classpath 中，如图 14.6 和图 14.7 所示。

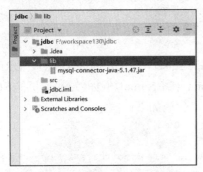 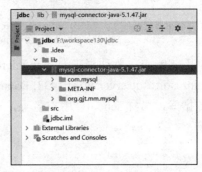

图 14.6　新建项目添加 jar 包　　　　　　图 14.7　添加后的效果

下面来演示 Java 如何操作 MySQL 数据库。

如图 14.6 所示，新建一个包，名字为 lib，并把驱动包 mysql-connector-java-5.1.47.jar 放入 lib 包中。

右击 jar 包，在弹出的快捷菜单中选择 "Add as Library..." 命令，添加到 "Add as Library..." 之后，此 jar 包加载成功。此时单击此 jar 包，即可看到添加后的效果，如图 14.7 所示。

接下来，通过案例来演示加载驱动，如例 14-1 所示。

【例 14-1】　Demo1401.java

```
1  package com.aaa.p140201;
2
3  public class Demo1401 {
4      // 定义MySQL的数据库驱动程序
5      public static final String Driver = "com.mysql.jdbc.Driver";
6      public static void main(String[] args) {
7          // 加载数据库驱动
8          try {
9              Class.forName(Driver);
10             System.out.println("驱动加载成功");
11         } catch (ClassNotFoundException e) {
12             e.printStackTrace();
13         }
14     }
15 }
```

程序的运行结果如下：

```
驱动加载成功
```

例 14-1 中，如果程序能够输出 "驱动加载成功"，则证明数据库驱动程序已经配置成功。如果出现错误提示：java.lang.ClassNotFoundException:com.mysql.jdbc.Driver，则问题是驱动 jar 出错了，需要检查是否正确引入了驱动包或者驱动名称是否写错。

14.2.2　DriverManager 类

数据库驱动程序加载成功之后，如果想将 JDBC 的驱动程序连接到数据库，就需要使用 DriverManager 类中的方法来创建连接。DriverManager 类中的常用方法如表 14.2 所示。

表 14.2　DriverManager 类的常用方法

方　　法	方　法　描　述
public static Connection getConnection(String url)	通过连接地址连接数据库
public static Connection getConnection(String url, String user, String password) throws SQLException	通过连接地址连接数据库，同时输入用户名和密码

在 DriverManager 类中，提供的主要操作就是得到一个数据库的连接。getConnection()方法就是取得连接对象，此方法返回的是 Connection 对象（Connection 接口在第 14.2.3 节讲解）。表 14.2 中提供了两种方式来连接数据库，不管使用哪种方式，都必须提供一个数据库的连接地址。连接 MySQL 数据库的具体示例如下：

```
jdbc:mysql: …                    // MySQL数据库服务器的IP地址:端口号/数据库名称
```

现在以 school 数据库为例，创建 school 的数据库脚本如下：

```
create database school;
```

那么，通过 JDBC 连接数据库的 URL 地址为 jdbc:mysql://localhost:3306/school。

知识点拨：连接数据库的时候，如果数据库安装在本机，则数据库的连接字符串可以简写为：jdbc:mysql:///school。

接下来，通过案例来演示数据库的连接，如例 14-2 所示。

【例 14-2】 Demo1402.java

```
1   package com.aaa.p140202;
2   import java.sql.Connection;
3   import java.sql.DriverManager;
4   import java.sql.SQLException;
5
6   public class Demo1402 {
7       // MySQL的数据库驱动程序
8       public static final String DRIVER = "com.mysql.jdbc.Driver";
9       // 数据库的URL连接地址
10      public static  final String URL = "jdbc:mysql://localhost:3306/school";
11      public static  final  String UNAME = "root";        // 数据库的账号
12      public static  final  String PSWD = "root";         // 数据库的密码
13      public static void main(String[] args) {
14          Connection connection = null;
15          try {
16              Class.forName(DRIVER);                      // 加载驱动
17              try {
18                  // 建立连接需要写URL、用户名和密码
19                  connection = DriverManager.getConnection(URL, UNAME, PSWD);
20                  System.out.println("数据库连接成功");
21              } catch (SQLException e) {
22                  e.printStackTrace();
23              }
24          } catch (ClassNotFoundException e) {
25              e.printStackTrace();
26          }
27      }
28  }
```

程序的运行结果如下：

数据库连接成功

例 14-2 中，使用 DriverManager 类中的 getConnection(String url, String user, String password) 方法获取数据库连接。由于笔者的数据库设置的有用户名和密码，所以在此时需要传入用户名和密码。如果用户名或密码错误，就会抛出 SQLException 异常。

14.2.3 Connection 接口

所有的数据库操作都是从 Connection 接口开始的，该接口可以实现与特定数据库的连接。Connection 接口中的常用方法如表 14.3 所示。

表 14.3 Connection 接口的常用方法

方　法	方 法 描 述
Statement createStatement() throws SQLException	创建一个 Statement 对象
PreparedStatement prepareStatement(String sql) throws SQLException	创建一个 PreparedStatement 类型的对象
CallableStatement prepareCall(String sql)throws SQLException	创建一个 CallableStatement 对象，此对象用于调用数据库的存储过程
DatabaseMetaData getMetaData() throws SQLException	得到数据库的元数据
Void setAutoCommit(boolean autoCommit) throws SQLException	设置数据库的自动提交，与事务有关

方　　法	方 法 描 述
Savepoint setSavepoint() throws SQLException	设置数据库的恢复点，与事务有关
void close() throws SQLException	关闭数据库

接下来，通过案例来演示 Connection 接口的使用，如例 14-3 所示。

【例 14-3】　　Demo1403.java

```
1    package com.aaa.p140203;
2    import java.sql.Connection;
3    import java.sql.DriverManager;
4    import java.sql.SQLException;
5
6    public class Demo1403 {
7        // MySQL的数据库驱动程序
8        public static final String DRIVER = "com.mysql.jdbc.Driver";
9        // 数据库的URL连接地址
10       public static final String URL = "jdbc:mysql://localhost:3306/school";
11       public static final String UNAME = "root";          // 数据库的账号
12       public static final String PSWD = "root1";          // 数据库的密码
13       // main()方法，连接数据库测试是否连接成功
14       public static void main(String[] args) {
15           Connection connection = null;
16           try {
17               Class.forName(DRIVER);                       // 把驱动加载进来，建立连接
18               // 建立连接，写上对应的数据库URL和账号密码
19               connection = DriverManager.getConnection(URL, UNAME, PSWD);
20               System.out.println("数据库连接成功");
21           } catch (ClassNotFoundException e) {
22               System.out.println("加载失败");               // 如果有异常会执行该语句
23               e.printStackTrace();
24           } catch (SQLException e) {
25               System.out.println("连接数据库错误");
26               e.printStackTrace();
27           }finally {
28               try {
29                   connection.close();                      // 执行结束，要关闭数据库连接
30                   System.out.println("关闭数据库");
31               } catch (SQLException e) {
32                   System.out.println("关闭数据库异常");
33                   e.printStackTrace();
34               }
35           }
36       }
37   }
```

程序的运行结果如下：

```
数据库连接成功
关闭数据库
```

数据操作之前需要获取数据库的连接，操作之后需要将数据库访问过程中建立的各个数据库对象按顺序进行关闭，防止系统资源的浪费。例 14-3 中，finally 代码块里执行的 Connection 接口的 close()方法，就是关闭连接。

在后面的代码中，很多地方都需要获取数据库的连接并关闭连接，所以将这部分代码提到一个公共的 BaseDAO 类中，并将这个类放到 com.aaa.p14.util 中，代码如下：

```
1    package com.aaa.p14.util;
2    import java.sql.Connection;
```

```
3    import java.sql.DriverManager;
4    import java.sql.ResultSet;
5    import java.sql.SQLException;
6
7    public class BaseDAO {
8        // 定义MySQL的数据库驱动程序
9        public static final String DRIVER = "com.mysql.jdbc.Driver";
10       // 数据库连接字符串
11       public static final String URL =
12           "jdbc:mysql:///school?useUnicode=true&characterEncoding=utf-8 ";
13       public static final String USER = "root";              // 数据库服务器账号
14       public static final String PSWD = "root";              // 数据库服务器密码
15       public static Connection getConnection(){              // 获取连接方法
16           Connection con = null;
17           try {
18               Class.forName(DRIVER);                          // 加载驱动类
19               con = DriverManager.getConnection(URL, USER, PSWD);  // 获取连接
20           } catch (ClassNotFoundException e) {
21               System.out.println("加载失败");                  // 如果有异常会执行
22               e.printStackTrace();
23           } catch (SQLException e) {
24               System.out.println("连接数据库错误");
25               e.printStackTrace();
26           }
27           return con;
28       }
29       public static void closeAll(Connection con){          // 关闭数据库对象方法
30           try{
31               if(con!=null){
32                   con.close();
33               }
34           }catch (SQLException ex){
35               ex.printStackTrace();
36           }
37       }
38   }
```

接下来，修改例 14-3，通过 BaseDAO 类完成数据库的连接和关闭，如例 14-4 所示。

【例 14-4】　Demo1404.java

```
1    package com.aaa.p140203;
2    import com.aaa.p14.util.BaseDAO;
3    import java.sql.Connection;
4
5    public class Demo1404 {
6        public static void main(String[] args) {
7            Connection conn = BaseDAO.getConnection();
8            System.out.println("数据库连接成功");
9            BaseDAO.closeAll(conn);
10           System.out.println("关闭数据库");
11       }
12   }
```

程序的运行结果如下：

```
数据库连接成功
关闭数据库
```

运行结果和例 14-3 一致。

📖**知识点拨**：JDBC 连接数据库之后添加到数据库中的数据有可能出现乱码，出现乱码的原因是我们使用的字符集和数据库的字符集不一致。所以，需要在 URL 中定义字符集。定义字符集

时使用 useUnicode=true&characterEncoding=utf-8，该语句的意思是将国际的 gb2312 编码转化为 Unicode 编码。在数据库中可以使用中文。

14.2.4　Statement 接口

Statement 接口是 Java 执行数据库操作的一个重要接口。如果需要使用这个接口，就必须先跟数据库建立连接。然后可以使用这个接口向数据库发送并执行静态 SQL 语句（所谓静态 SQL 语句，是指在执行 Statement 接口的 executeUpdate()、executeQuery()等方法时，作为参数的 SQL 语句的内容是固定不变的，也就是 SQL 语句中没有任何参数），然后返回其生成的结果。Statement 接口中定义了如表 14.4 所示的常用方法。

表 14.4　Statement 接口的常用方法

方　　法	方　法　描　述
int executeUpdate(String sql)	执行给定的 SQL 语句，这可能是 INSERT、UPDATE 或 DELETE 语句
ResultSet executeQuery(String sql)	执行给定的 SQL 语句，该语句返回单个 ResultSet 对象
void addBatch(String sql)	将给定的 SQL 命令添加到此 Statement 对象的当前命令列表中
int[] executeBatch()	将一批命令提交到数据库以执行，并且所有命令都执行成功后返回一个更新计数的数组
void close()	关闭数据库的连接
boolean execute(String sql)	执行给定的 SQL 语句，这可能会返回多个结果

接下来，我们先在数据库中创建一张表，名称为 students，字段如表 14.5 所示。

表 14.5　students 表中的字段

字　　段	类　　型	长　　度	描　　述
id	int	10	自动增长的主键
name	varchar	50	学生的名字
gender	varchar	4	学生的性别
age	varchar	10	学生的年龄

接着，我们通过向 students 表中添加一条数据来演示如何使用 Statement 接口，如例 14-5 所示。

【例 14-5】　Demo1405.java

```
1    package com.aaa.p140204;
2    import com.aaa.p14.util.BaseDAO;
3    import java.sql.Connection;
4    import java.sql.SQLException;
5    import java.sql.Statement;
6
7    public class Demo1405 {
8        public static void main(String[] args) {
9            Connection connection = BaseDAO.getConnection();    // 获取连接
10           Statement statement = null;
11           try {
12               statement = connection.createStatement();        // 创建Statement对象
13               // 定义SQL语句
14               String sql = "insert into students(name,gender,age) values('张三','男',18)";
15               int i = statement.executeUpdate(sql);           // 执行SQL语句并返回结果
16               System.out.println("受影响的行数为:" + i);
17           } catch (SQLException e) {
18               e.printStackTrace();
```

```
19              } finally {
20              if(statement != null) {
21                  try {
22                      statement.close();                      // statement使用后要关闭
23                  } catch (SQLException e) {
24                      e.printStackTrace();
25                  }
26              }
27              BaseDAO.closeAll(connection);                   // 关闭Connection
28          }
29      }
30  }
```

程序的运行结果如下：

受影响的行数为:1

例 14-5 中，先通过 BaseDAO 类的 getConnection()方法获取 Connection 对象，然后使用 Connection 接口中的 createStatement()方法获取 Statement 对象，接着通过 executeUpdate(String sql) 方法执行一条标准的 SQL 语句并返回对应的结果。Statement 对象使用之后需要将它关闭，由于在后面的代码中也需要关闭该对象，所以需要修改一下公共类 BaseDAO 中的 closeAll()方法。修改之后的 CloseAll()方法如下：

```
1   public static void closeAll(Connection con, Statement stmt) {
2       try {
3           if(stmt!=null) {
4               stmt.close();
5               // System.out.println("关闭statement");
6           }
7           if(con!=null) {
8               con.close();
9               // System.out.println("关闭数据库");
10          }
11      } catch (SQLException ex) {
12          ex.printStackTrace();
13      }
14  }
```

例 14-5 中，SQL 语句中列的值是固定的，如果列的值不固定，我们就需要动态地传入列的值。由于 Statement 接口中需要执行的是静态 SQL 语句，所以在调用 executeUpdate()方法之前需要把对应的 SQL 语句拼接好。

接下来，重新修整例 14-5 的代码，如例 14-6 所示。

【例 14-6】 Demo1406.java

```
1   package com.aaa.p140204;
2   import com.aaa.p14.util.BaseDAO;
3   import java.sql.Connection;
4   import java.sql.SQLException;
5   import java.sql.Statement;
6
7   public class Demo1406 {
8       public static void main(String[] args) {
9           Connection conn = null;
10          Statement statement = null;
11          String name = "张三";
12          String gender = "女";
13          Integer age = 18;
14          try {
15              conn = BaseDAO.getConnection();
```

```
16          statement = conn.createStatement();
17          // 定义SQL语句并将对应的变量值拼接到SQL语句中
18          StringBuilder sqlBuffer=
19              new StringBuilder("insert into students(name,gender,age) ");
20              sqlBuffer.append(" values ( ").append("'").append(name)
21              .append("','").append(gender)
22              .append("',").append(age).append(")");
23          statement = conn.createStatement();              // 实例化Statement对象
24          int i = statement.executeUpdate(sql.toString()); // 执行SQL语句
25          System.out.println("受影响的行数为:" + i);
26      } catch (SQLException e) {
27          e.printStackTrace();
28      }finally {
29          BaseDAO.closeAll(conn,statement);                // 关闭connection和statement
30      }
31   }
32 }
```

程序的运行结果如下:

受影响的行数为:1

例 14-6 中，执行 SQL 语句使用的是 Statement 接口，该接口在执行 SQL 语句时需要使用静态 SQL 语句，因此使用 StringBuilder 类来拼接 SQL 语句。在拼接 SQL 语句时，字符串必须使用英文单引号引起来，否则就会报 com.mysql.jdbc.exceptions.jdbc4.MySQLSyntaxErrorException 异常。本例使用 Statement 接口来执行数据库的添加操作，如果要完成修改和删除操作，则需要使用 Statement 接口中的 executeUpdate(String sql)方法，此时只需将 SQL 语句改成修改语句或者删除语句即可。

14.2.5 PreparedStatement 接口

PreparedStatement 接口是可以对 SQL 语句进行预编译处理的一个接口，该接口可用于执行动态的 SQL 语句。所谓动态 SQL 语句，指的是在 SQL 语句中可以提供参数，对相同的 SQL 语句替换参数，进而实现多次使用。因此，当一个 SQL 语句需要执行多次时，使用预编译语句可以减少执行时间。

由于 PreparedStatement 是 Statement 的子接口，所以 PreparedStatement 对象可以执行动态 SQL 语句，也可以执行静态 SQL 语句。PreparedStatement 接口的常用方法如表 14.6 所示。

表 14.6 PreparedStatement 接口的常用方法

方　　法	方 法 描 述
int executeUpdate() throws SQLException	执行设置的预处理 SQL 语句
ResultSet executeQuery() throws SQLException	执行数据库查询操作，返回 ResultSet
void setInt(int parameterIndex, int x) throws SQLException	指定要设置的索引编号，并设置整数内容
void setString (int parameterIndex, String x)	指定要设置的索引编号，并设置字符串内容

接下来，通过案例来演示使用 PreparedStatement 接口插入数据，如例 14-7 所示。

【例 14-7】 Demo1407.java

```
1  package com.aaa.p140205;
2  import com.aaa.p14.util.BaseDAO;
3  import java.sql.Connection;
4  import java.sql.PreparedStatement;
5  import java.sql.SQLException;
6
```

```
7    public class Demo1407 {
8        public static void main(String[] args) {
9            Connection connection = BaseDAO.getConnection();
10           PreparedStatement pstmt = null;
11           // 定义SQL语句
12           String sql = "insert into students(name,gender,age) values(?,?,?)";
13           try {
14               pstmt = connection.prepareStatement(sql);  // 对SQL进行预编译
15               // 对占位符按照位置进行数据填充
16               pstmt.setString(1,"李四");
17               pstmt.setString(2,"男");
18               pstmt.setInt(3,20);
19               int i = pstmt.executeUpdate();              // 执行SQL并返回受影响的行数
20               System.out.println("受影响的行数为:" + i);
21           } catch (SQLException e) {
22               e.printStackTrace();
23           } finally {
24               BaseDAO.closeAll(connection,pstmt);
25           }
26       }
27   }
```

程序的运行结果如下：

```
受影响的行数为:1
```

例 14-7 中，使用 PreparedStatement 对象执行添加操作。与 Statement 接口的用法不同的是，该接口先对 SQL 语句进行预编译，然后将需要设置值的地方使用占位符 "?" 来占位，并在调用 executeUpdate()方法之前对占位符进行赋值，赋值的时候调用的是 setXXX()方法（XXX 代表的是要赋给的参数的具体数据类型）。

Statement 接口在执行时使用的是静态 SQL 语句，而 PreparedStatement 接口使用占位符的方式来执行 SQL 语句。这种方式能够有效防止 SQL 注入攻击，所以推荐使用 PreparedStatement 接口来执行 SQL 语句。

📖**知识点拨**：SQL 攻击又称 SQL 注入或者 SQL 注入攻击，是利用 Statement 接口的漏洞来完成的。例如，某个用户登录系统在提交时，如果用户名输入'李四' or '1' = '1'，而密码输入'xxx'，那么对应的 SQL 查询语句就是 select * from 表名 where 用户名 = '李四' or '1' = '1' and 密码 = 'xxx'，这样的 SQL 语句会查询出数据库对应表中所有的数据。想要避免这种情况出现，一般采用 PreparedStatement 接口来进行 SQL 语句的预编译，这样就可以避免 SQL 注入攻击。

在数据库处理中，增删改是十分常用的操作，所以要进行封装，以实现代码的复用。另外，执行 SQL 语句时，一般也需要设置 SQL 语句中的参数数据，这个方法也可以封装成通用的方法。下面将增删改方法和设置参数的方法封装到 BaseDAO 类中，代码如下：

```
1    package com.aaa.p14.util;
2    import java.sql.*;
3
4    public class BaseDAO {
5        // 此处省略获取连接和关闭连接的方法
6        // 通用设置参数的方法
7        public static void setParams(PreparedStatement pst,Object[] params) {
8            if(params == null) {                              // 如果没有数据，则不作设置
9                return;
10           }
11           try {
12               for (int i = 0; i < params.length; i++) {  // 循环设置参数
```

```
13                  pst.setObject(i + 1, params[i]);
14              }
15          } catch (Exception ex) {
16              ex.printStackTrace();
17          }
18      }
19      // 通用增删改方法
20      public static int executeUpdate(String sql,Object[] params) {
21          Connection con = null;
22          PreparedStatement pst = null;
23          int res = 0;
24          try {
25              con = getConnection();                      // 创建连接
26              pst = con.prepareStatement(sql);
27              setParams(pst,params);                      // 设置参数值
28              res = pst.executeUpdate();                  // 执行增删改操作
29          } catch (Exception ex) {
30              ex.printStackTrace();
31          } finally {
32              closeAll(con,pst,null);
33          }
34          return res;
35      }
36  }
```

接下来，使用封装后的 BaseDAO 类来实现例 14-7 的功能，如例 14-8 所示。

【例 14-8】　Demo1408.java

```
1   package com.aaa.p140205;
2   import com.aaa.p14.util.BaseDAO;
3
4   public class Demo1408 {
5       public static void main(String[] args) {
6           String sql="insert into students(name,gender,age) values(?,?,?)";
7           Object[] params = {"李四","男",20};
8           int i = BaseDAO.executeUpdate(sql,params);
9           System.out.println("受影响的行数为:" + i);
10      }
11  }
```

程序的运行结果如下：

受影响的行数为:1

14.2.6　CallableStatement 接口

CallableStatement 接口是 Statement 接口的子接口，Java 程序在通过 JDBC 调用存储过程时，需要先通过一个数据库连接创建一个 CallableStatement 对象，该对象包含对存储过程的调用以及执行。CallableStatement 接口中的常用方法如表 14.7 所示。

表 14.7　CallableStatement 接口的常用方法

方　　法	方 法 描 述
int getInt(int parameterIndex)	按照索引获取指定的过程的返回值
int getInt(String parameterName)	按照名称获取指定的过程的返回值
void registerOutParameter(int parameterIndex, int sqlType)	设置返回值的类型，需要指定 Types 类
String getString(int parameterIndex)	按照索引获取指定的过程的返回值
String getString(String parameterName)	按照名称获取指定的过程的返回值

CallableStatement 对象为所有的数据库系统提供了一种标准的形式去调用数据库中已存在的存储过程，调用存储过程的语法格式如下：

```
{ call 存储过程名(?, ?, …)}                                    // 其中，?是参数占位符
```

接下来，通过案例来演示 CallableStatement 接口的使用，如例 14-9 所示。

【例 14-9】 Demo1409.java

```
1   package com.aaa.p140206;
2   import com.aaa.p14.util.BaseDAO;
3   import java.sql.*;
4
5   public class Demo1409 {
6       public static void main(String[] args) {
7           Connection conn = null;
8           CallableStatement callableStatement = null;
9           try {
10              conn = BaseDAO.getConnection();
11              // 调用存储过程
12              String sql = "{call pro_getNameById(?,?)}";
13              callableStatement = conn.prepareCall(sql);        // 获取存储过程执行对象
14              callableStatement.setInt(1,1);                    // 对占位符进行数据填充
15              // 注册out参数，第1个参数代表的是参数的位置，第2个参数代表的是参数的类型
16              callableStatement.registerOutParameter(2,Types.VARCHAR);
17              callableStatement.execute();                      // 执行存储过程
18              // 根据位置获取输出参数，输出参数的位置为2
19              String sname = callableStatement.getString(2);
20              System.out.println(sname);
21          } catch (Exception e) {
22              e.printStackTrace();
23          }finally {
24              BaseDAO.closeAll(conn,callableStatement);
25          }
26      }
27  }
```

程序的运行结果如下：

```
张三
```

例 14-9 中的存储过程的内容如下：

```
drop procedure if EXISTS  pro_getNameById;
create PROCEDURE pro_getNameById(sid int,out sname varchar(50))
BEGIN
select 'name' into sname from students where id=sid;
end;
```

例 14-9 中，使用 Connection 接口中的 prepareCall()方法获取 CallableStatement 对象，并对 SQL 语句进行预编译。然后，对 SQL 语句中的占位符进行赋值，并注册参数的类型，最后调用 CallableStatement 接口中的 execute()方法执行存储过程。

14.2.7 ResultSet 接口

ResultSet 接口是用于存储查询结果的接口。在 SQL 语句中，select 语句可以查询数据库中的结果，查询的结果都需要使用 ResultSet 接口进行接收并展示，如图 14.8 所示。

在前文已经讲解过数据库的新增操作，如果现在进行数据库查询操作，可以使用 PreparedStatement 接口中的 executeQuery()方法完成，该方法返回值类型是 ResultSet 接口的对

象，里面存放 SQL 的查询结果。ResultSet 接口常用的操作方法如表 14.8 所示。

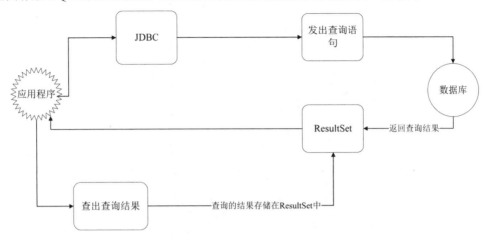

图 14.8 查询过程

表 14.8 ResultSet 接口的常用操作方法

方 法	方 法 描 述
int getInt(int columnIndex) throws SQLException	以整数形式按列的编号取得指定列的内容
int getInt(String columnName) throws SQLExcepption	以整数形式取得指定列的内容
float getFloat(int colommnIndex) throws SQLExceptin	以浮点数的形式按列的编号取得指定列的内容
Float getFloat(String columnName) throws SQLException	以浮点数的形式取得指定列的内容
String getString(int columnIndex) throws SQLEception	以字符串的形式按列的编号取得指定列的内容
String getString(String columnName) throws SQLException	以字符串的形式取得指定列的内容
Date getDate(int columnIndex) throws SQLException	以 Date 的形式按列的编号取得指定列的内容
Date getDate(String columnName) throws SQLException	以 Date 的形式取得指定列的内容

ResultSet 对象使用完成之后需要关闭，关闭的方式和 Connection 接口、Statement 接口一样。这段代码在后面也会使用，所以将其提取到公共代码 BaseDAO 类的 closeAll()方法中，代码如下：

```
1   public static void closeAll(Connection con, Statement stmt,ResultSet resultSet) {
2       try {
3           if(resultSet!=null) {
4               resultSet.close();
5               System.out.println("关闭resultSet");
6           }
7           // 此处省略Connection、Statement的关闭方法
8       } catch (SQLException ex) {
9           ex.printStackTrace();
10      }
11  }
```

接下来，通过案例来演示 ResultSet 接口的使用，如例 14-10 所示。

【例 14-10】 Demo1410.java

```
1   package com.aaa.p140207;
2   import com.aaa.p14.util.BaseDAO;
3   import java.sql.*;
4
5   public class Demo1410 {
6       public static void main(String[] args) {
7           Connection conn = null;
```

```
8           PreparedStatement statement = null;
9           ResultSet resultSet = null;
10          try {
11              conn = BaseDAO.getConnection();
12              String sql = "select id,name,gender,age from students";
13              statement = conn.prepareStatement(sql);
14              // 执行数据库查询操作,并实例化ResultSet对象
15              resultSet = statement.executeQuery();
16              // 拿到实例化对象之后对结果进行打印
17              while (resultSet.next()) {                          // 指针下移
18                  int id = resultSet.getInt("id");               // 获取id内容
19                  String name = resultSet.getString("name");     // 获取name内容
20                  String gender = resultSet.getString("gender"); // 获取性别内容
21                  int age = resultSet.getInt("age");             // 获取年龄内容
22                  System.out.print("获取到的id值:" + id + " ");
23                  System.out.print("获取到的name值:" + name + " ");
24                  System.out.print("获取到的gender值:" + gender + " ");
25                  System.out.print("获取到的age值:" + age + " ");
26                  System.out.println();                           // 换行
27              }
28          } catch (Exception e) {
29              e.printStackTrace();
30          } finally {
31              BaseDAO.closeAll(conn, statement, resultSet);
32          }
33      }
34  }
```

程序的运行结果如下:

```
获取到的id值:1    获取到的name值:张三    获取到的gender值:男    获取到的age值:18
获取到的id值:2    获取到的name值:李四    获取到的gender值:男    获取到的age值:20
```

例 14-10 中,执行查询的时候调用的是 PreparedStatement 接口的 executeQuery()方法,并将查询结果返回给 ResultSet 接口。ResultSet 接口的 next()方法的作用是将光标从当前位置向下移动一行。光标最初位于第 1 行之前,第 1 次调用 next()方法使第 1 行成为当前行,第 2 次调用 next()方法使第 2 行成为当前行,依此类推。通过循环获取所有数据行即可将数据库中的所有的数据获取出来,当所有的行循环完之后,next()方法会返回 false,从而退出循环。

14.3　JDBC 事务

在实际开发中,数据的完整性、一致性、安全性等问题,往往是至关重要的。为此,数据库领域提出了事务的概念,将单个逻辑工作单元执行的一系列 SQL 语句打包,要么完全地执行,要么完全地不执行。这样,可以确保除非事务单元内的所有操作都成功完成,否则不会永久更新面向数据的资源,进而简化错误恢复过程并使应用程序更加可靠。JDBC 是一种可用于执行 SQL 语句的 Java API,是连接数据库和 Java 应用程序的纽带。那么,JDBC 又是怎样处理事务的呢,本节将展开讲解。

14.3.1　事务的概念

事务是构成单一逻辑工作单元的操作集合,它由一组 SQL 语句构成。事务是为了解决数据安全操作提出的,事务控制实际上就是控制数据的安全访问。例如,银行转账业务中,账户 A要将自己账户上的 1000 元转到账户 B。这样,账户 A 余额首先要减去 1000 元,然后账户 B 要

增加 1000 元。假如中间网络出现了问题，账户 A 减去 1000 元已经结束，账户 B 因为网络中断而资金增加操作失败，那么整个业务失败，给客户造成损失。于是，必须做出控制，要求账户 A 转账业务撤销，这才能保证业务的正确性。完成这个操走就需要事务，将账户 A 资金减少和账户 B 资金增加打包到一个事务里面，要么全部执行成功，要么操作全部撤销，这样就保持了数据的安全性。一般地，JDBC 事务具有如下 4 个特征（这 4 个特性也被程为 ACID 特征）。

- ❖ 原子性（Atomicity）：事务是最小的逻辑工作单元，是不可再分割的单元，要么全部成功，要么全部失败。
- ❖ 一致性（Consistency）：事务的执行结果必须使数据库从一个一致性状态到另一个一致性状态。
- ❖ 隔离性（Isolation）：并发执行的事务不会相互影响，其对数据库的影响和它们串行执行时一样。例如，多个用户同时往一个账户转账，最后账户的结果应该和他们按先后次序转账的结果一样。
- ❖ 持久性（Durability）：事务一旦提交，其对数据库的更新就是持久的，任何事务或系统故障都不会导致数据丢失。

注意：原子性和一致性的侧重点不同：原子性关注状态，要么全部成功，要么全部失败，不存在部分成功的状态；一致性关注数据的可见性，中间状态的数据对外部不可见，只有最初状态和最终状态的数据对外可见。

14.3.2　JDBC 对事务的支持

在 JDBC 中处理事务，都是通过 Connection 对象完成的。同一事务中所有的操作，都必须使用同一个 Connection 对象。Connection 中关于事务的方法如下。

- ❖ setAutoCommit(boolean)：是否设置自动开启事务，如果为 true（默认值为 true）则表示自动提交事务，如果为 false 则表示手动开启事务。
- ❖ commit()：提交事务，所有存放到内存中的 SQL 语句全部提交。
- ❖ rollback()：回滚事务，如果内存中的 SQL 语句有一条出现异常就会全部取消提交。

代码格式如下：

```
// 省略获取 Connection对象的方法
try{
    conn.setAutoCommit(false);        // 取消自动开启事务
    …
    conn.commit();                    // 提交事务
} catch ( SQLException e ) {
    conn.rollback();                  // 回滚事务
}
```

14.3.3　使用事务实现批量更新

先创建一个银行账户表（Account），如表 14.9 所示。

表 14.9　Account 表结构

字　　段	类　　型	描　　述
id	int	自动增长的主键
name	varchar	用户姓名
money	int	账户金额

接下来，通过案例来演示如何使用 JDBC 操作事务，模拟银行用户张三向用户李四转账 50元，如例 14-11 所示。

【例 14-11】 Demo1411.java

```
1   package com.aaa.p140303;
2   import com.aaa.p14.util.BaseDAO;
3   import java.sql.Connection;
4   import java.sql.DriverManager;
5   import java.sql.PreparedStatement;
6   import java.sql.SQLException;
7
8   public class Demo1411 {
9       public static void main(String[] args) {
10          Connection conn = null;
11          PreparedStatement preparedStatement = null;
12          try {
13              conn = BaseDAO.getConnection();
14              // MySQL默认的是自动提交事务，在这里需要改为手动提交事务
15              conn.setAutoCommit(false);
16              // 张三的账户的钱需要减50
17              String sql1 = "update students set money=money-? where name=?";
18              // 李四的账户的钱需要加50
19              String sql2 = "update students set money=money+? where name=?";
20              preparedStatement = conn.prepareStatement(sql1);    // 对sql1进行预编译
21              preparedStatement.setInt(1,50);                     // sql1需要减去的金额
22              preparedStatement.setString(2,"张三");              // sql1中的name的值
23              preparedStatement.executeUpdate();                  // 执行sql1
24              System.out.println(1/0);                            // 模拟异常
25              preparedStatement = conn.prepareStatement(sql2);    // 对sql2进行预编译
26              preparedStatement.setInt(1,50);                     // sql2需要添加的金额
27              preparedStatement.setString(2,"李四");              // sql2中的name的值
28              preparedStatement.executeUpdate();                  // 执行sql2
29              conn.commit();                                      // 提交事务
30          } catch (Exception e) {
31              System.out.println("出现异常");
32          }finally {
33              BaseDAO.closeAll(conn,preparedStatement);           // 关闭连接
34          }
35      }
36  }
```

程序的运行结果如下：

```
出现异常
```

执行程序之前，数据库中的数据如图 14.9 所示。执行程序之后数据库中的数据如图 14.10 所示。

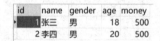

id	name	gender	age	money
1	张三	男	18	500
2	李四	男	20	500

图 14.9 执行前数据库中的数据

例 14-11 中，模拟了一次银行转账。先设置事务的提交方式为非自动提交，然后定义两条 SQL 语句并使用 PreparedStatement 对其进行预编译。预编译之后分别对占位符进行赋值，第 1 条 SQL 语句是将名字为"张三"的账户金额减少 50，第 2 条 SQL 语句是将名字为"李四"的账户金额增加 50。占位符赋值之后，执行 SQL 语句并提交事务。因为在第 1 条 SQL 语句执行之后进行了一个数学运算"1/0"，所以会抛出异常。一旦抛出异常，就会执行事务的回滚，使所有的 SQL 语句的执行全部取消。如果将第 24 行代码注释掉，程序没有异常，两条 SQL 语句会全部执行，模拟成功，执行后数据库中的数据如图 14.11 所示。

id	name	gender	age	money
1	张三	男	18	500
2	李四	男	20	500

图 14.10　执行后数据库中的数据

id	name	gender	age	money
1	张三	男	18	450
2	李四	男	20	550

图 14.11　无异常时执行后数据库中的数据

14.4　DAO 模式

DAO（Data Access Objects）即数据存取对象，是关联业务逻辑和持久化数据的操作，可以实现对持久化数据的访问。它最大的特点是对数据库的操作都做了封装。DAO 模式提供了访问关系型数据库系统所需的接口，将数据访问层和业务层进行了分离，并对业务层的调用提供了对应的数据访问接口。本质上说，DAO 模式是访问数据库的一套固定方式。

14.4.1　元数据

JDK 3 以后，JDBC 技术加入了元数据的功能，有了元数据就可以很方便地获取数据库相关的信息。开发者可以通过这项功能更加得心应手地操作数据库，同时也可以开发比以前更加自动化的程序。在 JDBC 中，经常被使用的元数据接口有 DatabaseMeataData（数据库元数据接口）和 ResultSetMetaData（结果集元数据接口）。

14.4.2　DatabaseMetaData 接口

DatabaseMetaData 接口可以获取整个数据库的综合信息，如数据库产品的名称等内容，该接口对象需要通过数据库连接对象获取。

接下来，通过案例来演示 DatabaseMetaData 接口的使用，如例 14-12 所示。

【例 14-12】　Demo1412.java

```
1   package com.aaa.p140402;
2   import java.sql.Connection;
3   import java.sql.DatabaseMetaData;
4   import java.sql.SQLException;
5   import com.aaa.p14.util.BaseDAO;
6
7   public class Demo1412 {
8       // main方法
9       public static void main(String[] args) {
10          try {
11              // 使用BaseDAO类获取数据库连接对象
12              Connection connection = BaseDAO.getConnection();
13              // 使用连接对象获取数据库元数据对象
14              DatabaseMetaData data = connection.getMetaData();
15              // 获取数据库产品名称
16              String productName = data.getDatabaseProductName();
17              // 获取驱动名称
18              String driverName = data.getDriverName();
19              // 获取驱动版本号
20              String productVersion = data.getDatabaseProductVersion();
21              // 获取默认隔离级别
22              int isolation = data.getDefaultTransactionIsolation();
23              System.out.println("数据库产品名称: " + productName);
24              System.out.println("数据库驱动名称: " + driverName);
25              System.out.println("驱动版本: " + productVersion);
26              System.out.println("隔离级别: " + isolation);
```

```
27            // 使用BaseDAO类关闭数据库连接
28            BaseDAO.closeAll(connection, null, null);
29        } catch (SQLException e) {
30            e.printStackTrace();
31        }
32    }
33 }
```

程序的运行结果如下：

```
数据库产品名称: MySQL
数据库驱动名称: MySQL Connector Java
驱动版本: 5.7.22-log
隔离级别: 2
```

例 14-12 中，先通过 BaseDAO 类获取了数据库连接对象 connection。接着，使用数据库连接对象获取了数据库的元数据对象 data。然后，使用数据库元数据对象分别获取了数据库产品名称、数据库驱动名称、驱动版本、隔离级别等数据库信息，并将这些信息打印输出。最后关闭数据库连接对象。

14.4.3 ResultSetMetaData 接口

ResultSetMetaData 接口可以获取使用 JDBC 查询到的 ResultSet（结果集）对象中列的相关信息。因为结果集是从数据库中查询到的一个二维表，通过 ResultSetMetaData 接口可以获得这个二维表的列的数量、列的类型、列的名称等信息。ResultSetMetaData 接口的常用方法如表 14.10 所示。

表 14.10　ResultSetMetaData 接口的常用方法

方　　法	方　法　描　述
int getColumnCount()	获得本次查询结果的列数
String getColumnName(int column)	获得本次查询中指定列的列名
String getColumnTypeName(int column)	获得指定列的特定的类型名称
int getColumnDisplaySize(int column)	获取指定列的最大标准宽度，以字符为单位
String getTableName(int column)	获取指定列所属的表名称

接下来，通过案例来演示 ResultSetMetaData 接口相关方法的使用，如例 14-13 所示。

【例 14-13】　Demo1413.java

```
1  package com.aaa.p140403;
2  import java.sql.Connection;
3  import java.sql.PreparedStatement;
4  import java.sql.ResultSet;
5  import java.sql.ResultSetMetaData;
6  import com.aaa.p14.util.BaseDAO;
7
8  public class Demo1413 {
9      public static void main(String[] args) {
10         Connection con = null;                          // 定义连接对象变量
11         PreparedStatement pst = null;                   // 定义预编译命令执行对象变量
12         ResultSet rs = null;                            // 定义结果集对象变量
13         // 定义查询的SQL语句
14         String sql = " select id, name, gender, age from students ";
15         try {
16             con = BaseDAO.getConnection();              // 使用BaseDAO类获取连接对象
17             pst = con.prepareStatement(sql);            // 创建预编译命令执行对象
18             rs = pst.executeQuery();                    // 执行查询，并返回结果集对象
```

```
19                // 通过结果集对象获取结果集元数据对象
20                ResultSetMetaData rsmd = rs.getMetaData();
21                // 通过结果集元数据对象获取结果集的列的个数
22                int colCount = rsmd.getColumnCount();
23                // 输出当前结果的列数
24                System.out.println("当前查询结果集的列数: " + colCount);
25                // 通过循环获取结果集中每个列的名字和列的类型信息
26                for(int i=1; i <= colCount; i++) {
27                    String colName = rsmd.getColumnName(i);        // 获取当前列的列名
28                    String colTypeName = rsmd.getColumnTypeName(i); // 获取当前列的类型名
29                    System.out.println("第" + i + "列  列名:"
30                                    + colName + "\t 类型:"
31                                    + colTypeName);               // 输出列的名称和类型
32                }
33            }catch(Exception ex) {
34                ex.printStackTrace();
35            }finally {
36                BaseDAO.closeAll(con, pst, rs);                   // 关闭连接
37            }
38        }
39 }
```

程序的运行结果如下：

```
当前查询结果集的列数: 4
第1列   列名:id     类型:INT
第2列   列名:name   类型:VARCHAR
第3列   列名:gender 类型:CHAR
第4列   列名:age    类型:INT
```

例 14-13 中，首先使用 BaseDAO 类获取了数据库连接对象 con。接着，使用数据库连接对象创建 PreparedStatement 对象，并绑定查询的 SQL 语句。然后，执行查询操作并返回 ResultSet 结果集对象。再接着，使用结果集对象获取结果集元数据对象 rsmd。再接着，通过 rsmd 先获取了结果集的列数，并将获取的列数打印输出。然后，使用循环的方式逐一访问结果集的每个列，并将列名和列的类型名称打印输出。最后，在 finally 代码块中使用 BaseDAO 类的 closeAll() 方法关闭数据库对象。

通过 ResultSetMetaData 接口，可以实现通用的查询方法。同样，将通用查询方法定义在 BaseDAO 工具类中，代码如下：

```
1  public class BaseDAO {
2      // 此处省略获取连接、关闭连接、设置参数、通用增删改的方法
3      ...
4      /**
5       * 通用查询方法
6       * @param sql      要执行的查询语句
7       * @param params   查询语句中要用到的参数数据
8       * @return         返回List<Map<String,Object>>封装的查询结果
9       */
10     public static List<Map<String,Object>> executeQuery(String sql,Object[] params) {
11         // 定义行的集合,存储结果数据
12         List<Map<String,Object>> rows = new ArrayList<Map<String,Object>>();
13         Connection con = null;                               // 连接对象
14         PreparedStatement pst = null;                        // 命令执行对象
15         ResultSet rs = null;                                 // 结果集对象
16         try{
17             con = getConnection();                           // 获取连接
18             pst = con.prepareStatement(sql);                 // 获取命令执行对象, 绑定SQL
19             setParams(pst,params);                           // 设置参数
20             rs = pst.executeQuery();                         // 执行查询
```

```
21          // 通过结果集对象获取结果集的结构对象
22          ResultSetMetaData rsmd = rs.getMetaData();
23          // 通过结果集的结构对象获取结果的列数
24          int colCount = rsmd.getColumnCount();
25          // 遍历每一行数据，最终存入List<Map>中
26          while (rs.next()) {                              // 读取一行
27              // 定义Map存储当前行的各个列数据
28              Map<String,Object> cols = new HashMap<String,Object>();
29              // 循环当前行的各个列，一个一个地放入Map中
30              // 注意：数据库的索引都是从1开始的，Java数组的索引从0开始
31              for(int i = 1;i <= colCount;i++) {
32                  // 获取当前列的列名，结构信息，rsmd来获取
33                  String colName = rsmd.getColumnName(i);
34                  // 获取当前列的数据，内容信息，rs来获取
35                  Object colVal = rs.getObject(i);
36                  // 以键值对方式存入Map
37                  cols.put(colName,colVal);
38              }
39              // 将存储了当前行数据的Map存入rows集合（List<Map>）
40              rows.add(cols);
41          }
42      } catch (Exception ex) {
43          ex.printStackTrace();
44      } finally {
45          closeAll(con,pst,rs);
46      }
47      return rows;
48  }
49 }
```

接下来，使用 BaseDAO 类封装的通用查询方法，查询学生表数据，如例 14-14 所示。

【例 14-14】 Demo1414.java

```
1   package com.aaa.p140403;
2   import com.aaa.p14.util.BaseDAO;
3
4   public class Demo1414 {
5       public static void main(String[] args) {
6           // 定义查询的SQL语句
7           String sql = " select id, name, gender, age from students ";
8           // 使用BaseDAO类通用查询方法查询学生表数据
9           List<Map<String,Object>> studentList = BaseDAO.executeQuery(sql, null);
10          // 遍历查询到的数据
11          for(Map<String,Object> map : studentList) {
12              System.out.println(map);
13          }
14      }
15  }
```

程序的运行结果如下：

```
{gender=男, name=张三, id=1, age=20}
```

例 14-14 中，先定义了查询学生的 SQL 语句，然后调用 BaseDAO 类的通用查询方法，执行该 SQL 语句。因为该 SQL 语句没有参数，所以 SQL 参数数据传入 null 值。执行完成之后，接收返回的结果，最后遍历结果并输出。

14.4.4　使用 DAO 模式

DAO 是一个数据访问接口，位于业务层和数据库资源中间，用于提供访问数据库的相关方法。

在 Java 企业级开发模式中，为了建立一个健壮的 Java 企业级应用，应该将所有对数据源的访问操作抽象封装在一个公共 API 中。从程序设计的角度来说，就是建立一个接口，接口中定义了此应用程序中将会用到的访问数据库的方法，主要是增、删、改、查，即常说的 CRUD 方法。然后，编写一个单独的类来实现这个接口，以完成具体的数据库操作。在应用程序中，当需要和数据源进行交互的时候，都需要通过访问这个接口和这个接口的实现类来完成，这就是 DAO 模式的设计原理。DAO 模式通过分层设计将业务逻辑层和数据访问层分开，这样使程序的功能分工明确，降低了耦合性并提高了重用性。

在具体使用 DAO 模式进行数据库处理的时候，一般要遵循如下步骤：

❖ 创建用于简化数据库操作的辅助工具类 BaseDAO，在 BaseDAO 类中封装通用的增删改查方法。

❖ 创建对应某个表的模型实体类（Entity），用于封装和传递实体数据。

❖ 创建对应某个表的 DAO 接口，并在接口中定义处理数据的相关方法。

❖ 创建 DAO 接口的实现类，并实现接口中定义的方法。

❖ 创建测试类，使用 DAO 模式对数据库进行各种操作。

在上面的步骤中，创建的 DAO 模式的核心有 DAO 接口和 DAO 接口的实现类，它们之间的关系如图 14.12 所示。

在图 14.12 中，DAO 实现类实现了 DAO 接口，那么就需要具体实现 DAO 接口中定义的针对数据操作的所有接口方法。同时，在 DAO 实现类中导入 BaseDAO 工具类，这样在进行具体的数据处理的时候，就能够直接使用 BaseDAO 类中封装好的通用方法，从而更方便地完成数据的相关处理。

图 14.12　DAO 模式核心结构图

接下来，通过案例来演示 DAO 模式的使用，如例 14-15 所示。

【例 14-15】　以前面小节定义的学生表为例，通过 DAO 模式对学生信息进行增删改查操作。实现 DAO 模式的代码文件主要有 BaseDAO.java、Student.java、IStudentDAO.java、StudentDAOImpl.java 和 DAOTest.java。其中，BaseDAO 类用之前封装好的代码，其他几个类的代码按下面的定义创建，那么对应的 DAO 模式的代码结构如图 14.13 所示。

图 14.13　针对学生表操作的 DAO 模式代码结构图

下面给出具体的实现步骤。

步骤 1：在项目 src 目录下新建包 com.aaa.p140404.entity，并在该包下创建学生实体类文件 Student.java，代码如下：

```
1    package com.aaa.p140404.entity;
2
3    public class Student {
```

```
4        private Integer id;                                          // 编号
5        private String name;                                         // 姓名
6        private String gender;                                       // 性别
7        private Integer age;                                         // 年龄
8        public Student(String name, String gender, Integer age) {    // 构造函数
9            this.name = name;
10           this.gender = gender;
11           this.age = age;
12       }
13       public Student(Integer id,String name,String gender,Integer age) { // 构造函数
14           this.id = id;
15           this.name = name;
16           this.gender = gender;
17           this.age = age;
18       }
19       // 此处省略 get() & set()
20       // 此处省略 toString()
21   }
```

步骤 2：在项目 src 目录下新建包 com.aaa.p140404.dao，并在该包下创建 DAO 接口文件 IStudentDAO.java，代码如下：

```
1    package com.aaa.p140404.dao;
2    import java.util.List;
3    import java.util.Map;
4    import com.aaa.p140404.entity.Student;
5
6    public interface IStudentDAO {                                   // DAO接口
7        List<Map<String,Object>> findAll();                         // 查询所有数据
8        int doAdd(Student student);                                 // 添加数据
9        int doUpdate(Student student);                              // 修改数据
10       int doDelete(Integer id);                                   // 删除数据
11   }
```

步骤 3：在项目 src 目录下新建包 com.aaa.p140404.dao.impl，并在该包下创建 DAO 接口实现类文件 StudentDAOImpl.java，代码如下：

```
1    package com.aaa.p140404.dao.impl;
2    import java.util.List;
3    import java.util.Map;
4    import com.aaa.p14.util.BaseDAO;
5    import com.aaa.p140404.dao.IStudentDAO;
6    import com.aaa.p140404.entity.Student;
7
8    public class StudentDAOImpl implements IStudentDAO {
9        @Override
10       public List<Map<String, Object>> findAll() {
11           // 定义查询的SQL语句
12           String sql = "select id, name, gender, age from students ";
13           // 调用BaseDAO类中的通用查询方法，完成查询操作
14           return BaseDAO.executeQuery(sql,null);
15       }
16       @Override
17       public int doAdd(Student student) {
18           // 定义添加的SQL语句
19           String sql = "insert into students "
20                   + "  (name,gender,age)"
21                   + "  values"
22                   + "  (?,?,?)";
23           // 定义插入数据需要的参数
24           Object[] params = {
```

```
25                         student.getName(),
26                         student.getGender(),
27                         student.getAge()
28                 };
29                 // 调用BaseDAO类中的通用方法，完成插入操作
30                 return BaseDAO.executeUpdate(sql,params);
31         }
32         @Override
33         public int doUpdate(Student student) {
34                 // 定义修改的SQL语句
35                 String sql = "update students"
36                         + "    set name = ?,"
37                         + "        gender = ?,"
38                         + "        age = ?"
39                         + "    where id = ? ";
40                 // 定义修改使用的参数
41                 Object[] params = {
42                         student.getName(),
43                         student.getGender(),
44                         student.getAge(),
45                         student.getId()
46                 };
47                 // 调用BaseDAO类中的通用方法，完成修改操作
48                 return BaseDAO.executeUpdate(sql,params);
49         }
50         @Override
51         public int doDelete(Integer id) {
52                 String sql = "delete from students where id = ? ";   // 定义删除的SQL语句
53                 Object[] params = {id};                              // 定义删除使用的参数
54                 return BaseDAO.executeUpdate(sql,params);            // 完成删除操作
55         }
56 }
```

步骤 4：在项目 src 目录下新建包 com.aaa.p140404.test，并在该包下创建测试类文件 Demo1415.java，代码如下：

```
1  package com.aaa.p140404.test;
2  import com.aaa.p140404.dao.IStudentDAO;
3  import com.aaa.p140404.dao.impl.StudentDAOImpl;
4  import com.aaa.p140404.entity.Student;
5
6  public class Demo1415 {
7      public static void main(String[] args) {
8          // 创建DAO对象，实现增删改查操作
9          IStudentDAO studentDAO = new StudentDAOImpl();
10         // 创建学生对象，用于添加数据
11         Student s1 = new Student("张三","男",20);
12         // 添加学生，并返回插入的记录数
13         int count = studentDAO.doAdd(s1);
14         // 输出记录数
15         System.out.println("插入的记录数: " + count);
16         // 查询添加后的学生表中的数据，并打印输出
17         System.out.println("插入后表中数据: " + studentDAO.findAll());
18         // 创建学生对象，用于修改数据，将上面添加到数据库的张三改为李四
19         Student s2 = new Student(1,"李四","女",18);
20         // 修改学生，并返回修改的记录数
21         count = studentDAO.doUpdate(s2);
22         // 输出记录数
23         System.out.println("修改的记录数: " + count);
24         // 查询修改后的学生表中的数据，并打印输出
25         System.out.println("修改后表中数据: " + studentDAO.findAll());
```

```
26          // 删除学生，返回删除的学生记录数
27          count = studentDAO.doDelete(1);
28          // 输出记录数
29          System.out.println("删除的记录数：" + count);
30          // 查询删除学生后表中的数据，并打印输出
31          System.out.println("删除后表中数据：" + studentDAO.findAll());
32      }
33  }
```

程序的运行结果如下：

```
插入的记录数：1
插入后表中数据：[{gender=男, name=张三, id=1, age=20}]
修改的记录数：1
修改后表中数据：[{gender=女, name=李四, id=1, age=18}]
删除的记录数：1
删除后表中数据：[]
```

例 14-15 中，Student.java 定义了学生实体类，实体类中的属性和数据库中学生表的列一一对应，实体类的作用主要是用于封装学生的数据。IStudentDAO.java 中定义了 DAO 接口，在接口中声明了用于处理学生数据的增删改查的抽象方法。StudentDAOImpl.java 中定义了实现类，实现了 DAO 接口中定义的所有抽象方法，并使用 BaseDAO 类中定义的通用方法完成了数据库的增删改查操作。最后在 Demo1415.java 中，调用 IStudentDAO 接口完成了针对学生数据的增删改查处理，并打印输出对应的处理结果。

知识点拨： 对于 DAO 模式的使用，新手不太容易掌握，会感觉代码结构复杂，这是因为大家刚开始接触，使用还不够熟练。DAO 模式其实是一个代码"套路"，它的规则是固定的，大家只要按照步骤一步一步去创建相应的类即可完成模式的搭建，然后通过反复练习，相信很快就能掌握。另外，对于 BaseDAO 类的使用，建议大家参照案例，先学会直接使用这个工具类，等到能熟练掌握后，再深入理解它的实现方式。

14.5 数据库连接池技术

在开发基于数据库的程序时，传统模式访问数据库基本按照这几个步骤进行：创建数据库连接、进行 SQL 操作、断开数据库连接。这种开发模式存在一定的问题，因为 JDBC 的数据库连接对象使用 DriverManager 来获取，每次建立数据库连接时都要将连接对象加载到内存中，然后再验证用户名和密码，这个过程需要花费 0.05～1s 的时间，用完之后还需要把连接释放掉，非常消耗服务器资源。若同时有几十万人甚至上百万人在线，那么频繁地创建数据库连接将占用很多的系统资源，严重时会造成服务器的崩溃。

为了解决传统开发中的数据库连接问题，可以采用数据库连接池技术。该技术负责分配、管理和释放数据库连接，它允许程序重复使用一个现有的数据库连接，而不是每次新建一个。数据库连接池技术在初始化时会创建一定数量的数据库连接对象并放到连接池中，这些数据库连接的数量可以通过最小数据库连接数来设定。无论连接池中的连接是否被使用，连接池都将一直保证至少有一定数量的数据库连接。另外，连接池技术通过最大数据库连接数量来限定连接池能创建的最大连接数，当应用程序向连接池请求的连接数超过连接池限定的最大连接数时，这些请求将被加入到等待队列中，直到连接池中有空闲连接时，再分配给这些请求。

目前，使用比较普遍的两种开源的数据库连接池库组件是 DBCP 和 C3P0，下面详细讲解这两个连接池。

14.5.1　DBCP 数据库连接池技术

DBCP 数据库连接池是 Apache 软件基金组织下的开源连接池组件，该连接池组件依赖于该组织下的另一个开源系统 common-pool。所以，在使用 DBCP 连接池的时候，需要在程序中引用如下 jar 文件：commons-dbcp2-2.7.0.jar（连接池实现库）、commons-pool2-2.7.0.jar（连接池依赖库）和 commons-logging-1.2.jar（日志工具库）。关于如何在项目中引入 jar 文件，请参考第 14.2 节。

另外，使用 DBCP 连接池除了需要引入相关的 jar 文件外，还需要创建一个 properties 文件进行连接池参数的配置，具体的参数配置内容如表 14.11 所示。

表 14.11　DBCP 连接池配置参数

参　　数	参　数　描　述
maxActive	连接池支持的最大连接数，最多能支持的连接数
maxIdle	连接池中最多可空闲的连接数量，其余空闲的会被释放，来保证性能
minIdle	释放连接时，最少保留的空闲的连接数量
initialSize	数据库初始化时，创建的连接数量
maxWait	连接池中连接用完时，新请求等待的时间，毫秒
driverClassName	JDBC 数据库驱动类的类名
url	连接路径
username	数据库用户名
password	数据库密码
connectionProperties	连接参数
defaultAutoCommit	设置事务的提交状态，默认为 true

接下来，通过案例来演示 DBCP 连接池的使用，如例 14-16 所示。

【例 14-16】　以前文创建的数据库 school 为例，使用 DBCP 连接池实现对数据库的访问。在该例中需要创建 DBCP 连接池配置文件 dbcp.properties 和代码文件 Demo1416.java。

步骤 1：在项目 src 目录下新建包 com.aaa.p140501，并在该包下创建 DBCP 连接池配置文件 dbcp.properties，代码如下：

```
1   # 数据库驱动类
2   driverClassName=com.mysql.jdbc.Driver
3   # 数据库连接地址
4   url=jdbc:mysql://localhost:3306/school
5   # 数据库服务器用户名
6   username=root
7   # 数据库服务器密码
8   password=root
9   # 连接池初始连接数
10  initialSize=10
11  # 连接池最大连接数
12  maxActive=50
13  # 连接池最大空闲连接数
14  maxIdel=20
15  # 连接池最小空闲连接数
16  minIdle=5
17  # 连接池最大等待时间（毫秒）
18  maxWait=60000
19  # 数据库连接参数
20  connectionProperties=useUnicode=true&characterEncoding=utf-8&useSSL=false
21  # 连接池事务提交状态
22  defaultAutoCommit=true
```

步骤 2：在包 com.aaa.p140501 下创建代码文件 Demo1416.java，实现通过 DBCP 连接池访问数据库，代码如下：

```java
1    package com.aaa.p140501;
2    import java.io.InputStream;
3    import java.sql.Connection;
4    import java.sql.PreparedStatement;
5    import java.sql.ResultSet;
6    import java.util.Properties;
7    import javax.sql.DataSource;
8    import org.apache.commons.dbcp2.BasicDataSourceFactory;
9
10   // DBCP连接池测试类
11   public class Demo1416 {
12       public static void main(String[] args) throws Exception {
13           // 加载dbcp.properties配置文件，返回输入流对象
14           InputStream is = DBCPTest.class.
15                       getResourceAsStream("/com/aaa/p1405/dbcp.properties");
16           // 创建Properties对象
17           Properties p = new Properties();
18           // 将properites文件中的数据加载到Properties对象中
19           p.load(is);
20           // 创建DBCP连接池数据源对象
21           DataSource ds = BasicDataSourceFactory.createDataSource(p);
22           // 从连接池中获取数据库连接
23           Connection con = ds.getConnection();
24           // 定义插入的SQL语句
25           String sql = "insert into students " + "  (name, gender, age)"
26                       + "  values" + "  ('张三','男',20) ";
27           // 创建预编译命令执行对象，绑定插入SQL语句
28           PreparedStatement pst = con.prepareStatement(sql);
29           // 执行插入操作
30           int count = pst.executeUpdate();
31           // 输出插入的记录数
32           System.out.println("插入的记录数是: " + count);
33           // 定义查询的SQL语句
34           sql = "select id, name, gender, age from students ";
35           // 创建预编译命令执行对象，绑定查询SQL语句
36           pst = con.prepareStatement(sql);
37           // 执行查询并返回结果集对象
38           ResultSet rs = pst.executeQuery();
39           System.out.println("查询的结果是:");
40           // 通过结果集对象循环遍历查询的表数据
41           while(rs.next()) {
42               System.out.println(rs.getInt(1) + " " + rs.getString(2) +" " +
43                               rs.getString(3) + " " + rs.getInt(4));
44           }
45           // 关闭数据库对象
46           if(rs != null) {
47               rs.close();
48           }
49           if(pst != null) {
50               pst.close();
51           }
52           if(con != null) {
53               con.close();                        // 将连接放回连接池
54           }
55       }
56   }
```

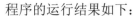

程序的运行结果如下：

```
插入的记录数是：1
查询的结果是：
1 张三 男 20
```

例 14-16 中，首先需要在程序中引入 DBCP 连接池需要的 jar 文件。然后，创建一个 properties
配置文件 dbcp.properties，在该文件中配置了 DBCP 连接池需要使用的相关参数。接着，创建
了一个测试类，在测试类的 main() 方法中，先通过文件输入流的方式，将 properties 文件加载到
Properties 对象中，从而获取了 properties 文件中配置的 DBCP 连接池的所有参数。接着，使用
DBCP 连接池组件中的工厂类 BasicDataSourceFactory 创建连接池数据源对象 dataSource。然后，
使用 dataSource 从连接池中获取一个 Connection 连接对象。接着，通过连接对象创建
PreparedStatement 预编译命令执行对象，并绑定插入的 SQL 语句。接着，使用 PreparedStatement
对象执行插入操作，向数据库插入记录，并将插入的记录数打印输出。之后，再次通过连接对
象创建一个新的 PreparedStatement 对象，并绑定查询的 SQL 语句。接着，通过 PreparedStatement
对象执行查询操作，并返回一个 ResultSet 结果集对象。然后，使用结果集对象通过循环的方式
将查询到的数据逐条输出。最后，依次关闭数据库对象，需要注意的是，调用连接对象的 close()
方法时，连接并没有被销毁，而是被放回到连接池中，下次需要使用时可以直接使用。

14.5.2　C3P0 数据库连接池技术

C3P0 是一个开源的数据库连接池，它实现了数据源和 JNDI 绑定，支持 JDBC3 规范和 JDBC2
的标准扩展。目前，使用 C3P0 的开源项目有 Hibernate、Spring 等。在使用 C3P0 连接池时，
需要引入 jar 文件 c3p0-0.9.5.2.jar 和 mchange-commons-java-0.2.11.jar。引入 jar 文件的方式参考
第 14.2 节，这里不再赘述。除此之外，还需要在项目的 src 根目录下创建一个 C3P0 连接池需
要的 xml 配置文件，这个 xml 配置文件的名字必须定义为 c3p0-config.xml。配置文件中配置的
各项参数如表 14.12 所示。

表 14.12　C3P0 连接池配置参数

参　　数	参　数　描　述
maxPoolSize	连接池中拥有的最大连接数，如果获得新连接时使连接总数超过这个值则不会再获取新连接，而是等待其他连接释放
minPoolSize	连接池保持的最小连接数
initialPoolSize	连接池初始化时创建的连接数
maxIdleTime	连接的最大空闲时间，如果超过这个时间，某个数据库连接还没有被使用，则会断开掉这个连接
driverClassName	JDBC 数据库驱动类的类名
jdbcUrl	连接路径
user	数据库用户名
password	数据库密码

接下来，通过案例来演示 C3P0 连接池的使用，如例 14-17 所示。

【例 14-17】　以前文创建的数据库 school 为例，使用 C3P0 连接池实现对数据库的访问。
在该例中需要创建 C3P0 连接池配置文件 c3p0-config.xml 和代码文件 Demo1417.java。

步骤 1：在项目的 src 目录下创建 C3P0 连接池配置文件 c3p0-config.xml，代码如下：

```
1    <?xml version="1.0" encoding="UTF-8"?>
2    <c3p0-config>
```

```
3      <default-config>
4          <!--数据库驱动类-->
5          <property name="driverClass">com.mysql.jdbc.Driver</property>
6          <!--数据库连接地址-->
7          <property name="jdbcUrl">jdbc:mysql://localhost:3306/school?useUnicode=
8                     true&characterEncoding=utf-8&useSSL=false</property>
9          <!--数据库用户名-->
10         <property name="user">root</property>
11         <!--数据库密码-->
12         <property name="password">root</property>
13         <!--初始连接数-->
14         <property name="initialPoolSize">10</property>
15         <!--连接最大空闲时间-->
16         <property name="maxIdleTime">30</property>
17         <!--连接池最大连接数-->
18         <property name="maxPoolSize">100</property>
19         <!--连接池最小连接数-->
20         <property name="minPoolSize">10</property>
21     </default-config>
22 </c3p0-config>
```

步骤 2：在项目的 src 目录下新建包 com.aaa.p140502，并在该包下创建代码文件 Demo1417.java，实现通过 C3P0 连接池访问数据库，代码如下：

```
1      package com.aaa.p140502;
2      import java.sql.Connection;
3      import java.sql.PreparedStatement;
4      import java.sql.ResultSet;
5      import java.sql.SQLException;
6      import java.util.Properties;
7      import com.mchange.v2.c3p0.ComboPooledDataSource;
8
9      public class Demo1417 {
10         public static void main(String[] args) throws SQLException {
11             // 创建C3P0连接池
12             ComboPooledDataSource dataSource = new ComboPooledDataSource();
13             // 从连接池中获取数据库连接
14             Connection con = dataSource.getConnection();
15             // 定义插入的SQL语句
16             String sql = "insert into students " + "  (name, gender, age)"
17                     + "  values" + "  ('张三','男',20) ";
18             // 创建预编译命令执行对象，绑定插入SQL语句
19             PreparedStatement pst = con.prepareStatement(sql);
20             // 执行插入操作
21             int count = pst.executeUpdate();
22             // 输出插入的记录数
23             System.out.println("插入的记录数是: " + count);
24             // 定义查询的SQL语句
25             sql = "select id, name, gender, age from students ";
26             // 创建预编译命令执行对象，绑定查询SQL语句
27             pst = con.prepareStatement(sql);
28             // 执行查询并返回结果集对象
29             ResultSet rs = pst.executeQuery();
30             System.out.println("查询的结果是:");
31             // 通过结果集对象循环遍历查询的表数据
32             while(rs.next()) {
33                 System.out.println(rs.getInt(1) + " " + rs.getString(2) + " " +
34                             rs.getString(3) + " " + rs.getInt(4));
35             }
```

```
36              // 关闭数据库对象
37              if(rs != null) {
38                  rs.close();
39              }
40              if(pst != null) {
41                  pst.close();
42              }
43              if(con != null) {
44                  con.close();    // 将连接放回连接池
45              }
46          }
47  }
```

程序的运行结果如下：

```
插入的记录数是：1
查询的结果是：
1 张三 男 20
```

　　例 14-17 中，首先需要在程序中引入 C3P0 连接池需要的 jar 文件。然后，在 src 根目录下创建一个 xml 配置文件 c3p0-config.xml，在该文件中配置了 C3P0 连接池需要使用的相关参数。接着，创建了一个测试类，在测试类的 main()方法中，直接使用 ComboPooledDataSource 创建了 C3P0 连接池的数据源对象 dataSource。然后，使用 dataSource 从连接池中获取一个 Connection 连接对象。接着，通过连接对象创建了 PreparedStatement 对象，并绑定插入的 SQL 语句。接着，使用 PreparedStatement 对象执行插入操作，向数据库插入记录，并将插入的记录数打印输出。之后，再次通过连接对象创建一个新的 PreparedStatement 对象，并绑定查询的 SQL 语句。接着，通过 PreparedStatement 对象执行查询操作，并返回一个 ResultSet 结果集对象。然后，使用结果集对象通过循环的方式将查询到的数据逐条输出。最后，依次关闭数据库对象。需要注意的是，与 DBCP 连接池的用法一样，在调用连接对象的 close()方法时，连接并没有被销毁，而是被放回到连接池中，下次需要使用时可以直接使用。

*********************************内容扩展*********************************

　　扫描右侧二维码获取如下内容

14.6　本章小结

14.7　理论测试与实践练习

****

第15章 网络编程

Java 语言的优点之一就是对网络通信的支持,通过一系列的网络支持类,Java 程序能够方便地访问互联网上的资源,还可以向远程资源发送 GET、POST 请求。Java 虚拟机已经实现了底层复杂的网络协议,使用 Java 进行网络编程时,只需调用 Java 标准库提供的接口,就可以简单高效地编写网络程序。本章将针对 Java 网络编程展开讲解,内容涉及网络编程基础、UDP 通信技术、TCP 通信技术、代理服务器网络、HTTPClient 模块等。

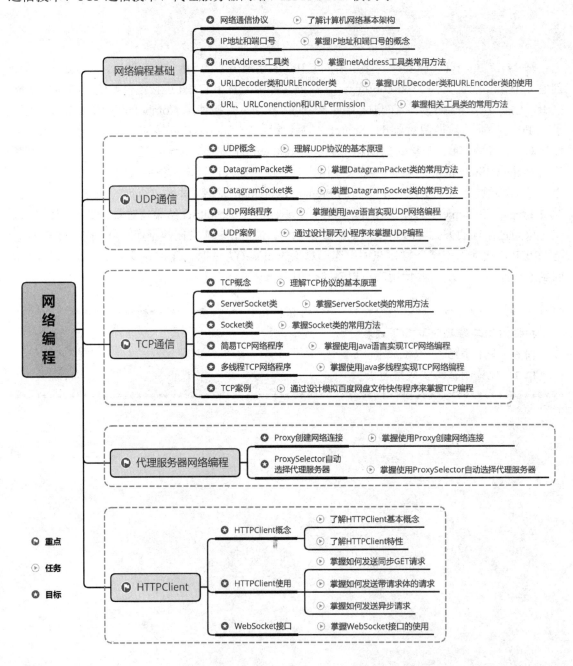

15.1 网络编程基础

时至今日，互联网技术已经深入人们生活中的角角落落，万物互联的时代已经到来，支持万物互联的基础就是网络。本节首先介绍网络编程的基础知识。

15.1.1 网络通信协议

21 世纪又被称为信息化时代，计算机网络遍布于人们生活的各个角落。计算机网络的种类很多，通常是按照规模大小和延伸范围来分类的，最常见的划分为局域网（LAN）、城域网（MAN）和广域网（WAN），我们平时最熟悉的 Internet 可以说是目前世界上最大的广域网。

计算机网络给我们的生活带来了很大的便利，但是要在计算机网络中实现通信必须有一些约定，就像我们常说的无规矩不成方圆，没有规则约束的网络会像没有交通规则的马路一样，出现瘫痪。网络通信中的约定被称为网络通信协议，它负责对传输速率、传输代码、传输格式、传输控制步骤、出错控制等做出统一规定。通信协议通常由 3 部分组成：一是语义部分，用于决定双方对话讲的是什么；二是语法部分，用于决定双方对话的格式；三是变换规则，用于决定通信双方的应答关系。

最早的网络通信协议是开放系统互联，又称为 OSI（Open System Interconnection），是由国际标准化组织 ISO 于 1987 年发起的，力求将网络简化，并以模块化的方式来设计网络，把计算机网络分成 7 层，分别为物理层、数据链路层、网络层、传输层、会话层、表示层和应用层。

目前应用最为广泛的通信协议是 IP（Internet Protocol）协议，又称为互联网协议，它能提供完善的网路连接功能。与 IP 协议放在一起的还有 TCP（Transmission Control Protocol）协议，即传输控制协议，它规定一种可靠的数据信息传递服务。TCP 与 IP 是在同一时期作为协议来设计的，功能互补，所以常统称为 TCP/IP 协议，它是事实上的国际标准。TCP/IP 协议模型将网络分为 4 层，分别为物理+数据链路层、网络层、传输层和应用层，每层分别负责不同的通信功能，它与 OSI 的 7 层模型对应关系和各层对应协议如图 15.1 所示。

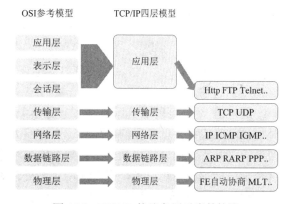

图 15.1 TCP/IP 协议各层对应的协议

在图 15.1 中，列举了 TCP/IP 参考模型的分层以及分层所对应的协议，这里简单介绍各层如下。

- ❖ 物理+数据链路层：物理层是负责数据传输的硬件，但是因为人们在物理层面上所使用的传输媒介不同，导致网络的安全性、延迟等有所不同，所以在这方面目前还没有一个既定的标准。数据链路层用于定义物理传输通道，属于接口层，可以把它看作 NIC（也就是我们经常说的网卡）的驱动程序。
- ❖ 网络层：网络层是整个 TCP/IP 协议的核心，它主要用于将传输的数据进行分组，并将分组数据发送到目标计算机或者网络。网络层的功能通常由操作系统提供，尤其是路由器，它必须实现通过互联网层转发分组数据包的功能。此外，连接互联网的所有主机跟路由器必须实现 IP 的功能，其他连接互联网的网络设备就没必要一定实现 IP 或

TCP 的功能。

❖ 传输层：传输层最主要的功能就是能够让应用程序之间实现通信。在计算机内部，通常同一时间运行着多个程序。为此必须分清是哪些程序与哪些程序在进行通信，识别这些应用程序的是端口号。在进行网络通信时，可以采用 TCP 协议，也可以采用 UDP 协议。

❖ 应用层：应用层作为和用户交互的最高层，它的任务是为互联网中的各种网络应用提供服务。应用层的具体内容就是规定应用进程在通信时所遵循的协议，TCP/IP 应用的架构绝大多数属于客户端/服务器端模型。提供服务的程序叫服务器端，接受服务的程序叫客户端。在这种通信模式中，提供服务的程序会预先被部署在主机上，等待接收任何时刻客户可能发送的请求。客户端可以随时发送请求给服务器端，有时服务器端可能会出现异常、超出负载等情况，这时客户端可以在等待片刻后重发一次请求。

15.1.2　IP 地址和端口号

在 Internet 网络上存在着数以亿计的设备（不只是计算机，还包括手机、iPad 等联网设备），就像我们的身份证号一样，我们需要为每台设备指定一个标识号，通过这个标识号来指定接收或发送数据的设备。在 TCP/IP 协议中，这个标识号就是 IP 地址，它能唯一地标识 Internet 上的所有设备。

IP 地址是数字型的，目前我们使用最为广泛的是 IPV4，它由 4 个字节（一个 32 位整数）表示，但这样不方便用户去记忆识别。例如 01111011001110001001100111001110，相信大家看见这种 IP 都会觉得头皮发麻，所以我们通常把它分成 4 个 8 位的二进制数，每 8 位之间用圆点隔开，每 8 位整数可以转换成一个 0～255 的十进制整数，如 192.168.0.1。

虽然 IPV4 已经包含了足够多的 IP 地址，但是随着互联网的迅速发展，它终究还是会面临资源枯竭的问题，所以又一版本 IPV6 随之而出。IPV6 使用 16 个字节表示 IP 地址，所拥有的地址容量是 IPV4 的 2^{96} 倍，号称可以为地球上的每一粒沙创建一个 IP，彻底解决了 IP 地址不够使用的问题。

通过 IP 地址可以唯一标识网络上的一个通信设备，但一个通信设备可以由多个通信程序同时提供网络服务。就像我们要找到一个客服人员，除了要知道他是哪个公司的以外，还需要知道他的工号。我们要想找到具体的某个网络程序，也需要为它们加上唯一标识来区分，我们将这个唯一标识称为端口号，不同应用程序处理不同端口上的数据。例如，计算机同时运行 QQ 和 MSN，如果不为它们添加端口号，就没办法为它们制定规则，势必发生冲突。

端口号是一个 16 位的二进制整数，取值范围 0～65535，其中 0～1023 的端口号用于一些知名的网络服务和应用，用户的普通应用程序需要使用 1024 及以上的端口号。为避免端口号冲突，通常将它们分为如下 3 类。

❖ 公认端口（Well Known Ports）：从 0 到 1023，它们紧密绑定（Binding）一些特定的服务。

❖ 注册端口（Registered Ports）：从 1024 到 49151，它们松散地绑定一些服务。应用程序通常应该使用这个范围内的端口，如 Tomcat 端口 8080，MySQL 端口 3306。

❖ 动态和/或私有端口（Dynamic and/or Private Ports）：从 49152 到 65535，这些端口是应用程序使用的动态端口，应用程序一般不会主动使用这些端口。

这里用一张图来描述 IP 地址和端口号的作用，如图 15.2 所示。

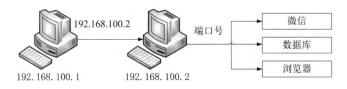

图 15.2　IP 地址和端口号

图 15.2 中，IP 为 192.168.100.1 的计算机和 IP 为 192.168.100.2 的计算机的微信应用相互通信，先要根据 IP 地址找到网络位置，然后根据端口号找到具体的应用程序。

15.1.3　InetAddress 工具类

在第 15.1.2 节中讲解了 IP 和通信地址的相关知识，Java 提供了 InetAddress 类来代表 IP 地址，该类有两个子类，即 Inet4Address 类和 Inet6Address 类，它们分别代表 IPv4 和 IPv6 的地址。InetAddress 类提供了 5 个静态方法来获取实例，如表 15.1 所示。

表 15.1　InetAddress 类的静态方法

方　　法	方　法　描　述
static InetAddress[] getAllByName(String host)	通过主机名返回其所有 IP 地址所组成的数组
static InetAddress getByAddress(byte[] addr)	通过原始 IP 地址返回 InetAddress 对象
static InetAddress getByAddress(String host, byte[] addr)	通过主机名和 IP 地址创建 InetAddress 对象
static InetAddress getByName(String host)	通过主机名确定主机的 IP 地址
static InetAddress getLocalHost()	返回本机的 IP 地址

另外，InetAddress 类还有一些常用方法，如表 15.2 所示。

表 15.2　InetAddress 类的常用方法

方　　法	方　法　描　述
String getCanonicalHostName()	通过 IP 地址返回全限定域名
String getHostAddress()	返回 InetAddress 实例对应的 IP 地址字符串
String getHostName()	返回此 IP 地址的主机名
boolean isReachable(int timeout)	判定指定时间内是否可以访问目标地址

接下来，通过案例来演示上述方法的使用，如例 15-1 所示。

【例 15-1】　Demo1501.java

```
1    package com.aaa.p150103;
2    import java.net.InetAddress;
3
4    public class Demo1501 {
5        public static void main(String[] args) throws Exception {
6            // 先获取到本机的地址并打印
7            InetAddress localHost = InetAddress.getLocalHost();
8            System.out.println("本机地址为:" + localHost);
9            // 如果只需要获取本机的IP号，则需要用到getHostAdress()方法
10           System.out.println("获取本机IP为:"+localHost.getHostAddress());
11           // 获取主机名为"www.aaajiaoyu.cn"的InetAddress地址，并打印
12           InetAddress address = InetAddress.getByName("www.aaajiaoyu.cn");
13           System.out.println(address);
14           // 打印"aaajiaoyu"的IP地址
15           System.out.println("aaajiaoyu的IP为:"+address.getHostAddress());
16           // 打印"aaa.jiaoyu"的主机名
17           System.out.println("aaajiaoyu的主机名为:"+address.getHostName());
```

```
18          // 判断能否在3秒内进行访问
19          System.out.println("3秒内可以访问:"+address.isReachable(3000));
20      }
21  }
```

程序的运行结果如下:

```
本机地址为:PC-202006302049/192.168.145.199
获取本机IP为:192.168.145.199
www.aaajiaoyu.cn/122.116.169.212
aaajiaoyu的IP为:122.116.169.212
aaajiaoyu的主机名为:www.aaajiaoyu.cn
3秒内可以访问:true
```

例 15-1 中,先调用 getLocalHost()方法获取本地 IP 地址对应的 InetAddress 实例并打印本机 IP 地址。然后根据主机名"www.aaajiaoyu.cn"获得 InetAddress 实例,再打印出 InetAddress 实例对应的 IP 地址和主机名。最后判断 3 秒内是否可访问这个实例,并打印结果。

15.1.4　URLDecoder 类和 URLEncoder 类

在学习本节知识之前,首先我们要认识一个叫作 application/x-www-form-urlencoded MiME 的字符串。很多读者看见一串这么长的字符串可能会觉得有点懵,其实这个字符串我们经常见到,只是不知道它什么名字而已。比如在我们使用浏览器进行关键词搜索时,系统会自动将我们所使用的中文转换成这种特殊字符串。如图 15.3 所示,给出了在浏览器中搜索"AAA 甲骨文"时的情况。

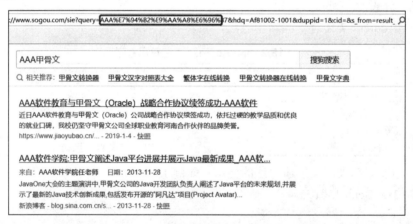

图 15.3　关键字包含中文

在图 15.3 中可以看到,当搜索关键字包含中文时,导航栏地址会显示乱码,其实这不是乱码,只是系统在识别到非西欧字符串(中文)时,会自动将它换为特殊字符串。当我们在编程过程中遇到这种需要进行普通字符和特殊字符之间的转换时,就要用到本节的知识点:URLDecoder 类和 URLEncoder 类。

将普通字符串转换成特殊字符串时,需要用到 URLDecoder 类中的 encode(String s, String enc)方法;将特殊字符转换为普通字符时,就需要用到 URLEncoder 类中的 decode(String s, String enc)方法。接下来,通过案例来演示这两个方法的使用,如例 15-2 所示。

【例 15-2】　Demo1502.java

```
1  package com.aaa.p150104;
2  import java.net.URLDecoder;
```

```
3        import java.net.URLEncoder;
4
5        public class Demo1502 {
6            public static void main(String[] args)throws Exception {
7                // 将普通字符串转换为application/x-www-form-urlencoded字符串
8                String url = URLEncoder.encode("有梦想我们一起实现","utf-8");
9                System.out.println("转换后的特殊字符串:" + url);
10               // 将application/x-www-form-urlencoded字符串转换为普通字符串
11               String world = URLDecoder.decode("%E6%9C%89%E6%A2%A6%E6%83%B3%E6%88%91%E4
12                               %BB%AC%E4%B8%80%E8%B5%B7%E5%AE%9E%E7%8E%B0","utf-8");
13               System.out.println("转换后的普通字符串:" + world);
14           }
15       }
```

程序的运行结果如下：

```
转换后的特殊字符串:
%E6%9C%89%E6%A2%A6%E6%83%B3%E6%88%91%E4%BB%AC%E4%B8%80%E8%B5%B7%E5%AE%9E%E7%8E%B0
转换后的普通字符串:有梦想我们一起实现
```

📖**知识点拨:** Java 只有包含中文字符的字符串需要转换，转换方法是每个中文字符占两个字节，每个字节可以转换成两个十六进制的数字，所以每个中文字符将转换成"%XX%XX"的形式。采用不同的字符集时，每个中文字符对应的字节数并不完全相同，所以使用 URLEncoder 类和 URLDecoder 类进行转换时也需要指定字符集。

15.1.5 URL、URLConenction 和 URLPermission

URL 统一资源定位系统（Uniform Resource Locator）是互联网服务程序上用来指定信息位置的表示方法，在通常情况下，URL 可以由协议名、主机、端口和资源组成。它最初是由蒂姆·伯纳斯·李发明用来作为万维网的地址，现在它已经被万维网联盟编制为互联网标准 RFC1738。

URL 类提供了多个构造器用于创建 URL 对象，还提供了很多方法用来访问对应的资源，如表 15.3 所示。

表 15.3 URL 类的常用方法

方 法	方 法 描 述
String getFile()	获取该 URL 的资源名
String getHost()	获取该 URL 的主机名
String getPath()	获取该 URL 的路径部分
Int getPort()	获取该 URL 的端口号
String getProtocol()	获取该 URL 的协议名称
URLConnection openConnection()	返回一个 URLConnection 对象,代表了与 URL 所引用的远程对象的连接
InputStream openStream()	打开与此 URL 的连接，并返回一个用于读取该 URL 资源的 InputStream 对象

URLConnection 是一个抽象类，表示指向 URL 和应用程序的通信连接。程序可以通过 URLConnection 实例向该 URL 发送请求、读取 URL 引用的资源。

通常创建一个 URL 的连接，并发送请求，读取 URL 引用的资源需要以下几个步骤：

❖ 构造一个 URL 对象。

❖ 通过调用 URL 对象的 openConnection()方法来创建 URLConnection 对象。

❖ 设置 URLConnection 的参数和普通请求属性。

❖ 读取首部字段。

❖ 远程资源变为可用。

URLPermission 类是 Java 8 新增的一个工具类，用来管理 HttpURLConnection 的权限问题，如果在 HttpURLConnection 安装了安全管理器，通过该对象打开连接时就需要首先获得权限。如表 15.4 和表 15.5 所示，分别给出了 URLPermission 类的构造方法与常用方法。

表 15.4　URLPermission 类的构造方法

构 造 方 法	方 法 描 述
URLPermission(String url)	从 URL 字符串创建一个新的 URLPermission，它允许给定的请求方法和用户可设置的请求标头
URLPermission(String url, String actions)	通过调用两个参数的构造方法，使用给定的 URL 字符串和不受限制的方法以及请求标头创建 URLPermission，如 URLPermission(url, "*:*")

表 15.5　URLPermission 类的常用方法

方 法	方 法 描 述
boolean equals (Object p)	如果此对象与参数 p 相同，则此返回 true，否则返回 false
String getActions()	返回规范化方法列表和请求标头列表，格为 method-names : header-names
int hashCode()	返回根据 actions 字符串和 URL 字符串的哈希值计算出的哈希值
boolean implies(Permission p)	检查此 URLPermission 对象是否匹配给定的权限

15.2　UDP 通信

分别位于两台计算机上的两个程序的数据交换，必须通过一个双向的通信连接实现，这个双向通信连接的一端称为一个 Socket。Socket 通常用来实现客户方和服务方的连接，它是 TCP/IP 协议的一个十分流行的编程界面。Java 使用 Socket 来代表通信实例双方的通信端口，并通过 Socket 产生 I/O 流来进行网络通信。一个 Socket 由一个 IP 地址和一个端口号唯一确定。

UDP 协议是英文 User Datagram Protocol 的缩写，即用户数据报文协议。UDP 协议是一种不可靠的网络协议，它在通信实例双方各自创建一个 Socket，但是这两个 Socket 之间并没有虚拟链路，只是发送、接收数据报文的对象。

15.2.1　UDP 概念

UDP 在通信时没有创建虚拟链路，所以是一种面向无连接的协议。UDP 通信的过程就像是邮政公司在两个网点之间进行邮件配送一样，在网点发送和接收邮件时都需要使用快递车来装载货物。在使用 UDP 通信过程中，发送和接收的数据也需要使用"快递车"进行统一装车运输，所以 Java 中提供了一个 DatagramPacket 类，这个类的实例对象就相当于一个快递车，用于封装 UDP 通信中发送或者接收的数据。然而运输邮件只有快递车是不够的，还需要有邮政网点用来承载。为此，Java 提供了与之对应的 DatagramSocket 类，这个类的作用就相当于各个网点。使用这个类的实例对象就可以发送和接收 DatagramPacket 数据报，发送和接收数据的过程如图 15.4 所示。

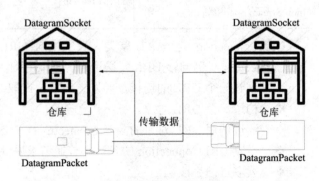

图 15.4　UDP 传输原理

15.2.2　DatagramPacket 类

UDP 在发送数据的时候，需要先使用 java.net 包中的 DatagramPacket 类将数据封装成数据包，该类的构造方法如表 15.6 所示。

表 15.6　DatagramPacket 类的构造方法

构　造　方　法	方　法　描　述
public DatagramPacket(byte[] buf, int length)	构造 DatagramPacket 对象，用于接收长度为 length 数据包
public DatagramPacket(byte[] buf, int length, InetAddress address, int port)	构造一个数据报包，用于将长度为 length 的数据包发送到指定主机上的指定端口号
public DatagramPacket(byte[] buf, int offset, int length)	构造 DatagramPacket 对象，用于接收长度为 length 且偏移量为 offset 的数据包
public DatagramPacket(byte[] buf, int offset, int length, InetAddress address, int port)	构造一个数据报包，用于将长度为 length 且偏移量为 offset 的数据包发送到指定主机上的指定端口号
public DatagramPacket(byte[] buf, int offset, int length, SocketAddress address)	构造一个数据报包，用于将长度为 length 且偏移量为 offset 的数据包发送到指定主机上的指定端口号
public DatagramPacket(byte[] buf, int length, SocketAddress address)	构造一个数据报包，用于将长度为 length 的数据包发送到指定主机上的指定端口号

DatagramPacket 还有一些常用方法，如表 15.7 所示。

表 15.7　DatagramPacket 类的常用方法

方　　法	方　法　描　述
InetAddress getAddress()	返回发送此数据报或接收数据报的计算机的 IP 地址
byte[] getData()	返回数据缓冲区
int getLength()	返回将要发送或接收到的数据报的长度
int getPort()	返回发送此数据报或接收数据报的远程主机上的端口号
SocketAddress etSocketAddress()	获取接收或发出此数据报的远程主机的 SocketAddress 对象（通常为 IP 地址+端口号）

15.2.3　DatagramSocket 类

DatagramSocket 类是与 DatagramPacket 类关系密切的一个类，它位于 java.net 包中，是数据报文通信的 Socket，包含了源 IP 地址和目的 IP 地址以及源端口号和目的端口号，用于创建发送端和接收端对象，但是在创建发送端和接收端对象时，需要使用不同的构造方法。DatagramSocket 类的构造方法如表 15.8 所示。

表 15.8　DatagramSocket 类的构造方法

构　造　方　法	方　法　描　述
public DatagramSocket()	构造数据报套接字并将其绑定到本地主机上任何可用的端口（1～65535）
protected DatagramSocket(DatagramSocketImpl impl)	使用指定的 DatagramSocketImpl 对象创建未绑定的数据报套接字
public DatagramSocket(int port)	构造一个数据报套接字并将其绑定到本地主机上的指定端口
public DatagramSocket(int port, InetAddress laddr)	构造数据报套接字，将其绑定到指定的本地地址
public DatagramSocket(SocketAddress bindaddr)	构造数据报套接字，将其绑定到指定的本地套接字地址

DatagramSocket 类还有一些常用方法，如表 15.9 所示。

表 15.9　DatagramSocket 类的常用方法

方　法	方法描述
int getPort()	返回此数据报文套接字连接的端口
boolean isConnected()	返回此数据报文套接字的连接状态
void receive(DatagramPacket p)	从此数据报文套接字接收数据报包
void send(DatagramPacket p)	从此数据报文套接字发送数据报包
void close()	关闭此数据报文套接字

15.2.4　UDP 网络程序

前面讲解了 DatagramPacket 类和 DatagramSocket 类，接下来讨论它们的使用。这里需要创建一个发送端程序，一个接收端程序，在运行程序时，必须首先运行接收端程序才能接收来自发送端程序发送的信息，接收端程序如例 15-3 所示。

【例 15-3】　Demo1503.java

```
1   package com.aaa.p150204;
2   import java.net.DatagramPacket;
3   import java.net.DatagramSocket;
4
5   public class Demo1503 {
6       public static void main(String[] args) throws Exception {
7           // 创建DatagramSocket对象，并且为它创建端口号8888
8           DatagramSocket socket = new DatagramSocket(8888);
9           // 创建一个长度1024字节的数组，用来接收发送端发送的数据
10          byte[] array = new byte[1024];
11          // 创建一个DatagramPacket对象，用来存放数据
12          DatagramPacket packet = new DatagramPacket(array, array.length);
13          // 验证DatagramSocket是否做好接收数据的准备
14          System.out.println("等待接收数据");
15          // DatagramSocket对象等待接收发送端的数据，如果等不到数据，会发生阻塞，一直等下去
16          socket.receive(packet);
17          // 定义一个字符串，用来获取DatagramPacket对象接收到的源数据
18          String s = new String(packet.getData(), 0, packet.getLength());
19          // 打印发送端的IP地址、端口号以及发送过来的数据
20          System.out.println("IP地址"+packet.getAddress().getHostAddress() +
21                          "里的端口号" + packet.getPort() + "告诉您:" + s);
22          socket.close();
23      }
24  }
```

程序的运行结果如下：

等待接收数据

例 15-3 中，先创建了 DatagramSocket 对象，并指定它的端口号为 8888。监听 8888 端口，然后创建大小为 1024 字节的数组用来接收数据，并创建 DatagramPacket 对象用于存放数据。最后调用 receive(DatagramPacket p)方法等待接收数据，接收到数据以后，数据会填充到 DatagramPacket 对象中，并输出。但是我们从运行结果可以看到，程序在接收数据时发生了阻塞，不再往下运行，这是因为我们只创建了接收端，并没有数据传输过来，端口会一直等待数据，直到数据传送过来为止。

接下来，我们创建一个发送端，用来发送数据，如例 15-4 所示。

【例 15-4】 Demo1504.java

```
1   package com.aaa.p150204;
2   import java.net.*;
3
4   public class Demo1504 {
5       public static void main(String[] args) throws Exception {
6           // 创建DatagramSocket对象，作为发送端端口，并指明其端口号为8090
7           DatagramSocket socket = new DatagramSocket(8090);
8           // 定义我们要发送的数据
9           String str = "好好学习天天向上";
10          /**
11           * 创建DatagramPacket对象，用来向接收端发送数据
12           * str.getBytes(): 因为我们使用的是字节流传输，所以要将字符串转换为字节
13           * 指定接收端IP为本机，端口号为8888
14           **/
15          DatagramPacket packet = new DatagramPacket(str.getBytes(),0,
16                  str.getBytes().length,InetAddress.getByName("localhost"),8888);
17          System.out.println("发送消息");
18          // 通过send()方法将数据添加到DatagramSocket对象中，发送出去
19          socket.send(packet);
20          // 关闭DatagramSocket对象，释放资源
21          socket.close();
22      }
23  }
```

程序的运行结果如下：

```
等待接收数据
```

例 15-4 中，先创建了 DatagramSocket 对象，并为它指定端口号为 8090，使用这个端口向接收端发送数据。然后将要发送的字符串转换为字节数组作为要发送的数据，因为我们这里是模拟，因此使用本机 IP 作为接收端的 IP 号，并且指定接收端端口号为 8888。注意，我们在这里指定的端口号必须与我们创建的接收端监听的端口号一致。最后调用 send(DatagramPacket p)方法发送数据。

在创建好发送端以后，先运行我们创建好的接收端程序，让其进入阻塞状态，再运行发送端程序，这时接收端程序就会结束阻塞状态，程序的运行结果如下：

```
等待接收数据
IP地址127.0.0.1里的端口号8090告诉您:好好学习天天向上
```

例 15-4 中运行结果打印出了接收端接收到的数据信息，接收到字符串"好好学习天天向上"，它来自 IP 地址 127.0.0.1，也就是我们本机的 IP 号。端口号为 8090 的发送端，这里的 8090 就是在我们在例 15-4 中第 7 行代码指定的端口号。

另外，在创建自定义端口时，可能会出现异常。比如在运行例 15-3 时，程序运行会报错，提示"Address already in use: Cannot bind"，中文含义为"端口已经被占用"，出现错误的原因在于，操作系统中的端口 8888 存在冲突。要解决这个问题，如果这个程序不太重要，只需要把占用端口的程序关闭就可以了。首先我们要查询是哪个程序在占用端口，打开 cmd 命令行窗口，输入命令"netstat -ano | findstr 8888"查询当前设备所有用到端口号 8888 的进程，如图 15.5 所示。

图 15.5　终端查询结果

图 15.5 中的界面显示的是使用 cmd 命令行窗口找到的端口号和它对应的 PID，其中 8888 端口已经被占用，占用这个端口号的程序的 PID 为 5260。然后按 Ctrl+Alt+Delete 组合键，打开 Windows 任务管理器，选择"详细信息"选项卡，如图 15.6 所示。

找到任务管理器后，单击 PID 选项，让其顺序排列，然后找到我们要找的进程，右击，在弹出的快捷菜单中选择"结束任务"命令即可，如图 15.7 所示。这时再运行例 15-3 就正常了，不会出现端口被占用的现象。

图 15.6　Windows 任务管理器　　　　　　　　　　图 15.7　关闭进程

15.2.5　UDP 案例——聊天程序

通过前面的学习，我们知道通过 UDP 可以使用发送端为指定端口发送数据，下面来实现一个接收端和发送端互相通信的小程序——聊天窗口。

我们之前已经学习过多线程，那么这个案例就需要我们把多线程和 UDP 结合起来，将接收端和发送端一起运行，也就是使用多线程运行两个线程，实现步骤如下：

- ❖ 接收方：
  - ➢ 创建一个接收方对象，实现 Runnable 接口。
  - ➢ 接收方创建一个 DatagramSocket 对象，指定端口号，不然无法接收信息。
  - ➢ 接收方创建一个 DatagramPacket 对象（缓存区不需要指定 IP）。
  - ➢ 调用 DatagramSocket.receive()方法进行接收。
- ❖ 发送方：
  - ➢ 创建发送方对象，实现 Runnable 接口。
  - ➢ 发送方创建一个 DatagramSocket 对象，并为其指定端口号。
  - ➢ 发送方创建一个 DatagramPacket 对象指定 IP 且指定端口号。
  - ➢ 发送方调用 DatagramSocket 类的 send()方法发送信息。

具体代码如例 15-5 所示。

【例 15-5】　Demo1505.java

```
1    package com.aaa.p150205;
2
3    import java.io.BufferedReader;
4    import java.io.IOException;
5    import java.io.InputStreamReader;
```

```
6    import java.net.DatagramPacket;
7    import java.net.DatagramSocket;
8    import java.net.InetAddress;
9    import java.net.SocketException;
10
11   public class Demo1505 {
12       public static void main(String[] args) {
13           // 在main()方法调用两个线程，让它们一起运行
14           new Thread(new SenderThread()).start();
15           new Thread(new receiveThread()).start();
16       }
17   }
18
19   /**
20    * 发送端线程
21    */
22   class SenderThread implements Runnable {
23       public void run() {
24           try {
25               // 创建发送端的DatagramSocket对象，并为其指定端口
26               DatagramSocket socket = new DatagramSocket(8083);
27               // 从控制台获得用户输入信息
28               BufferedReader reader = null;
29               reader = new BufferedReader(new InputStreamReader(System.in));
30               // 定义空字符串，如果在do()方法里创建的话会因为作用域造成编译异常
31               String message = null;
32               do {
33                   // 将控制台获取到的信息赋值给message
34                   message = reader.readLine();
35                   // 将数据封装在DatagramPacket对象里，并指定接收端的IP和端口号
36                   int length = message.getBytes().length;
37                   InetAddress inetAddress = InetAddress.getByName("localhost");
38                   DatagramPacket packet = null;
39                   packet = new DatagramPacket(message.getBytes(), 0, length, inetAddress, 12123);
40                   // 发送给接收端
41                   socket.send(packet);
42                   // 当用户在控制台输入信息为bye，循环结束
43               } while (!message.equals("bye"));
44               // 关闭控制台输入，关闭DatagramSocket对象，释放资源
45               reader.close();
46               socket.close();
47           } catch (SocketException e) {
48               e.printStackTrace();
49           } catch (IOException e) {
50               e.printStackTrace();
51           }
52       }
53   }
54
55   /**
56    * 接收端线程
57    */
58   class receiveThread implements Runnable {
59       public void run() {
60           try {
61               // 创建接收端的DatagramSocket对象，并为其指定端口
62               DatagramSocket socket = new DatagramSocket(12123);
63               // 创建一个长度为1024字节的数组，用来接收数据
64               byte[] arr = new byte[1024];
65               // 创建DatagramPacket对象，用来存放接收到的数据
66               DatagramPacket packet = new DatagramPacket(arr, arr.length);
```

```
67          String message = null;
68          do {
69              // 接收数据
70              socket.receive(packet);
71              // 将DatagramPacket对象内的源数据赋值给message字符串，并输出
72              message = new String(packet.getData(), 0, packet.getLength());
73              System.out.println("对方对您说:" + message);
74              // 当发送端发送的数据为bye时，窗口关闭，运行结束
75          } while (!"bye".equals(message));
76          System.out.println("关闭聊天窗");
77          socket.close();
78      } catch (SocketException e) {
79          e.printStackTrace();
80      } catch (IOException e) {
81          e.printStackTrace();
82      }
83
84      }
85  }
```

程序的运行结果如下：

```
我是谁？
对方对您说:我是谁？
我来自哪里？
对方对您说:我来自哪里？
bye
对方对您说:bye
关闭聊天窗
```

例 15-5 中，运行结果打印出发送端和接收端的信息，当发送或接收到 bye 时，程序运行结束，发送端和接收端资源将释放。本例中，创建了发送端 SenderThread 和接收端 ReceiveThread 两个类，并实现了 Runnable 接口。在 main()方法中分别调用运行，发送端将用户在控制台输入的数据，发送到本机中端口号为 12123 的程序。也就是接收端。接收端成功接收并打印，程序继续执行，当发送端发送 bye 时，接收端接收并打印后，程序结束。这就是 UDP 实现聊天程序的基本原理。

15.3　TCP 通信

TCP 协议是英文 Transmission Control Protocol 的缩写，即传输控制文协议。TCP 协议是一种可靠的网络协议，它在通信实例双方各自创建一个 Socket，在通信双方之间形成网络虚拟链路。

15.3.1　TCP 概念

TCP 被称作一种端对端协议，是一种可靠的网络协议，它分别在通信的两端创建一个 Socket，形成可以进行通信的虚拟链路。TCP 通信是严格区分客户端与服务器端的，在通信时，必须先由客户端去连接服务器端才能实现通信。服务器端不可以主动连接客户端，如果客户端没有发送连接请求，它将一直处于等待状态。

在 Java 中有两个用于实现 TCP 程序的类，一个是表示服务器端的 ServerSocket 类，另一个是用于表示客户端的 Socket 类。在通信时，须先采用"三次握手"方式建立 TCP 连接，形成数据传输通道。第 1 次握手，客户端向服务器端发送连接请求，等待服务器进行确认；第 2 次握手，服务器端向客户端返回确认响应，通知客户端已经收到了连接请求；第 3 次握手，客户

端再次向服务器端发送确认信息，确认连接完成。它保证了两台通信设备之间的无差别传输，在连接中可以进行大量数据的传输，传输完毕后要释放已建立的连接。TCP 是一种可靠的网络通信协议，数据传输安全且完整，但是效率比较低。一些对完整性和安全性要求高的数据采用 TCP 协议传输，比如文件传输和下载，如果文件下载不完全，会导致文件损坏而无法打开。TCP 的"三次握手"如图 15.8 所示。

图 15.8 TCP 的"三次握手"

在图 15.8 中，客户端先向服务器端发出连接请求，等待服务器进行确认，服务器端收到后向客户端发送一个响应，告诉客户端已经收到了连接请求，最后客户端再次向服务器端发送确认信息，确认连接成功。

15.3.2 ServerSocket 类

在 java.net 包中有一个 ServerSocket 类，它可以实现服务器端程序，其构造方法如表 15.10 所示。

表 15.10 ServerSocket 类的构造方法

构 造 方 法	方 法 描 述
public ServerSocket()	构造非绑定服务器套接字
public ServerSocket(int port)	构造绑定到特定端口的服务器套接字
public ServerSocket(int port, int backlog)	利用指定的 backlog 构造服务器套接字并将其绑定到指定的本地端口号
public ServerSocket(int port, int backlog, InetAddress bindAddr)	使用指定的端口、侦听 backlog 和要绑定到的本地 IP 地址构造套接字

表 15.10 中列出了 ServerSocket 类的构造方法，通过这些方法可以获得 ServerSocket 类的实例，它还有一些常用方法，如表 15.11 所示。

表 15.11 ServerSocket 类的常用方法

方 法	方 法 描 述
Socket accept()	监听并接受到此套接字的连接
void close()	关闭此套接字连接
InetAddress getInetAddress()	返回此服务器套接字的本地地址
boolean isClosed()	返回此服务器套接字的关闭状态
void bind(SocketAddress endpoint)	将此服务器套接字绑定到特定地址（IP 地址和端口号）

表 15.11 中列出了 ServerSocket 类的常用方法，其中 accept()方法用来接收客户端的请求，当此方法执行后，服务器端程序开始等待，直到客户端发送过来请求，程序才能继续执行，如图 15.9 所示。

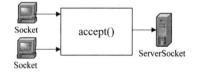

图 15.9 TCP 服务器端和客户端

在图 15.9 中，ServerSocket 代表服务器端，Sockct 代表客户端，服务器端在调用 accept()方法后就开始绑定某个端口等待客户端的请求，在客户端发出连接请求后，accept()方法会将一个 Socket 对象返回给服务器端，用于和客户端实现通信。

15.3.3 Socket 类

在 java.net 包中还提供了一个 Socket 类，它是一个数据报套接字，包含了源 IP 地址和目的

IP 地址以及源端口号和目的端口号的组合，用于发送和接收 TCP 数据。Socket 类的常用构造方法如表 15.12 示。

表 15.12　Socket 类的构造方法

构 造 方 法	方 法 描 述
public Socket()	使用系统默认类型的 SocketImpl 对象，创建一个未连接的套接字
public Socket(InetAddress address, int port)	构造一个流套接字并将其连接到指定 IP 地址的指定端口号
public Socket(Proxy proxy)	构造一个未连接的套接字并指定代理类型（如果有），该代理不管其他设置如何都应被使用
public Socket(String host, int port)	构造一个流套接字并将其连接到指定主机上的指定端口号

表 15.10 中列出了 Socket 类的常用构造方法，通过这些方法可以获得 Socket 类的实例，它还有一些常用方法，如表 15.13 所示。

表 15.13　Socket 类的常用方法

方　法	方 法 描 述
void close()	关闭此套接字连接
InetAddress getInetAddress()	返回此套接字连接的 InetAddress 对象
InputStream getInputStream()	返回此套接字的输入流
OutputStream getOutputStream()	返回此套接字的输出流
int getPort()	返回此套接字连接到的远程端口
boolean isClosed()	返回套接字的关闭状态
void shutdownOutput()	关闭此套接字的输出流

表 15.13 中列出了 Socket 类的常用方法，通过这些方法可以使用 TCP 协议进行网络通信。

15.3.4　简易 TCP 网络程序

前文讲解了 java.net 包中 ServerSocket 类和 Socket 类的基本用法，接下来创建一个服务器端程序和一个客户端程序，通过这两个程序来深入理解 TCP 通信的基本原理。在运行程序时，必须先运行服务器端程序，服务器端程序如例 15-6 所示。

【例 15-6】　Demo1506.java

```
1    package com.aaa.p150304;
2    import java.io.InputStream;
3    import java.io.OutputStream;
4    import java.net.ServerSocket;
5    import java.net.Socket;
6
7    public class Demo1506 {
8        public static void main(String[] args) throws Exception {
9            // 创建服务器端ServerSocket对象，并指定IP为8081
10           ServerSocket serverSocket = new ServerSocket(8081);
11           System.out.println("等待接收数据");
12           // 等待接收客户端的请求
13           Socket socket = serverSocket.accept();
14           // 获取输入流，并通过数组接收
15           InputStream inputStream = socket.getInputStream();
16           byte[] arr = new byte[1024];
17           int len;
18           while ((len=inputStream.read(arr))!=-1){
19               String str = new String(arr,0,len);
```

```
20              System.out.println(str);
21          }
22          // 获取输出流, 并向客户端做出响应
23          OutputStream outputStream = socket.getOutputStream();
24          outputStream.write("师傅:为师知道了, 退下吧".getBytes());
25          // 释放资源
26          outputStream.close();
27          socket.close();
28          serverSocket.close();
29      }
30  }
```

程序的运行结果如下:

等待接收数据

在创建了服务器端程序后, 接着来创建客户端程序, 如例 15-7 所示。

【例 15-7】 Demo1507.java

```
1   package com.aaa.p150304;
2   import java.io.InputStream;
3   import java.io.OutputStream;
4   import java.net.InetAddress;
5   import java.net.Socket;
6
7   public class Demo1507 {
8       public static void main(String[] args) throws Exception{
9           // 准备去给服务器端的师傅问好
10          System.out.println("准备去叫师傅起床");
11          // 创建一个Socket对象, 并指定接收端的IP为本机IP, 端口号为8081
12          Socket socket = new Socket(InetAddress.getByName("localhost"),8081);
13          // 获取输出流, 并将数据通过输出流传送出去, 输出字符串要转为字节
14          OutputStream outputStream = socket.getOutputStream();
15          outputStream.write("悟空说:师傅, 老孙向您问好来了".getBytes());
16          // 关闭输出流
17          socket.shutdownOutput();
18          // 获取输入流, 并定义一个大小为1024字节的数组, 用来接收数据
19          InputStream inputStream = socket.getInputStream();
20          byte[] arr = new byte[1024];
21
22          int len ;
23          // 当输入流读取的数据不为空时, 往下执行, 输出服务器端响应的消息
24          while ((len=inputStream.read(arr)) != -1){
25              String str = new String(arr,0,len);
26              System.out.println(str);
27          }
28          // 释放资源
29          inputStream.close();
30          outputStream.close();
31          socket.close();
32      }
33  }
```

客户端程序的运行结果如下:

准备去叫师傅起床
唐僧:为师知道了, 悟空退下吧

在接收到客户端发送的数据时, 服务器端的运行结果如下:

等待接收数据
悟空说: 师傅, 老孙向您问好来了

注意：在运行的时候一定要先运行服务器端，再运行客户端，不然在师傅没睡醒的时候来打扰，肯定要吃闭门羹啊。如果不小心先启动了客户端，那么吃了闭门羹的孙悟空就会报 ConnectException 异常，提示"Connection refused"，中文含义为"拒绝连接"，出现错误的原因在于服务器端程序未开启或者连接的端口错误。

15.3.5 多线程的 TCP 网络程序

在实际开发中，服务器基本不会只为一台客户端服务，每台服务器都有很多客户端进行访问，这就用到了我们之前学习的多线程知识。接下来就带领大家来学习怎么通过多线程来实现多个客户端与一个服务器端进行交互。首先要创建一个专门用于处理多线程操作的类，如例 15-8 所示。

【例 15-8】 Demo1508.java

```java
1   package com.aaa.p150305;
2   import java.io.BufferedReader;
3   import java.io.IOException;
4   import java.io.InputStreamReader;
5   import java.io.PrintStream;
6   import java.net.Socket;
7
8   public class Demo1508 implements Runnable {
9       // 创建Socket对象准备接收客户端请求
10      private Socket socket = null;
11      // 通过构造方法设置socket
12      public Demo1508(Socket socket) {
13          this.socket = socket;
14      }
15
16      public void run() {
17          BufferedReader bufferedReader = null;
18          PrintStream printStream = null;
19          try {
20              // 获取客户端信息
21              bufferedReader = new BufferedReader(new InputStreamReader(socket.
22                              getInputStream()));
23              // 定义输出流
24              printStream = new PrintStream(socket.getOutputStream());
25              boolean flag = true;
26
27              while (flag) {
28                  String str = bufferedReader.readLine();
29                  if (str == null ||str.equals("")) {
30                      flag = false;
31                      System.out.println("悟空, 我听不见你说什么");
32                  } else {
33                      System.out.println(str);
34                      if ("aa".equals(str)) {
35                          flag = false;
36                          System.out.println("本次通信结束");
37                      } else {
38                          flag = false;
39                          printStream.println("悟空, 不许打人");
40                      }
41                  }
42              };
43          } catch (IOException e) {
```

```
44              e.printStackTrace();
45          } finally {
46              if (printStream != null) {
47                  printStream.close();
48              }
49              if (socket != null) {
50                  try {
51                      socket.close();
52                  } catch (IOException e) {
53                      e.printStackTrace();
54                  }
55              }
56          }
57      }
58  }
```

例 15-8 中，Demo1508 类实现了 Runnable 接口，使用构造方法接收每一个客户端的 Socket，并且通过重写 run()方法，使用循环的方式接收客户端信息，并向客户端输出响应信息，最后释放资源。有了多线程类，接下来就来创建一个服务器端程序，如例 15-9 所示。

【例 15-9】　Demo1509.java

```
1   package com.aaa.p150305;
2   import java.io.IOException;
3   import java.io.InputStream;
4   import java.io.OutputStream;
5   import java.net.ServerSocket;
6   import java.net.Socket;
7
8   public class Demo1509 {
9       public static void main(String[] args) throws IOException {
10          ServerSocket serverSocket = null;
11          Socket socket = null;
12          // 创建ServerSocket对象，并指定端口号为8081
13          serverSocket = new ServerSocket(8081);
14          boolean flag = true;
15          while (flag) {
16              System.out.println("等待接收数据");
17              socket = serverSocket.accept();
18              // 通过构造方法运行线程
19              new Thread(new Demo1508(socket)).start();
20          };
21          serverSocket.close();
22          InputStream inputStream = socket.getInputStream();
23          byte[] arr = new byte[1024];
24          int len;
25          while ((len = inputStream.read(arr)) != -1) {
26              String str = new String(arr,0,len);
27
28              System.out.println(str);
29          }
30          OutputStream outputStream = socket.getOutputStream();
31          outputStream.write("为师知道了".getBytes());
32          outputStream.close();
33          inputStream.close();
34          socket.close();
35          serverSocket.close();
36      }
37  }
```

例 15-9 中，服务器端类在接收到客户端信息后，调用多线程类来处理客户端传送过来的数据，并做出不同的响应。接下来创建客户端程序,如例 15-10 所示。

【例 15-10】 Demo1510.java

```
1   package com.aaa.p150305;
2   import java.io.BufferedReader;
3   import java.io.InputStream;
4   import java.io.InputStreamReader;
5   import java.io.OutputStream;
6   import java.net.InetAddress;
7   import java.net.Socket;
8
9   public class Demo1510 {
10      public static void main(String[] args) throws Exception {
11          // 客户端悟空要打白骨精了
12          System.out.println("悟空要开始打妖精了");
13          // 创建一个Socket对象,并指定接收端的IP为本机IP,端口号为8081
14          Socket socket = new Socket(InetAddress.getByName("localhost"),8081);
15          // 获取输出流,并将数据通过输出流传送出去,输出字符串要转为字节
16          OutputStream outputStream = socket.getOutputStream();
17          // 从控制台获取用户输入数据
18          BufferedReader bufferedReader =
19                          new BufferedReader(new InputStreamReader(System.in));
20          String line = bufferedReader.readLine();
21          outputStream.write(line.getBytes());
22          // 关闭输出流
23          socket.shutdownOutput();
24          // 获取输入流,并定义一个大小为1024字节的数组,用来接收数据
25          InputStream inputStream = socket.getInputStream();
26          byte[] arr = new byte[1024];
27          int len ;
28          // 当输入流读取的数据不为空时,往下执行,输出服务器端响应的消息
29          while ((len = inputStream.read(arr)) != -1) {
30              String str = new String(arr,0,len);
31              System.out.println(str);
32          }
33          // 释放资源
34          inputStream.close();
35          outputStream.close();
36          socket.close();
37      }
38  }
```

先运行服务器端程序例 15-9,之后运行 3 次例 15-10 的客户端程序,例 15-9 程序的运行结果如下:

```
等待接收数据
悟空打白骨精
等待接收数据
悟空打蝎子精
等待接收数据
悟空打兔子精
```

例 15-10 程序的第 1 次运行结果如下:

```
悟空要开始打妖精了
悟空打白骨精
悟空,不许打人
```

例 15-10 程序的第 2 次运行结果如下:

```
悟空要开始打妖精了
悟空打蝎子精
悟空,不许打人
```

例 15-10 程序的第 3 次运行结果如下：

```
悟空要开始打妖精了
悟空打兔子精
悟空，不许打人
```

15.3.6　TCP 案例——模拟百度网盘文件快传

通过前面的学习，相信大家已经基本掌握了客户端和服务器端通过 TCP 协议进行通信的方式。接下来通过模拟百度网盘的上传功能来进一步加深对 TCP 通信的理解。

首先创建一个 img 文件夹，在里面放入要上传的图片 logo.jpg。通过程序上传后保存到对应的路径 "D:\\receive" 下面，并将上传的文件重命名为 logo1.jpg，实现步骤如下：

❖　服务器端：
　　➢　使用 ServerSocket 类创建一个服务器端对象，并开始监听 8081 端口。
　　➢　编写 receiveFile() 方法，传入 Socket 对象。
　　➢　在 receiveFile() 方法内部使用 I/O 将客户端上传的文件保存到指定位置。
❖　客户端：
　　➢　使用 Socket 类创建一个连接服务器端的客户端对象，并指定端口号为 8081。
　　➢　编写 sendFile 文件上传方法，传入 Socket 对象和待上传的文件路径。
　　➢　在 sendFile() 方法中读取文件内容并通过 Socket 对象连接上传到服务器端。

接下来，通过例 15-11 和例 15-12 来分别编写服务器端代码和客户端代码。服务器端代码如例 15-11 所示。

【例 15-11】　Demo1511.java

```java
1    package com.aaa.p150306;
2    import java.io.*;
3    import java.net.ServerSocket;
4    import java.net.Socket;
5
6    public class Demo1511 {
7        public static void main(String[] args) throws Exception {
8            ServerSocket serverSocket = new ServerSocket(8081);
9            System.out.println("有请客户上传文件");
10           Socket socket = serverSocket.accept();
11           System.out.println("正在接收" + socket.getInetAddress().getHostAddress() +
12                   "为我们上传的文件");
13           // 获取连接成功，调用receiveFile()方法，开始接收文件
14           receiveFile(socket);
15           serverSocket.close();
16       }
17
18       private static void receiveFile(Socket socket) throws Exception {
19           byte[] bytes = new byte[1024];
20           // 创建DataInputStream对象，并调用它的readUTF()方法读取客户端发送的文件名
21           DataInputStream dataInputStream = new DataInputStream(socket.
22                                                getInputStream());
23           String oldFileName = dataInputStream.readUTF();
24           // 定义另存文件的路径，并调用genereateFileName()方法重命名
25           String filePath = "D:/imgReceive/"+genereateFileName(oldFileName);
26           // 创建FileOutputStream对象，对文件进行输出流操作
27           FileOutputStream fileOutputStream = new FileOutputStream(new File(filePath));
28           int length = 0;
29           while ((length = dataInputStream.read(bytes,0,bytes.length)) > 0){
30               fileOutputStream.write(bytes,0,length);
```

```
31              fileOutputStream.flush();
32          }
33          System.out.println("客户的文件已被另存为" + filePath);
34          dataInputStream.close();
35          fileOutputStream.close();
36          socket.close();
37      }
38
39      private static String genereateFileName(String oldFileName) {
40          String newName=null;
41          // 通过截取字符串更改文件名
42          newName = oldFileName.substring(0,oldFileName.lastIndexOf(".")) + "1" +
43                  oldFileName.substring(oldFileName.lastIndexOf("."));
44          return newName;
45      }
46  }
```

程序的运行结果如下：

有请客户上传文件

例 15-9 中，首先创建了 ServerSocket 对象并指定端口号，然后调用 accept()方法进入等待状态，一直到客户端进行连接。连接成功后，调用 receiveFile()方法完成文件的上传操作。

有了服务器端的代码，客户端的程序当然必不可少，下面就来编写客户端程序，如例 15-12所示。

【例 15-12】 Demo1512.java

```
1   package com.aaa.p150306;
2   import java.io.*;
3   import java.net.InetAddress;
4   import java.net.Socket;
5
6   public class Demo1512 {
7       // 设置全局变量
8       public static final String fileDir = "E:/img/";
9       public static void main(String[] args) throws Exception {
10          String fileName = "logo.png";
11          // 定义要上传的文件
12          String filePath = fileDir + fileName;
13          System.out.println("正在上传文件:" + filePath);
14          // 指定服务器端的端口号
15          Socket socket = new Socket(InetAddress.getLocalHost(),8081);
16          if (socket != null) {
17              sendFile(socket,filePath);
18              System.out.println("文件上传成功");
19          }
20      }
21
22      private static void sendFile(Socket socket, String filePath) throws Exception {
23          byte[] bytes = new byte[1024];
24          BufferedInputStream bufferedInputStream = new BufferedInputStream(new
25                                          FileInputStream(new File(filePath)));
26          DataOutputStream dataOutputStream = new DataOutputStream(new
27                              BufferedOutputStream(socket.getOutputStream()));
28          // 通过writeUTF()方法先将文件上传
29          dataOutputStream.writeUTF(getFileName(filePath));
30          int length = 0;
31          // 循环将文件输出上传
32          while ((length = bufferedInputStream.read(bytes,0,bytes.length)) > 0) {
33              dataOutputStream.write(bytes,0,length);
```

```
34              dataOutputStream.flush();
35          }
36          bufferedInputStream.close();
37          dataOutputStream.close();
38          socket.close();
39      }
40      /**
41       * 获取需要上传的文件名
42       */
43      private static String getFileName(String filePath) {
44          String[] file = filePath.split("/");
45          return file[file.length-1];
46      }
47  }
```

先启动例 15-11 的服务器端程序，然后开启例 15-12 的客户端程序，服务器端程序的运行结果如下：

```
有请客户上传文件
正在接收192.168.43.9为我们上传的文件
客户的文件已经被另存为E:/imgReceive/logo1.png
```

例 15-11 程序的运行结果如下：

```
正在上传文件:E:/img/logo.png
文件上传成功
```

例 15-12 的客户端程序的运行结果显示，文件上传成功。服务器端接收到文件后，将其保存在"E:/imgReceive"目录下，并改名为 logo1.png。分别查看上传前后对应的目录，如图 15.10 和图 15.11 所示。

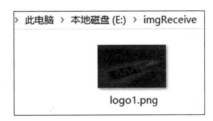

图 15.10　img 下需要上传的文件　　　　图 15.11　imgReceive 下上传以后的文件

15.4　代理服务器网络编程

代理服务器（Proxy Server）的功能是代理网络用户去取得网络信息。形象地说，它是网络信息的中转站，是个人网络和 Internet 服务商之间的中间代理机构，负责转发合法的网络信息，并对转发进行控制和登记。随着 Internet 与 Intranet 的飞速发展，作为连接 Internet 与 Intranet 的桥梁，代理服务器在实际应用中发挥着极其重要的作用。

15.4.1　Proxy 创建网络连接

Java 在 java.net 包下提供了 Proxy 和 ProxySelector 两个类。其中，Proxy 代表一个代理服务器，可以在打开 URLConnection 连接时指定 Proxy，创建 Socket 连接时也可以指定 Proxy；而 ProxySelector 代表一个代理选择器，它提供了对代理服务器更加灵活地控制，可以对 HTTP、HTTPS、FTP、SOCKS 等进行分别设置，而且还可以设置不需要通过代理服务器的主机和地址。

通过使用 ProxySelector,可以实现与在 Internet Explorer、Firefox 等软件中设置代理服务器类似的效果。浏览器中代理服务器的设置页面如图 15.12 所示。

Proxy 有一个构造器：Proxy(Proxy.Type type, SocketAddress socketAddress)，用于创建表示代理服务器的 Proxy 对象。其中，socketAddress 参数指定代理服务器的地址，type 表示该代理服务器的类型，该服务器类型有如下 3 种。

图 15.12　Internet Explorer 设置代理服务器

- ❖ Proxy.Type.DIRECT：表示直接连接，不使用代理。
- ❖ Proxy.Type.HTTP：表示支持高级协议代理，如 HTTP 或 FTP。
- ❖ Proxy.Type.SOCKS：表示 SOCKS（V4 或 V5）代理。

一旦创建了 Proxy 对象之后，程序就可以在使用 URLConnection 打开连接时，或者创建 Socket 连接时传入一个 Proxy 对象，作为本次连接所使用的代理服务器。其中，URL 类包含了一个 URLConnection openConnection(Proxy proxy)方法，该方法使用指定的代理服务器来打开连接；而 Socket 类则提供了一个 Socket(Proxy proxy)构造器，该构造器使用指定的代理服务器创建一个没有连接的 Socket 对象。

接下来，以 URLConnection 为例来介绍如何在 URLConnection 中使用代理服务器，具体程序如例 15-13 所示。

【例 15-13】　Demo1513.java

```
1    package com.aaa.p150401;
2    import java.io.IOException;
3    import java.net.*;
4    import java.util.Scanner;
5
6    public class Demo1513 {
7        public static void main(String[] args)
8                throws IOException {
9            // 代理服务器的IP地址和端口
10           String ip = "118.190.158.17";
11           int port = 8080;
12           // 定义需要访问的网站地址
13           String urlStr = "http://aaajy.net";
14           URL url = new URL(urlStr);
15           // 创建一个代理服务器对象
16           Proxy proxy = new Proxy(Proxy.Type.HTTP, new InetSocketAddress(ip, port));
17           // 使用指定的代理服务器打开连接
18           URLConnection conn = url.openConnection(proxy);
19           // 设置超时时长
20           conn.setConnectTimeout(3000);
21           // 通过代理服务器读取数据的Scanner
22           Scanner scan = new Scanner(conn.getInputStream());
23           System.out.println("============返回服务器响应的内容============");
24           while (scan.hasNextLine()) {
25               String line = scan.nextLine();
26               // 在控制台输出网页资源内容
```

```
27              System.out.println(line);
28          }
29      }
30  }
```

程序的运行结果如下：

```
============返回服务器响应的内容=============
<!DOCTYPE html>
<html lang="en">
    <head>
        <meta charset="UTF-8" />
        <title>Apache Tomcat/8.5.65</title>
        <link href="favicon.ico" rel="icon" type="image/x-icon" />
        <link href="tomcat.css" rel="stylesheet" type="text/css" />
    </head>
```

例 15-13 中，第 16 行代码创建了一个 Proxy 对象，第 19 行代码就是用 Proxy 对象来打开 URLConnection 连接。接下来程序使用 URLConnection 读取了一份网络资源，此时的 URLConnection 并不是直接连接到 http://aaajy.net，而是通过代理服务器去访问该网站。

注意：例 15-13 程序中的 118.190.158.17 服务器是 AAA 软件教育学院的在线测试服务器，8080 端口指向服务器上的 Tomcat 应用服务，所以最终返回的响应为 Tomcat 应用的响应。如果想实现代理服务器端口映射，需要在代理服务器配置 Nginx 或者 Iptables。

15.4.2 ProxySelector 自动选择代理服务器

直接使用 Proxy 对象可以在打开 URLConnection 或 Socket 时指定代理服务器，但使用这种方式每次打开连接时都需要显式地设置代理服务器，比较麻烦。如果希望每次打开连接时总是具有默认的代理服务器，则可以借助于 ProxySelector 类来实现。

ProxySelector 类代表一个代理选择器，它本身是一个抽象类，程序无法创建它的实例，开发者可以考虑继承 ProxySelector 类来实现自己的代理选择器。实现 ProxySelector 类的步骤非常简单，程序只要定义一个继承 ProxySelector 类的类，并让该类实现如下两个抽象方法。

❖ List<Proxy> select(URI uri)：根据业务需要返回代理服务器列表，如果该方法返回的集合中只包含一个 Proxy 对象，该 Proxy 对象将会作为默认的代理服务器。

❖ connectFailed(URI uri, SocketAddress sa, IOException ioe)：连接代理服务器失败时回调该方法。

实现了自己的 ProxySelector 类之后，调用 ProxySelector 类的 setDefault(ProxySelector ps)静态方法来注册该代理选择器即可。

接下来，通过案例来演示如何让自定义的 ProxySelector 类来自动选择代理服务器，如例 15-14 所示。

【例 15-14】 Demo1514.java

```
1  package com.aaa.p150402;
2  import java.io.IOException;
3  import java.net.*;
4  import java.util.ArrayList;
5  import java.util.List;
6  import java.util.Scanner;
7
8  public class Demo1514 {
9      public static void main(String[] args) throws IOException {
```

```
10          // 设置默认代理选择器
11          ProxySelector.setDefault(new ProxySelector() {
12              @Override
13              public List<Proxy> select(URI uri) {
14                  List<Proxy> proxyList = new ArrayList<Proxy>();
15                  // 代理服务器的IP地址和端口
16                  String ip1 = "118.190.158.17";
17                  int port1 = 8080;
18                  // 创建一个代理服务器对象
19                  Proxy proxy1 = new Proxy(Proxy.Type.HTTP,new InetSocketAddress(ip1, port1));
20                  //代理服务器的IP地址和端口
21                  String ip2 = "118.190.158.17";
22                  int port2 = 9090;
23                  // 创建一个代理服务器对象
24                  Proxy proxy2 = new Proxy(Proxy.Type.HTTP,new InetSocketAddress(ip2, port2));
25                  proxyList.add(proxy2);
26                  proxyList.add(proxy1);
27                  return proxyList;
28              }
29
30              @Override
31              public void connectFailed(URI uri, SocketAddress sa, IOException ioe) {
32                  System.out.println("连接代理服务器失败! ");
33              }
34          });
35
36          // 定义需要访问的网站地址
37          String urlStr = "http://aaajy.net";
38          URL url = new URL(urlStr);
39          // 不使用指定的代理服务器打开连接
40          URLConnection conn = url.openConnection();
41          // 设置超时时长
42          conn.setConnectTimeout(3000);
43          // 通过代理服务器读取数据的Scanner
44          Scanner scan = new Scanner(conn.getInputStream());
45          System.out.println("============返回服务器响应的内容============");
46          while (scan.hasNextLine()) {
47              String line = scan.nextLine();
48              // 在控制台输出网页资源内容
49              System.out.println(line);
50          }
51      }
52  }
```

程序的运行结果如下：

```
连接代理服务器失败!
============返回服务器响应的内容============
<!DOCTYPE html>
<html lang="en">
    <head>
        <meta charset="UTF-8" />
        <title>Apache Tomcat/8.5.65</title>
        <link href="favicon.ico" rel="icon" type="image/x-icon" />
        <link href="tomcat.css" rel="stylesheet" type="text/css" />
    </head>
```

例 15-14 中，虽然没有使用代理服务器打开连接，但是代理服务器仍然起作用了，也就是说程序默认总会使用注册的代理服务器。

🐾 **误区警告**：代理服务器列表中保存的某个服务器无法连接的时候会出现"连接代理服务器失败!"的错误。

15.5　HTTPClient

HttpClient 是 Apache Jakarta Common 下的子项目，可以用来提供高效的、最新的、功能丰富的支持 HTTP 协议的客户端编程工具包，并且它支持 HTTP 协议最新的版本和建议。Java 9 开始引入了一个处理 HTTP 请求的 HTTP Client API，该 API 支持同步和异步，在 Java 11 中已经进入正式可用状态，开发人员可以在 java.net 包中找到这个 API。

15.5.1　HTTPClient 概念

有人说："HttpClient 不就是一个浏览器嘛！"可能不少人对 HttpClient 会产生这种误解，他们的观点是：既然 HttpClient 是一个 HTTP 客户端编程工具，那它就相当于一个浏览器，无非是不能把 HTML 渲染出页面而已。其实，HttpClient 不是浏览器，它是一个 HTTP 通信库、一个工具包，因此它只提供一个通用浏览器应用程序所期望的功能子集。HttpClient 与浏览器最根本的区别是：HttpClient 中没有用户界面，而浏览器需要一个渲染引擎来显示页面，并解释用户输入。HttpClient 只能以编程的方式通过其 API 用于传输和接收 HTTP 消息，它对内容也是完全不可知的。

HTTPClient API 的主要类及接口如下。

❖　HttpClient 类：HTTPClient API 的核心对象，用于发送请求和接收响应。Java 为创建该类提供了 HttpClient.Builder 接口。

❖　HttpRequest 类：代表请求对象。Java 为了创建该类提供了 HttpRequest.Builder 接口。

❖　HttpResponse 类：代表响应对象。

❖　WebSocket 接口：代表 Web 应用之间的 Socket 连接对象。

HTTPClient API 具有如下特性：

❖　对大多数场景提供简单易用的阻塞模型。

❖　通过异步机制支持事件通知，完整支持 HTTP 协议的特性。

❖　易于建立 WebSocket 握手。

❖　支持 HTTP/2，包括协议升级和服务器端推送。

❖　支持 HTTPS/TLS。

❖　和现有的其他实现类库相比，性能相当或有所提升，内存占用少。

15.5.2　如何发送同步 GET 请求

使用 HTTPClient 发送请求的步骤如下：

❖　创建 HttpClient 对象。

❖　创建 HttpRequest 对象，如果有参数，使用 BodyPublishers 类设置请求参数。

❖　调用 send()或者 sendAsync()方法发送请求，sendAsync()方法用于发送异步请求。

接下来，通过案例来演示如何发送 GET 请求，如例 15-15 所示。

【例 15-15】　Demo1515.java

```
1    package com.aaa.p150502;
2    import java.io.IOException;
3    import java.net.URI;
4    import java.net.http.HttpClient;
```

```
5    import java.net.http.HttpRequest;
6    import java.net.http.HttpResponse;
7
8    public class Demo1515 {
9        public static void main(String[] args) throws IOException, InterruptedException {
10           // 创建HttpClient对象
11           HttpClient httpClient = HttpClient.newBuilder().build();
12           // 创建HttpRequest对象
13           HttpRequest request = HttpRequest.newBuilder()
14                   // 设置请求的URL地址和参数
15                   .uri(URI.create("http://118.190.158.17:10520/student/findAllStudent?
16                                    page=1&limit=10"))
17                   // 设置请求方式为GET请求
18                   .GET().build();
19           // 将服务器响应转换成字符串
20           HttpResponse.BodyHandler<String> bh = HttpResponse.BodyHandlers.ofString();
21           // 发送请求，获取服务器响应
22           HttpResponse<String> response = httpClient.send(request, bh);
23           System.out.println("响应的状态码:" + response.statusCode());
24           System.out.println("响应头:" + response.headers());
25           System.out.println("响应体:" + response.body());
26       }
27   }
```

程序的运行结果如下：

```
响应的状态码:200
响应头:java.net.http.HttpHeaders@c84bfd11 { {content-type=[application/json], date = [Wed,
19 May 2021 02:19:48 GMT], transfer-encoding=[chunked]} }
响应体:{"code":0,"msg":null,"count":1,"data":[{"id":11,"name":"陈建","age":37,"phone":
"18538062907","school":"AAA软件学院","createTime":"2021-05-18 09:58:37"}]}
```

15.5.3 如何发送带请求体的请求

例 15-15 演示了如何发送 GET 请求，此外 HTTPClient 还可以发送 POST、DELETE 等方式的请求。

📖**知识点拨**：HTTP 请求类型共分 8 种。

OPTIONS：返回服务器针对特定资源所支持的 HTTP 请求方法。也可以用于向 Web 服务器发送请求来测试服务器的功能性。

HEAD：向服务器索要与 GET 请求相一致的响应，只不过响应体将不会被返回。这一方法可以在不必传输整个响应内容的情况下获取包含在响应消息头中的元信息。

GET：向特定的资源发出请求。

POST：向指定资源提交数据进行处理请求（如提交表单或者上传文件）。数据被包含在请求体中。该请求可能会导致新的资源的创建或已有资源的修改。

PUT：向指定资源位置上传其最新内容。

DELETE：请求服务器删除 Request-URI 所标识的资源。

TRACE：回显服务器收到的请求，主要用于测试或诊断。

CONNECT：HTTP/1.1 协议中预留给能够将连接改为管道方式的代理服务器。

接下来，通过案例来演示如何发送带请求体参数的 POST 请求，如例 15-16 所示。

【例 15-16】 Demo1516.java

```
1    package com.aaa.p150503;
2    import java.io.IOException;
```

```
3      import java.net.CookieHandler;
4      import java.net.CookieManager;
5      import java.net.URI;
6      import java.net.http.HttpClient;
7      import java.net.http.HttpRequest;
8      import java.net.http.HttpResponse;
9      import java.time.Duration;
10
11     public class Demo1516 {
12         public static void main(String[] args) throws IOException, InterruptedException {
13             // 创建HttpClient对象
14             HttpClient httpClient = HttpClient.newBuilder().build();
15             // 创建HttpRequest对象
16             HttpRequest request = HttpRequest.newBuilder()
17                 // 设置请求的URL地址和参数
18                 .uri(URI.create("http://118.190.158.17:10520/student/findAllStudent"))
19                 // 设置已提交表单的方式编码请求体
20                 .headers("Content-Type","application/x-www-form-urlencoded")
21                 // 设置请求方式为POST请求，并设置请求参数
22                 .POST(HttpRequest.BodyPublishers.ofString("page=1&limit=10")).build();
23             // 将服务器响应转换成字符串
24             HttpResponse.BodyHandler<String> bh = HttpResponse.BodyHandlers.ofString();
25             // 发送请求，获取服务器响应
26             HttpResponse<String> response = httpClient.send(request, bh);
27             System.out.println("响应的状态码:" + response.statusCode());
28             System.out.println("响应头:" + response.headers());
29             System.out.println("响应体:" + response.body());
30             System.out.println("程序运行结束");
31         }
32     }
```

程序的运行结果如下：

```
响应的状态码:200
响应头:java.net.http.HttpHeaders@d4d4ce68 { {content-type=[application/json], date= [Wed,
19 May 2021 02:51:10 GMT], transfer-encoding=[chunked]} }
响应体:{"code":0,"msg":null,"count":2,"data":[{"id":11,"name":"陈建","age":37,"phone":
"18538062907","school":"AAA软件学院","createTime":"2021-05-18 09:58:37"},{"id":16,"name":"
张三", "age":20,"phone":"13838383838","school":"AAA软件教育","createTime":"2021-05-19
10:35:57"}]]
程序运行结束
```

例 15-16 和例 15-15 的响应头结果相同，原因是两个案例发送的请求地址相同，请求参数相同。两个案例的不同点在于请求的方式不同：例 15-15 的请求方式是 GET 请求，请求参数存放在请求头中；例 15-16 发送的是 POST 请求，请求参数存放在请求体中。具体使用哪种请求方式，以服务器接口定义规则为准。

15.5.4　如何发送异步请求

在现实网络中，网络环境千差万别，只要发送网络请求，就会不可避免地存在网络延迟，并且服务器处理请求也需要等待时间。那么通过 send()方法发送同步请求时，在服务器返回响应之前，该方法会一直处于阻塞状态，效率比较低。为了提升程序效率，可以使用 sendAsync()方法发送异步请求。异步请求不存在阻塞，会返回一个 CompletableFuture 对象，它代表一个将要完成的任务（但是具体何时完成，尚不确定），因此程序要为 CompletableFuture 设置消费监听器，当 CompletableFuture 代表的任务结束时监听器被触发执行。

接下来，通过案例来演示如何发送异步 POST 请求，如例 15-17 所示。

【例 15-17】 Demo1517.java

```java
package com.aaa.p150504;
import java.io.IOException;
import java.net.URI;
import java.net.http.HttpClient;
import java.net.http.HttpRequest;
import java.net.http.HttpResponse;

public class Demo1517 {
    public static void main(String[] args) throws IOException, InterruptedException {
        // 创建HttpClient对象
        HttpClient httpClient = HttpClient.newBuilder().build();
        // 创建HttpRequest对象
        HttpRequest request = HttpRequest.newBuilder()
                // 设置请求的URL地址和参数
                .uri(URI.create("http://118.190.158.17:10520/student/findAllStudent"))
                // 设置已提交表单的方式编码请求体
                .headers("Content-Type", "application/x-www-form-urlencoded")
                // 设置请求方式为POST请求，并设置请求参数
                .POST(HttpRequest.BodyPublishers.ofString("page=1&limit=10")).build();
        // 将服务器响应转换成字符串
        HttpResponse.BodyHandler<String> bh = HttpResponse.BodyHandlers.ofString();
        // 发送异步请求，获取服务器响应
        httpClient.sendAsync(request, bh).thenApply(resp -> new Object[]{resp.statusCode(),
        resp.body()}).thenAccept(rt -> {
            System.out.println("响应的状态码: " + rt[0]);
            System.out.println("响应体: " + rt[1]);
        });
        System.out.println("程序运行结束");
        // 程序休眠3秒
        Thread.sleep(3000);
    }
}
```

程序的运行结果如下：

```
程序运行结束
响应的状态码: 200
响应体: {"code":0,"msg":null,"count":2,"data":[{"id":11,"name":"陈建","age":37,"phone":
"18538062907","school":"AAA软件学院","createTime":"2021-05-18 09:58:37"},{"id":16,"name": "
张三","age":20,"phone":"13838383838","school":"AAA软件教育","createTime":"2021-05-19
10:35:57"}]}
```

对比例 15-17 和例 15-16 的运行结果可以发现，"程序运行结束"的打印位置发生了变化，其原因是：例 15-16 发送的是同步请求，响应未返回时程序被阻塞，所以先打印响应信息，然后打印"程序运行结束"；例 15-17 发送的是异步请求，响应未返回，程序不会阻塞，继续执行并打印"程序运行结束"。

注意：例 15-17 中加入 Thread.sleep(3000)的目的是让程序打印关键字"程序运行结束"之后，不会真正退出，休眠 3 秒，等待返回响应，触发监听器，打印响应信息。同理，浏览器发送完异步请求之后，也不会立即关闭，而是等待返回响应。

15.5.5 WebSocket 接口

WebSocket 接口类似普通的 Socket，只不过它是 Web 应用之间的 Socket 连接，通常以异步方式进行通信。通过 Java 来实现 WebSocket 客户端非常简单，只需要以下两个步骤：

❖　定义一个 WebSocketListener 监听器对象，根据需要重写该监听器中的指定方法。

❖　使用 WebSocketBuilder 构建 WebSocket 客户端。

接下来，通过案例来演示如何构建 WebSocket 客户端，如例 15-18 所示。

【例 15-18】　Demo1518.java

```
1   package com.aaa.p150505;
2   import java.net.URI;
3   import java.net.http.HttpClient;
4   import java.net.http.WebSocket;
5   import java.util.concurrent.CompletionStage;
6
7   public class Demo1518 {
8       public static void main(String[] args) throws InterruptedException {
9           // 定义一个WebSocketListener监听器对象，根据需要重写该监听器中的指定方法
10          WebSocket.Listener listener= new WebSocket.Listener() {
11              // 服务器端打开连接时触发该方法
12              @Override
13              public void onOpen(WebSocket webSocket) {
14                  System.out.println("打开连接");
15                  webSocket.sendText("我是AAA软件的陈老师",true);
16                  webSocket.request(1);
17              }
18              // 接收到服务器端返回的消息时触发该方法
19              @Override
20              public CompletionStage<?> onText(WebSocket webSocket, CharSequence data,
                                                    boolean last) {
21                  System.out.println(data);
22                  webSocket.request(1);
23                  return null;
24              }
25          };
26          // 传入监听器作为参数，创建WebSocket客户端
27          HttpClient httpClient = HttpClient.newHttpClient();
28          // 与服务器建立异步通信
29          httpClient.newWebSocketBuilder()
30          .buildAsync(URI.create("ws://127.0.0.1:10520/mySocket"),listener);
31          Thread.sleep(5000);
32      }
33  }
```

例 15-18 中，创建了一个 WebSocket 客户端。虽然有了客户端，但是还缺少服务器端。接下来，通过案例来演示如何构建 WebSocket 服务器端，如例 15-19 所示。

【例 15-19】　Demo1519.java

```
1   package com.aaa.p150505;
2   import org.springframework.stereotype.Component;
3   import javax.websocket.*;
4   import javax.websocket.server.ServerEndpoint;
5   import java.io.IOException;
6   // 注解ServerEndpoint标识该类作为WebSocket服务器端
7   @ServerEndpoint(value = "/mySocket")
8   @Component
9
10  public class Demo1519 {
11      // 注解OnOpen修饰的方法将会在客户端连接时触发
12      @OnOpen
13      public  void start(Session session){
14          System.out.println("客户端连接进来了。sessionId: " + session.getId());
15      }
```

```
16        // 注解OnMessage修饰的方法将会在客户端消息到达时触发
17        @OnMessage
18        public  void message(Session session,String message){
19            System.out.println("接收到消息: " + message);
20            RemoteEndpoint.Basic remote = session.getBasicRemote();
21            try {
22                remote.sendText("收到信息，欢迎来到AAA软件学院");
23            } catch (IOException e) {
24                e.printStackTrace();
25            }
26        }
27        // 注解OnClose修饰的方法将会在客户端关闭时触发
28        @OnClose
29        public  void end(Session session){
30            System.out.println("客户端关闭了。sessionId: " + session.getId());
31        }
32        // 注解OnError修饰的方法将会在客户端连接出错时触发
33        @OnError
34        public  void error(Session session,Throwable throwable){
35            System.out.println("客户端出错了。sessionId: " + session.getId());
36        }
37    }
```

服务器端程序需要首先运行，然后再运行客户端程序。客户端运行结果如下：

```
打开连接
收到信息，欢迎来到AAA软件学院
```

服务器端运行结果如下：

```
客户端连接进来了。sessionId: 0
接收到消息：我是AAA软件的陈老师
客户端出错了。sessionId: 0
客户端关闭了。sessionId: 0
```

********************************内容扩展*********************************

扫描右侧二维码获取如下内容

15.6   本章小结

15.7   理论测试与实践练习

****